Donat, Franz

Methodik der Bindungslehre, Dekomposition und Kalkulation für Schaftweberei

Donat, Franz

Methodik der Bindungslehre, Dekomposition und Kalkulation für Schaftweberei

Inktank publishing, 2018

www.inktank-publishing.com

ISBN/EAN: 9783747762226

METHODIK

DER

BINDUNGSLEHRE, DEKOMPOSITION UND KALKULATION

FÜR

SCHAFTWEBEREI.

BEARBEITET

FÜR

TEXTILSCHULEN UND ZUM SELBSTUNTERRICHT

VON

FRANZ DONAT

K. K. LEHRER FÜR TECHNOLOGIE DER WEBEREI AN DER K. K. FACHSCHULE
FÜR TEXTILINDUSTRIE IN WIEN.

DRITTE, VOLLSTÄNDIG UMGEARBEITETE UND
VERMEHRTE AUFLAGE.

MIT 96 TAFELN, 900 FIGUREN UND 10 STOFFMUSTERN.

WIEN UND LEIPZIG.
A. HARTLEBEN'S VERLAG.
1908.

Vorwort zur dritten Auflage.

Als mir vor Jahresfrist von meinem geschätzten Herrn Verleger die Mitteilung zukam, daß eine neue Auflage der Methodik der Schaftweberei notwendig sei, war ich erfreut über den Erfolg meines Webereibuches. Diese Würdigung meiner Arbeit veranlaßte mich, durch entsprechende Umarbeitung das Werk wieder auf den modernsten Standpunkt zu bringen.

Meinen alten Prinzipien treu bleibend, trachtete ich auch, die Vorträge soviel als möglich populär zu gestalten. Auch habe ich zum besseren Verständnis der Gewebeerzeugung die dazu notwendigen Erklärungen und Figuren aus der Technologie der Handweberei eingeschaltet.

Auf diese Weise glaube ich auch allen jenen, welchen es nicht vergönnt ist, eine Webschule zu besuchen, die Gewebetechnik auf die bestmögliche Art beibringen zu können.

Ich habe bei der Bearbeitung alle persönlichen Erfahrungen und pädagogischen Vorteile meiner langjährigen industriellen Praxis und lehramtlichen Tätigkeit in den Dienst der Sache gestellt und hoffe ich so für die studierende Jugend eine leichtfaßliche Weblehre und für den Fachmann ein gesuchtes Nachschlage- und Hilfsbuch geschaffen zu haben.

Der Verfasser.

Vorwort zur ersten Auflage.

Vorliegendes Buch soll die Bindungslehre, Dekomposition und Kalkulation der Schaftweberei in Kürze und methodischem Gange vorführen und als Schulbehelf für Webschüler und als Lernbehelf zum Selbststudium dienen.

Um in die Bindungslehre ein volles Verständnis zu bringen, wurden die Bindungen färbig ausgeführt.

In der Dekomposition und Kalkulation wurden zwei Originalmuster beigegeben, wodurch Verfasser glaubt, der Sache mehr Klarheit zu verleihen.

Speziell für Webschulen soll vorliegendes Buch das zeitraubende Diktieren abschaffen, um einerseits durch die dadurch gewonnene Zeit dem Lehrer zu ermöglichen, tiefer und eingehender in das Fach einzugreifen, anderseits dem Schüler ein Fundament zu liefern.

Möge dasselbe eine freundliche Aufnahme finden und dem Lernenden das bieten, was ihm das weite Gebiet dieses Faches vorschreibt.

Warnsdorf, 1891.

Der Verfasser.

Vorwort zur zweiten Auflage.

Das Buch verfolgt den Zweck, die Bindungslehre und Dekomposition der Schaftweberei in Kürze und methodischem Gange vorzuführen und als Schulbehelf für Webschüler und als Lernbehelf zum Selbststudium für Webereivolontärs etc. zu dienen.

Die Bindungslehre behandelt nach Erklärung der notwendigsten webereitechnischen Ausdrücke alle Verbindungsarten der Schaftweberei von der Leinwand bis zum Kunstdreher.

Die Dekomposition umfaßt das Zerlegen der Stoffe, das Kalkulieren des Garnbedarfes etc. und wird nach Detaillierung der bei einer Dekomposition zu erledigenden Punkte der ausführliche Zergliederungsgang an vier Stoffmustern verständlich gemacht.

Die Behandlung des Stoffes ist eine kurzgefaßte, und es wird durch die bis fünffärbige Koloritausführung der 72 Bindungstafeln mit 648 Figuren dem Lernenden das Verständnis in bester Weise erleichtert.

Speziell für Webschulen soll dieses Buch das zeitraubende Diktieren abschaffen und dem Schüler eine Richtschnur liefern.

Was die Verwendbarkeit des Buches an Webschulen anbetrifft, so wurde dasselbe schon in seiner ersten Auflage »laut des hohen k. k. Ministerialerlasses vom 22. Dezember 1892, Z. 25.793«, für zulässig erklärt.

Möge das Werk in seiner zweiten, vollständig umgearbeiteten und inhaltsreicheren Auflage dieselbe Aufnahme finden wie in der ersten und dazu beitragen, die Schwierigkeiten, welche das Eindringen in diese Fachgruppen verursacht, zu überbrücken.

Asch, 1899.

Der Verfasser.

INHALTS-VERZEICHNIS.

I. Abschnitt: Die Bindungslehre.

a) Allgemeines.

b) Bindungen für glatte Gewebe.

c) *Bindungen für gestreifte, karierte und figurierte Gewebe.*

d) *Bindungen für verstärkte Gewebe.*

e) *Bindungen für broschierte Gewebe.*

II. Abschnitt: Dekomposition und Kalkulation.

Erster Teil.

Die Bindungslehre.

Gewebe.

Unter einem Gewebe Fig. 1—10, versteht man ein aus zwei sich rechtwinkelig kreuzenden Fadensystemen gebildetes flächenartig ausgedehntes Erzeugnis. Die der Länge der Ware nach laufenden Fäden heißen Kettenfäden, die der Breite nach liegenden Schußfäden. Die Gesamtheit der zu einem Gewebe gehörenden Kettenfäden heißt Kette oder Zettel, die der Schußfäden Schuß, Eintrag oder Einschlag.

Faden.

Ein Faden ist ein aus vielen Fasern gebildetes Gespinst. Spinnen heißt, aus den Fasern der Baumwolle, des Flachses, der Jute, der Schafwolle etc. lange gleichmäßig dicke Fäden herstellen. Zu diesem Zwecke werden die Fasern mittels entsprechender Maschinen aufgelockert, gereinigt, isoliert, parallel gelegt, zu Faserbändern vereinigt, ausgezogen und zu Fäden gedreht. Man unterscheidet nach rechts und nach links gedrehte Garne. Wird der Faden beim Spinnen von links nach rechts, d. i. nach dem Laufe der Zeiger einer Uhr gedreht, so entsteht nach rechts gedrehtes Garn, bei entgegengesetzter Drehung nach links gedrehtes Garn. Bei ersterem laufen die Drehungswindungen (Schraubenlinien) von links unten nach rechts oben (Fig. 11), bei letzterem von rechts unten nach links oben (Fig. 12). Zur Veranschaulichung nehme man zwei ungleichfärbige Fäden, spanne sie zwischen Daumen und Zeigefinger beider Hände, halte die rechte unten und drehe mit dem Daumen und Zeigefinger der rechten Hand nach gemachten Angaben. Werden 2, 3 etc. Garnfäden durch entgegengesetzte Drehung (Zwirnung) vereinigt, so heißt man die neuen Fäden Zwirne. Man unterscheidet, je nachdem der Zwirn aus zwei, drei, oder mehreren einfachen Fäden besteht, zweifache (doublierte), dreifache und mehrfache Zwirne.

Das Gewebe entsteht nach Fig. 13 durch die Verflechtung, d. i. Über- und Untereinanderlegung der Kettenfäden mit den Schußfäden. Die Verbindung oder Verflechtung der Kettenfäden mit den Schußfäden beruht auf der Elastizität der Fäden.

Aus dem Webschema (Fig. 14) soll die Entstehung des Gewebes erklärt werden.

Die gesamte Kette ist auf die Holzwalze *KB* gewunden. Die Kettenfäden *Kf* gehen einzeln durch zwei flache Stäbe *KS* und werden durch die Verbindung mit einer zweiten Walze *WB* in eine wagrecht gespannte Ebene gebracht. Um ein Verbinden der Kettenfäden mit den Schußfäden zu ermöglichen, muß ein Teil der Kettenfäden aus der Ebene gebracht werden. Wollte man das Ausheben der Fäden ohne Hilfsmittel vornehmen, so würde das sehr mühsam und zeitraubend sein. Man zieht deshalb die Kettenfäden durch kleine Ringe (Augen), welche über und unter der Kette eine Zwirnschlinge haben und Helfen oder Litzen heißen (Fig. 16). Das Ausheben der Fäden würde durch das abwechselnde Heben der Helfen leichter zustande kommen als das Ausheben der Fäden ohne diese, aber immerhin zeitraubend sein. Vereinigt man aber z. B. alle ungeraden Helfen und alle geraden, indem man dieselben zwischen zwei Stäbe (Fig. 15) spannt, so wird durch das Heben eines derartigen Helfenrahmens, Schaft oder Flügel genannt (S_1 S_2), ein Ausheben aller in den Schaft gezogenen Kettenfäden erfolgen.

Zum Zwecke paralleler Verteilung der Kettenfäden auf eine bestimmte Breite und zum Anschlagen des Schusses zieht man die Kettenfäden zwischen die Rohre, Stäbe oder Zähne eines Kammes *K* (siehe Fig. 18).

Denkt man sich bei einer Vorrichtung mit zwei Schäften z. B. alle ungeraden Kettenfäden in die Helfen des einen, alle geraden in die des zweiten Schaftes gezogen und den einen nach aufwärts, den anderen nach abwärts bewegt, so entsteht zwischen den dadurch ausgehobenen und gesenkten Kettenfäden ein Zwischenraum, welchen man Fach heißt.

Durch das Fach wird der mit einer Spule versehene Webschützen (Weberschiffchen) *S* geworfen und dadurch die Einlage des Schußfadens bewirkt. Nach dem Durchwerfen des Webschützens wird der eingelegte Schußfaden durch Anschlagen des Kammes *K* an die Ware gebracht.

Wie man mit einem Schafte keine Teilung der Kettenfäden bewirken kann, kann man aus einer Fachbildung kein Gewebe bilden. Zum einfachsten Gewebe gehören demnach mindestens zwei Schäfte und zwei Fachbildungen, beziehungsweise Bewegungen der Schäfte.

Rand oder Leiste.

Die Fäden der Kette befinden sich beim Weben voneinander getrennt, während der Schuß bei einfärbigen Stoffen einen fortlaufenden Faden darstellt, welcher abwechselnd von links nach rechts und von rechts nach links die Kettenfäden durchkreuzt. Aus diesem Grunde entsteht auf den beiden Enden des Gewebes ein fester Rand, Leiste oder Kante genannt.

GEWEBE.

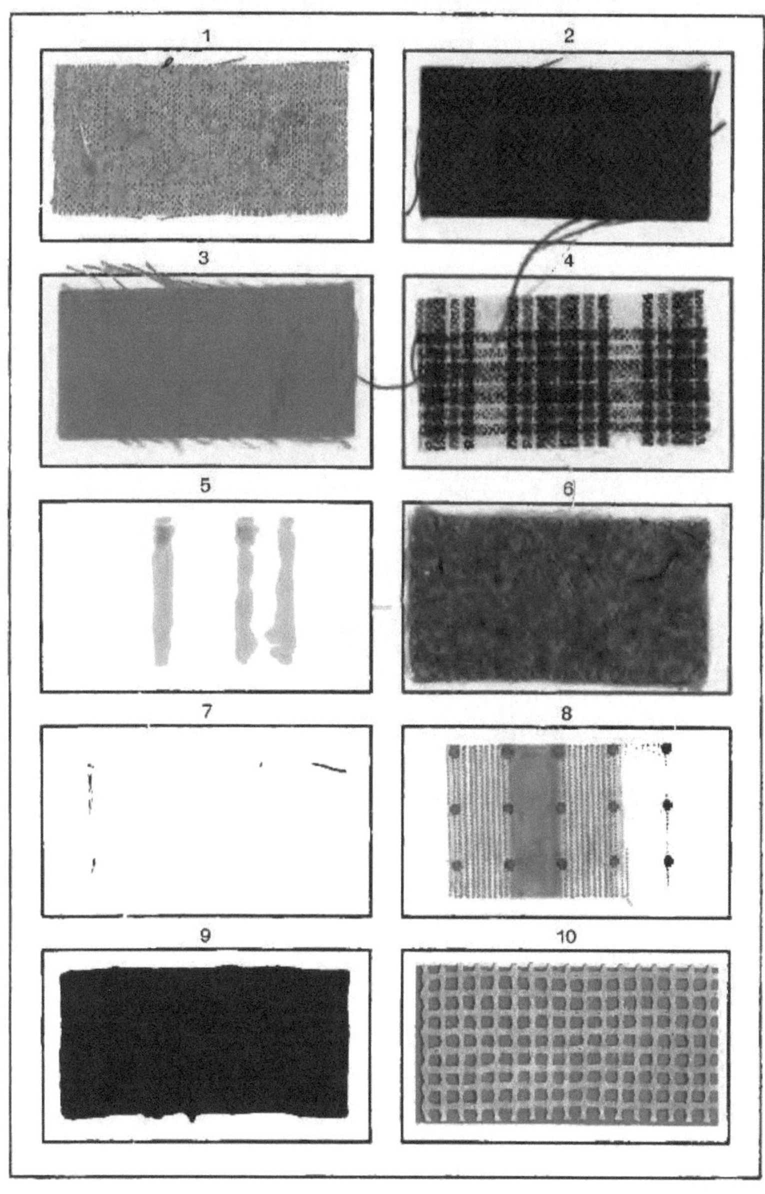

I.

GEWEBEKONSTRUKTION.

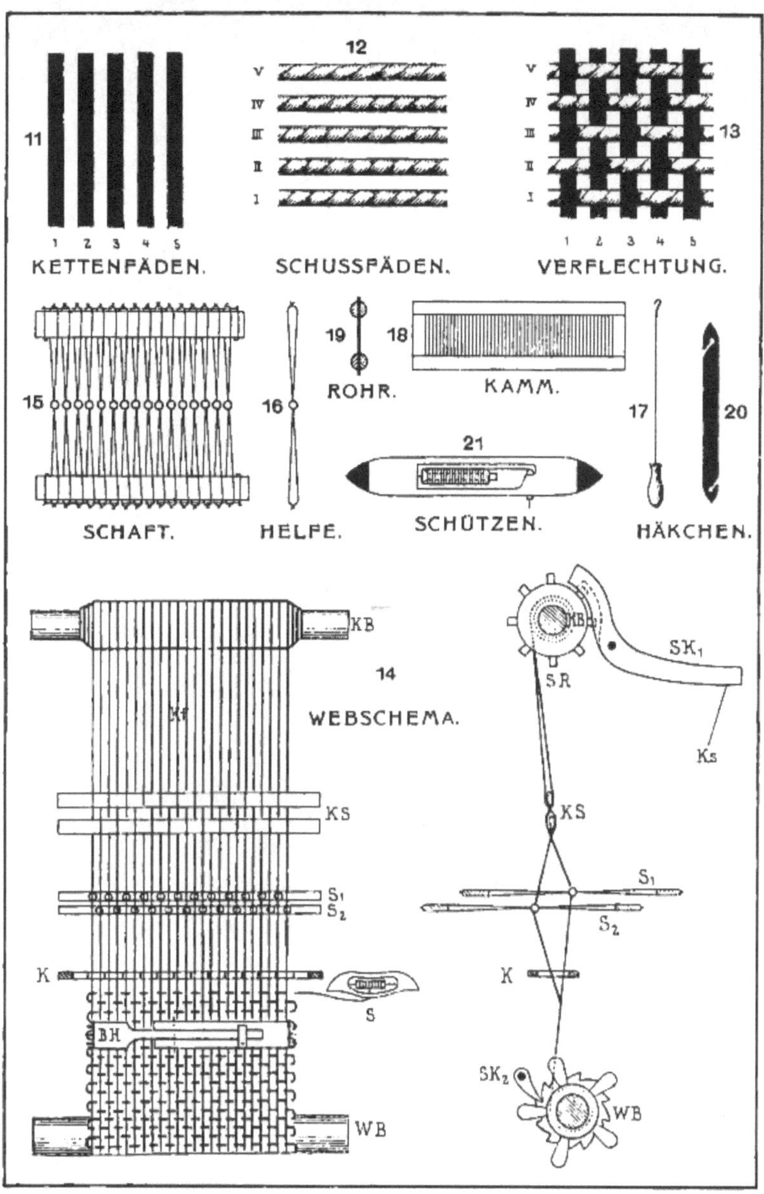

II.

Webstuhl.

Die Herstellung eines Gewebes erfolgt auf dem Webstuhle. Man unterscheidet Hand- und mechanische oder Kraftwebstühle. Bei den Handstühlen führt der Weber die Bewegungen, welche zur Bildung eines Gewebes notwendig sind, mit den Händen und Füßen aus, bei den Kraftstühlen erfolgt dies durch elementare Betriebskraft.

Der Handwebstuhl (Fig. 22) besteht aus vier senkrechten Stuhlsäulen *A*, welche durch Querriegel *B* verbunden sind. Um ein Gewebe zu erzeugen, muß jeder Webstuhl mit folgenden Hilfsmitteln ausgerüstet sein.

Ketten- und Warenbaum.

Der Kettenbaum ist eine rückwärts im Gestell drehbar gelagerte Holzwalze *KB*, auf welcher die Kettenfäden parallel nebeneinander liegend, gleichmäßig gespannt, gewunden, gebäumt[1]) sind. Um die Kettenfäden in eine gespannte Ebene zu bringen, verbindet man dieselben mit einer zweiten vorn im Gestell drehbar gelagerten Holzwalze *WB*, welche zum Aufwickeln der Ware dient und Warenbaum genannt wird. Zum Zwecke des Webens müssen beide Walzen mit Spann-, beziehungsweise Ab- und Aufwickelungsvorrichtungen versehen sein. Die Spannung der Kette erfolgt in der Fig. 14 dadurch, daß man

[1]) Bevor die Kettenfäden gebäumt werden, unterliegen sie gewissen Vorbereitungsarbeiten. Wird das Garn aus der Spinnerei in Strähnen (Bündelgarn) geliefert, so muß zuerst ein Übertragen auf Holzröhren mit angedrehten oder angeleimten Scheiben, Spulen oder Pfeifen genannt, erfolgen. Dieser Vorgang wird als Kettenspulen bezeichnet und geschieht auf dem Spulrade oder auf Spulmaschinen. Nach dem Spulen, welches entfallen kann, wenn das Kettengarn als Garnkörper (Warpkops) die Spinnerei verläßt, kommt das Scheren, Zetteln oder Schweifen. Dasselbe erfolgt in der Handweberei auf einem senkrecht stehenden Haspel, dem Scher- oder Schweifrahmen, in der mechanischen Weberei auf einem wagrecht liegenden Haspel, der Scher-, Schweif- oder Zettelmaschine. Ein derartiger Haspel besteht aus einem 4-, 6-, 8- etc. kantigen, aus Holzleisten gebildeten Prisma, welches um die eigene Achse gedreht wird. Das Schweifen bezweckt die Kettenfäden so herzurichten, wie es das Gewebe in Bezug auf Länge und Breite erfordert.

Einfache Baumwoll- und Wollgarne werden vor dem Spulen oft im Strähne gestärkt, beziehungsweise geleimt. Dieses Imprägnieren bewirkt eine Erhöhung der Festigkeit während des Spulens, Schweifens und Aufbäumens. Ebenso werden Ketten aus einfachen Garnen, zwecks besserer Haltbarkeit vor dem Weben auf Schlicht- oder Leimmaschinen imprägniert. In der Handweberei erfolgt dies während des Webens durch Auftragen der Schlichtmasse mittels zweier Bürsten.

Unter einem Strähn Garn versteht man eine auf ein Latenprisma (Garnweife) aufgewundene, in Abteilungen unterbundene und dann abgenommene bestimmte Garnlänge. Die Abteilungen eines Strähnes heißen Gebinde. Nachdem das Strähngarn zu Bündeln von 5 oder 10 engl. Pfund, beziehungsweise Kilogramm verpackt in den Handel kommt, heißt man dies auch Bündelgarn.

1*

an das rechte Ende des Kettenbaumes eine mit Zacken oder Zähnen versehene Holzscheibe *SR*, Sperrad genannt, gibt. Legt man vor einen Zahn des Sperrades einen nasenförmigen Holzteil SK_1, Klinke genannt, so wird einem Abwickeln der Kette Widerstand geleistet. Am Warenbaume befindet sich eine Scheibe mit Holzgriffen und ein Zahnkranz. Legt sich die von oben kommende Sperrfalle SK_2 vor einen Zahn des Zahnkranzes, so wird einem Rückwärtsdrehen des Warenbaumes Einhalt geboten.

Soll Kette abgewickelt werden, was geschehen muß, wenn durch das fortgesetzte Weben das Fach, d. i. der Zwischenraum, welcher den Schützen durchläuft, zu klein ist, so zieht der Weber die Klinkenschnur *Ks* und bewirkt durch Drehen der Griffe am Warenbaume, unter gleichzeitigem Loslassen der Klinkenschnur, ein Aufwickeln der Ware und Anspannen der Kette. Bei dieser Spannung erfolgt das Nachlassen und Anspannen periodisch oder zeitweise. Um das Ablassen der Kette und das Aufwickeln der Ware mit derselben Geschwindigkeit, wie das Weben fortschreitet, selbsttätig (automatisch) zu bewirken, versieht man den Kettenbaum mit einer nachgiebigen, elastischen oder kontinuierlich wirkenden Spannung und bewirkt das Aufwickeln der Ware automatisch durch ein Räderwerk, das man Regulator nennt. Bei der Fig. 22 ist der Kettenbaum nachgiebig gespannt. Das am Fußboden befestigte Seil *S* wird einige Male in parallelen Lagen um den Kettenbaum gelegt und das andere Ende mit einem Gewichte versehen. Durch diese Spannung verhindert die Reibung des Seiles an dem Kettenbaume die Umdrehung desselben. Wirkt jedoch der Reibung eine größere Kraft entgegen (Umdrehung des Warenbaumes), so rutscht das Seil, der Kettenbaum dreht sich und wickelt Kette ab.

Hinter den Schäften befinden sich in der gespannten Kette zwei flache Stäbe *KS*, Kreuzschienen genannt, über welche die Kettenfäden einzeln oder zu zweien gelegt sind. Die dadurch geregelte Aufeinanderfolge der Kettenfäden (Fadenkreuz) ist beim Einziehen in die Helfen und während des Webens bei Fädenbrüchen unumgänglich notwendig.

Helfen, Schaft.

Um den Schuß mit den Kettenfäden zu verbinden, muß eine Teilung der Kettenfäden aus der gespannten Ebene erfolgen. Zu diesem Zwecke zieht man dieselben in die Helfenaugen der Schäfte. Ein Schaft, Fig. 15, besteht aus zwei flachen Holzleisten, zwischen welchen Helfen oder Litzen gespannt sind. Eine Helfe, Fig. 16, besteht aus zwei Zwirnschleifen, welche durch ein Auge aus Zwirn oder Metall verbunden sind. Durch dieses Auge, Maillon, zieht man mit Hilfe eines Häkchens, Fig. 17, die Kettenfäden.

HANDWEBSTUHL.

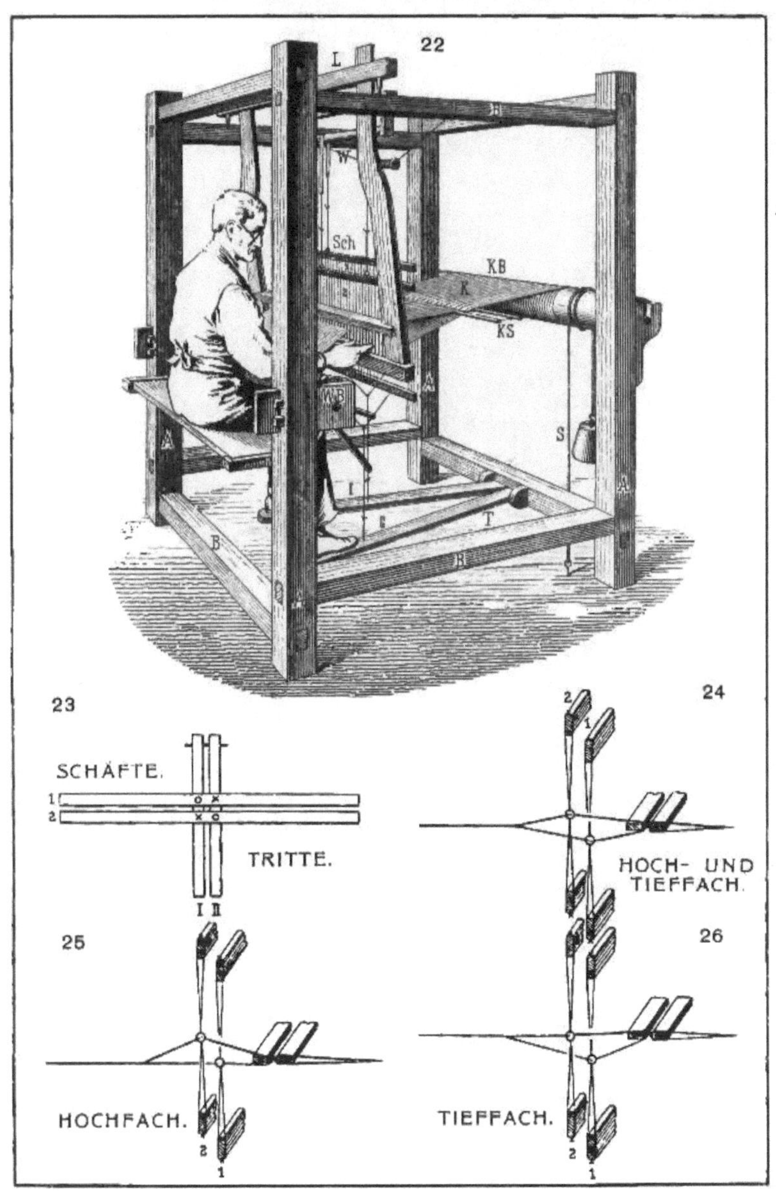

III.

Numerierung der Schäfte.

Die Numerierung der Schäfte erfolgt entweder von hinten nach vorn oder von vorn nach hinten. Bei der ersten Methode, Fig. 22 und 23, gilt der vom Weber am weitesten entfernt stehende Schaft als erster, bei der zweiten als letzter Schaft. In der Praxis finden beide Arten Verwendung. In diesem Buche wird die erstere als logisch richtigere bevorzugt.

Kamm oder Weberblatt.

Ist die Kette nach einer gewissen Ordnung, welche später erklärt werden wird, in die Schäfte eingezogen, erfolgt das Einziehen in den Kamm. Der Kamm, Fig. 18, besteht aus zwei Leisten, zwischen welchen Rohre oder Stäbe aus Stahl oder Messing, Fig. 19, gesetzt sind. Rohre oder Riete nennt man sie deshalb, weil man früher gespaltenes Schilfrohr dazu verwendete. Das Einziehen der Kettenfäden in die Rohrlücken erfolgt 1-, 2-, 3- etc. fädig. Glatte Stoffe zieht man meist zweifädig ein. Das Einziehen wird mittels eines flachen Häkchens, Fig. 20, ausgeführt.

Tritte.

Das Heben und Senken der Schäfte wird durch Tritte, welche indirekt mit den Schäften verbunden sind, bewerkstelligt. Ein Tritt *T*, Fig. 22, ist im Handwebstuhle ein einarmiger Holzhebel, welcher unter den Schäften in schwebender Lage so angeordnet ist, daß er vom Weber bequem mit den Füßen bearbeitet werden kann. Er befindet sich im Handwebstuhle in der Mitte des Webstuhles und hat gewöhnlich rückwärts in einem Lager seinen Drehpunkt.

Numerierung der Tritte.

Unter dieser versteht man die Angabe der Aufeinanderfolge beim Treten der Tritte. Die Numerierung erfolgt teils von links nach rechts, Fig. 22 und 23, teils von rechts nach links. Nachdem die erste Art die logisch richtige ist, wird auch diese, mit geringer Ausnahme, in diesem Buche angewendet.

Fach.

Die Öffnung oder der Zwischenraum, welcher entsteht, wenn z. B. ein Teil Kette gehoben, ein Teil Kette gesenkt wird, heißt Fach. Nach der Entstehung des Faches unterscheidet man folgende Arten:

1. Hoch- und Tieffach;
2. Hochfach;
3. Tieffach.

Bei dem Hoch- und Tieffach, Fig. 24, wird der 1. Schaft gesenkt, der 2. gehoben, bei dem Hochfach, Fig. 25, wird der 2. Schaft gehoben, während der 1. ohne Bewegung bleibt, bei dem Tieffach wird der 1. Schaft gesenkt, während der 2. in der Ruhelage verharrt.

Fachbildungsvorrichtungen.

Die mechanischen Vorrichtungen, welche die Bewegung der Kettenfäden aus ihrer Ebene bewirken, heißen Fachbildungsvorrichtungen. In der Handweberei kommen zumeist drei Arten in Anwendung:

1. Vorrichtung mit Welle,
2. » mit Kontermarsch,
3. » mit Schaftmaschine.

Welle.

Die Fig. 22, 27, 28 sollen zur Erläuterung dieser Vorrichtung beitragen. Auf den oberen Querriegeln *B* des Stuhlgestelles liegt eine Überlage *Ü*, von welcher zwei Seitenhölzer auslaufen. Zwischen den Seitenhölzern ist eine Holzwelle *W* drehbar gelagert. Um diese Welle legt man zu beiden Seiten einen Gurt oder Riemen *G* und verbindet die an den Gurtenden befestigten Schnuren 4 mit den auf den oberen Schaftstäben angebrachten Strupfen 1.

Die Schäfte sind unterhalb mit den Querhebeln H_1, H_2 und letztere mit den Tritten T_1 T_2 durch Schnuren und Strupfen [1]) verbunden. Wird nach der Fig. 28 auf den ersten Tritt getreten, so ergibt dies ein Tiefziehen des 1. und Heben des 2. Schaftes. Beim Treten des 2. Trittes, Fig. 22, geht der 2. Schaft tief und der 1. hoch. Diese Vorrichtung kann vermöge der zwangsweisen Bewegung der Schäfte, das Tiefziehen des einen Schaftes bedingt das Heben des anderen, nur bei zweiteiligen Fadenverbindungen Verwendung finden. Die Fig. 27 macht die Vorrichtung vom Standpunkte des Webers, die Fig. 28 von der Seite ersichtlich. Fig. 22 ergibt eine perspektivische Ansicht. Die Vorrichtung ist in der Fig. 27 in der Ruhelage (geschlossenes Fach), in der Fig. 22 und 28 beim Treten des 2. beziehungsweise 1. Trittes (offenes Fach) gezeichnet.

Kontermarsch oder Hebevorrichtung.

Um das Heben und Tiefziehen der Schäfte voneinander unabhängig zu machen, verwendet man den in Fig. 30 dargestellten Kontermarsch. Die

[1]) Eine Strupfe ist eine durch einen Knoten geschlossene doppelte Schnur, welche zur Verbindung mit einer doppelten offenen Schnur dient. Die Verbindung erfolgt nach Fig. 29, damit ein Anziehen oder Nachlassen möglich ist.

FACHBILDUNGSVORRICHTUNGEN.

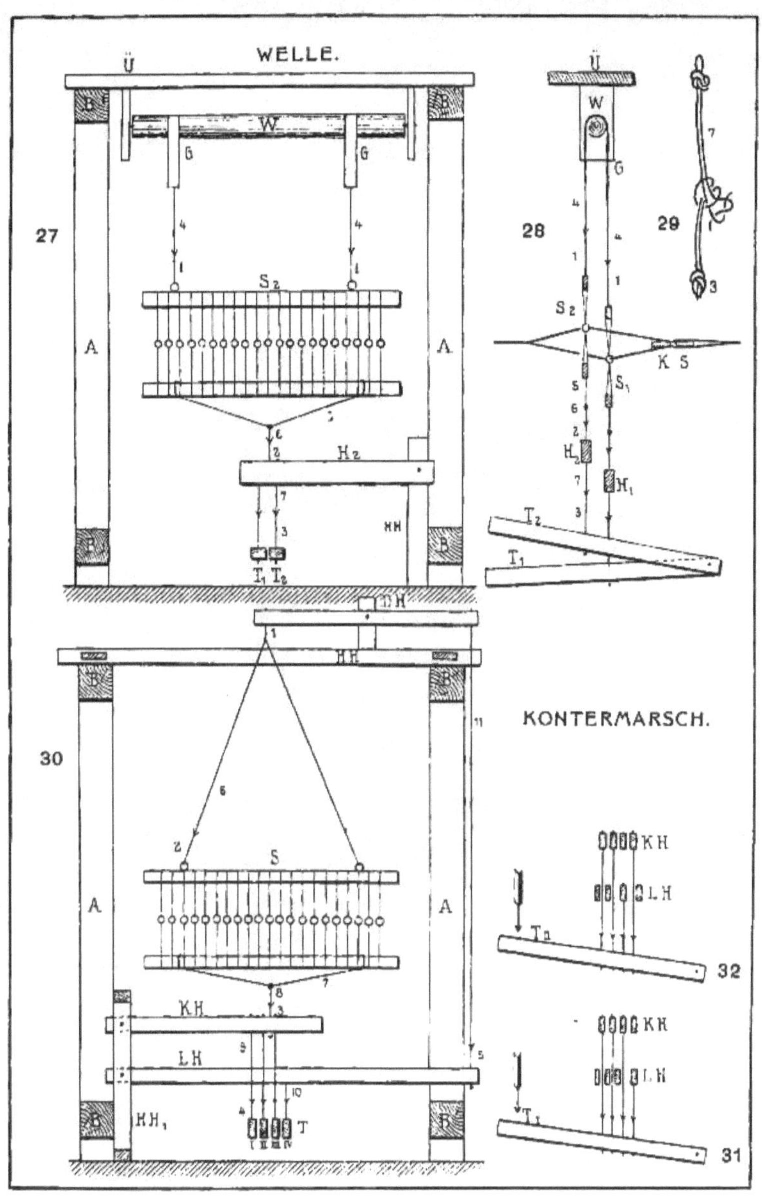

IV.

Schäfte S sind oberhalb durch Strupfen 1 und 2 und doppelte Bogenschnuren 6 mit den doppelarmigen Hebeln DH verbunden. Jedem Schafte entspricht ein Hebel DH. Unterhalb erfolgt eine Verbindung der Schäfte mit den einarmigen Hebeln KH durch entsprechende Schnüre. Jedem Schafte entspricht ein Hebel KH. Die Hebel LH sind einarmig. Jedem Schafte entspricht ein Hebel LH. Dieselben stehen mit den oberhalb der Schäfte befindlichen Hebeln DH durch Schnuren 11 und Strupfen 5 in Verbindung. Ein Tiefziehen des Hebels LH bedingt ein Tiefziehen des äußeren Endes von DH und dies ein Heben des inneren Endes, beziehungsweise ein Heben des damit verbundenen Schaftes. Die Hebel LH und KH sind mit den Tritten verbunden. Durch das Treten auf den Tritt wird der mit denselben verbundene Hebel LH oder KH tiefgezogen. Ein Tiefgehen des Hebels LH bewirkt ein Heben, ein Tiefgehen des Hebels KH ein Senken des damit verbundenen Schaftes. Bei dem dargestellten Kontermarsche arbeiten also drei Hebelsysteme, welche sich in ihrer Wirkungsweise ergänzen. Ist z. B. ein Tritt nach Fig. 31 mit den Querhebeln KH und LH verbunden, so wird dadurch ein Heben des 1. und ein Tiefziehen des 2., 3. und 4. Schaftes erfolgen, da die 1. Trittstrupfe mit dem 1. Hebel LH, die 2., 3. und 4. mit dem 2., 3. und 4. Hebel KH verbunden ist. Die Verbindung des Trittes, Fig. 32, mit den Querhebeln KH und LH bedingt ein Heben des 2. und Tiefziehen des 1., 3. und 4. Schaftes. Die Angabe der Verbindung der Tritte mit den Querhebeln KH und LH heißt man Schnürung und wird diese in dem Kapitel »Anschnürung« erklärt werden.

Denkt man sich bei der Vorrichtung, Fig. 30, die Hebel KH weg, so kann bei einer Verbindung der Tritte mit den Hebeln LH nur eine Schafthebung erfolgen. Eine derartige Anordnung heißt Kontermarsch für Aufzug oder Vorrichtung für Hochfach. Damit die gehobenen Schäfte nach Auslassen des Trittes wieder in ihre Ruhelage zurückkehren, belastet man diese durch angehängte Gewichte oder man verbindet die unteren Schaftstäbe durch Schnuren mit am Fußboden angebrachten Spiralfedern.

Will man die Vorrichtung, Fig. 30, nur für Tieffach einrichten, so läßt man die Hebel LH weg und verbindet die Tritte nur mit den Hebeln KH. Das Zurückspringen der gesenkten Schäfte nach dem Auslassen des Trittes in die Ruhelage erfolgt durch Belastung der äußeren Hebelenden DH durch Gewichts- oder Federzug.

In der mechanischen Weberei erfolgt das Treten der Tritte durch Exzenter, welche auf einer Welle sitzen. Durch die Umdrehung dieser Welle wirken die erhöhten Teile der Exzenter auf die Tritte in ähnlicher Weise wie die Füße des Handwebers. Exzenter sind unrunde Scheiben, welche nach der Anzahl der Schäfte vorhanden sein müssen. Während man in der Handweberei durch einen Tritt mehrere Schäfte bewegen kann, braucht man in der mechanischen Weberei für jeden Schaft einen Tritt.

Schaftmaschine.

Die Bewegung der Schäfte erfolgt auch durch die Schaftmaschine. Man verwendet diese zu Geweben, bei welchen man mit den bis jetzt besprochenen Vorrichtungen nicht mehr ausreicht. Aus der schematischen Darstellung, Fig. 33, soll die Einrichtung und die Wirkungsweise der einfachsten Schaftmaschine erklärt werden:

16 32 nasenförmige Holzteile *P*, Platinen genannt, stehen hintereinander auf einem Brette *PB*, dem Platinenboden. Am Fuße jeder Platine befindet sich eine Schnur, welche durch das Loch eines Brettes *PB*, Platinenboden genannt, gezogen wird. Der Platinenboden hat so viele Löcher in einer Längsreihe, als Platinen in der Maschine vorhanden sind. Damit die Platinen senkrecht auf dem Platinenboden stehen und man dieselben seitlich verschieben kann, sind sie mit einem wagrecht liegenden Eisendrahte *N*, Nadel genannt, in Verbindung. Die Nadel hat in der Mitte eine Umbiegung, zwischen welcher die Platine steht. Die Nadeln gehen links durch ein gelochtes Brett *NB*, das Nadelbrett, und sind rechts in einem Kasten *FK*, dem Federkasten, gelagert. Wird auf eine aus dem Nadelbrette zirka 1 *cm* herausragende Nadel ein Druck ausgeübt, so erfolgt eine Schrägstellung der Platine. Damit nach Aufhören des Druckes die Nadel und somit auch die Platine in die frühere Lage zurückkehrt, ist am rechten Ende der Nadel ein Spiralfederchen *F* angeordnet. Die Schäfte *Sch* sind durch Schnuren mit den Platinen verbunden. Jedem Schafte entspricht eine Platine. Unter den Nasen der Platinen befindet sich ein schrägstehendes Lineal *M*, Messer genannt. Dasselbe ist in einem Kasten, dem Messerkasten, gelagert und letzterer durch Zugbänder *Z* mit dem Hebel *DH* in Verbindung. Mit dem doppelarmigen Hebel *DH* ist auch der Tritt *T*, durch Schnuren verbunden. Ein Treten des Trittes bewirkt, wie aus der Verbindung ersichtlich ist, ein Heben des Messerkastens mit dem Messer, ein Auslassen des Trittes, ein Zurückkehren in die Ruhelage. Ein weiterer Bestandteil der Schaftmaschine ist das Prisma *Pr*. Dasselbe ist vierkantig und hat auf jeder Seite so viele Löcher in einer Längsreihe, als Platinen, respektive Nadeln in der Maschine vorhanden sind. Das Prisma erhält durch entsprechende Mechanismen eine seitliche Bewegung. Beim Heben des Messers *M* entfernt es sich vom Nadelbrette, beim Zurückgehen des Messers schlägt es an dasselbe.

Legt man auf das Prisma, Fig. 35, ein Pappendeckelblatt, Karte genannt, welches ebenso viele genau so angeordnete Löcher wie das Prisma besitzt, so werden beim Anschlagen des Prismas an das Nadelbrett alle Nadeln der Maschine durch die Löcher der Karte in die Löcher des Prismas eindringen. Es verbleiben dadurch alle Nadeln in der ursprünglichen Lage und somit auch die

SCHAFTMASCHINE.

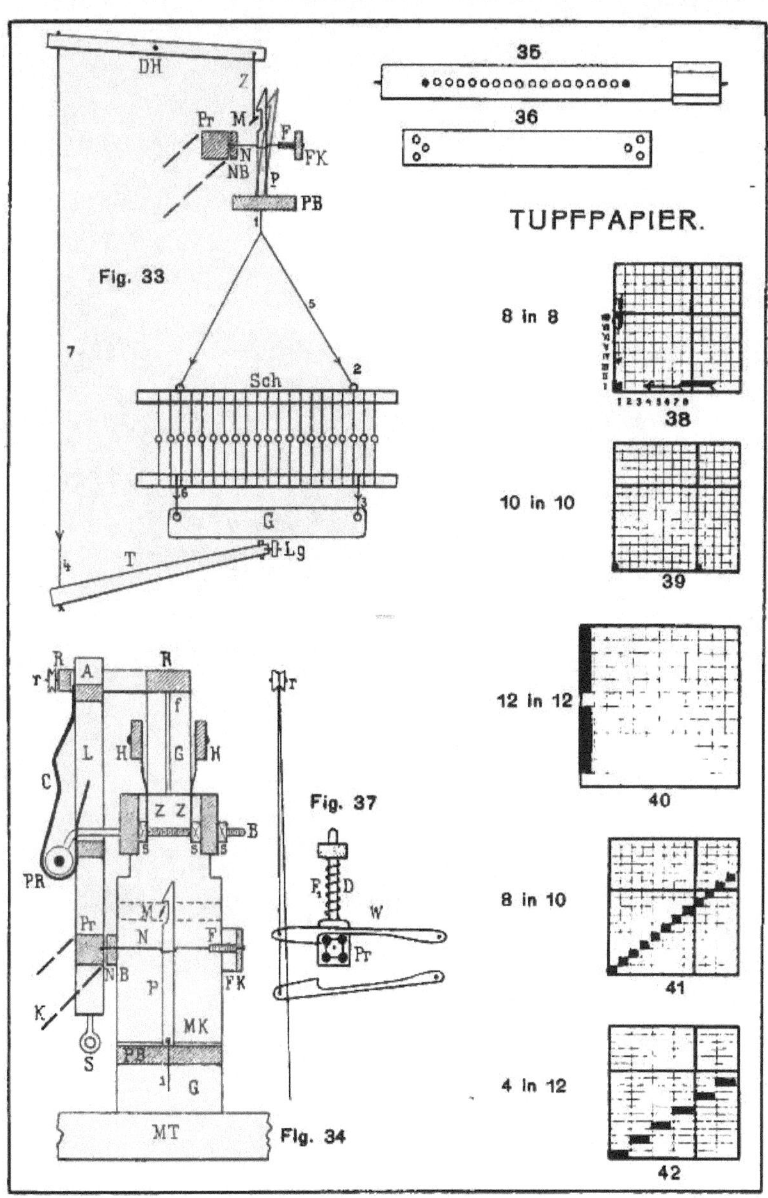

V.

Platinen. Da die Nasen der Platinen genau über den Messer stehen, so werden beim Aufwärtsbewegen des Messers alle Platinen mit in die Höhe gezogen. Jeder Platine entspricht ein Schaft, welcher die Bewegung der Platine mitmachen muß. Legt man auf das Prisma ein nach Fig. 36 ungelochtes Kartenblatt, so müssen durch den Anschlag des Prismas an das Nadelbrett sämtliche Nadeln nach rechts geschlagen werden, was eine Schrägstellung (rot) der Platinen nach derselben Seite bedingt. Wird nun das Messer nach aufwärts bewegt, so gleitet es an den Nasen der Platinen vorbei, die Platinen und Schäfte bleiben deshalb in der Ruhelage.

Denkt man sich nun das Kartenblatt abwechselnd mit Löchern und vollen Stellen versehen, so erfolgt dadurch beim Anschlagen des Prismas an das Nadelbrett ein Seitwärtsbewegen und ein in Ruheverharren der Nadeln, respektive Platinen. Ein Loch in der Karte bewirkt eine Schafthebung, eine ungelochte Stelle, eine Schaftruhe. Damit nach Auslassen des Trittes die gehobenen Schäfte wieder in die Ruhelage zurückkehren, belastet man dieselben durch angehängte Gewichte oder bringt sie mit am Fußboden angebrachten Spiralfedern in Verbindung.

Die Schaftmaschine besteht laut der Fig. 33—37 aus folgenden Teilen:

1. Das Grundgestell.

Dasselbe besteht aus zwei Gestellwänden *G*, den Verbindungsriegeln *R*, der Maschinentrage *MT* und dem Platinenboden *PB*.

2. Der Messerkasten.

Derselbe bewegt sich vertikal zwischen den beiden Gestellwänden *G*. Er dient zur Lagerung und Bewegung des Messers und zur Führung der Prismalade. Zu letzterem Zwecke geht durch denselben ein Eisenstab *B*, Bolzen genannt, welcher an seinem linken Ende eine Rolle *PR* trägt.

3. Die Platinen *P* mit den Platinenschnuren 1.

Anstatt Holzplatinen kommen auch hakenförmig gebogene Drahtplatinen zur Verwendung.

4. Die Nadeln *N*.

5. Die Prismalade

Dies ist ein bei *A* schwingend angeordneter Rahmen. Er trägt eine gebogene Eisenschiene *C*, Kulisse genannt, und dient zur Unterbringung und Bewegung des Prismas.

6. Das Prisma.

Dieses hat außer den Musterlöchern auf jeder Seite zwei Holzzapfen, welche zum Auflegen und Spannen des Kartenblattes dienen.

Die seitliche Bewegung des Prismas besorgt die Prismalade, die drehende die Wendehaken. Damit ein abwechselndes Wirken der aufeinander folgenden Kartenblätter möglich ist, muß sich das Prisma drehen. Das Drehen des Prismas wird durch zwei an der vorderen Gestellwand befindliche Wendehaken *W*, Fig. 37, bewirkt. Zu diesem Zwecke hat das Prisma, Fig. 35, auf der vorderen Seite einen Beschlag von vier eisernen Stäbchen, Laterne genannt. Durch das Auswärtsbewegen der Prismalade dreht der auf der Laterne liegende obere Wendehaken das Prisma um ein Viertel. Damit das Wenden nicht über ein

Viertel stattfindet, hat man den mit einer Spiralfeder F, Fig. 57, versehenen Drücker D konstruiert, welcher sich streng auf die Laterne preßt. Der untere Wendehaken dient zum Rückwärtsarbeiten des Prismas. Zu diesem Zwecke macht man denselben durch Anziehen der über die Rolle r geführten Schnur aktiv, was ein Außerkraftsetzen des oberen Wendehakens bedingt.

7. Die Karten.

Dies sind Pappendeckelstreifen von entsprechender Länge und Breite des Prismas, in welche Löcher geschlagen (gestanzt) werden. Zu diesem Zwecke wird das Kartenblatt zwischen zwei genau wie das Prisma gelochte Metallplatten gelegt und nach einer Musterzeichnung mittels einer Stanze (Durchschlageisen) und eines Hammers durchlocht. Die zu einem Gewebe notwendigen Kartenblätter werden nach Fig. 167 gelocht und durch Schnüre vereinigt, so daß sie ein Band ohne Ende bilden.

8. Der Antrieb.

Die Inbewegungsetzung der Schaftmaschine erfolgt durch den Tritt T. Derselbe ist durch Schnur 7 und Strupfe 4 mit dem Hebel DH, dieser mit den Zugbändern Z und letztere mit dem Messerkastenbolzen B verbunden. Ein Treten des Trittes bewirkt ein Heben des Bolzens, respektive des Messerkastens mit dem Messer. Da die Kulisse einwärtsgebogen ist und die Rolle PR bei ihrer Aufwärtsbewegung infolge der Unnachgiebigkeit des Bolzens B nicht den Weg nehmen kann, welchen die Form der Kulisse vorschreibt, so muß die Kulisse nachgeben und eine seitliche Bewegung ausführen. Durch die seitliche Bewegung der Kulisse wird eine seitliche Bewegung der mit derselben verbundenen Prismalade und des Prismas bewirkt. Hört die Kraft zu wirken auf, was durch Auslassen des Trittes T erfolgt, so fällt der Messerkasten in die ursprüngliche Lage, die Rolle bewegt sich in der Kulisse nach abwärts, wodurch die Prismalade, respektive das Prisma gegen das Nadelbrett geschlagen wird.

Die besprochene Schaftmaschine findet Verwendung in der Handweberei. In der mechanischen Weberei verwendet man andere unterschiedlich wirkende Schaftmaschinensysteme.

Schußspule. Schützen.

Das Schußgarn muß, wenn es nicht von der Spinnerei in Garnkörpern (Pinkops, Canetten), sondern in Strähnen (Bündelgarn) geliefert wird, durch Spulmaschinen auf Spulen gebracht werden. Die mit Garn gefüllte Spule wird auf die Spindel des Webschützens gesteckt.

Der Webschützen ist das Gehäuse des Spulens. Man unterscheidet Hand- und Schnellschützen. Der erstere wird vom Weber mit der Hand durch das Fach geworfen (Fig. 14), während der letztere durch eine Treibervorrichtung durch das Fach getrieben wird. Fig. 21 stellt einen Schnellschützen mit der eingelegten Spule dar. Damit der Faden von der Spule gut abläuft, wird er durch ein Auge der vorderen Schützenwand gezogen.

Weblade.

Die Weblade L (Fig. 22) ist ein auf den oberen Querriegeln an zwei Stützpunkten aufgehängter, frei schwingender Rahmen, welcher zur Aufnahme und Bewegung des Kammes dient. Die Lade besteht aus zwei außerhalb der Kette befindlichen Ladearmen, welche oben durch die Ladenschwinge und unten durch das Ladenklotz verbunden sind.

Auf dem Ladenklotze befindet sich eine Nut, in welche der Kamm gesetzt ist. Damit der Kamm auch nach oben feststeht, dient der ebenfalls mit einer Nut versehene verschiebbare Ladendeckel. Vor dem Kamme befindet sich auf dem Ladenklotze die Schützenbahn, welche, damit ein darauf laufender Schützen nicht abgleiten kann, gegen den Kamm etwas geneigt ist. Man unterscheidet, je nachdem der Schützen mit der Hand oder durch eine Vorrichtung mechanisch bewegt wird, Hand- und Schnelladen. Fig. 22 stellt eine Handlade dar. Bei der Schnellade befindet sich zu beiden Seiten der Schützenbahn mindestens ein Schützenkasten. In dem Schützenkasten befindet sich auf einer Spindel der Webervogel oder Picker, welcher zum Durchwerfen des Schützens dient.[1])

Das Weben.

Der Weber sitzt auf der Sitzbank und tritt (nach Fig. 22) mit dem rechten Fuße auf dem rechten Tritt, während der linke Fuß leise den linken Tritt berührt. Durch das Treten des rechten Trittes wird der zweite Schaft nach abwärts, der erste nach aufwärts bewegt. In das dadurch entstandene Fach wird, nachdem der Weber die Weblade mit der linken Hand hinausgeschoben hat, der Schützen von der rechten Seite auf die linke geworfen. Nachdem der Schützen auf der rechten Seite angekommen ist, tritt der Weber um, d. h. er tritt mit dem linken Fuße den linken Tritt nieder und hebt den rechten Fuß, wodurch der rechte Tritt in die Höhe kommt. In demselben Momente[2]) oder etwas früher führt der Weber die Lade mit der linken Hand einwärts, was ein Anschlagen des Schusses durch den Kamm ergibt. Durch das Treten des linken Trittes geht der 1. Schaft tief, der 2. hoch und wird in dieses Fach wieder der Schuß eingetragen. Durch das abwechselnde Treten der beiden Tritte und Einlegen des Schusses wird das Gewebe gebildet.

[1]) Ist das Gewebe dem Schusse nach durch Farben gemustert, so verwendet man Laden, welche auf einer oder auf beiden Seiten mehrere Schützenkasten haben. Diese Kasten oder Zellen sind in der Handweberei übereinander liegend angeordnet, in der mechanischen Weberei übereinander oder kreisförmig gelagert; erstere heißt man Steig- oder Hubkasten, letztere Revolverkasten. Sind auf einer Seite mehrere, auf der anderen nur ein Schützenkasten angeordnet, so kann man nur Muster mit geraden Schußzahlen weben, während man bei Laden, welche auf beiden Seiten mehrere Kasten haben, gerad- und ungeradzahlige sowie auch Muster mit mehr Farben erzeugen kann. Man bezeichnet erstere als Laden mit einseitigem, letztere als Laden mit zweiseitigem Wechsel.

[2]) Schlägt der Weber die Lade bei offenem Fache an das Gewebe, so wird der Schuß im gestreckten Zustande angeschlagen, weshalb er im Gewebe weniger ersichtlich

Spannstab oder Breithalter.

Durch das gespannte Eintragen des Schusses wird die Ware schmäler werden als die im Kamme eingezogene Kette. Um dieses und das dadurch verursachte Verbiegen der Endrohre des Kammes teilweise zu vermeiden, verwendet man einen Spannstab oder Breithalter. Derselbe besteht laut Fig. 14, *BH*, aus zwei durch eine Spindel vereinigten verstellbaren Leisten. Die äußeren Enden dieser Leisten sind mit spitzen Nadeln besetzt, damit man diese in den Rand des Gewebes einsetzen kann, um dasselbe sozusagen breitzuhalten. Damit der Spannstab nach dem Einsetzen, welches hinter den zuletzt eingetragenen Schüssen erfolgt und welches von Zeit zu Zeit ein Fortrücken bedingt, nicht aufklappt, dient der rechts von der Spindel befindliche Vorleger.

Bindung, Bindungslehre.

Bindung ist der Allgemeinbegriff für die Verkreuzung der Kettenfäden mit den Schußfäden. Unter Bindungslehre versteht man die Lehre der Gesetze über die Verbindungen der Kettenfäden mit den Schußfäden.

Die Darstellung der Bindung eines Gewebes erfolgt durch einfache Vergrößerung der Verflechtung (Fig. 43) oder durch Übertragung der Fadenhebungen auf ein quadratisch liniertes Papier (Fig. 44).

Tupf-, Muster-, Catarigat- oder Patronenpapier.

Man versteht darunter ein Papier, welches senkrecht und wagrecht so liniert ist, daß kleine kongruente Quadrate oder Rechtecke gebildet werden Um einerseits ein schnelles Zählen der Zwischenräume zu ermöglichen, anderseits die Längszwischenräume zu den Querzwischenräumen in ein bestimmtes Verhältnis zu bringen, hat das Papier außer der feinen Liniatur eine starke, große Quadrate bildende Einteilung.[1]) Nach der Anzahl Teile, welche ein großes Quadrat der Breite und Höhe nach enthält, wird das Papier benannt. Hat ein Quadrat z. B. 8 Teile in der Breite und 8 Teile in der Höhe, so heißt dies 8 in 8, bei 10 Teilen 10 in 10 Tupfpapier. Bei dem Tupfpapier gelten die Längszwischenräme 1—8, Fig. 38, als Kettenfäden die Querzwischenräume I—VIII als Schußfäden. Die Einteilung des Tupfpapiers wird nach der Dichte der Kettenfäden zu den Schußfäden bestimmt. Aus diesem Grunde

sein wird als die Kette. Schlägt der Weber aber bei geschlossenem oder gekreuztem Fache die Lade an die Ware, so wird der Schußfaden mehr hervortreten, das Gewebe wird inniger verbunden und dicker.

[1]) Man benennt ein großes Quadrat auch häufig eine Dizaine, fälschlich Schenie. Dizaine ist eigentlich nur bei einer Einteilung in zehn richtig.

muß es verschiedene Einteilungen geben. Es gibt z. B. 8 in 8, 10 in 10, 12 in 12, 4 in 12, 4 in 14, 4 in 16, 4 in 18, 4 in 20, 8 in 6, 8 in 7, 8 in 9, 8 in 10, 8 in 11, 8 in 12, 8 in 13, 8 in 14, 8 in 15, 8 in 16, 8 in 18, 8 in 20 etc. Tupfpapier. Gleichteiliges Papier nennt man jenes, wo die Einteilung der großen Quadrate der Breite und Höhe nach gleichmäßig erfolgt. In der Schaftweberei verwendet man fast stets gleichteiliges Tupfpapier, da die Dichte der Kette und des Schusses zur Darstellung der Bindungen nicht maßgebend ist. Anders ist dies in der Jacquard- oder Gebildweberei. Dort muß die Einteilung des Tupfpapieres, worauf die Zeichnung gefertigt wird, genau mit den Dichten des Gewebes übereinstimmen, wenn Ware und Zeichnung dasselbe Bild geben sollen.

Tupfen.

Das Übertragen der Gewebeverflechtung auf das Tupfpapier heißt man »Tupfen«. Um die Gewebebindung darzustellen, muß man durch Ausfüllen von Quadraten angeben, wo die Kettenfäden auf den Schußfäden liegen. Die getupften Quadrate entsprechen in diesem Falle obenliegender Kette, die weißen Quadrate obenliegendem Schusse. Zum Ausfüllen der Quadrate verwendet man Haarpinsel und Aquarellfarben. Dasselbe hat so zu erfolgen, daß das Quadrat mit einem Pinselzuge ausgefüllt ist. Als erster Kettenfaden gilt stets der erste linke senkrechte Zwischenraum, roter Pfeil, Fig. 38, als erster Schußfaden der unterste wagrechte Zwischenraum des Tupfpapiers, schwarzer Pfeil.

Bindpunkt, Flottungen.

Die Kreuzungsstelle bei der Verbindung eines Kettenfadens mit einem Schußfaden bezeichnet man als Bindpunkt. Man unterscheidet, je nachdem bei der Verbindung der Kettenfaden auf dem Schußfaden oder der Schußfaden auf dem Kettenfaden liegt, Ketten- und Schußbindpunkte. Die Kettenbindpunkte werden durch Ausfüllung der Kreuzungsquadrate mit roter Farbe ersichtlich gemacht, während die Schußbindpunkte gewöhnlich ungetupft (Weiß) bleiben. Liegt z. B. der erste Kettenfaden auf dem ersten Schußfaden, so wird dies nach Fig. 38 durch Ausfüllen des betreffenden Kreuzungsquadrates ersichtlich gemacht. Dieses rote Quadrat repräsentiert einen Kettenbindpunkt.

Liegt ein Faden des einen Fadensystems über mehrere Fäden des anderen Fadensystems frei, so bezeichnet man dieses freiliegende Fadenstück als Flottung. Man unterscheidet, je nachdem die Kette über mehrerere Schüsse oder der Schuß über mehrere Kettenfäden flott oder frei liegt, Kettenflottungen und Schußflottungen. Bei der Fig. 39 (10 in 10 Tupfpapier) liegen der 1. und 11. Kettenfaden auf dem 1. Schusse, was durch Ausfüllen der Kreuzungsquadrate 1. Kettenfaden mit 1. Schusse und 11. Kettenfaden mit 1. Schusse dargestellt ist. Der 1. Schußfaden liegt demgemäß über dem 2., 3., 4., 5., 6., 7., 8., 9. Kettenfaden flott oder frei, weshalb man diese Stelle als Schußflottung bezeichnet.

Bei der Fig. 40 (12 in 12 Tupfpapier) liegt der 1. Kettenfaden über dem 2., 3., 4., 5., 6. Schusse flott, weshalb man diese Stelle Kettenflottung heißt.

Bindungsgrat.

Bringt man Bindpunkte in eine schräge Lage (zusammenhängend Fig. 40, steigend Fig. 41), so entsteht eine Tupfenreihe oder ein Bindungsgrat.

Bindungsarten.

Bindungen gibt es unzählige. Man unterscheidet:

1. Grundbindungen: Leinwand, Köper, Atlas.
2. Abgeleitete Bindungen, das sind solche, welche man aus den Grundbindungen entwickeln kann.

Grundbindungen.

A. Leinwand- oder Taftbindung.

Bei dieser sind die Bindpunkte wie die Felder eines Schachbrettes verteilt, d. h. es ist immer ein Quadrat ausgefüllt, während das benachbarte weiß bleibt.

B. Köperbindung.

Die Bindpunkte laufen hier in einer zusammenhängenden diagonalen Richtung.

C. Atlasbindung.

Bei dieser Bindungsart laufen die Bindpunkte in einer schrägen, nicht zusammenhängenden, sondern bloß steigenden Richtung.

Fig. 1 Leinwandgewebe.
» 43 Leinwandbindung, dargestellt nach der Art der Verflechtung.
» 44 Leinwandbindung, ausgeführt auf dem Tupfpapier:
a) Längsschnitt des Gewebes,
b) Querschnitt des Gewebes.

Fig. 2 Köpergewebe.
» 45 Köperbindung nach Art der Verflechtung;
46 Köperbindung auf dem Tupfpapier:
a) Längsschnitt,
b) Querschnitt.

DIE DREI GRUNDBINDUNGEN.

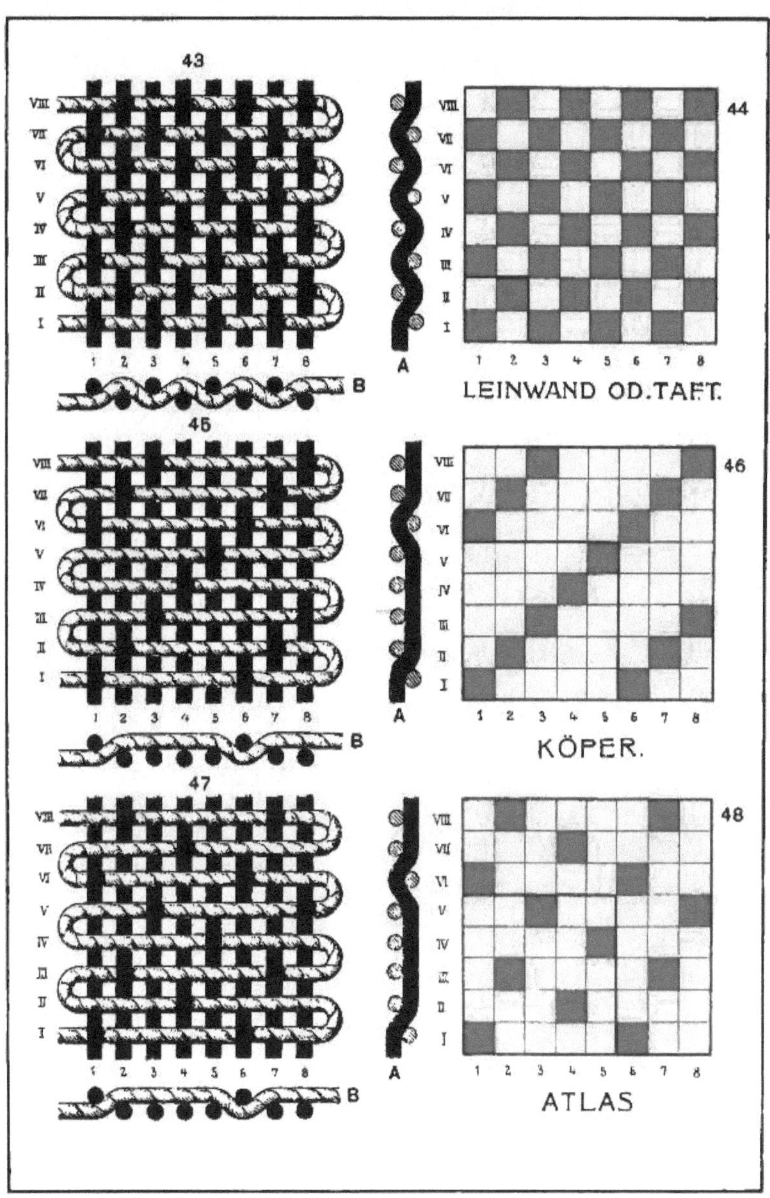

VI.

Fig. 3 Atlasgewebe.
» 47 Atlasbindung nach Art der Verflechtung;
» 48 Atlasbindung auf dem Tupfpapier:
a) Längsschnitt,
b) Querschnitt.

Bei den Fig. 43—48 ist die Kette rot, der Schuß weiß angeordnet. Die arabischen Ziffern numerieren die Kettenfäden, die römischen die Schußfäden. Die Darstellung der Bindung nach den Fig. 43, 45, 47 ist für den Laien bedeutend verständlicher als die der Fig. 44, 46, 48. Nachdem aber die erste Versinnbildlichung zu zeitraubend ist, kommt mit wenig Ausnahmen in der Praxis nur die zweite Methode in Anwendung.

Bindungsrapport.

Die Fadenzahl bis zur Wiederholung der Bindung heißt man Rapport. Der Rapport besteht aus einer Gruppe verschiedenbindiger Ketten- und Schußfäden, welche sich in der ganzen Länge und Breite des Gewebes regelmäßig wiederholen. Man unterscheidet einen Ketten- und einen Schußfadenrapport. Zur Aufsuchung des Kettenfadenrapportes nimmt man von der Bindung den ersten Kettenfaden, d. i. der äußerste links, und sucht, wo sich dieser genau wiederholt, d. h. wo ein Kettenfaden genau so bindet wie der erste. Bei der Fig. 44 liegt der 1. Kettenfaden einmal auf dem Schusse (rotes Quadrat), einmal unter dem Schusse (weißes Quadrat) usw. Der 2. Kettenfaden liegt einmal unter dem Schusse und einmal über dem Schusse usw., ist demnach anders wie der 1. Kettenfaden. Der 3. Kettenfaden bindet genau so wie der 1. und der 4. genau so wie der 2. Kettenfaden, weshalb der Kettenrapport zwei Fäden hat.

Bei der Rapportbestimmung ist genau zu beachten, daß sich nicht nur ein Faden, sondern alle regelmäßig wiederholen. Nimmt man z. B. die Bindung der Fig. 70, so findet man, daß der 17. und 21. Kettenfaden genau so wie der 1., d. h. einmal unter dem Schusse, zweimal auf dem Schusse, dreimal unter dem Schusse, zweimal auf dem Schusse usw. liegt, daß aber trotzdem die Wiederholung der Bindung erst nach dem 24. Kettenfaden beginnt, weil der 18., 19. etc. Kettenfaden nicht gleich mit dem 2., 3. etc. binden. Beim Aufsuchen des Schußfadenrapportes verfährt man in derselben Weise, nur daß man schußfadenweise vorgeht.

Bindig und schäftig.

Dieses sind Bezeichnungen, welche sich auf die Fadenzahl des Ketten- und Schußrapportes beziehen. Hat eine Bindung gleiche Fadenzahl im Ketten- und Schußrapporte, so sagt man bindig, ist dies nicht der Fall, schäftig. So ist z. B. die Bindung Fig. 65 : 2 bindig, Fig. 68 : 4 bindig, Fig. 168 : 6 schäftig.

Werk. Zeug oder Geschirr.

Die Anzahl der Schäfte, welche man zu einer Bindung braucht, richtet sich nach der Anzahl der Kettenfäden des Rapportes. Bei der Leinwandbindung, Fig. 44. hat der Rapport zwei, bei der Köperbindung, Fig. 46, fünf Kettenfäden, weshalb man zum Weben dieser Bindungen zwei und fünf Schäfte braucht. Durch die Zusammenstellung der zu einer Bindung notwendigen Schäfte entsteht das sogenannte Zeug, Werk oder Geschirr. Braucht man zu einer Bindung z. B. vier Schäfte, so bilden diese vier Schäfte ein Werk oder Zeug.

Vermehrung und Verminderung der Schäfte.

Häufig kommt es vor, daß man beim Weben mehr oder weniger Schäfte verwendet, als die Fadenzahl des Kettenrapportes beträgt. Leinwandgewebe webt man meistens mit vier Schäften, weil bei zwei Schäften zu viel Helfen auf einen Schaft kommen, was eine Überlastung des Schaftes beim Bewegen der eingezogenen Kette ergibt. Eine Verminderung von Schäften kann erfolgen, wenn sich Kettenfäden im Rapporte wiederholen. Bei der Fig. 70 bindet z. B.

der	1.	Kettenfaden	wie	der	17.	und	21.,
»	2.	»	»	»	22.	»	24.,
»	3.	»	»	»	7.	»	23.,
»	4.	»	»	»	6.	»	8.,
»	5.	»	»	»	9.	»	13.,
»	10.	»	»	»	12.	»	14.,
»	11.	»	»	»	15.	»	19.,
»	16.	»	»	»	18.	»	20.

Man ersieht daraus, daß eigentlich nur acht verschiedene Bewegungen der Kettenfäden vorhanden sind und benötigt deshalb auch nur 8 Schäfte, trotzdem der Rapport 24 Kettenfäden aufweist.

Einzugsarten der Kettenfäden in die Helfen.

Unter Einzug versteht man die Art und Weise, wie die Kettenfäden nacheinander folgend in die Helfen der Schäfte eingezogen sind. Dem Charakter der Bindung und der Eigenart des zu erzeugenden Gewebes zufolge kommen folgende Einzugsarten zur Verwendung:

I. Gerade Einzüge

Bei dieser Einzugsweise wird immer der nächstfolgende Kettenfaden in den nächstfolgenden Schaft gezogen; demnach kommt der 1. Kettenfaden in den 1. Schaft, der 2. in den 2., der 3. in den 3. usw. Ist man beim letzten Schafte angelangt, so fängt man wieder beim 1. an. In der Fig. 49 ist ein gerader Einzug mit 8. Schäften dargestellt.

Die wagrechten Linien 1—8 versinnbildlichen die Schäfte, die senkrechten Linien die Kettenfäden, die Ringel an der Kreuzung der Kettenfäden mit den Schäften die Helfenaugen. Die zweifache Verbindung der Kettenfäden am Ende ergibt den Kammeinzug. Die starke wagrechte Linie unter den Schäften bestimmt den Fadenrapport.

II. Gesprungene, oder Atlaseinzüge

Bei dieser Gruppe erfolgt das Einziehen der nacheinander folgenden Kettenfäden nicht fortlaufend, sondern überspringend. So z. B. überspringt beim Einziehen in 5 Schäfte der nächstfolgende Kettenfaden immer 1 oder 2 Schäfte, bei 8 Schäften immer 2 oder 4 Schäfte. Die Fig. 50 stellt einen gesprungenen Einzug mit 8 Schäften dar. Diese Einzüge haben den Vorteil, daß sich die Kettenfäden vermöge der nicht zusammenhängenden Einzugsweise bei der Fachbildung weniger reiben und leichter teilen, jedoch den Nachteil, daß ungeübte Weber bei Fadenbrüchen oft Einzugsfehler verursachen.

Bei geraden und gesprungenen Einzügen nimmt man für jeden Kettenfaden des Bindungsrapportes einen Schaft. Die Zahl der Schäfte entspricht der Fadenzahl des Kettenrapportes.

Befinden sich im Kettenrapporte einer Bindung gleichbindende Fäden, so kann man durch die Beziehung aller gleichbindenden Kettenfäden in einem Schaft mit weniger Schäften sein Auskommen finden, als dies bei geradem Einzuge Bedingung ist. Man nennt derartige Einzüge vermöge der Schaftreduzierung:

III. Reduzierende Einzüge.

Bei diesen Einzügen wird die Schaftzahl nach den im Kettenrapporte voneinander verschieden bindenden Kettenfäden bestimmt. **Die geringste Schaftzahl, mit welcher man eine Bindung weben kann, entspricht der Zahl der verschiedenbindigen Kettenfäden des Rapportes.** Nach der äußeren Form dieser Einzüge unterscheidet man folgende Unterabteilungen:

1. Spitzeinzüge:
   a) Reine Spitzeinzüge Fig. 51,
   b) Gemusterte Spitzeinzüge Fig. 52,
   c) Unterbrochene Spitzeinzüge Fig. 53.
2. Wiederholende Einzüge Fig. 54.
3. Versetzte Einzüge Fig. 55.

4. Satzeinzüge[1]) Fig. 56.
5. Gratweise Einzüge Fig. 57 und 58.
6. Zerstreute oder formlose Einzüge Fig. 59.
7. Zusammengesetzte Einzüge[2]) Fig. 60.
8. Zwei- und mehrteilige Einzüge[3]) Fig. 61, 62 und 63.

IV. Mehrfache Einzüge

Bei diesen Einzügen wird die gesamte Kette oder nur ein Teil derselben durch zwei Helfenaugen geführt. Das erstere ist bei Damast, das letztere bei Drehergeweben der Fall. Die Fig. 64 versinnbildlicht einen Einzug für ein Drehergewebe und ist daraus ersichtlich, daß die schwarzen Kettenfäden durch ein Helfenauge, die roten aber durch zwei Helfenaugen gehen.

Anzahl der Tritte.

Die Anzahl der Tritte wird in der Handweberei ermittelt nach der Zahl der Schußfäden eines Bindungsrapportes. Bei der Leinwandbindung, Fig. 44, enthält der Schußrapport zwei Fäden, weshalb zum Weben auch zwei Tritte erforderlich sind. Eine Verminderung der Tritte kann erfolgen, wenn sich Schußfäden im Rapporte wiederholen. Bei der Fig. 71 beträgt der Schußrapport der Bindung 6 Schüsse. Da jedoch der 6. Schuß genau wie der 2. und der 5. genau wie der 3. Schuß bindet, kann man diese Bindung anstatt mit 6, auch mit nur 4 Tritten weben.

Das Treten der Tritte kann ein- oder zweibeinig erfolgen. Tritt der Weber die Tritte immer nur mit einem Fuße, so spricht man von einbeiniger oder einseitiger Trittweise, bearbeitet er diese mit beiden Füßen, von zweibeiniger Trittweise. Selbstverständlich wird durch die zweibeinige oder zweiseitige Trittweise eine größere Arbeitsleistung erzielt, weshalb man diese Manier, mit wenig Ausnahmen, in der Handweberei anwendet.

In der mechanischen Weberei kommt nur die einseitige Tretordnung in Betracht.

---

[1]) Satzeinzüge bestehen aus zwei oder mehreren Schaftpartien und erfolgt das Einziehen partienweise abwechselnd in die eine und andere Schaftabteilung.

[2]) Zusammengesetzte Einzüge bestehen aus zwei oder mehreren, in einer Schaftpartie nebeneinander angeordneten Einzugsarten.

[3]) Zweiteilige Einzüge nach Fig. 61 kommen bei Leinwandbindung vor, wenn man zur Fachbildung eine Wellenvorrichtung nimmt und mit 4 oder 6 Schäften arbeitet. Bei dieser Vorrichtung findet eine Zweiteilung der Schäfte statt und muß man demgemäß immer abwechselnd einen Faden in die erste Partie, einen Faden in die zweite Partie einziehen. Bei 4 Schäften zieht man 1, 3, 2, 4, bei 6 Schäften 1. 4, 2, 5, 3, 6 ein. Zwei- oder dreiteilige Einzüge nach den Fig. 62 und 63 kommen bei Geweben in Anwendung, welche aus 2 oder 3 Kettenfadensystemen bestehen.

SCHAFTEINZÜGE.

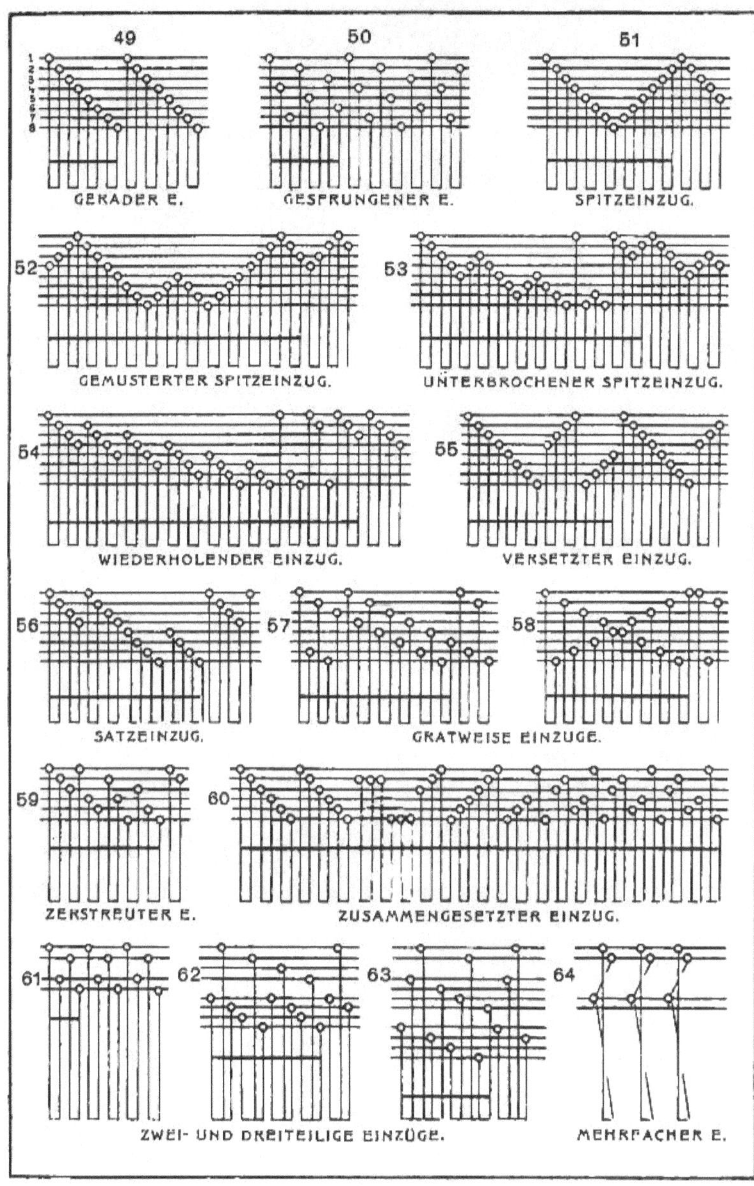

VII.

Trittweise oder Tretordnung.

Unter dieser versteht man die Angabe, wie die Tritte nacheinander folgend getreten werden. Man unterscheidet folgende Arten:

I. Gerade Trittweise.

Bei dieser Anordnung tritt man die Tritte der Numerierung gemäß vom ersten bis zum letzten gerade durch und fängt nach dem Treten des letzten Trittes wieder mit dem ersten an. Diese Trittweise wird angewendet, wenn man soviel Tritte nimmt, als der Schußrapport Fäden hat.

II. Reduzierende Trittweise.

Befinden sich im Schußrapporte einer Bindung gleichbindende Schußfäden, wie dies bei Fig. 71 bereits erwähnt wurde, so kann man diese durch einen Tritt zum Eintragen bringen. Das Treten der Tritte muß sich in diesem Falle genau nach den Wiederholungen richten. Man nennt derartige Anordnungen wegen der Trittereduzierung gegenüber der geraden Trittfolge reduzierende Trittweisen. **Die geringste Trittzahl einer Bindung entspricht im Handwebstuhle der Zahl der verschiedenbindigen Schußfäden eines Rapportes.**

Natürlich ist zu berücksichtigen, daß die Trittweise nicht zu schwierig ausfällt, weil letzteres oft Fehler in der Ware und schweres Treten verursacht, wodurch mehr Schaden als Nutzen entsteht. Es ist deshalb ratsam, in schwierigen Fällen lieber die Trittzahl nach dem Schußrapporte zu bestimmen und gerade durchzutreten, oder bei zu großer Trittzahl auf Schaftmaschine vorzurichten.

III. Doppelte Trittweise.

Bei dieser Trittweise werden zum Bilden des Faches zwei Tritte nacheinander folgend getreten. Dieselbe findet manchmal Verwendung bei dichten Wollstoffen und bei Wollstoffen, welche aus langhaarigem, faserigem Materiale erzeugt werden. Der Zweck ist die Bildung eines reinen Faches und schonende Teilung der oft zusammenhängenden Fäden. Der Vorteil besteht darin, daß sich die Verkreuzung bei jedem Tritt auf die Hälfte beschränkt. Diese zweifache Fachbildung kommt auch vereinzelnd in der mechanischen Weberei in Anwendung und wird als Doppelschlag bezeichnet. Die doppelte Trittweise findet ferner Verwendung bei Damast- und Piquégeweben.

Angabe der Schaftbewegung oder Anschnürung.

Unter dieser versteht man die Angabe der Schaftbewegung beim Treten der Tritte. Die Schäfte werden nach Fig. 23 durch wagrechte Linien 1 und 2, die Tritte durch senkrechte I und II dargestellt. An der Kreuzung der Schäfte

2*

mit den Tritten erfolgt, wie bereits bei den Fachbildungsvorrichtungen erwähnt, die Verbindung dieser Mechanismen durch Schnuren und Hebel. Aus diesem Grunde dient auch bei der bildlichen Darstellung diese Kreuzungsstelle zur Angabe der Schaftbewegung. Soll z. B. durch das Treten des 1. Trittes der 1. Schaft gesenkt, der 2. gehoben werden, so setzt man an der Kreuzung des 1. Schaftes mit dem 1. Tritte einen Ring, an der Kreuzung des 2. Schaftes mit dem 1. Tritte ein liegendes Kreuz. Das erste Zeichen gibt demnach Schaftsenkung, das letzte Schafthebung an. Gewöhnlich setzt man nur für die Hochgänge der Schäfte die Schnürungszeichen und nimmt die Kreuzungsstellen ohne Zeichen als Tiefgänge an. Bei der Vorrichtung mit Welle sollte man eigentlich nur die Tiefgänge zeichnen, da diese die Hochgänge bewirken.

Webschema oder Webertabelle.

Die schematische Darstellung, welche dem Weber Aufschluß über Bindung, Rapport, Schäfte, Tritte, Kettenfadeneinzug, Trittweise und Anschnürung, beziehungsweise Kartenmuster gibt, heißt Webschema, Webertabelle oder Weberzettel. Es ist dies nichts anderes als der Grundriß der Webvorrichtung.

Die Ausfertigung der Webertabelle kann auf verschiedene Weise erfolgen:

I. *a)* Man klebt die Bindung *B* auf die Tabelle und markiert durch stärkere Linien den Rapport,

b) man versinnbildlicht den Kettenbaum *K* durch eine wagrechte Linie über der Bindung,

c) man versinnbildlicht die Schäfte *S* durch wagrechte Linien unter dem Kettenbaume und numeriert dieselben durch Ziffern,

d) man versinnbildlicht die Tritte *T* durch senkrechte Linien, welche neben der Bindung auf die Schäfte gezogen sind,

e) man zieht senkrechte Linien, welche Kettenfäden darstellen, vom Kettenbaume auf die Bindung,

f) man bestimmt den Helfeneinzug durch Ringe an der Kreuzung der Kettenfäden mit den Schäften,

g) man numeriert die Tritte, indem man von dem 1. Schusse eine wagrechte Linie auf den 1. Tritt, von dem 2. Schusse eine Linie auf den 2. Tritt usw. zieht,

h) man setzt auf den Schnürungsplan *Sch*, d. i. die Kreuzung der Schäfte mit den Tritten, die Schnürungszeichen. Fig. 65.

II. Man läßt den Kettenbaum weg und zieht die Kettenfäden nur bis zum Helfenauge.

Man numeriert die Tritte durch Ziffern.

Man setzt auf der Schnürung nur Schafthebungszeichen. Fig. 66.

III. Man nimmt anstatt der einfachen Linien für Schäfte und Tritte doppelte und bestimmt die Zwischenräume dieser Linien als Schäfte, beziehungsweise Tritte. Die ausgefüllten Quadrate der Anschnürung ergeben Schafthebung. Fig. 67.

IV. Man verwendet das oben und rechts von der Bindung freigelassene Tupfpapier zur Bestimmung der Schäfte und Tritte. Hier gelten die wagrechten Zwischenräume über der Bindung als Schäfte, die senkrechten neben der Bindung als Tritte. Um Einzug und Tritte von der Bindung zu trennen, läßt man gewöhnlich zwischen Bindung und Einzug, und Bindung und äußerstem linken Tritte zwei oder vier Zwischenräume leer.

Die schwarzen Tupfen auf den Schäften ergeben den Kettenfadeneinzug, auf den Tritten die Trittfolge und an der Kreuzung der Schäfte mit den Tritten die Schafthebung.

Mitunter kommt es auch vor, daß man die Schäfte unter der Bindung darstellt, was jedoch dem Grundriß der Webweise zuwiderläuft.

Webertabelle Fig. 65.

Die Bindung ist Leinwand. Zu einem Rapporte gehören 2 Ketten- und 2 Schußfäden, weshalb 2 Schäfte und 2 Tritte erforderlich sind. Beim Einziehen in die Schäfte kommt der 1. Kettenfaden, welcher einmal unten, einmal oben bindet, in den 1. Schaft. Der 2. Kettenfaden, welcher einmal oben, einmal unten bindet, ist anderer Aushebung als der 1., weshalb er in einen anderen Schaft, in den 2. gezogen wird. Mit diesen 2 Kettenfäden ist der Einzug vollständig, da diese eine Wiederholung bilden. Alle folgenden Kettenfäden werden wie der 1. und 2. eingezogen. Um die Anschnürung, d. i. die Verbindung der Schäfte mit den Tritten zu besorgen, verfährt man folgend: Auf dem 1. Schuß ist der 2. Kettenfaden gehoben, dieser ist eingezogen in den 2. Schaft, folglich muß, da der 1. Schuß nach dem Treten des 1. Trittes eingetragen wird, an der Kreuzung des 2. Schaftes mit dem 1. Tritte ein Schnürungszeichen, welches die Schafthebung darstellt, gesetzt werden. Auf den 2. Schuß ist der 1. Kettenfaden gehoben. Der 1. Kettenfaden ist eingezogen in den 1. Schaft, der 2. Schuß wird nach dem Treten des 2. Trittes eingetragen, folglich muß an der Kreuzung des 1. Schaftes mit dem 2. Tritte ein Schnürungszeichen für den Hochgang gesetzt werden. Die Schaftsenkungszeichen werden auf der Schnürungsfläche durch Ringel bestimmt. Meist entfällt jedoch diese Einzeichnung, da alle noch leeren Schnürungsstellen diesen entsprechen.

Webertabelle Fig. 66.

Die Bindung ist Köper. Der Rapport hat 4 Ketten- und 4 Schußfäden. Nachdem jeder Ketten- und Schußfaden im Bindungsrapporte anders bindet, braucht man 4 Schäfte und 4 Tritte. Der Einzug ist ein gerader und ist die Trittweise einbeinig gerade angeordnet. Zur Ausführung der Anschnürung verfährt man folgend:

Auf dem 1. Schusse des Bindungsrapportes liegt der 1. Kettenfaden oben, der 2., 3. und 4. unten. Nachdem der 1. Kettenfaden in dem 1. Schafte eingezogen ist, muß dieser gehoben werden, was durch ein Schafthebungszeichen an der Kreuzung des 1. Schaftes mit dem 1. Tritt angedeutet wird. Auf dem 2. Schusse liegt der 2. Kettenfaden oben, der 1., 3. und 4. unten, weshalb auf den 2. Tritt an der Kreuzung des 2. Schaftes ein Schafthebungszeichen gesetzt werden muß. Auf dem 3. Schusse liegt der 3. Kettenfaden oben. Dieser ist eingezogen in den 3. Schaft, weshalb an der Kreuzung des 3. Schaftes mit dem 3. Tritte ein Schafthebungszeichen gesetzt wird. Auf dem 4. Schusse liegt der 4. Kettenfaden oben. Nachdem der 4. Kettenfaden in den 4. Schaft eingezogen ist, muß dieser Schaft gehoben werden, was durch die Einzeichnung eines Schafthebungszeichens an der Kreuzung des 4. Schaftes mit dem 4. Tritte erkennbar gemacht wird.

Webertabelle Fig. 67.

Die Bindung ist Köper. Der Rapport besteht aus 6 Ketten- und 6 Schußfäden. Nachdem jeder Ketten- und jeder Schußfaden im Rapport anders bindet, braucht man zur Ausführung 6 Schäfte und 6 Tritte. Der Einzug ist gerade. Die Trittweise ist gerade, zweibeinig angeordnet.

Auf dem 1. Schuß des Bindungsrapportes sind die Kettenfäden 1, 2, 3 gehoben. Der 1. Kettenfaden ist in den 1. Schaft, der 2. in den 2., der 3. in den 3. eingezogen, weshalb an der Kreuzung des 1. Trittes mit dem 1., 2. und 3. Schafte Hebungszeichen gesetzt werden müssen. Auf dem 2. Schusse sind die Kettenfäden 2, 3, 4 gehoben. Diese sind eingezogen in den 2., 3. und 4. Schaft, weshalb diese Schäfte gehoben werden müssen, was durch Einsetzen der Schnürungszeichen an der Kreuzung der betreffenden Schäfte mit dem 2. Tritte kennbar gemacht wird usw.

Nachdem das Anschnüren der Schäfte mit den Tritten bei der durchgenommenen Anordnung zu zeitraubend ist, wendet man bei geraden Einzügen folgendes vereinfachte Verfahren an: Man liest die Kettenfadenhebungen (rote Quadrate) als genommen, die Kettenfadentiefzüge (weiße Quadrate) als gelassen

WEBERTABELLEN.

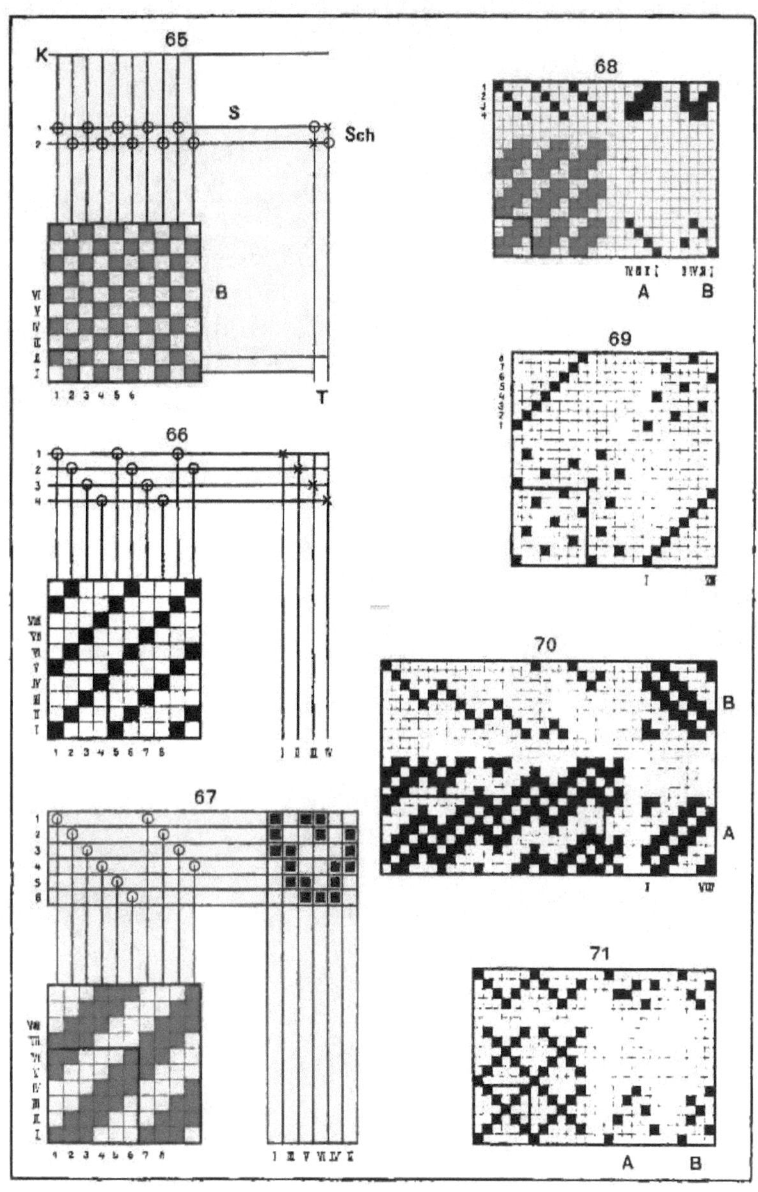

VIII.

schußfadenweise von links nach rechts der Bindungsfläche ab und überträgt dieses trittweise von oben nach unten auf die Schnürungsfläche.

Der 3. Schuß der Bindung, Fig. 63, lautet 2 gelassen, 3 genommen, 1 gelassen, weshalb auf der Schnürungsfläche des 3. Trittes von oben nach unten, 2 gelassen, 3 genommen, 1 gelassen getupft wird.

Webertabelle Fig. 68.

Die Bindung heißt vermöge der kleinen Figuren Krepp. Der Rapport umfaßt 4 Ketten- und 4 Schußfäden. Nachdem der Rapport aus 4 verschiedenbindigen Ketten- und Schußfäden besteht, braucht man 4 Schäfte und 4 Tritte. Der Fadeneinzug ist ein gerader. Die Trittweise ist unter *A* einbeinig, unter *B* zweibeinig gerade angeordnet. Die Numerierung der Tritte wurde ausnahmsweise von rechts nach links vorgenommen.

Webertabelle Fig. 69.

Die Bindung ist Atlas. Ein Rapport = 8 Ketten- und 8 Schußfäden. Da jeder Faden im Rapporte anders bindet, braucht man 8 Schäfte und 8 Tritte.

Zur Verwendung kommt ein gerader Einzug und eine gerade einbeinige Trittweise. Die Numerierung der Schäfte erfolgt hier von vorn nach hinten. Diese unlogische Schaft- und richtige Trittnumerierung bietet den Vorteil, daß die Bindung gleich als Schnürung dient. Will man bei dieser Einzugsweise anschnüren, so liest man von der Bindung die Schüsse von links nach rechts ab und überträgt dies von unten nach oben auf die Schnürungsfläche.

Der 1. Schuß der Bindung lautet von links nach rechts gelesen 1 genommen, 7 gelassen, weshalb auf der Schnürungsfläche des 1. Trittes von unten nach oben 1 genommen, 7 gelassen getupft wird.

Webertabelle Fig. 70.

Die Bindung ist gebrochener Köper. Ein Rapport = 24 Ketten- und 8 Schußfäden. Bei geradem Einzuge braucht man 24 Schäfte. Untersucht man aber die Kettenfäden des Rapportes, so findet man, daß eigentlich nur 8 Bewegungen, d. h. andersbindende Kettenfäden vorhanden sind. Man kann deshalb bei reduzierter Einzugsweise die Bindung mit 8 Schäften weben. Beim Aufsuchen des Einzuges verfährt man folgend:

1. Man zieht den 1. Kettenfaden in den 1. Schaft.

2. Man sucht, ob im Rapporte noch Kettenfäden vorhanden sind, welche genau wie der 1. binden, und zieht diese bei Vorkommnis ebenfalls in den 1. Schaft.

3. Man verfährt mit den folgenden Kettenfäden genau wie mit den 1. Kettenfaden.

Wie der 1. Kettenfaden 1mal unten, 2mal oben, 3mal unten, 2mal oben, binden auch der 17. und 21., weshalb diese in den 1. Schaft gezogen werden. Wie der 2. Kettenfaden 1mal oben, 1mal unten, 2mal oben, 3mal unten, 1mal oben, binden, auch der 22. und 24. Kettenfaden, weshalb auch diese in den 2. Schaft gezogen werden usw.

Anschnürung:

Auf dem 1. Schusse sind die Kettenfäden 2, 3, 7, 11, 15, 16, 18, 19, 20, 22, 23, 24 gehoben. Der 2., 22., 24. Kettenfaden sind eingezogen in den 2. Schaft, der 3., 7., 23. in den 3. Schaft, der 11., 15., 19. in den 7. Schaft und der 16., 18., 20. in den 8. Schaft. Es müssen deshalb auf den 1. Tritt an der Kreuzung des 2., 3., 7. und 8. Schaftes Schnürungszeichen gesetzt werden. Mit dem 2. bis 8. Schusse ist genau wie mit dem 1. zu verfahren.

Anschnür- oder Kartenmuster.

Nachdem das soeben beendete Anschnürungsverfahren zu umständlich ist, bildet man bei reduzierenden Einzügen ein Anschnür- oder Kartenmuster. Bei dieser Zeichnung werden die verschiedenbindenden Kettenfäden des Rapportes in eine dem geraden Einzuge entsprechende Ordnung gebracht. Man setzt zu diesem Zwecke rechts neben die Bindung den Schußrapport eines Kettenfadens, welcher in den 1. Schaft eingezogen ist, daneben rechts einen, welcher in den 2. Schaft eingezogen ist und so von Schaft zu Schaft weiterschreitend, bis man endlich den letzten erledigt hat. Die Breite dieser Musterzeichnung entspricht der Anzahl der Schäfte, die Höhe dem Schußrapporte. Will man von dem Anschnürmuster anschnüren, so verfährt man wie bei geraden Einzügen, d. h. man liest von links nach rechts ab und schnürt von oben nach unten an. Arbeitet man mit einer Schaftmaschine, so bedeuten die Tupfen des Kartenmusters Löcher in der Karte. Bei reduzierenden Einzügen, wo die Kettenfäden am Anfange eine gerade Einzugsweise darstellen, wie dies bei Fig. 71 der Fall ist, kann das Bilden des Kartenmusters entfallen, da die geradedurch eingezogene Fadengruppe diesem entspricht.

Webertabelle Fig. 71.

Die Bindung ist Spitzköper mit einem Rapporte von 6 Ketten- und 6 Schußfäden. Bei einem geraden Einzuge und einer geraden Trittweise kommen 6 Schäfte und 6 Tritte zur Verwendung. Untersucht man aber die Bindung der einzelnen Kettenfäden des Rapportes, so findet man, da der 2. und 6.

sowie der 3. und 5. gleiche Bindung haben, daß nur 4 andersbindende Kettenfäden vorhanden sind, weshalb die Bindung bei reduzierender Einzugsweise (Spitzeinzug) mit 4 Schäften erzeugt werden kann. Dasselbe gilt bei den Schußfäden, beziehungsweise Tritten. Neben der Bindung ist unter *A* die gerade, unter *B* die reduzierte Trittweise dargestellt. Die Anschnürung kann direkt von der Bindung erfolgen, da die ersten 4 Kettenfäden einen geraden Einzug darstellen und darin alle Bewegungen der Kette enthalten sind. Bei der geraden Trittweise kommt der ganze Schußrapport, bei der reduzierten nur die ersten 4 Schüsse des Rapportes zur Anschnürung.

Einteilung der Gewebe.

Man teilt die Gewebe nach der Beschaffenheit der Warenfläche und deren Aussehen in glatte, gestreifte, karierte, verstärkte, broschierte, Samt- und samtartige und Gaze-Gewebe.

Glatte Gewebe bestehen aus einer Kette und einem Schusse und liefert die Bindung eine eintönige Warenfläche. Bei gestreiften und karierten Geweben sind zwei oder mehrere Bindungen streifenweise oder quadratisch nebeneinander angeordnet. Verstärkte Gewebe entstehen aus einfachen durch Unterstellung eines oder mehrerer Fadensysteme. Ist ein glattes Gewebe durch ein zweites Ketten- oder zweites Schußfadensystem in auffallender Weise figuriert, so nennt man dies ein broschiertes Gewebe.

Samt- und samtartige Stoffe haben eine aus Haarbüscheln (Flornoppen) oder Schlingen gebildete Oberseite. Gaze- oder Drehergewebe nennt man diejenigen, wo ein Umschlingen, Umdrehen der Kettenfäden erfolgt.

Gruppierung der Bindungsarten.

I. Glatte Gewebe.

Leinwand-, Tuch-, Cotton- oder Taftbindung.

Querrips, Längsrips, Mattenbindung.

Verstärkter Quer- und Längsrips.

Köper.

Schuß- und Kettenköper.

Verstärkter Köper.

Gebrochener oder Zickzackköper, versetzter und Spitzköper.

Atlas oder Satin.

Schuß- und Kettenatlasse.

Versetzte und gemischte Atlasse.

Verstärkter Atlas.

Soleil.
Diagonal.
Spitzmuster.
Waffelbindungen.
Gitter- oder à jour-Bindungen.
Gerstenkorn- oder Huckbindungen.
Krepp oder Crêpe.
Stufenartige Bindungen.
Schuppenartige Bindungen.
Strahlenförmige Bindungen.
Wellenartige Muster.
Bogenförmige Muster.
Fadenweise versetzte Bindungen.
Musterkompositionen.
Färbige Muster.
Schräge und versetzte Ripse.
Figurierte Ripse.

II. Gestreifte, karierte und figurierte Gewebe.

Längsstreifen.
Querstreifen.
Karos oder Carreaux.
Damast und damastartige Muster.
Musterkompositionen.
Karierte Muster.

III. Verstärkte Gewebe.

Struck.
Schußdouble.
Kettendouble.
Double-Imitationen.
Schußtriple.
Kettentriple.
Gewebe mit Füllschuß.
Gewebe mit Füllkette.
Hohl- oder Schlauchgewebe.
Doppelgewebe.
Gewebe mit fünf Fadensystemen.
Drei- und vierfache Gewebe.

Zerlegen der Doppelstoffbindungen.
Paletotstoffe: Pelz-, Velour-, Ratiné-, Welliné-, Schlingen- und Lockenstoffe.
Flockenstoffe, Floconnés.
Figurierte Schußdoubles.
" Kettendoubles.
" Doppelgewebe.
" dreifache Gewebe.
Trikot oder Schnittbindungen.
Matelassé oder gefurchte Doppelgewebe.
Piqué oder Pikee.
Falten- und Plisseegewebe.

IV. Broschierte Gewebe.

Kettenbroché.
Schußbroché.
Broché in Kette und Schuß.
Broché-Imitationen.

V. Samt- und samtartige Gewebe.

Schußsamt, Manchester oder Velvet.
Kettensamt.
Plüsch, Astrachan, Felbel.
Krimmer.
Doppelsamt und Doppelplüsch.
Doppelseitiger Plüsch.
Doppel-Schußsamt.
Knüpfteppich.
Chenille.
Frottier.

VI. Dreher- oder Gazegewebe.

Gaze mit $^1/_2$ Drehung.
Figurendreher.
Dreher mit Broché.
Drehergewebe auf glattem Grundgewebe.
Gaze mit ganzer Drehung.
Gaze mit $1^1/_2$ Drehung.
Doppelgaze.
Kreuzstichgaze.

Wellengaze.
Dreifache Gaze.
Gaze mit drei Dreherfadenstellungen per Gruppe.
Stickgaze.
Netz- oder Kreuzgaze.
Gruppengaze.
Gewebte Spitzen.
Dreher-Imitationen.

I. Glatte Gewebe.

Leinwand-, Tuch- oder Taftbindung.

Diese in Fig. 72 dargestellte Bindung ist die älteste und einfachste Bindweise. Die Bindpunkte sind verteilt wie die Felder eines Schachbrettes, da immer ein Kettenbindpunkt (Rot) mit einem Schußbindpunkt (Weiß) abwechselt. Die Leinwandbindung muß vermöge dieser Anordnung ein seitengleiches Gewebe liefern, da auf beiden Seiten gleichviel Kette und Schuß ersichtlich sind. Nachdem die Leinwandbindung nur aus Bindpunkten besteht, während alle anderen Bindungen Bindpunkte und Flottungen, respektive nur Flottungen aufweisen, muß die Leinwandbindung die festeste Bindweise ergeben.

Verfolgt man die Entstehung dieser Bindung, so findet man, daß sich die Kettenfäden bei jedem Schusse in zwei gleiche Gruppen teilen, wovon eine hoch, die andere tief geht. Aus diesem Grunde muß man, da auf den 1. Schuß alle ungeraden Kettenfäden gehoben, alle geraden gesenkt werden, auf den 2. Schuß alle geraden hoch und alle ungeraden Kettenfäden tief gehen, 2 Schäfte haben. In den 1. kommen alle ungeraden, in den 2. alle geraden Kettenfäden. Nachdem der 3. Schuß genau wie der 1. und der 4. wie der 2. ist, braucht man zum Bewegen der Schäfte 2 Tritte.

Nachdem Taftstoffe meist dichte Gewebe sind, nimmt man anstatt 2 meist 4 oder 6 Schäfte. Wenn man dichte Stoffe mit 2 Schäften webt, so kommen einerseits die Helfen zu dicht nebeneinander zu stehen, was Anhäufung und Reibung bewirkt, anderseits wird der Schaft durch die Hälfte der Kettenfäden, welche er zu bewegen hat, zu sehr belastet. Die Fachbildung erfolgt meist durch Vorrichtung mit Welle. Bei 4 Schäften wird bei dieser Vorrichtung der 1. und 2. Schaft mit dem einen, der 3. und 4. mit dem anderen Ende des über die Welle gelegten Gurtes oder Riemens verbunden. Würde man nun einen geraden Einzug der Kettenfäden vornehmen, so würden immer zwei Kettenfäden nebeneinander gleichbinden. Um einen einfädigen Taft zu erhalten, muß man deshalb die Kettenfäden zweiteilig, d. i. bei 4 Schäften 1, 3, 2, 4, bei 6 Schäften 1, 4, 2, 5, 3, 6 einziehen. Ein Gewebe mit dieser Bindung aus Leinengarn heißt man Leinwand, aus Wolle Tuch, aus Seide Taft oder Taffet. Baumwollgewebe mit dieser Bindung werden im Handel nach der Garnstärke, beziehungsweise Fadendichte als Molinos bei groben Garnen, Cotton, Cretonne, Kattun, Perkal bei mittelfeinen Garnen, Batist, Mull, Musselin, Linon bei feinen und feinsten Garnen benannt.

Querrips oder Rips mit Ketteneffekt.

Denkt man sich bei einer Leinwandbindung schußfadenweise alle Bindpunkte regelmäßig vervielfältigt, so entsteht eine Bindung, welche eine Ware mit gleich starken Querrippen liefert. Dadurch, daß die Kette auf beiden Gewebseiten Flottungen bildet, während der Schuß nur immer über einen Kettenfaden bindet, werden sich die Flottungen zusammenschieben und dadurch den Schuß verdecken. Auf diese Weise wird das Gewebe bei entsprechender Kettenfadendichte auf beiden Seiten nur die Kette ersichtlich machen.

Fig. 73: Querrips 2 : 2.

1 Rapport = 2 Ketten- und 4 Schußfäden = 2, respektive 4 Schäfte und 2 Tritte.

Bei dieser Bindung kommen immer zwei Schüsse in ein Fach zu liegen. Das Eintragen dieser zwei gleichbindenden Schüsse erfolgt dadurch, daß man auf eine Spule zwei Fäden aufwindet, welche sich dann beim Weben neben-, beziehungsweise übereinander legen. Soll das Übereinanderlegen der gleichbindenden Schüsse nicht stattfinden, so trägt man diese einfach ein. In diesem Falle ist man gezwungen, entweder auf einer Seite einen leinwandbindenden Randfaden (Fangfaden) zu nehmen oder aber auf beiden Gewebseiten einen leinwandbindenden Rand anzuordnen, da sonst der in das Fach des 1. Schusses eingelegte 2. Schuß den ersteren zurückzieht.

Im ersteren Falle zieht man den einen Randfaden durch eine freihängende, durch ein Gewicht belastete Helfe, im letzteren Falle den aus 20, 24, 32 etc. Fäden bestehenden beiderseitigen Rand durch 2 Schäfte, welche nur an den Stellen des Randes Helfen haben und Rand- oder Leistenschäfte heißen.

Im Handwebstuhle bringt man die Fangfadenhelfe mit einem am Ladendeckel angebrachten Hebel in Verbindung. Durch den Druck des Hebels von Hand aus erfolgt ein Heben der Fangfadenhelfe und des darin eingezogenen Kettenfadens.

Arbeitet man mit 2 Leistenschäften, so muß man 4 Tritte nehmen, da das kleinste gemeinschaftliche Vielfache von 4 (Schußrapport des Ripses) und 2 (Schußrapport des Taftrandes) = 4 ist.

Das Eintragen von mehreren Schußfäden auf einmal (zwei- oder mehrfach gespult) kommt bei Möbelripsen, das Eintragen von einzelnen Schußfäden bei Hemden-, Vorhang- und Kleiderstoffen etc. in Anwendung. Die erste Methode liefert wulstige, aufgeworfene, die zweite flache Rippen. Man kann auch bei Leinwandbindung in einem Gewebe Querrippen erzielen, wenn man den Schuß 2-, 3- etc. mal stärker als die Kette nimmt.

Gemischter Querrips.

Man vervielfältigt die Bindpunkte einer Leinwandbindung schußfadenweise derart nach oben, daß ungleiche Rippen zustande kommen.

Fig. 74: Gemischter Querrips 3 : 1 mit Leinwandrand.

1 Rapport = 2 Ketten- und 4 Schußfäden = 2, beziehungsweise 4 Grund-, 2 Leistenschäfte und 4 Tritte.

Man könnte diese Bindung ohne Leinwandrand auch mit 2 Tritten weben, wenn man mit 2 Schützen webt und in den einen dreifachgespultes, in den anderen einfaches Garn gibt.

Längsrips oder Rips mit Schußeffekt.

Werden alle Bindpunkte einer Leinwandbindung kettenfadenweise gleichmäßig nach rechts vervielfältigt, so entsteht eine Bindung, welche eine Ware mit Längsrippen liefert. Da bei dieser Anordnung der Schuß auf beiden Gewebseiten Flottungen bildet und die Kette eng kreuzt, wird man bei entsprechender Schußdichte auf beiden Gewebseiten nur den Schuß sehen, da die Kette von den Flottungen eingeschlossen wird.

Fig. 75: Längsrips 3 : 3.

Die Bindpunkte einer Leinwandbindung wurden kettenfadenweise verdreifacht.

1 Rapport = 6 Ketten- und 2 Schußfäden = 6, beziehungsweise 2 oder 4 Schäfte und 2 Tritte.

Gemischter Längsrips.

Die Bindpunkte einer Leinwandbindung werden hier kettenfadenweise so nach rechts vervielfältigt, daß ungleichstarke Längsrippen gebildet werden.

TAFT-, RIPS- UND MATTENBINDUNGEN.

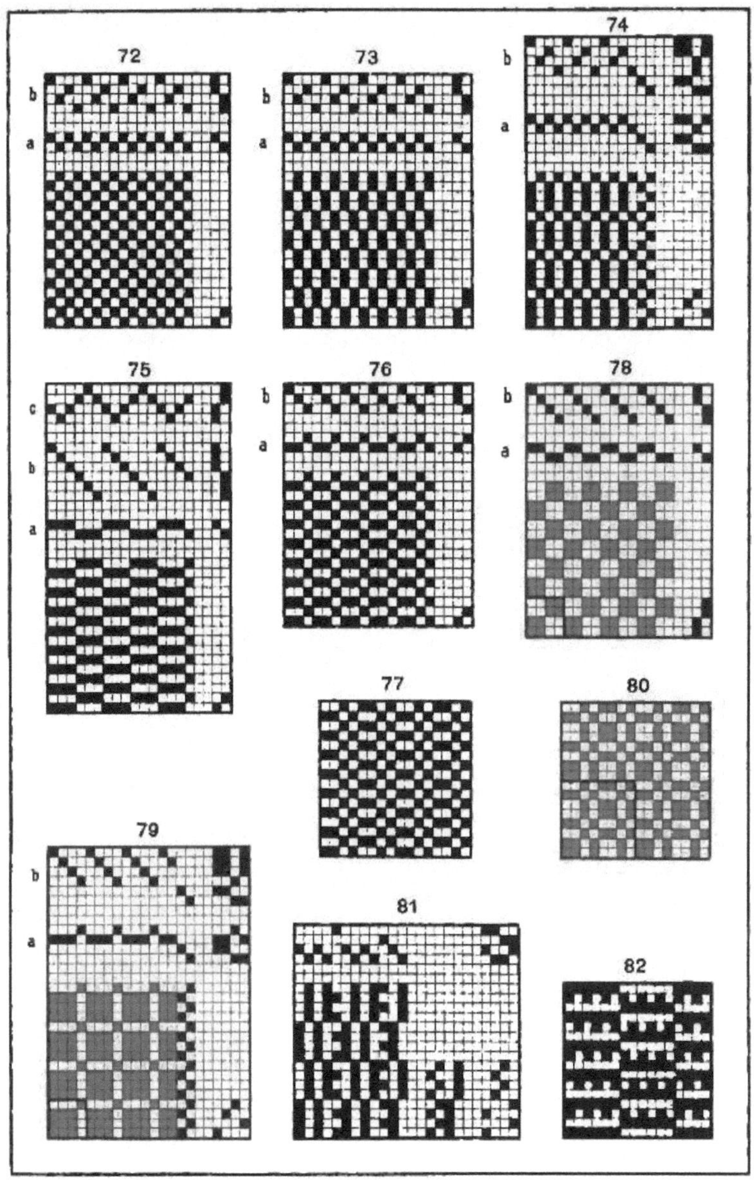

IX.

Fig. 76: Gemischter Längsrips 2 : 1.
1 Rapport = 3 Ketten- und 2 Schußfäden.
Fig. 77: Gemischter Längsrips 2 : 1 : 1 : 2 : 1 : 1.
1 Rapport = 8 Ketten- und 2 Schußfäden.

Mattenbindung (Würfelbindung, Panama oder Louisin).

Denkt man sich die Tupfen einer Leinwandbindung nach beiden Richtungen verdoppelt oder vervielfältigt, so entsteht eine Vergrößerung der Verbindung, welche man Mattenbindung heißt.

Fig. 78: Mattenbindung 2 : 2.

Die Bindpunkte einer Leinwandbindung sind vervierfacht oder die Bindpunkte des Querrips 2 : 2. Fig. 73, kettenfadenweise verdoppelt.

1 Rapport = 4 Ketten- und 4 Schußfäden = 2, beziehungsweise 4 Schäfte und 2 Tritte.

Das Eintragen des Schusses geschieht doppelt oder man arbeitet beim Einzeleintragen der Schüsse mit einem Fangfaden. Man verwendet zum Eintragen von 2 Schüssen auch mitunter einen sogenannten Doppelschützen, d. i. ein Schützen mit zwei gegenüberstehenden Spindeln. Auf die Spindeln kommen zwei Spulen, deren Enden durch ein oder zwei in der vorderen Schützwand befindliche Glasaugen (Fadenführer) gezogen werden. Soll die Ware auf beiden Seiten Leinwandrand bekommen, so müssen 2, respektive 4 Grund-, 2 Leistenschäfte und 4 Tritte zur Verwendung kommen.

Gemischte Mattenbindung.

Diese aus großen und kleinen Quadraten, beziehungsweise Rechtecken gebildete Bindung stellt eine ungleichmäßig vergrößerte Taftbindung oder eine Vereinigung von gemischtem Quer- und Längsrips vor. Zu diesem Zwecke werden die Bindpunkte eines gemischten Querripses kettenfadenweise nach der Entstehung des Querripses bearbeitet oder die Bindpunkte eines gemischten Längsripses schußfadenweise nach dem Längsripse vermehrt.

Fig. 79: Gemischte Mattenbindung 3 : 1 mit Leinwandrand.

Die Tupfen des Querripses 3 : 1, Fig. 74, wurden kettenfadenweise 1mal dreifach und 1mal einfach gesetzt. 1 Rapport = 4 Ketten- und 4 Schußfäden. Diese Bindung kann man anstatt mit 4 Schäften auch mit 2 Schäften weben (reduzierender Einzug). Bei diesem Einzuge sind die Helfen nicht gleichmäßig auf die Schäfte verteilt, da auf dem einen 3mal mehr sind als auf dem anderen. Der Schaft mit der größeren Helfenzahl ist der Weblade näher als der andere. Je näher ein Schaft der Lade ist, um so besser wirkt die

Aushebung desselben auf die Fachbildung, da die darin eingezogenen Kettenfäden den größten Winkel mit dem letzteingetragenen Schusse einerseits und den Kreuzschienen anderseits bilden. *Es gilt daher als Regel, die Schäfte mit der größten Helfenzahl gegen die Lade zu nehmen.*

Fig. 80: Gemischte Mattenbindung von 2 : 1 : 1 : 2 : 1 : 1.

Diese Bindung entsteht aus dem gemischten Längsripse 2 : 1 : 1 : 2 : 1 : 1 (Fig. 77), wenn man die Tupfen des Ripses schußfadenweise 2 : 1 : 1 : 2 : 1 : 1 bearbeitet.

1 Rapport = 8 Ketten- und 8 Schußfäden.

Verstärkter Querrips.

Um bei langflottliegenden Querripsen ein Verschieben der Kettenfäden zu verhindern und eine möglichst glatte Ware zu erzielen, stellt man nach einer Partie Ripskettenfäden immer einen Leinwandfaden ein. Derartige Gewebe werden zweibäumig gewebt, da sich die leinwandbindenden Kettenfäden mehr einarbeiten und auch stärker gespannt werden müssen als die Ripskettenfäden. Gewöhnlich ist auch das Material ein verschiedenes, z. B. ist die Ripskette Weft, die Leinwandkette Baumwollgarn.

Fig. 81: Verstärkter Querrips 4 : 4.

4 Kettenfäden Querrips wechseln immer mit einem Leinwandfaden ab.

1 Rapport = 10 Ketten- und 8 Schußfäden = 10, beziehungsweise 4 Schäfte und 8, beziehungsweise 4 Tritte.

Verstärkter Längsrips.

Um bei langflottliegenden Längsripsen ein Verschieben der Flottungen zu vermeiden und der Ware zugleich mehr Festigkeit zu geben, schießt man immer nach einer Anzahl Ripsschüssen einen engbindenden Faden.

Fig. 82: Verstärkter Längsrips.

2 Schußfäden Längsrips 6 : 6 wechseln immer mit einem Leinwandschusse ab.

1 Rapport = 12 Ketten- und 6 Schußfäden. Bei geradem Einzuge braucht man 12, bei reduzierendem (1, 2, 1, 2, 1, 2, 3, 4, 3, 4, 3, 4) 4 Schäfte.

Um bei einer Bindung anzugeben, daß sie auch mittels reduzierenden Einzuges zu bearbeiten ist, gibt man die Schaftzahl für den geraden und den reduzierten Schafteinzug an. Man sagt z. B. zu Fig. 82 : 12-, beziehungsweise 4schäftig und versteht darunter, daß die Bindung bei geradem Einzuge mit 12, bei reduziertem mit 4 Schäften zu weben ist.

Köper.

Unter Köper versteht man eine Bindung, welche aus geraden diagonallaufenden Bindungslinien besteht. Um einen Köper zu bilden, tupft man eine Bindpunktreihe nach Fig. 83 *a)* oder *b)* und wiederholt diese auf eine bestimmte Fadenzahl. Zur Wiederholung der Bindpunktreihe oder des Bindungsgrates sind mindestens 3 Fäden notwendig, da bei einer Wiederholung auf 2 Fäden Leinwandbindung entstehen würde. Außer einer Wiederholung auf 3 Fäden kann man den Bindungsgrat auch auf 4, 5, 6, 7 etc. Fäden wiederholen. Die auf diese Weise erhaltenen Bindungen heißt man 3-, 4-, 5-, 6-, 7- etc. bindige Köper. Durch die Köperbindung bekommt das Gewebe eine deutlich wahrnehmbare diagonallaufende schräge linienartige Streifung. Die Bindpunkte wirken als tiefliegende schmale Linien, die Flottungen als erhöhte schmale Streifen. Durch die Köperbindung erhält man eine Ware, wo auf der einen Seite mehr Schuß, auf der anderen mehr Kette zum Ausdruck kommt. Ist auf der rechten Seite mehr Schuß zu sehen, so heißt man den Köper Schußköper, kommt mehr Kette zum Vorschein, Kettenköper. Da die Köperbindung aus Bindpunkten und Flottungen besteht, kann man einem Köpergewebe größere Dichte, Schwere, weichere, lockere und geschmeidigere Beschaffenheit geben als einem Leinwandgewebe.

Fig. 84: 3 bindiger von links unten nach rechts oben laufender Schußköper. Die Bindung entsteht aus der Wiederholung des Bindungsgrates Fig. 83 *a)* auf 3 Ketten- und 3 Schußfäden. Nachdem bei dieser Bindung 2 Teile Schuß (Weiß) und 1 Teil Kette (Rot) ersichtlich sind, heißt sie Schußköper.

1 Rapport = 3 Ketten- und 3 Schußfäden = 3 Schäfte und 3 Tritte. In der Handweberei wird man anstatt 3 Tritte 6 nehmen müssen, da man ungerade Trittzahl nicht mit beiden Füßen geradedurch bearbeiten kann.

Fig: 85: 4 bindiger von rechts unten nach links oben laufender Kettenköper. Die Bindung heißt Kettenköper, weil 3 Teile Kette und 1 Teil Schuß zum Ausdruck kommen.

1 Rapport = 4 Ketten- und 4 Schußfäden = 4 Schäfte und 4 Tritte.

Fig. 86: 5 bindiger von links nach rechts laufender Schußköper.

1 Rapport = 5 Ketten- und 5 Schußfäden = 5 Schäfte und 5 Tritte.

Wirkung der Garndrehung auf den Ausdruck der Gewebe.

Man unterscheidet, namentlich bei Schafwollwaren, Stoffe mit verwischter und Stoffe mit klarer Bindungsfläche.

Will man eine Ware mit verwischter Bindungsfläche erzeugen, so muß das Schußgarn entgegengesetzt zum Kettengarn gedreht sein, da bei dieser

Anordnung die schraubenartigen Drehungswindungen des Ketten- und Schußgarnes nach einer Richtung laufen. Zur Begründung dieser in Fig. 13 dargestellten Verbindungsart dienen folgende Punkte:

1. Der Schuß läßt sich leichter anschlagen.

2. Die Ketten- und Schußfäden können sich beim Waschen und Walken leichter verschieben.

3. Da die Fasern der Kette und des Schusses eine Richtung haben, können sich dieselben durch Waschen und Walken leicht vermengen, verfilzen.

Bei gratartigen Bindungen, wie Köper, Diagonal, Atlas muß der Bindungsgrat, d. i. die Bindungsrichtung mit der Garndrehungsrichtung übereinstimmen. Man muß deshalb z. B. Ketten- und Schußköper aus nach rechts gedrehtem Ketten- und nach links gedrehtem Schußgarne die Richtung von links nach rechts geben. In diesem Falle stimmen bei Kettenköper die Drehungslinien der Kettenfäden, bei Schußköper die Drehungslinien der Schußfäden mit der Richtung der Bindung überein. Ist die Kette nach links, der Schuß nach rechts gedreht, so muß die Bindungsrichtung von rechts unten nach links oben genommen werden.

Will man in einem Gewebe den Bindungsgrat deutlich hervortreten lassen, so verwendet man zur Kette und zum Schusse gleichgedrehtes Garn. Gleichgedrehte Ketten- und Schußgarne üben folgenden Einfluß aus:

1. Der Schuß läßt sich durch die zur Kette entgegengesetzt angeordneten Drehungslinien nicht so leicht anschlagen.

2. Die Schüsse lassen sich aus demselben Grunde beim Waschen und Walken nicht so leicht verschieben.

3. Das Vereinigen der Fasern von Kette und Schuß erfolgt schwieriger, da die Fasern der Kette nach rechts, die des Schusses nach links gerichtet sind.

Bei gratartigen Bindungen muß der Bindungsgrat entgegengesetzt dem Garndrahte arbeiten. Aus diesem Grunde muß man einen Kettenköper aus rechts gedrehtem Kettengarne von rechts nach links, Fig. 85, einen Kettenköper aus links gedrehtem Kettengarne von links nach rechts laufend tupfen, wenn der Köper im Gewebe deutlich wirken soll.

Rechts- und linksgedrehte einfärbige Garne geben auch eine unterschiedliche Wirkung von Licht und Schatten, wenn man sie streifenweise nebeneinander anordnet.

Läßt man z. B. bei einem einfärbigen Gewebe aus glatter Bindung (Taft, Köper etc.) immer 8 Fäden rechtsgedrehtes Garn mit 8 Fäden linksgedrehtem Garne wechseln und nimmt zum Schusse rechts- oder linksgedrehtes Garn, so entsteht ein von 8 : 8 Fäden längsgestreiftes Gewebe, da

KÖPERBINDUNGEN.

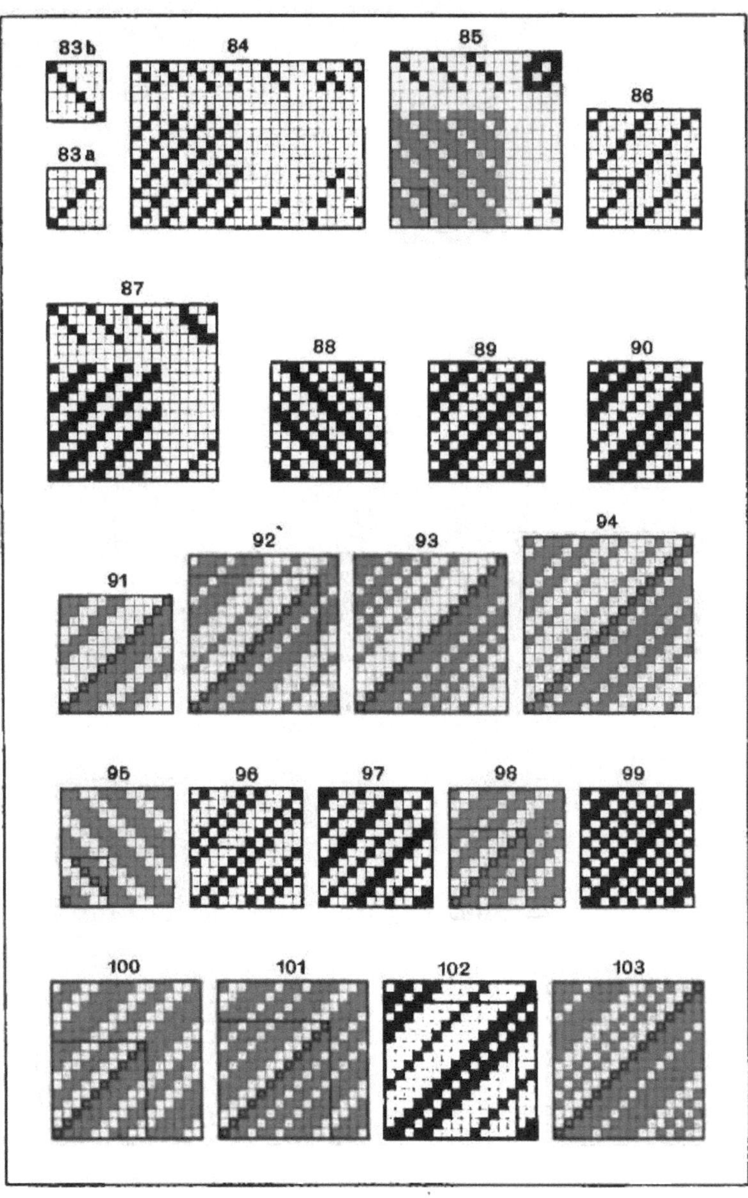

X.

die linksgedrehten Kettenfäden ein anderes Lichtbild als die rechtsgedrehten liefern.

Wechselt man in der Kette und im Schusse rechtsgedrehtes Garn mit linksgedrehtem streifenweise ab, so entsteht ein kariertes Gewebe.

Verstärkter oder mehrgratiger Köper.

Diese Bindungsart entsteht aus Schußköper, wenn man die Bindungsgrate verdoppelt oder vervielfältigt. Durch dieses Verfahren entsteht eine fester verbundene Ware. Man unterscheidet, je nachdem die beiden Gewebseiten vollständig gleich aussehen, oder eine Seite anders wirkt als die andere, *zweiseitige oder gleichseitige und einseitige Köper.*

Bei zweiseitigen Köpern kommt im Bindungsrapporte gleichviel Kette und Schuß zum Ausdruck und haben die Schußgrate genau das Aussehen der Kettengrate. Bei einseitigen Köpern kommt meist mehr die Kette oder der Schuß auf der rechten Warenseite zur Wirkung; hat man ein besseres Kettenmaterial und ein minderes Schußmaterial, so läßt man mehr die Kette auftreten, während man bei besserem Schußmaterial das Umgekehrte anwendet.

Fig. 87: 4bindiger, von links nach rechts laufender zweiseitiger Köper.

Bei dieser Bindung wurden die Bindpunkte des 4bindigen Schußköpers nach rechts verdoppelt.

1 Rapport = 4 Ketten- und 4 Schußfäden = 4 Schäfte und 4 Tritte.

Fig. 88: 6bindiger, von rechts nach links laufender zweiseitiger Köper.

Nach dem Vortupfen des 6bindigen Schußköpers verdoppelt man die Bindpunkte nach rechts und setzt einen zweiten Grat in Leinwandart daneben.

1 Rapport = 6 Ketten- und 6 Schußfäden = 6 Schäfte und 6 Tritte.

Die Fig. 89—94 ergeben 8-, 10-, 12-, 14-, 16- und 18bindige zweiseitige Köper.

Fig. 95: 5bindiger verstärkter, von rechts nach links laufender einseitiger Köper.

Die Bindpunkte eines 6bindigen Schußköpers sind nach rechts verdreifacht. Nachdem bei dieser Bindung 3 Teile Kette und 2 Teile Schuß vorkommen, wird in der Ware auf der rechten Seite mehr die Kette, auf der linken Seite mehr der Schuß zum Ausdruck kommen.

1 Rapport = 5 Ketten- und 5 Schußfäden — 5 Schäfte und 5 Tritte.

Durch die Fig. 96—103 sind 6-, 7-, 8-, 9-, 10-, 12-, 14- und 16bindige von links nach rechts laufende verstärkte einseitige Köper dargestellt.

Die Schaft- und Trittzahl ist bei den Köpern immer gleich groß und entspricht diese dem Bindungsrapporte, d. h. ein 4bindiger Köper erfordert 4 Schäfte und 4 Tritte, ein 6bindiger 6 Schäfte und 6 Tritte usw.

3*

Um durch Schreibweise die Hebungen und Senkungen der Kettenfäden eines Köpers verständlich zu machen, zieht man eine wagrechte Linie und notiert nach folgendem Schema die Hebungen darüber, die Tiefzüge darunter.

Fig. 84: $\frac{1\ \ }{\ \ 2}$, Fig. 85: $\frac{\ \ 3}{1\ \ }$, Fig. 87: $\frac{2\ \ }{\ \ 2}$, Fig. 88: $\frac{2\ \ 1\ \ }{\ \ 1\ \ 2}$, Fig. 89: $\frac{2\ \ 1\ \ 1\ \ }{\ \ 1\ \ 2\ \ 1}$,

Fig. 90: $\frac{2\ \ 2\ \ 1\ \ }{\ \ 1\ \ 2\ \ 2}$ usw.

Gebrochener oder Zickzackköper.

Bei der Köperbindung bildet die zugrunde gelegte Tupfenreihe eine diagonallaufende gerade Linie. Ordnet man die Bindpunkte nach einer gebrochenen Linie an, so entsteht durch Wiederholen dieses gebrochenen Bindungsgrates ein gebrochener oder Zickzackköper. Der gebrochene Köpergrat entsteht, wenn man nach einer Anzahl von links nach rechts laufender Köpertupfen einen oder mehrere nach links, Fig. 104, 109, oder nach rechts, Fig. 106, 111, abbricht, die Anlagstupfen weiterzählt, wieder abbricht usw. Dieser Bindungsgrat wird im ersteren Falle auf eine bestimmte Anzahl Kettenfäden, im letzteren Falle Schußfäden, wiederholt. Je nachdem das Abbrechen, beziehungsweise symmetrische Tupfen um einen Teil der Fadengruppe, Fig. 104, 106, oder um die ganze Gruppe, Fig. 109, 111, erfolgt, läuft die gebrochene Linie in einer schiefen, senkrechten oder wagrechten Richtung. Man kann deshalb die nach der ersten Art gebildeten Muster als Diagonalzickzack, die der letzten als Längs-, beziehungsweise Querzickzack bezeichnen.

Fig. 105: 4schäftiger, gebrochener Köper oder Diagonalzickzack.

Der gebrochene Köpergrat, Fig. 104, ist auf 4 Kettenfäden wiederholt.

1 Rapport = 4 Ketten- und 8 Schußfäden.

Die Zahl, um wieviel Kettenfäden die zweite Gruppe von der ersten nach rechts schreitet, nennt man Steigungszahl. Die Gruppenzahl des Rapportes = Kettenrapport: Steigungszahl, d. i. bei Fig. 105 $4:2=2$. Der Schußrapport entspricht dem Produkte aus der Gruppenzahl und der Fadenzahl einer Gruppe, d. i. bei Fig. 105: $2 \times 4 = 8$.

Fig. 107: Gebrochener Köper oder Diagonalzickzack.

Der gebrochene Köpergrat, Fig. 106, ist auf 4 Schußfäden wiederholt.

Die Zahl, um wieviel Schüsse die zweite Gruppe von der ersten höher eingesetzt ist, ergibt die Steigungszahl.

Gruppenzahl = Schußrapport: Steigungszahl, d. i. bei Fig. 107 $4:2=2$.

Kettenrapport = Gruppenzahl $\times$ Fadenzahl einer Gruppe, d. i. bei Fig. 107 $2 \times 4 = 8$.

GEBROCHENE ODER ZICKZACKKÖPER.

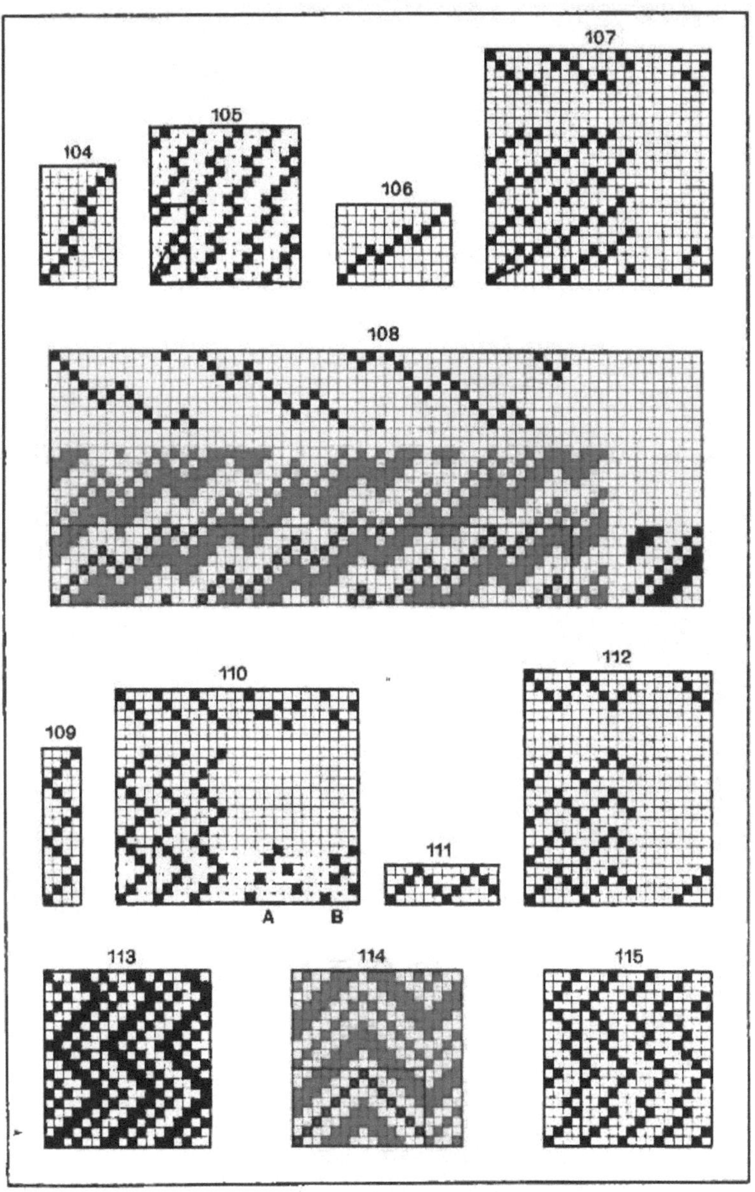

XI.

Zur Bearbeitung der Bindung, Fig. 107, braucht man bei geradem Einzuge 8, bei reduzierendem Einzuge 4 Schäfte.

Fig. 108: Zweiseitiger gebrochener Köper oder Diagonalzickzack.

Der gebrochene Köpergrat, 6 Fäden pro Gruppe, Steigungszahl 3, ist auf 8 Schußfäden wiederholt. Ist die Steigungszahl nicht in dem Schußrapport enthalten, so entspricht die Schußfadenzahl der Gruppenzahl. Bei der Musterung, Fig. 108, ist der Schußrapport 8, die Steigungszahl 3, weshalb, da 3 in 8 nicht ohne Rest enthalten ist, 8 Gruppen pro Rapport kommen. Der Kettenrapport beträgt 8 × 8 = 64 Fäden, der Schußrapport 8 Schüsse. Zum Weben sind mittels reduzierenden Einzuges 8 Schäfte erforderlich.

Fig. 110: Gebrochener Köper oder Längszickzack.

Der gebrochene Köpergrat, Fig. 109, ist auf 4 Kettenfäden wiederholt.

1 Rapport = 4 Ketten- und 6 Schußfäden = 4 Schäfte und im Handwebstuhle bei gerader Trittweise *(A)* 6, bei reduzierender Trittweise *(B)* 4 Tritte.

Fig. 112: Gebrochener Köper oder Querzickzack.

Der gebrochene Köpergrat, Fig. 111, ist auf 4 Schußfäden wiederholt.

1 Rapport = 6 Ketten- und 4 Schußfäden. Bei reduzierendem Einzuge sind 4 Schäfte und 4 Tritte erforderlich.

Fig. 113: 6schäftiger, zweiseitiger Längszickzack.

1 Rapport = 6 Ketten- und 10 Schußfäden.

Fig. 114: Verstärkter Querzickzack.

1 Rapport = 14 Ketten- und 8 Schußfäden.

Gemusterte Längs-, beziehungsweise Querzickzackbindungen entstehen, wenn man Diagonalzickzack dem Schusse oder der Kette nach symmetrisch bearbeitet.

Fig. 115: Gemusterter Längszickzack.

8 Schußfäden gebrochener Köper sind dem Schusse nach symmetrisch bearbeitet.

1 Rapport = 4 Ketten- und 14 Schußfäden.

Fig. 116: Querzickzack.

13 Kettenfäden gebrochener Köper sind der Kette nach symmetrisch bearbeitet.

1 Rapport = 24 Ketten- und 4 Schußfäden.

Fig. 117: Verstärkter Längszickzack.

1 Rapport = 7 Ketten- und 14 Schußfäden.

Fig. 118: Zweiseitiger Querzickzack.

1 Rapport = 24 Ketten- und 8 Schußfäden.

Versetzter Köper.

Dies ist eine Bindung, welche aus entgegengesetzt laufenden Köperstücken besteht.

Zur Ausführung dieser Bindungen teilt man den Rapport der zu bildenden Bindung in 4 Quadrate, tupft in das erste Quadrat, d. i. unten links, die Köperpunkte von Eck zu Eck nach rechts und in das vierte Quadrat, d. i. oben rechts, die Köperpunkte von Eck zu Eck nach links.

Fig. 119: 4bindiger versetzter Schußköper.

1 Rapport = 4 Ketten- und 4 Schußfäden = 4 Schäfte und 4 Tritte.

Fig. 120: 6bindiger versetzter Kettenköper.

1 Rapport = 6 Ketten- und 6 Schußfäden = 6 Schäfte und 6 Tritte.

Fig. 121: 8bindiger versetzter zweiseitiger Köper.

Die Bindpunkte des 8bindigen versetzten Schußköpers wurden nach rechts vervierfacht.

Fig. 122: 10bindiger versetzter zweiseitiger Köper.

Spitz- oder Kreuzköper.

Dies sind Bindungen mit zwei entgegengesetzt laufenden Schußköpern. Das Kreuzen der Grate erfolgt meistens in einem gemeinsamen Tupfen, seltener getrennt. Im ersteren Falle spricht man von einfädigem, im letzteren von doppelfädigem Spitz.

Fig. 123: Spitzköper.

Diese Bindung besteht aus zwei entgegengesetzt laufenden 8bindigen Schußköpern. Die Kreuzung der Köpergrate geschieht in einem Tupfen, weshalb diese Bindung einfädigen Spitz darstellt.

1 Rapport = 8 Ketten- und 8 Schußfäden = 8, beziehungsweise 5 Schäfte und 8, beziehungsweise 5 Tritte.

Fig. 124: Spitzköper.

Die Bindung besteht aus 2 entgegengesetzt laufenden 8bindigen Schußköpern. Das Kreuzen der Köpergrate erfolgt hier getrennt, wodurch doppelfädiger Spitz entsteht.

1 Rapport = 8 Ketten- und 8 Schußfäden.

Fig. 125: Spitzköper.

Der auf 6 Ketten- und 8 Schußfäden getupfte gebrochene Köpergrat ist der Kette und dem Schusse nach symmetrisch bearbeitet.

1 Rapport = 10 Ketten- und 14 Schußfäden.

Die Spitzköper kommen weniger in glatter Ware vor, sondern dienen zumeist als Grundlage für Spitzmuster, Waffelbindungen und als Versteppungsmotive für Piqué, Matelasse etc.

ZICKZACK- VERSETZTE U. SPITZKÖPER.

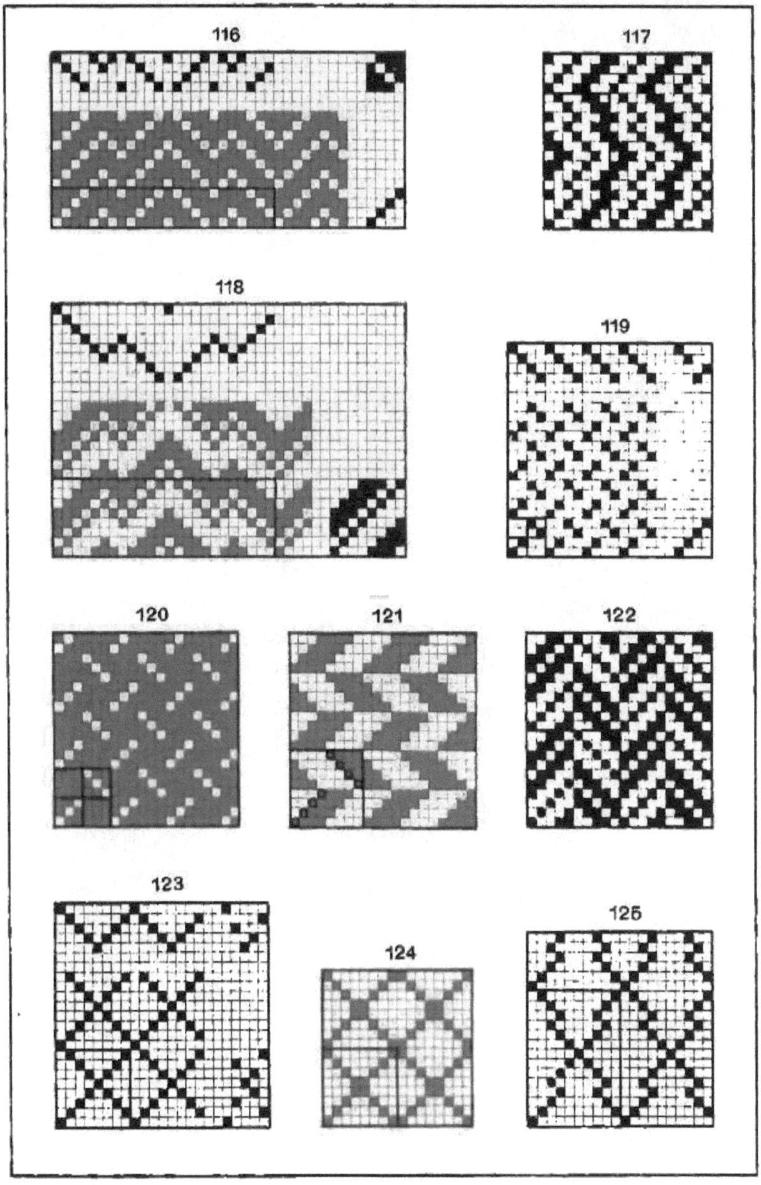

XII.

Atlas.

Dies ist eine Bindung mit regelmäßig zerstreut liegenden Bindpunkten. Zum Bilden eines Atlasses tupft man einen Atlasgrat (schräge Tupfenreihe) vor und wiederholt diesen auf eine bestimmte Anzahl Schußfäden.

Beim Köpergrat, Fig. 83, bindet immer der nächstfolgende Kettenfaden den nächstfolgenden Schuß, es ist also die Fortschreitungszahl der Bindpunkte = 1. Bei Atlas bindet der nächstfolgende Kettenfaden nicht den nächstfolgenden Schuß, sondern überspringt einen, beziehungsweise einige, weshalb die Fortschreitungszahl 2, 3, 4 etc. sein kann.

Die Fortschreitungs- oder Steigungszahlen sind, wie angegeben, verschieden und entsprechen den Zahlen, welche nicht in der betreffenden Schaftzahl enthalten sind und auch keinen gemeinschaftlichen Divisor mit derselben haben; ausgeschlossen ist auch immer die Zahl vor der Schaftzahl, z. B. bei 5bindig 4, bei 8bindig 7 usw., da aus letzteren Steigungszahlen keine Atlasse, sondern von rechts nach links laufende Köper entstehen.

Der Bindungsgrat, welcher aus der Fortschreitungszahl 2, Fig. 126, entsteht, heißt 2er Grat, der aus der Fortschreitungszahl 3, Fig. 127, gebildete 3er Grat usw. In folgender Aufstellung sind die Fortschreitungszahlen angegeben, aus welchen man Atlasse bilden kann.

5bindiger Atlas: 2 und 3;
7 » » : 2, 3, 4 und 5;
8 » » : 3 und 5;
9 » » : 2, 4, 5 und 7;
10 » » : 3 und 7;
11 » » : 2, 3, 4, 5, 6, 7, 8 und 9;
12 » » : 5 und 7;
13 » » : 2, 3, 4, 5, 6, 7, 8, 9, 10 und 11;
14 » » : 3, 5, 9 und 11;
15 » » : 2, 4, 7, 8, 11 und 13;
16 » » : 3, 5, 7, 9, 11 und 13;
18 » » : 5, 7, 11 und 13;
20 » » : 3, 7, 9, 11, 13 und 17;
24 » » : 5, 7, 11, 13, 15, 17, 19 und 21;
25 » » : 2, 3, 4, 6, 7, 8, 9, 11, 12 usw.

Die Atlasbindung liefert stets ein einseitiges Gewebe, d. h. es ist, da die Flottungen die Bindpunkte verdecken, nur ein Fadensystem auf einer Warenseite ersichtlich. Man unterscheidet Schuß- und Kettenatlasse, je nachdem entweder nur Schuß oder Kette auf der Schauseite des Gewebes auftritt.

Bei den Atlasbindungen hat der Ketten- und Schußrapport stets die gleiche Fadenzahl. Auch haben die auf der rechten und linken Warenseite auftretenden Flottungen die gleiche Länge.

Fig. 130: 5bindiger Schußatlas.

Um diese Bindung zu bilden, tupft man den 2er Grat, Fig. 126, und wiederholt diesen immer auf 5 Schußfäden der Bindungsfläche.

1 Rapport = 5 Ketten- und 5 Schußfäden - = 5 Schäfte und 5, beziehungsweise im Handwebstuhle bei zweibeiniger Trittweise 10 Tritte.

Fig. 131: 5bindiger Schußatlas.

Bei dieser Bindung wurde der 3er Grat getupft und auf 5 Schüsse wiederholt.

Fig. 132: 7bindiger Schußatlas.

Der 2er Grat wurde getupft und auf 7 Schüsse rapportiert.

Fig. 133: 8bindiger Kettenatlas.

Bei Kettenatlas überstreicht man die Bindungsfläche mit Zinnober und setzt die Schußtupfen mit Schwarz darauf. Die Bindung selbst, Fig. 133, entstand aus dem 3er Grate, Fig. 127, durch fortgesetztes Wiederholen der Bindpunkte auf 8 Schüsse. Rot ergibt gehobene Kette, Schwarz obenliegenden Schuß.

Fig. 134: 10bindiger Schußatlas.

Aus dem 3er Grate wurde durch fortgesetztes Wiederholen der Bindpunkte auf 10 Schüsse die Bindung entwickelt.

Fig. 135: 12bindiger Schußatlas.

Der 5er Grat wurde getupft und immer auf 12 Schußfäden wiederholt.

Aus der Fortschreitungszahlentabelle ist ersichtlich, daß auf jeder Zeile zwei Zahlen vorhanden sind, welche addiert, den Bindungsrapport ergeben. Diese sich ergänzenden Atlasse liefern immer symmetrische Bilder. Bei 5bindig ergänzt sich 2 mit 3 zu 5, bei 7bindig 2 mit 5 und 3 mit 4 zu 7. Der 5bindige Schußatlas aus dem 2er Grate, Fig. 130, und der aus dem 3er Grate, Fig. 131, bestätigen diese Regel. Die Gratrichtung der Atlasse zieht sich im Gewebe in der Richtung der kleinsten Steigungszahl hin. Bei der Fig. 130 ist die Fortschreitungszahl von Schuß zu Schuß von links nach rechts 3, von rechts nach links 2, weshalb im Gewebe von rechts unten nach links oben laufende Schußgrate (Pfeilrichtung) ersichtlich sein werden. Bei der Fig. 131 tritt das Gegenteil ein.

Alle aus den Steigungszahlen entwickelten Atlasse liefern regelmäßige Bindungen, doch werden nicht alle eine gute Verteilung der Bindpunkte ergeben. Eine gute Atlasbindung ist jene, wo die Bindpunkte auf das bestmögliche verteilt sind. Nimmt man z. B. 11bindig, so kann man nach der angeführten Tabelle 8 Bindungen entwickeln. 4 von diesen Bindungen werden eine gute Verteilung der Bindpunkte ergeben, 4 eine linienartige Anordnung liefern.

ATLAS- ODER SATIN-BINDUNGEN.

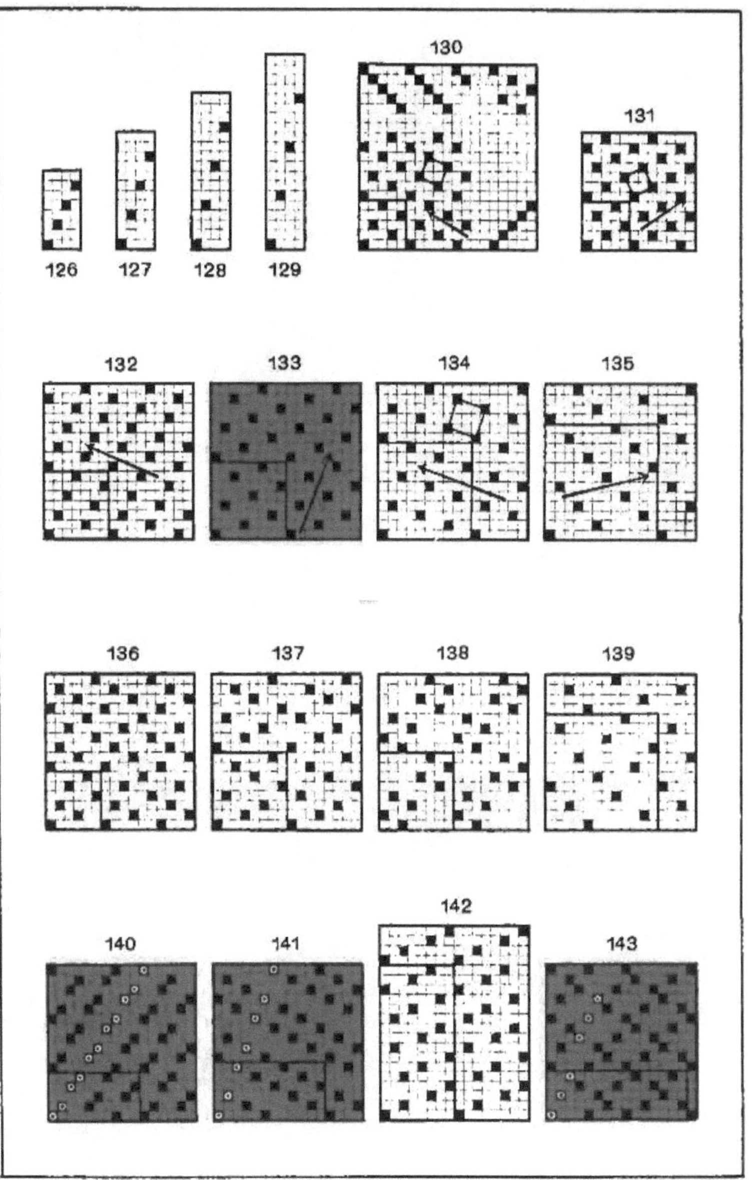

XIII.

Die aus dem 3er, 4er, 7er und 8er Grate gebildeten Atlasse liefern die erwähnten 4 guten Bindungen, die aus dem 2er, 5er, 6er und 9er Grate die minderen.

Die besten Resultate erzielt man mit den quadratischen Atlassen, das sind jene, bei welchen die Verbindung 4 benachbarter Bindpunkte ein Quadrat ergibt. Quadratische Atlasse sind die 5bindigen aus dem 2er und 3er Grate, Fig. 130, 131, der 10bindige aus dem 3er Grate, Fig. 134, der 13bindige aus dem 5er Grate, der 17bindige aus dem 4er Grate, der 25bindige aus dem 7er Grate, der 26bindige aus dem 5er Grate, der 29bindige aus dem 12er Grate, der 34bindige aus dem 13er Grate usw.

Außer den besprochenen Atlassen, welche auch als reine Atlasse bezeichnet werden, gibt es auch versetzte und gemischte Atlasse.

Versetzter Atlas.

Bei diesen Bindungen stehen die Bindpunkte nicht gratweise, sondern versetzt.

Fig. 136: 6bindiger versetzter Schußatlas.

Um die Bindung zu entwickeln, tupft man die 3 ersten Tupfen des 2er Grates (Fig. 126), wiederholt diese auf 6 Ketten- und Schußfäden und setzt auf die leeren Kettenfäden 4, 5, 6, 10, 11, 12 die 3 Tupfen in entgegengesetzter Lage so auf die leeren geraden Schüsse, daß nie 2 Tupfen köperartig aneinander fallen. Die Fig. 137—139 ergeben 8-, beziehungsweise 12bindige versetzte Schußatlasse.

Gemischter Atlas.

Bei dieser Bindweise haben die Bindpunkte ungleiche Verteilung und kommen häufig Bindpunkte in Köperrichtung vor. Gemischter Atlas entsteht, wenn man aus 2 oder 3 regelmäßig abwechselnden Steigungszahlen Atlasgrate bildet und diese wiederholt. Zur Aufsuchung der Steigungszahlen zerlegt man den zugrunde gelegten Atlas in die relativen Primzahlen und diese wieder in zwei Teile.

5bindig: $3 = 1 + 2$ (Fig. 140), $4 = 1 + 3$,
6 » : $4 = 1 + 3$, $5 = 2 + 3$ (Fig. 141),
7 » : $3 = 1 + 2$, $4 = 1 + 3$, $5 = 1 + 4$, $6 = 1 + 5$,
8 » : $3 = 1 + 2$, $5 = 1 + 4$, $5 = 2 + 3$ (Fig. 142), $6 = 1 + 5$,
$7 = 1 + 6$ u. s. w.

Die dadurch erhaltenen Bindungsgrate werden bei 5bindig auf 5, bei 6bindig auf 6 usw. Schüsse rapportiert. Der Kettenrapport erhöht sich dadurch um das Doppelte.

Fig. 140: Gemischter Kettenatlas.

Der Bindungsgrat 1er und 2er Steigung ist auf 5 Schüsse wiederholt.

1 Rapport = 10 Ketten- und 5 Schußfäden = 10, beziehungsweise 5 Schäfte und 5, beziehungsweise 10 Tritte.

Fig. 141: Gemischter Kettenatlas.

Der Bindungsgrat 2er und 3er Steigung ist auf 6 Kettenfäden wiederholt.

1 Rapport = 12 Ketten- und 6 Schußfäden. Mittels reduzierenden Einzuges braucht man 6 Schäfte und 6 Tritte.

Bei Schußatlassen setzt man den Bindungsgrat flachliegend und rapportiert auf Kettenfäden.

Fig. 142: 8schäftiger gemischter Schußatlas.

Der Bindungsgrat 2er und 3er Steigung ist auf 8 Kettenfäden wiederholt.

1 Rapport = 8 Ketten- und 16 Schußfäden.

Die Fig. 143 gibt einen gemischten Kettenatlas, wo der Bindungsgrat aus drei Steigungszahlen 2, 2, 4 gebildet und auf 5 Schüsse wiederholt ist.

1 Rapport = 15 Ketten- und 5 Schußfäden. Mittels reduzierenden Einzuges braucht man 5 Schäfte und 5 Tritte.

Verstärkter Atlas.

Diese Bindung entsteht, wenn man die Bindpunkte eines Schußatlasses verdoppelt oder vervielfältigt. Das Vervielfältigen erfolgt durch Ansatz von Tupfen an die Atlaspunkte; das Ansetzen erfolgt immer nur nach einer Richtung, d. h. entweder immer nach rechts oder links oder aber immer nach oben, beziehungsweise unten.

Fig. 144: 5bindiger verstärkter Schußatlas.

Die Bindpunkte des 5bindigen Schußatlasses wurden nach rechts verdoppelt. Durch diese Bindweise wird der Effekt der Oberseite wenig Schaden erleiden, da der Schuß noch regelmäßig über 3 Kettenfäden liegt. Betrachtet man aber die Rückseite, so wird man finden, daß die Kette abwechselnd einmal über zwei und einmal über einem Schußfaden liegt. Die beim Schußatlas rückwärts über 4 Schüsse liegenden Kettenfäden sind hier annähernd in der Mitte abgebunden, wodurch eine fester verbundene Rückseite entsteht.

1 Rapport = 5 Ketten- und 5 Schußfäden.

Fig. 145: 8bindiger verstärkter Schußatlas.

Fig. 146: 10bindiger verstärkter Kettenatlas.

An die Bindpunkte des 10bindigen Schußatlasses wurden 7 Tupfen nach oben angesetzt. Die Oberseite wird durch diese Anordnung nicht geschädigt, da die Kette regelmäßig über 8 Schüsse bindet. Der rückwärts liegende Schuß ist aber durch diese Bindweise einmal abgebunden, weshalb eine geschlossene Rückseite gebildet wird.

VERSTÄRKTE ATLAS- UND SOLEIL-BINDUNGEN.

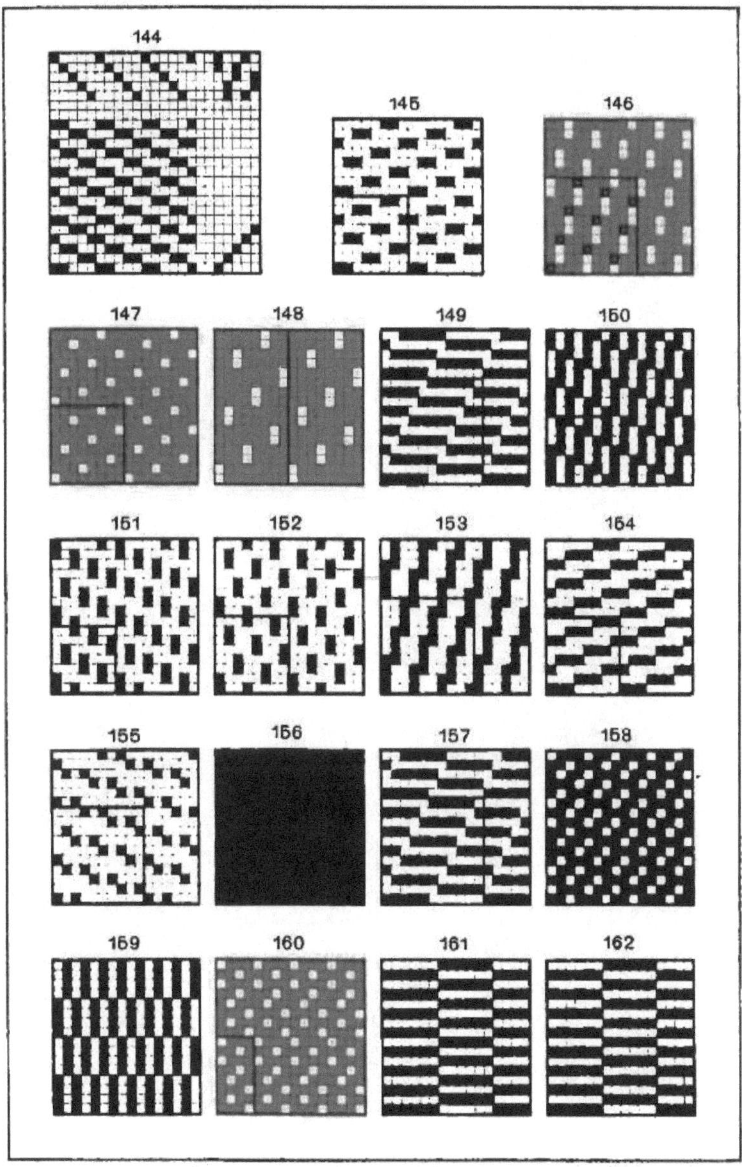

XIV.

Um bei verstärkten Atlassen eine zu große Schaftzahl zu vermeiden, tupft man mitunter einfache Atlasse zweischüssig. Die neue Bindung hat $^1/_2$ soviel Kettenfäden als Schußfäden im Rapporte. Der Effekt gleicht dem verstärkten Atlasse bis auf die Rückseite, welche hier offener gehalten ist. Fig. 147 ist ein 8bindiger Kettenatlas, welcher in Fig. 148 nach besprochener Weise bearbeitet wurde.

Fig. 149: 11bindiger verstärkter Atlas.

An die Bindpunkte eines 11bindigen Schußatlasses wurden 4 Tupfen nach rechts angesetzt. Die Bindung wird das dem Atlas eigenartige glatte Aussehen verlieren und auf der Oberseite diagonallaufende Schußgrate zum Ausdruck bringen.

Fig. 150: 7bindiger verstärkter Atlas.

Die Bindpunkte eines 7bindigen Schußatlasses, 3. Steigung, sind nach oben vervierfacht. Die Bindung liefert eine Ware mit feinen diagonallaufenden Schnürchen.

1 Rapport = 7 Ketten- und 7 Schußfäden.

Bei sehr dichten Herrenkleider-Kammgarnstoffen wendet man die verstärkten Atlasse nach den Fig. 151—153 zur Erzeugung einer Ware, welche auf beiden Gewebseiten Kettenwirkung zeigt, an. Bei den Fig. 151—152 wurden die Tupfen des Grundatlasses verdoppelt, bei Fig. 153 vervierfacht. Durch die bereits erwähnte große Kettendichte drängen sich auf der Oberseite die rot getupften Kettenstellen, auf der Rückseite die weißen Kettenflottungen zusammen, so daß der Schuß in die Mitte kommt und unsichtbar wird. Die Fig. 154 gibt eine Anordnung zur Erzeugung einer Ware, die auf beiden Seiten Schußeffekt liefert. Natürlich kommt hier anstatt der großen Kettendichte die große Schußdichte in Betracht.

Soleil.

Durch diese Bindung wird wie beim Atlas auf der rechten Warenseite nur ein System von Fäden ersichtlich gemacht.

Soleil unterscheidet sich vom Atlasse durch die zwischen den Flottungen angeordnete enge Abbindung. Durch diese Anordnung werden sich erstens die Flottungen auf der rechten Warenseite weniger verschieben wie beim Atlas, zweitens wird eine fester gebundene Rückseite die Haltbarkeit der Ware erhöhen. Soleil entsteht durch das Zusammenstellen zweier oder mehrerer Atlasse in einer Bindung. Die Bindpunkte werden jedoch nicht vereinigt wie beim verstärkten Atlasse, sondern einzeln gesetzt. Beim Einsetzen ist nach dem Effekte, ob Kette oder Schuß die rechte Seite bildet, Rücksicht zu nehmen. Bei Schußeffekt setzt man die Atlastupfen nach Fig. 155 so, daß die Schußflottungen am

Ende eng abbinden, bei Kettenwirkung nach Fig. 156 so, daß die Kettenflottungen am Ende eng binden.

Fig. 155: 10bindiger Schußsoleil.

Der rote 10bindige Atlas wurde vorgetupft und der schwarze unter Berücksichtigung der Einbindung eingesetzt. Rot und Schwarz bedeuten Kettentupfen.

Fig. 156: 7bindiger Kettensoleil.

Die Bindungsfläche wurde rot angelegt, der mit der Ringtype ausgeführte 7bindige Atlas getupft und der schwarze Atlas unter Berücksichtigung, daß die Kettenflottungen am Ende eng binden, eingesetzt. Rot gilt als Kette.

Man kann auch aus den verstärkten Atlassen Soleil bilden, wenn man bei verstärktem Schußatlas die Kettenstellen, bei verstärktem Kettenatlas die Schußstellen der Bindung eng abbindet. Um aus dem verstärkten Schußatlasse, Fig. 149, einen Schußsoleil, Fig. 157, zu bilden, bindet man die Kettenstellen taftartig ab. Anstatt des Taftes hätte man die Abbindung durch einen Tupfen in der Mitte auch köperartig vornehmen können. Die schwarzen Tupfen stellen Schuß dar, weshalb Rot als obenliegende Kette gilt.

Um aus dem verstärkten Kettenatlasse, Fig. 150, einen Kettensoleil, Fig. 158, zu schaffen, bindet man die Schußstellen taftartig ab.

Man kann auch Soleil aus Quer- und Längsripsen entwickeln, wenn man bei ersterem die Schußstellen (Weiß), bei letzterem die Kettenstellen (Rot) abbindet. Diese zwei Arten Soleil werden jedoch nicht glatt, sondern gestreift wirken.

Fig. 160: Quergestreifter Kettensoleil.

Die Schußstellen des Querripses 4:4, Fig. 159, sind taftartig abgebunden.

1 Rapport = 4 Ketten- und 8 Schußfäden.

Fig. 162: Längsgestreifter Schußsoleil.

Die Kettenstellen des Längsripses 6:6, Fig. 161, sind in 3bindigem Köper abgebunden. Rot gilt als Kette, Schwarz und Weiß als Schuß.

1 Rapport = 12 Ketten- und 6 Schußfäden = 12, beziehungsweise 6 Schäfte und 6 Tritte.

Diagonal.

Dies ist eine diagonallaufende verstärkte Bindung mit Atlasgratgrundlage. Durch diese Bindung bekommt die Ware Gratlinien, deren Winkel sich nach der verwendeten Fortschreitungs- oder Steigungszahl richten. Nach der Richtung dieses Grates unterscheidet man Diagonalen 1er, 2er, 3er, 4er etc. Steigung. Die Fig. 163, 164, 165 ergeben den 1er, 2er und 3er Grat. Um einen Diagonal zu bilden, tupft man einen Grat vor, rapportiert diesen in der Bindungsfläche auf die gewünschte Kettenfadenzahl und sucht durch Zusatztupfen eine Musterung nach den Fig. 166, 168—177 zu erzielen.

Fig. 166: 24bindiger Diagonal aus dem 1er Grate, Fig. 163.

1 Rapport = 24 Ketten- und 24 Schußfäden.

Um das Muster zu weben, braucht man eine Schaftmaschine. Die Fig. 167 zeigt drei Karten, welche nach der 1., 2. und 3. Schußlinie der Fig. 166 gelocht sind.

Das Kartenlochen.

Gelocht werden auf jedem Pappblatt für die Karte der Schaftmaschine, Fig. 33, links und rechts die Zapfen und Bindlöcher, dazwischen die Musterlöcher. Die ersteren dienen zum Einlegen in die Zapfen des Prismas behufs Spannung und Glattlegung des Kartenblattes, die zweiten zum Vereinigen aller zu einem Muster notwendigen Kartenblätter zu einem Bande ohne Ende. Das Schnüren der einzelnen Kartenblätter erfolgt nach Fig. 167 in kreuzender Bindweise. Will man die Musterlöcher stanzen, so liest man die entsprechende Schußlinie der Musterzeichnung von links nach rechts und locht jene Stellen, wo die Kette auf dem Schusse liegt. Die erste Schußlinie der Musterzeichnung ist die unterste. Die Numerierung der Kartenblätter erfolgt am Ende, d. i. auf der Laternseite. Mit Folgendem soll das Lochen der in Fig. 167 dargestellten drei Karten von den drei ersten Schüssen der Fig. 166 vorgenommen werden.

1. Schußlinie = 1. Karte,	2. Schußlinie = 2. Karte,	3. Schußlinie = 3 Karte.
2 gelocht,	3 leer,	2 leer,
1 leer,	6 gelocht,	2 gelocht,
4 gelocht,	2 leer,	1 leer,
1 leer,	6 gelocht,	4 gelocht,
2 gelocht,	4 leer,	1 leer,
1 leer,	2 gelocht,	2 gelocht,
4 gelocht,	1 leer,	1 leer,
1 leer,		4 gelocht,
2 gelocht,		1 leer,
6 leer,		2 gelocht,
		4 leer.

Bei der Fig. 167 ergeben die vollen schwarzen Kreise die Zapfenlöcher, die vollen roten Kreise Musterlöcher, die leeren Kreise volle Kartenstellen. Rechts und links von den Zapfenlöchern sind die Bindlöcher durch leere Kreise dargestellt.

Fig. 168: 6schäftiger Diagonal 2er Steigung.

Der 2er Grat, Fig. 164, wurde getupft, in der Bindungsfläche auf 6 Kettenfäden wiederholt und an jeden Tupfen 3 Tupfen nach unten angesetzt. Nachdem diese Musterung noch zu viel Schuß ergibt, wurde zwischen den Graten 3bindiger Schußköper getupft.

1 Rapport = 6 Ketten- und 12 Schußfäden.

Die Fig. 169—172 ergeben 8-, 9-, 10- und 12schäftige Diagonalen 2er Steigung.

Fig. 173: 6schäftiger Diagonal 3er Steigung.

Der 3er Grat wurde vorgetupft und in der Bindungsfläche auf 6 Kettenfäden wiederholt. An jeden Tupfen wurden 10 Tupfen nach unten angesetzt und zur Verbindung der über 11 Schuß gehenden starken Kettengrate ein einfacher Grat gesetzt.

1 Rapport = 6 Ketten- und 18 Schußfäden.

Fig. 174: 8schäftiger Diagonal 3er Steigung.

1 Rapport = 8 Ketten- und 24 Schußfäden = 8 Schäfte und 24 Karten.

Fig. 175: 10schäftiger Diagonal 3er Steigung.

1 Rapport = 10 Ketten- und 30 Schußfäden = 10 Schäfte und 30 Karten.

Fig. 176: 6schäftiger Diagonal 4er Steigung.

Der 4er Grat wurde in der Bindungsfläche getupft und auf 6 Kettenfäden wiederholt. An jeden Tupfen wurden 5 Tupfen nach unten angesetzt und an diesen Grat ein ebenso starker so getupft, daß beide Grate ein Schußtupfen trennt. Zur Abbindung des zwischen den Kettengraten befindlichen Schußstreifens diente ein einfacher Bindungsgrat.

1 Rapport = 6 Ketten- und 24 Schußfäden = 6 Schäfte und 24 Karten.

Fig. 177: 10schäftiger Diagonal 4er Steigung.

1 Rapport = 10 Ketten- und 40 Schußfäden.

Untersucht man bei den durchgenommenen Diagonalbindungen das Verhältnis der Kettenfäden zu den Schußfäden im Rapporte, so findet man, daß dies bei Diagonalen 1er Steigung 1 : 1, bei Diagonalen 2er Steigung 1 : 2, bei 3er Steigung 1 : 3 und bei 4er Steigung 1 : 4 ist.

Man kann auch Diagonalbindungen aus den verstärkten Köpern bilden, wenn man bei der Diagonalbildung immer einen Köperkettenfaden tupft und den benachbarten ausläßt. Ist der Köper geradzahlig, so wird der Rapport des Diagonals die Hälfte der Kettenfäden und die genaue Schußzahl des Köpers haben. Ist der Köper ungeradzahlig, so wird der Rapport des Diagonals in Kette und Schuß derselbe sein wie bei dem Köper, da im Kettenrapporte 2 Grate entstehen.

Fig. 169: 8schäftiger Diagonal 2er Steigung.

DIAGONALBINDUNGEN.

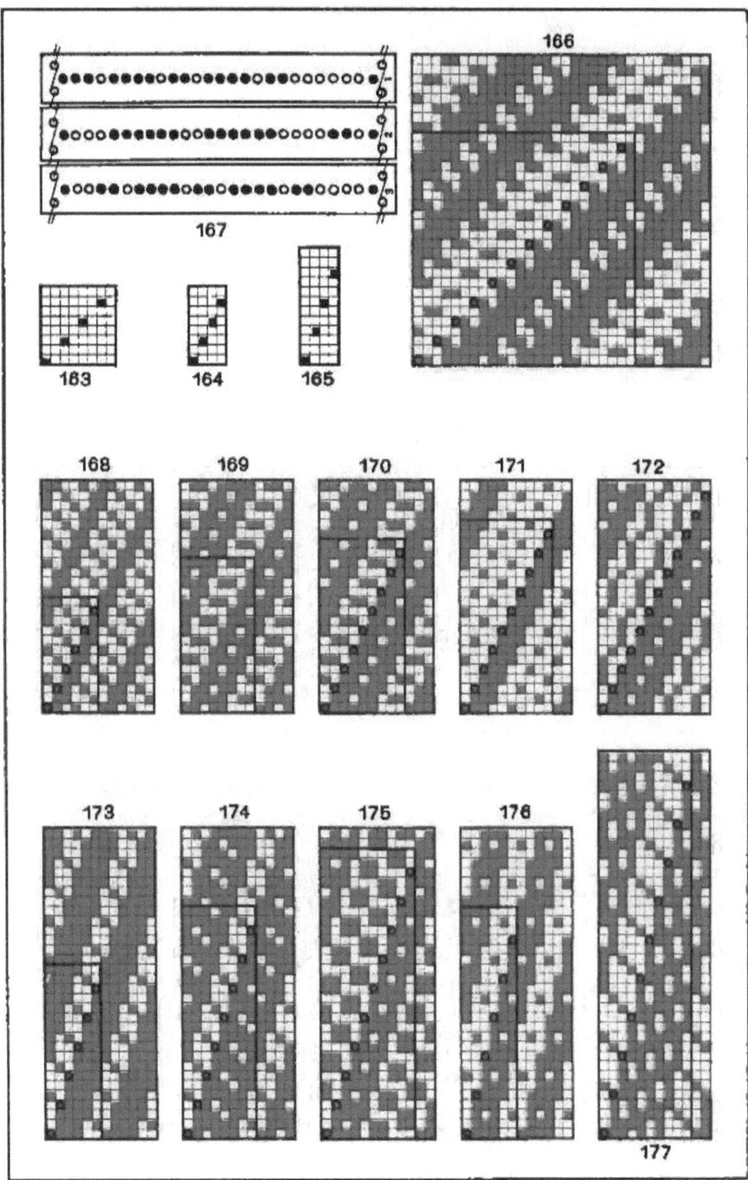

XV.

Die Bindung entstand aus dem 16bindigen verstärkten Köper, Fig. 103, durch Aneinanderreihen der ungeraden Kettenfäden.

Fig. 585: 9bindiger Diagonal 2er Steigung.

Die Bindung entsteht aus dem 9bindigen verstärkten Köper $\frac{1\ \ 3\ \ 2}{2\ \ 1}$, wenn man erst die ungeraden Kettenfäden des Rapportes (1, 3, 5, 7, 9), dann die geraden (2, 4, 6, 8) nebeneinander setzt.

1 Rapport = 9 Ketten- und 9 Schußfäden.

Spitzmuster.

Dies sind in Kette und Schuß symmetrische Muster. Der Aufbau erfolgt nach Fig. 178 durch symmetrische Bearbeitung eines Köpers, nach den Fig. 179—182 auf Grundlage des Spitzköpers. Im letzteren Falle figuriert man die durch den Spitzköper entstehenden Räume durch Einsetzung von Bindungsgraten oder Figuren.

Fig. 178: Spitzmuster,

3bindiger, in einem Quadrate von 9 Ketten- und 9 Schußfäden getupfter Schußköper, wurde der Kette und dem Schusse nach symmetrisch behandelt.

1 Rapport = 16 Ketten- und 16 Schußfäden.

Die Fig. 179, 180 haben einfache, die Fig. 181, 182 gebrochene Spitzköpergrundlage.

Waffel- oder Zellenbindungen.

Diese Bindungen verleihen dem Gewebe ein waffel- oder zellenartiges Gepräge. Die Plastik dieser Gewebe wird durch passende Anordnung von Ketten- und Schußflottungen, welche mit enger Bindung abschließen, hervorgebracht. An den Stellen, wo die Flottungen sind, wird das Gewebe wenig, an den Stellen der engen Bindung aber viel eingezogen werden. Nachdem die Flottungen verlaufend zusammengestellt sind, entstehen sozusagen verlaufende Zusammenziehungen. Die größten Flottungen werden die größten Erhöhungen (Wölbungen), die engsten Bindstellen die größten Vertiefungen im Gewebe ergeben. Die Grundlage der Waffelbindungen ist zumeist Spitzköper, doch liefern nach den Fig. 187, 188, 189 auch andere Anordnungen gute Effekte.

Fig. 183: 8bindiger Waffel.

Die Grundlage ist 8bindiger Spitzköper. Durch diese Bindung werden auf der Spitze stehende Quadrate gebildet. Ordnet man in den Quadraten reihenweise Ketten- und reihenweise Schußflottungen an, so wird beim Weben der besprochene Effekt zustande kommen. Betrachtet man den 5. und 13. Ketten-

und den 5. und 13. Schußfaden, so findet man, daß erstere die größten Kettenflottungen, letztere die größten Schußflottungen haben. Da an diesen Stellen das Gewebe am wenigsten eingezogen wird, werden diese Fäden am erhabensten erscheinen und dem Stoffe eine linienartige Quadratur geben. Die Fäden neben den genannten haben etwas kleinere Flottungen, die neben den letzteren die kleinsten Flottungen; es werden diese deshalb immer etwas tiefer in den quadratischen Abteilungen zu liegen kommen, bis endlich die enge Bindung die tiefste Stelle bildet.

1 Rapport = 8 Ketten, 8 Schußfäden = 8, beziehungsweise 5 Schäfte und 8, beziehungsweise 5 Tritte.

Die Fig. 184—189 liefern verschiedene Waffelbindungen, aus welchen nach den Erläuterungen der Fig. 183 die Effektwirkung leicht verständlich wird

Durchbrochene Gewebe. Gitter- oder à jour-Bindungen.

Diese Bindweise soll dem Gewebe, wie Fig. 191 zeigt, ein durchbrochenes Aussehen geben. Im wesentlichen bestehen diese Musterungen aus Fadenpartien und leeren Stellen, Fadenlücken. 3, 4, 5, 7 etc. durch die Bindweise zusammengedrängte Fäden, wechseln mit einer nach derselben Methode zusammengesetzten Partie in entgegengesetzter Kreuzung ab. Nachdem die zweite Fadenpartie entgegengesetzt der ersten bindet, werden sich der Endfaden der einen Partie und der Anfangsfaden der anderen Partie nicht zusammendrängen, sondern durch die entgegengesetzte Bindweise und Isolierung durch einen Kammstab (Rohr, Riet) trennen. Soll die Fadenlücke größer werden, so läßt man eine, zwei oder mehrere Kammlücken leer. Dem Schusse nach erfolgt die Vereinigung der Partiefäden und die Fadenlücke nach denselben Fadenvereinigungs- und Fadentrennungsgesetzen.

Fig. 190: Gitterbindung 3:3.

Im Gewebe (Fig. 191) wechseln immer drei zusammengedrängte Fäden mit einer Fadenlücke ab.

Der Kammeinzug erfolgt 3fädig. Nachdem der 1. und 3. Kettenfaden der Partie gleichbinden, werden diese das Bestreben haben, zusammenzugehen, was durch die passende Bindung des Zwischenfadens nicht beeinflußt wird. Der 3. Faden der ersten Partie und der 1. der zweiten Partie binden entgegengesetzt, weshalb sich diese zwei Fäden nicht zusammenschieben, sondern voneinander entfernen, trennen.

1 Rapport = 6 Ketten- und 6 Schußfäden.

Fig. 192: Gitterbindung 4 : 4.

1 Rapport = 8 Ketten- und 8 Schußfäden, Kammeinzug 4fädig.

SPITZ- UND WAFFELMUSTER.

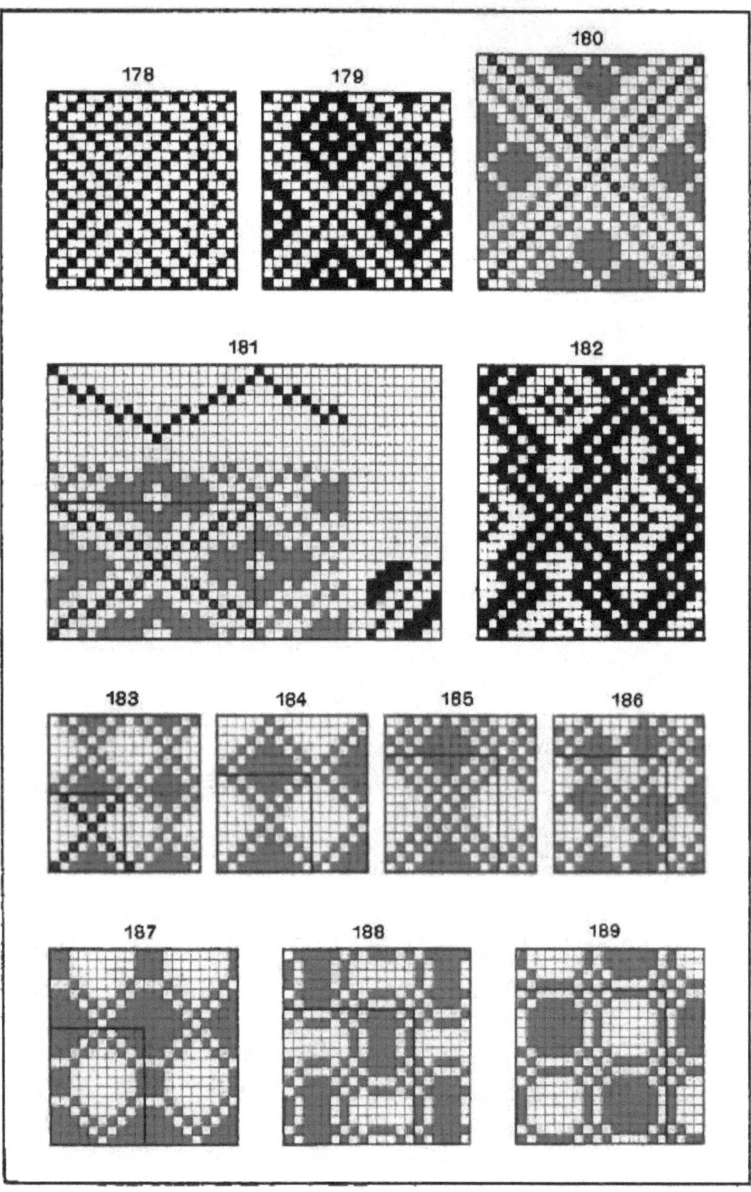

XVI.

BINDUNGEN FÜR DURCHBROCHENE GEWEBE.

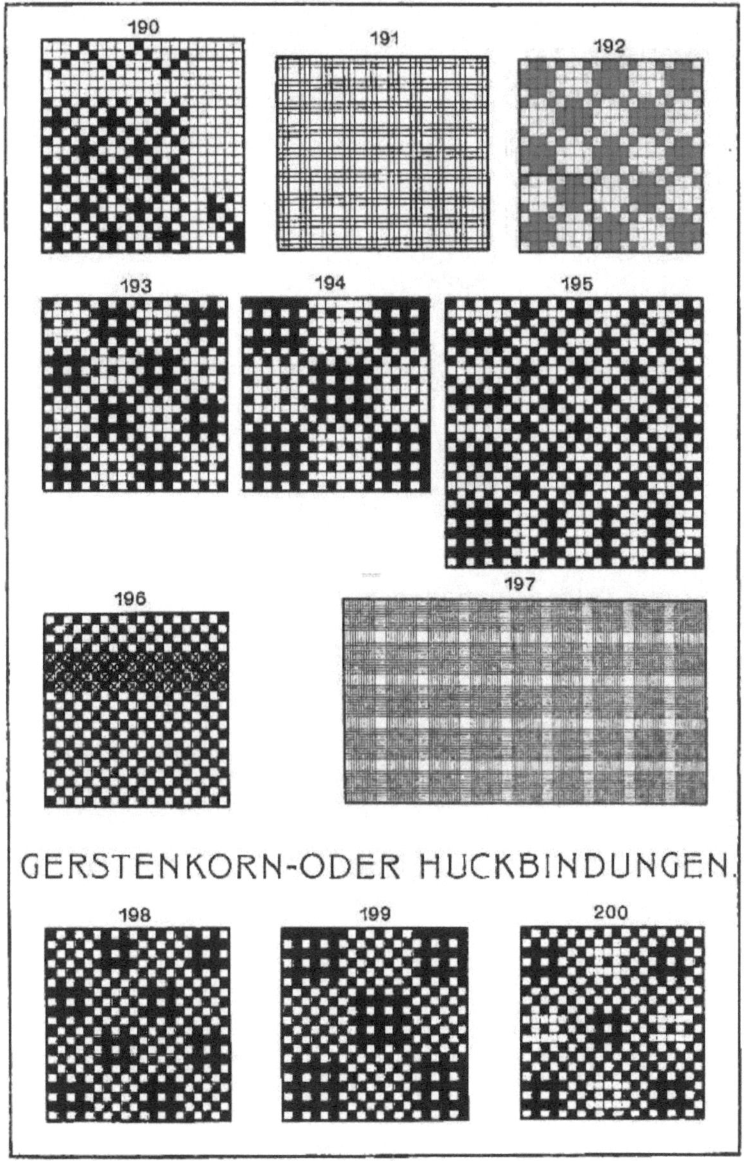

XVII.

Fig. 193: Gitterbindung 5 : 5.
1 Rapport = 10 Ketten- und 10 Schußfäden, Kammeinzug 5fädig.

Fig. 194: Gitterbindung 7 : 7.
1 Rapport = 14 Ketten- und 14 Schußfäden.

Fig. 195: Gemusterte Gitterbindung 7 : 3 : 3 : 3 : 3 : 3 : 3 : 3.
1 Rapport = 28 Ketten- und 28 Schußfäden.

Die Fig. 192 ist die gewöhnliche Bindung der Stickereistoffe (Stramin, Aida etc.), die anderen finden bei Hemden-, Kleider-, Blusen- und Schürzenstoffen vielfache Anwendung.

Eine andere Methode, durchbrochene Gewebe zu bilden, beruht auf der unterschiedlichen Einwirkung von Schwefelsäure auf Tierhaare und Pflanzenfasern. Webt man z. B. eine Ware, bei welcher nach Fig. 196 12 Fäden Kammgarn mit 4 Fäden Baumwollgarn in Kette und Schuß regelmäßig abwechseln, so erhält man nach der Behandlung des Gewebes mit verdünnter Schwefelsäure (Karbonisieren genannt) ein durchbrochenes Gewebe, Fig. 197, da die Säure die Pflanzenfasern zerstört (verkohlt), während die Wolle nicht angegriffen wird. Bei der Fig. 196 ergeben die roten Tupfen gehobene Kammgarnkette, die blauen gehobene Baumwollkette, die weißen obenliegenden Kammgarnschuß, die gekreuzten obenliegenden Baumwollschuß. Denkt man sich die Baumwollkette und den Baumwollschuß entfernt, so wird an der Kreuzung der Baumwollkette mit dem Baumwollschusse (blaue Tupfen auf gekreuztem Grunde) eine Fadenlücke entstehen, während an der Kreuzung der Baumwollkette mit dem Kammgarnschusse (blaue Tupfen auf weißem Grunde) ein Flottliegen des Kammgarnschusses, an der Kreuzung der Kammgarnkette mit dem Baumwollschusse (rote Tupfen auf gekreuztem Grunde) ein Flottliegen der Kammgarnkette erfolgen muß.

Gerstenkorn- oder Huckbindungen.

Läßt man auf Leinwandgrund gruppenweise Flottungen nach den Fig. 198—200 wirken, so drängen sich im Gewebe die engbindenden Fäden gegen die Flottungen, so daß letztere einen aufgeworfenen, korn- oder hockenartigen Effekt liefern. Verwendung findet diese Bindungstechnik bei Handtüchern. Durch die aufgeworfenen Stellen wirkt das Gewebe beim Gebrauche kräftig frottierend. Bei den Fig. 198 und 199 wirken auf der einen Gewebseite durch Kette gebildete, auf der anderen durch Schuß gebildete Korneffekte. Die Bindung, Fig. 200, liefert auf beiden Gewebseiten senkrechte Korneffekte aus Kette und wagrechte aus Schuß.

Krepp oder Crêpe.

Dies sind Bindungen, welche der Ware ein kleinfiguriertes oder verworrenes Aussehen geben. Man unterscheidet folgende Arten:

a) Figurierten Krepp.

b) Ripskrepp.

c) Sandkrepp.

Figurierter Krepp.

Das Bilden von figurierten Kreppmustern kann auf verschiedene Arten erfolgen:

1. Man tupft auf eine Bindungsfläche Leinwand, Schußköper, Schußatlas oder deren Ableitungen und sucht durch Zusatztupfen eine kleinfigurierte gleichmäßig verteilte Musterung zu schaffen.

Fig. 201: 8bindiger Krepp.
Grundlage Leinwandbindung.
Fig. 202: 6bindiger Krepp.
Grundlage 6bindiger Schußköper.
Fig. 203: 8bindiger Krepp.
Grundlage 8bindiger Schußköper.
Fig. 204: 4schäftiger Krepp.
Grundlage Längszickzack.
Fig. 205: 8schäftiger Krepp.
Grundlage gebrochener Schußköper.
Fig. 206: 8bindiger Krepp.
Grundlage 8bindiger versetzter Köper. (Siehe Fig. 4, Tafel I.)
Fig. 207: 8bindiger Krepp.
Grundlage 8bindiger Spitzköper.
Fig. 208: 10bindiger Krepp.
Grundlage 10bindiger Schußatlas.

Die Grundlage dieser Bindungen wurde im eingegrenzten Rapporte durch die Ringtype ersichtlich gemacht.

2. Ordnet man die Bindpunkte nach den Fig. 209, 210 an, so erhält der Stoff ein quadratisch abgeteiltes Gepräge. Das letztere entsteht durch die entgegengesetzte Bindweise der benachbarten Quadrate. Gewebe aus diesen Bindungen erzeugt, bekunden große Elastizität.

3. Man nimmt Quadrate oder kleine Figuren, versetzt dieselben nach Fig. 211 und 212 taft-, beziehungsweise atlasartig und bindet die leeren Räume geschmackvoll ab.

KREPP- ODER CRÊPE-BINDUNGEN.

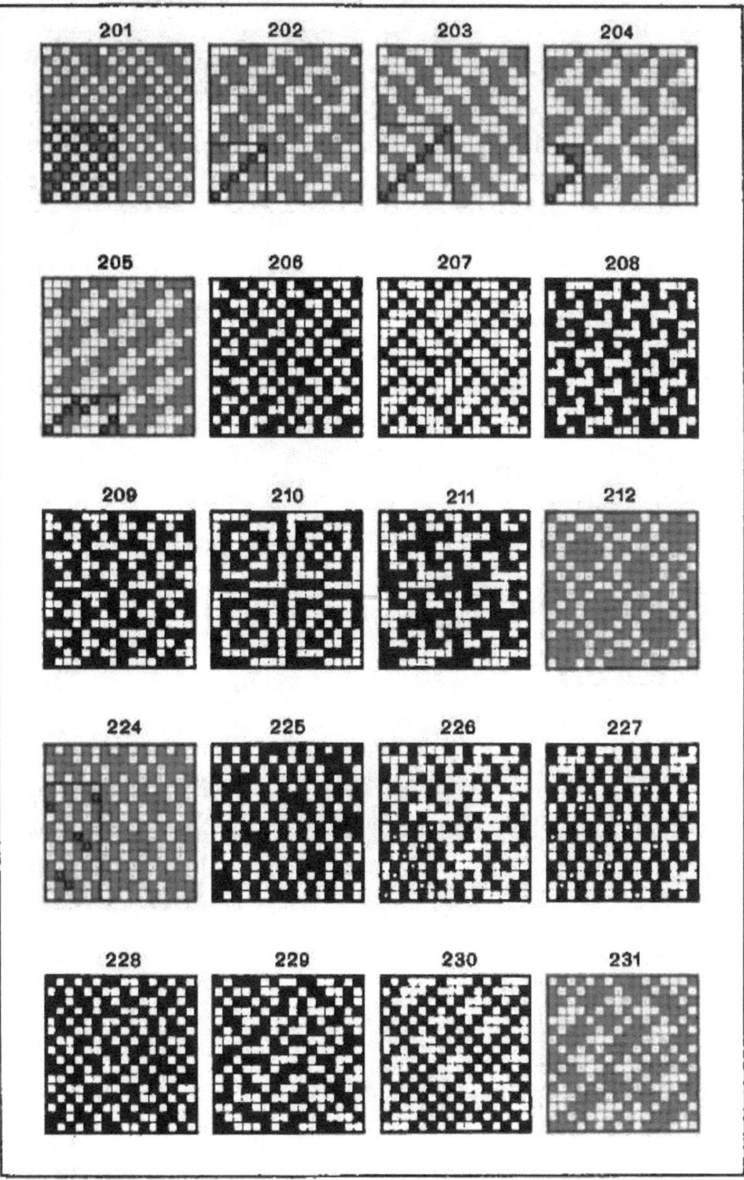

XVIII.

Fig. 211: 8bindiger figurierter Krepp.

Ein Quadrat aus vier Tupfen wurde taftartig auf 8 Ketten- und 8 Schußfäden versetzt und durch Ansatztupfen ineinander greifende Figuren geschaffen.

Fig. 212: 16bindiger figurierter Krepp.

Eine kleine Figur wurde in einem Raume von 16 Ketten- und 16 Schußfäden nach dem 8bindigen Atlasse (Fortschreitungszahl 5) versetzt. Zur Vermeidung der leeren Zwischenräume wurde um jede Figur eine einfache Tupfenkontur gesetzt.

4. Man vergrößert die Tupfen eines Schußatlasses oder eines versetzten Köpers und sucht durch Zusatztupfen eine gediegene Bindungsfläche zu schaffen. Fig. 213 ist ein 5bindiger Schußatlas, welcher in Fig. 214 4mal vergrößert wurde. Verdoppelt man die Tupfen der Fig. 214 nach links, so entsteht Fig. 215. Durch Zusatztupfen der Fig. 215 entstehen die figurierten Kreppmuster Fig. 216, 217.

5. Durch gleichmäßige Vergrößerung eines Kreppmusters.

Fig. 218: 12bindiger Krepp.

» 219: 24bindiger Krepp.

Diese Musterung entsteht aus der Fig. 218 durch vierfache Vergrößerung der Bindpunkte.

6. Durch ungleichmäßige Vergrößerung einer Kreppbindung.

Fig. 220: 16bindiger Krepp.

Die Bindung entsteht aus der Fig. 218, wenn man die Ketten- und Schußfäden 1, 4, 7, 10 doppelt, 2, 3, 5, 6, 8, 9, 11, 12 einfach anordnet.

Fig. 221: 40bindiger Krepp.

Diese Musteruug entsteht aus der Kreppbindung, Fig. 217, durch doppelte Anordnung der Ketten- und Schußfäden 1, 2, 7, 8, 13, 14, 19, 20, 25, 26. Bei der Bearbeitung dieser Muster ist es gut, die Vergrößerung durch ein Liniennetz auf dem Tupfpapiere ersichtlich zu machen, da man dann rein schablonenmäßig übertragen kann.

7. Durch das Tupfen zweier, eventuell dreier Bindungen in einem Rapporte ohne Rücksicht des Zusammentreffens der Bindpunkte.

Fig. 222: 10bindiger Krepp.

Diese Bindung entsteht aus Taft und 10bindigem Schußatlas, wenn man beide Bindungen auf eine Fläche tupft.

1 Rapport = 10 Ketten- und 10 Schußfäden.

Fig. 223: 20bindiger Krepp.

Zur Hervorbringung dieser Musterung wurde 4bindiger versetzter Köper *a* und 5bindiger Schußatlas *b* auf einer Bindungsfläche getupft. Der Rapport ent-

4*

spricht dem kleinsten gemeinschaftlichen Vielfachen der Rapportzahlen der zwei Bindungen. Das kleinste gemeinschaftliche Vielfache von 4 und 5 ist 20, weshalb ein Rapport 20 Ketten- und 20 Schußfäden hat.

Ripskrepp oder Rips mit Überbindung.

Diese Bindungsart liefert keine figurierte, sondern eine verworrene Warenseite. Die Grundbindung ist Querrips und ist die Bearbeitung, je nachdem die Ware Ketten- oder Schußeffekt haben soll, eine zweifache:

a) Bei Ketteneffekt:

Man läßt die Kettenfäden über die Rippe hinaus binden, d. h. man setzt genommene Tupfen auf Weiß.

Durch das Einsetzen von genommenen Tupfen auf die Schußstellen eines Querripses 2 : 2, eventuell 3 : 3 werden die Querrippen unterbrochen, wodurch eine eigenartige, verworrene, teilweise Rippenstücke ersichtlich machende Warenseite gebildet wird.

Die Fig. 224 — 225 ergeben derartige Bindungen und sind die auf die Schußstellen gesetzten Tupfen im eingegrenzten Rapporte durch die Ringtype ersichtlich gemacht. Rot und Ringtype entspricht gehobener Kette.

b) Bei Schußeffekt.

Man läßt die Kettenfäden nicht über die ganze Rippe binden, d. h. man setzt gelassene Tupfen auf die Kettenstellen des Ripses. Durch diese Methode werden in der Ware die Querrippen durch Schußflottungen unterbrochen, was wieder eine eigenartige, teilweise Ripsstücke ersichtlich machende, verworrene Warenseite bedingt. Die Fig. 226, 227 ergeben diesbezügliche Bedingungen. Aus denselben sind durch die gelassenen Ripstupfen (Ringtype) die Schußflottungen, welche das Überbinden, Unterbrechen der Rippe, besorgen, leicht erkennbar. Ripskrepp findet viel Verwendung bei Damenkleiderstoffen.

Sandkrepp oder verworrener Krepp.

Bei dieser Bindungsart wird durch freies unregelmäßiges Setzen von Bindpunkten eine verworrene Bildfläche zu erzeugen gesucht. Das Zusammenstellen dieser Bindungen ist jedoch nicht so leicht, da besonders Rücksicht auf gleichmäßige Verteilung der regellos gesetzten Bindpunkte genommen werden muß. Die Fig. 228 — 231 zeigen derartige Bindungen in verschiedenen Ausführungen. Die Länge der Flottungen hängt ab von der Dichte des Stoffes, die Zusammenstellung der Bindpunkte nach dem fein- oder grobkörnigen Ausdrucke, den das Gewebe haben soll.

KREPP- ODER CRÊPE-BINDUNGEN.

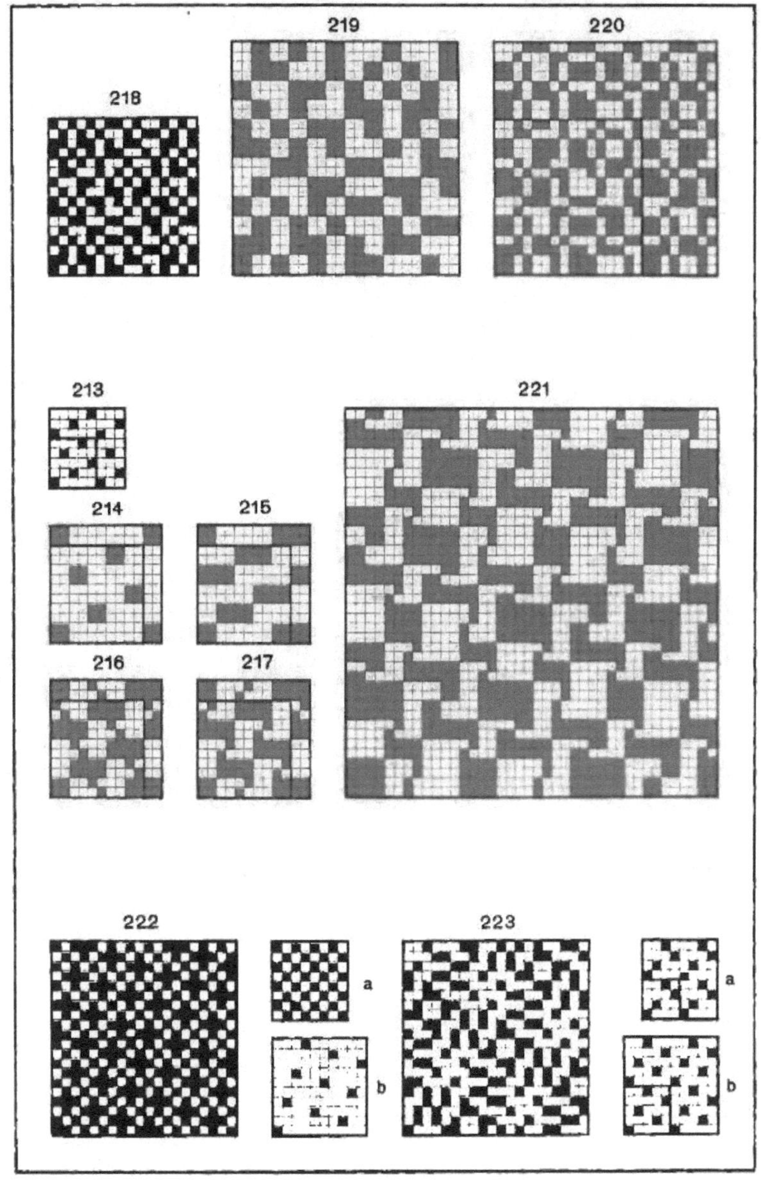

XIX.

STUFENFÖRMIGE BINDUNGEN.

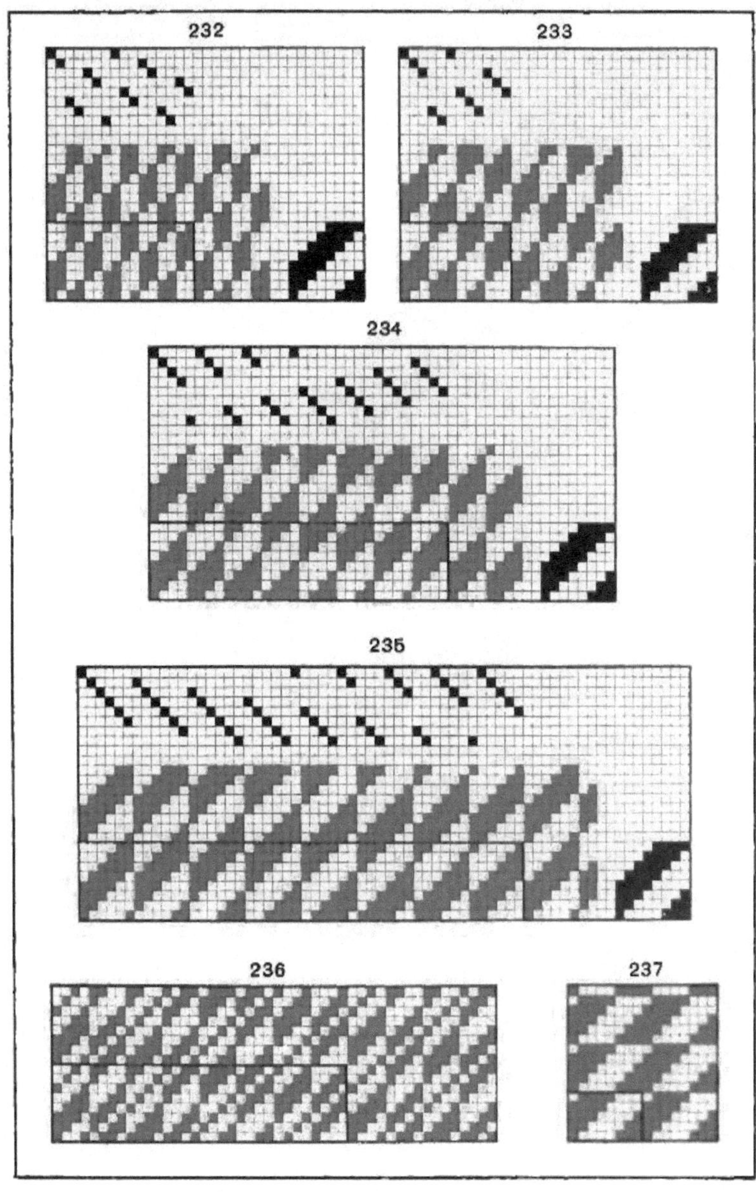

XX.

Stufenförmige Bindungen.

Diese Bindungen entstehen aus verstärktem Köper, wenn man nach 2, 3, 4 etc. Kettenfäden die Bindung nach derselben Richtung laufend, entgegengesetzt tupft und dies so lange wiederholt, bis der Rapport eintritt. Die Fig. 232—235 entstehen aus dem 8bindigen zweiseitigen Köper, wenn man diesen partienweise von 2, 3, 4 und 6 Kettenfäden nach obiger Angabe bearbeitet. Bei der Fig. 232 ist der Kettenrapport 16, bei der Fig. 233 12, bei der Fig. 234 32, bei Fig. 235 48 Ketten- und 8 Schußfäden.

Der Kettenrapport = Fäden per Gruppe × Rapportzahl des Grundköpers, beziehungsweise wenn die Fadengruppe mit der Bindungszahl des Grundköpers keinen gemeinsamen Divisor hat, $^1/_2$ davon. Bei der Entwicklung aller zulässigen Fadengruppen kommt eine Ausnahme der Regel (Fig. 237) zum Ausdrucke, wo der Bindungsrapport kleiner ist als der Rapport des Grundköpers.

Beim Weben der Muster 232—235 kommen bei reduzierender Einzugsweise 8 Schäfte und 8 Tritte zur Verwendung. Außer zweiseitigem Köper kann man auch nach der Fig. 236 einseitigen Köper verwenden. Die Bindung 236 hat einen Rapport von 32 Ketten- und 8 Schußfäden. Bei reduzierendem Einzuge braucht man 16 Schäfte.

Anstatt in der Kette kann man auch nach Fig. 237 das Bilden dieser Muster nach dem Schusse vornehmen.

Schuppenartige Muster.

Diese Bindungen liefern schuppenartige Bilder. Man erhält dieselben auf verschiedene Weise:

a) Aus Schußköper, wenn man den Gratlinien schuppenartige Verstärkungen gibt.

Fig. 238: Schuppenbindung.

An die Bindpunkte des 6bindigen Schußköpers wurden Schuppen angesetzt. Die schwarzen Typen machen das Versetzen der Schuppen ersichtlich.

1 Rapport = 24 Ketten- und 24 Schußfäden.

Fig. 239: Schuppenbindung.

1 Rapport = 24 Ketten- und 48 Schußfäden.

b) Aus zweigratigem Schußköper durch Anordnung symmetrischer Schuppen zwischen den Graten.

Fig. 240: Schuppenbindung.

Zwischen den Graten des 20bindigen zweigratigen Schußköpers wurden symmetrische Schuppen gebildet und diese nach dem 4bindigen Schußköper angeordnet.

1 Rapport = 40 Ketten- und 40 Schußfäden.

c Aus verstärktem Köper, wenn man denselben nach einer bestimmten Anzahl Ketten und Schußfäden in derselben Richtung laufend, so tupft, daß Schußtupfen mit Kettentupfen und umgekehrt Kettentupfen mit Schußtupfen abwechseln.

Fig. 242: Schuppenbindung.

Der zweiseitige Köper, Fig. 241, wurde von 8 : 8 Ketten- und Schußfäden, nach derselben Richtung laufend, entgegengesetzt getupft.

1 Rapport = 40 Ketten- und 40 Schußfäden, das sind bei reduzierendem Einzuge 10 Schäfte und 40 Karten.

Fig. 243: Schuppenbindung.

Das Versetzen des zweiseitigen 10bindigen Köpers erfolgte von 8 : 8 Ketten- und 4 : 4 Schußfäden.

1 Rapport = 40 Ketten- und 20 Schußfäden = 10 Schäfte und 20 Karten.

Strahlenförmige Muster.

Diese Muster entstehen aus versetztem zweiseitigen Köper durch Verschieben der Bindungsgrate. Fig. 244 entsteht aus dem versetzten zweiseitigen Köper, Fig. 244 *a* durch Verschieben der Bindungsgrate um zwei Kettenfäden, Fig. 245 aus Fig. 245 *a* durch Verschieben der Bindungsgrate (Köperstücke) um 4 Kettenfäden nach rechts.

Die Fig. 246 und 247 zeigen Muster, welche aus den versetzten Köpern Fig. 244 *a* und Fig. 245 *a* durch Wiederholen der mit Pfeilen versehenen zwei Bindungsgrate und deren Verschiebung um 2 Kettenfäden im Bindungsrapporte entstehen. Der Bindungsrapport dieser strahlenförmigen Muster entspricht in Kette und Schuß dem Kettenrapporte des als Grundlage dienenden versetzten Köpers.

Wie man aus dem 4bindigen zweiseitigen Köper (Fig. 87) die versetzten Köper 244 *a* 4 : 4 und 245 *a* 6 : 6 gebildet hat, kann man auch aus 6bindigem zweiseitigem Köper (Fig. 67) versetzte Köper 6 : 6, 9 : 9, 12 : 12, aus 8bindigem 8 : 8, 12 : 12, 16 : 16 etc. bilden und durch Verschieben der Bindungsgrate um 3 oder 6, respektive 4 oder 8 etc. Kettenfäden strahlenförmige Muster nach den Fig. 244—247 entwickeln.

Wellenförmige Muster.

Bei diesen Mustern sind die Gratlinien wellenförmig angeordnet. Die Muster entstehen durch partienweises Aneinanderfügen von verstärktem Köper, Diagonal 2ter Steigung etc. Die zu verwendenden Bindungen müssen aus gleichbindenden Kettenfäden bestehen, d. h. der Diagonal muß aus dem Köper entstanden sein

SCHUPPENARTIGE MUSTER.

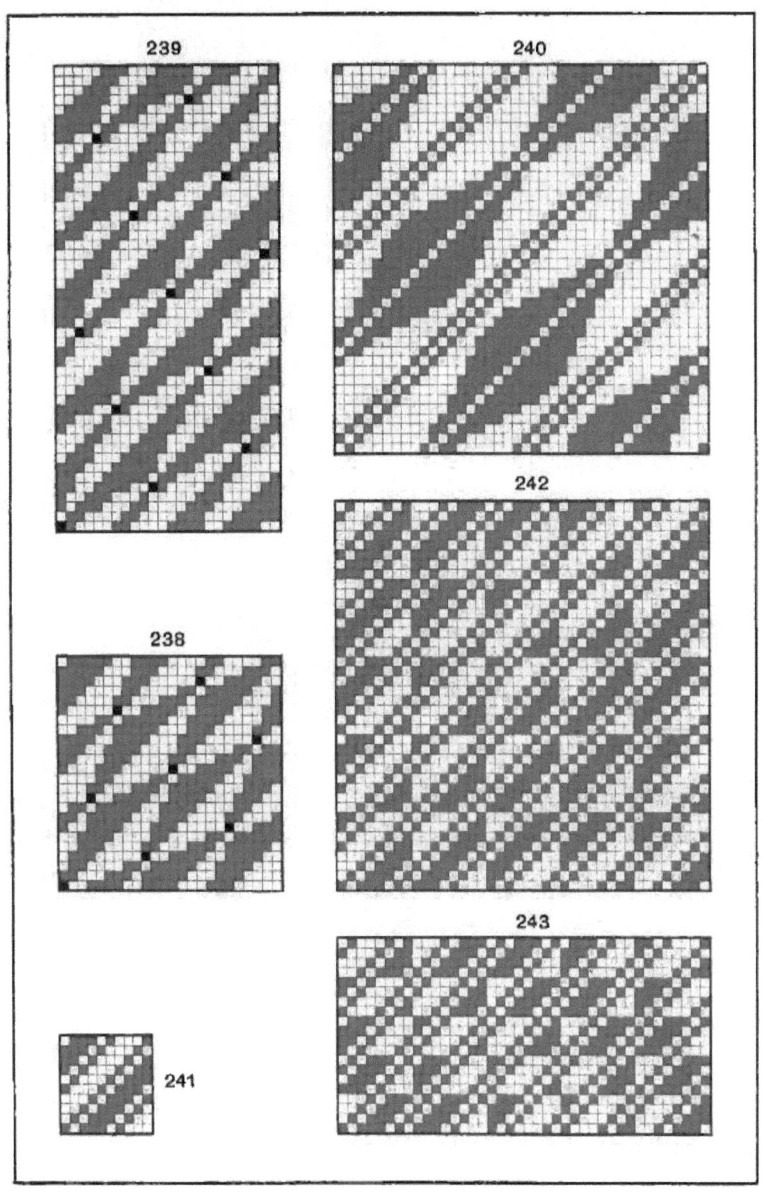

XXI.

STRAHLENFÖRMIGE
MUSTER.
a
244
a
245
246
247
WELLENFÖRMIGE MUSTER.
248

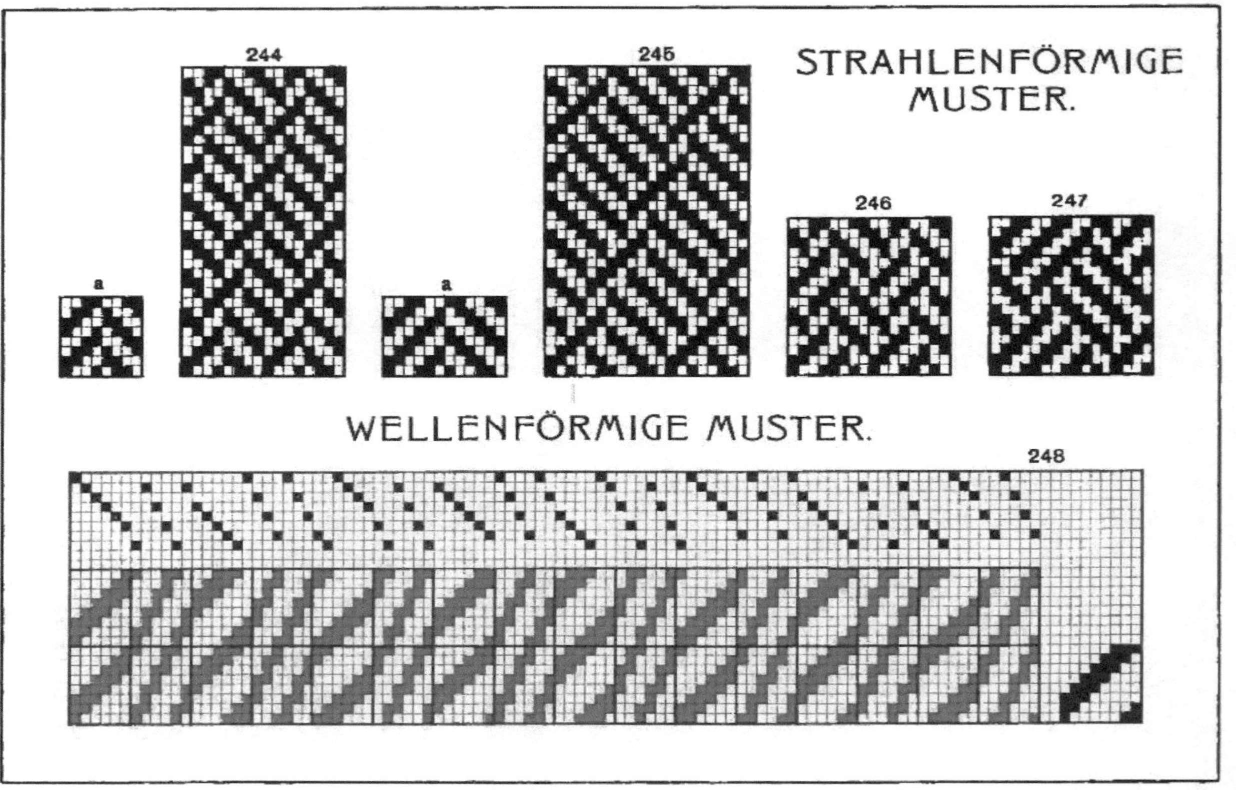

XXII.

WELLEN- UND BOGENFÖRMIGE MUSTER.

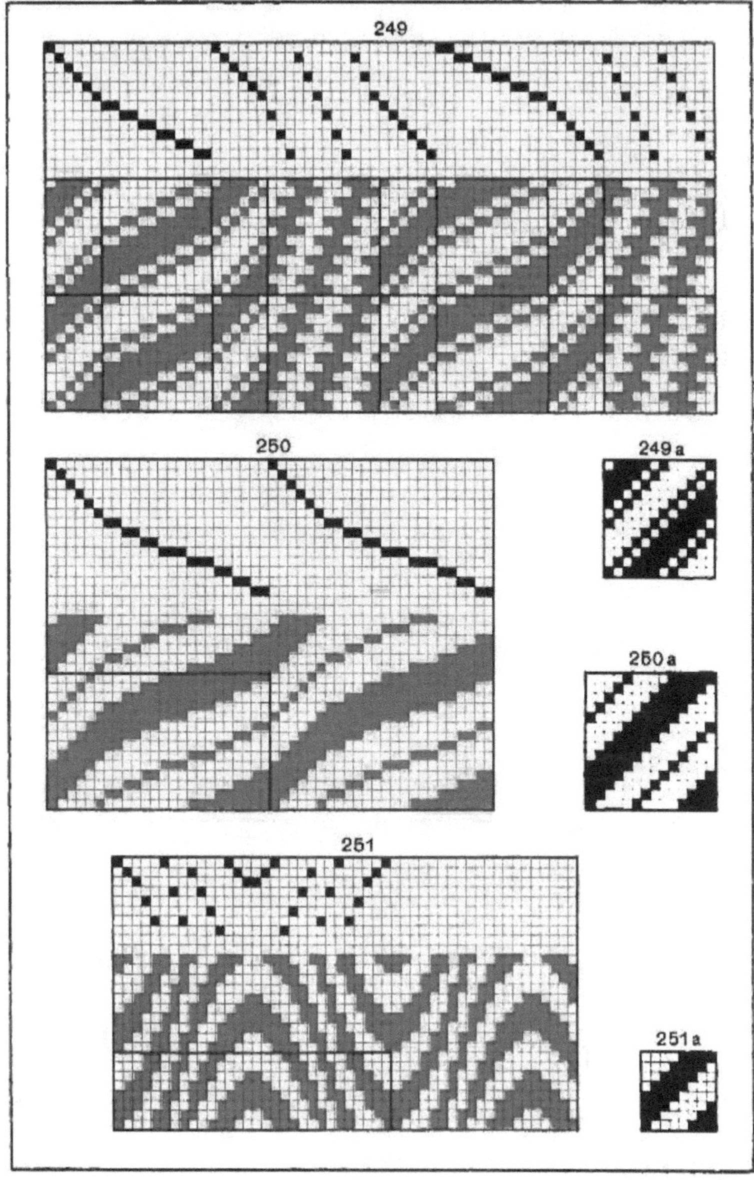

XXIII.

(siehe Fig. 169 und 103). Das Aneinanderfügen der Partien muß im Anschlusse des Grates erfolgen und so lange wiederholt werden, bis der Rapport eintritt.

Fig. 248: Wellenartiges Muster.

8bindiger verstärkter Köper und aus diesem entwickelter 4schäftiger Diagonal 2ter Steigung sind von 6 : 6 Kettenfäden unter Berücksichtigung des Bindungsanschlusses so oft aneinander gereiht, bis die Wiederholung eintritt.

1 Rapport = 8 × 6 × 2 = 96 Ketten- und 8 Schußfäden.

Fig. 249: Wellenartiges Muster.

12bindiger zweiseitiger Köper (249 *a*), 24schäftiger flachliegender Diagonal 1ter Steigung, 12bindiger zweiseitiger Köper, 6schäftiger steiler Diagonal 2ter Steigung sind von 6 : 12 : 6 : 12 : 6 : 12 : 6 : 12 Kettenfäden unter Berücksichtigung des Gratanschlusses nebeneinander getupft.

1 Rapport = 72 Ketten- und 12 Schußfäden = 12 Schäfte und 12 Tritte.

Fig. 250: Wellenartiges Muster.

14bindiger verstärkter Köper (250 *a*) und aus dieser Bindung entwickelte, flachliegende Diagonalen sind unter Berücksichtigung des Bindungsanschlusses von 6 : 6 : 6 : 6 Kettenfäden nebeneinander gesetzt.

1 Rapport = 24 Ketten- und 14 Schußfäden = 14 Schäfte und 14 Karten.

Bogenförmige Muster.

Diese entstehen aus den wellenförmigen Mustern durch symmetrische Bearbeitung.

Fig. 251: Bogenförmiges Muster.

8bindiger zweiseitiger Köper (251 *a*), 4schäftiger Diagonal 2ter, 3ter, 2ter Steigung, 8bindiger, zweiseitiger Köper sind von 3 : 3 : 3 : 3 : 3 Kettenfäden gratweise aneinander gereiht und der Kette nach symmetrisch bearbeitet.

1 Rapport = 30 Ketten- und 8 Schußfäden.

Fadenweise versetzte Bindungen.

Dadurch, daß man eine oder zwei Bindungen fadenweise versetzt, entstehen unzählige Musterungen.

Dasselbe kann auf dreifache Art erfolgen:

1. Man versetzt eine Bindung.
2. Man versetzt zwei gleichschäftige Bindungen.
3. Man versetzt zwei ungleichschäftige Bindungen.

1. Das Versetzen einer Bindung.

a) Kettenfadenweises Versetzen.

Man verfährt dabei folgend:

1. Man tupft eine Bindung als Vorlage.

2. Man setzt diese Bindung auf die ungeraden Kettenfäden einiger zu bildenden Muster.

3. Man setzt diese Bindung auch auf die geraden Kettenfäden, und zwar einmal genau so, dann bei jedem folgenden Muster immer um einen Schuß höher eingesetzt.

Fig. 252: 8bindiger zweiseitiger Köper.

Fig. 253: Darstellung wie bei den Fig. 254--257 die Einsetzung der ungeraden Kettenfäden erfolgte.

Fig. 254: Diagonal. Die geraden Kettenfäden wurden genau nach den ungeraden eingesetzt.

Fig. 255: Diagonal. Die Bindung der geraden Kettenfäden erfolgte nach *b*, d. i. um einen Schuß höher als *a*.

Fig. 256: Diagonal. Die Bindung der geraden Kettenfäden erfolgte nach *b*, d. i. um zwei Schüsse höher als *a*.

Fig. 257: Diagonal. Die Bindung der geraden Kettenfäden erfolgte nach *b*, d. i. um drei Schüsse höher als *a*.

Ein 8bindiger verstärkter Köper liefert 4, ein 10bindiger 5 neue Muster. Ein verstärkter Köper liefert soviel neue Muster, als die Hälfte des Kettenfadenrapportes beträgt.

Außer Köper kann man auch Diagonal- und Kreppbindungen als Vorlage nehmen.

Fig. 258 ist ein 6schäftiger Diagonal, welcher in den Fig. 259—265 nach besprochener Anleitung bearbeitet wurde. Aus diesen Mustern ersieht man, daß aus einem 6bindigen Diagonal 2ᵉʳ Steigung 7, d. s. die Fäden des Kettenrapportes + 1 Muster entstehen, was wieder als Regel aufgestellt werden kann.

Fig. 266: 8bindiger Krepp.

Fig. 267: Bindungsschema der ungeraden Kettenfäden der Fig. 268—275.

Fig. 268—275: Kreppbindungen, bei welchen die geraden Kettenfäden nach den unter den Mustern befindlichen Bindungen *b* eingesetzt wurden.

1 Rapport = 16 Ketten- und 8 Schußfäden = 8 Schäfte und 8 Tritte.

Man findet daraus, daß die Zahl der neuen Muster gleich ist der Rapportzahl der Bindung.

FADENWEISE VERSETZTE BINDUNGEN.

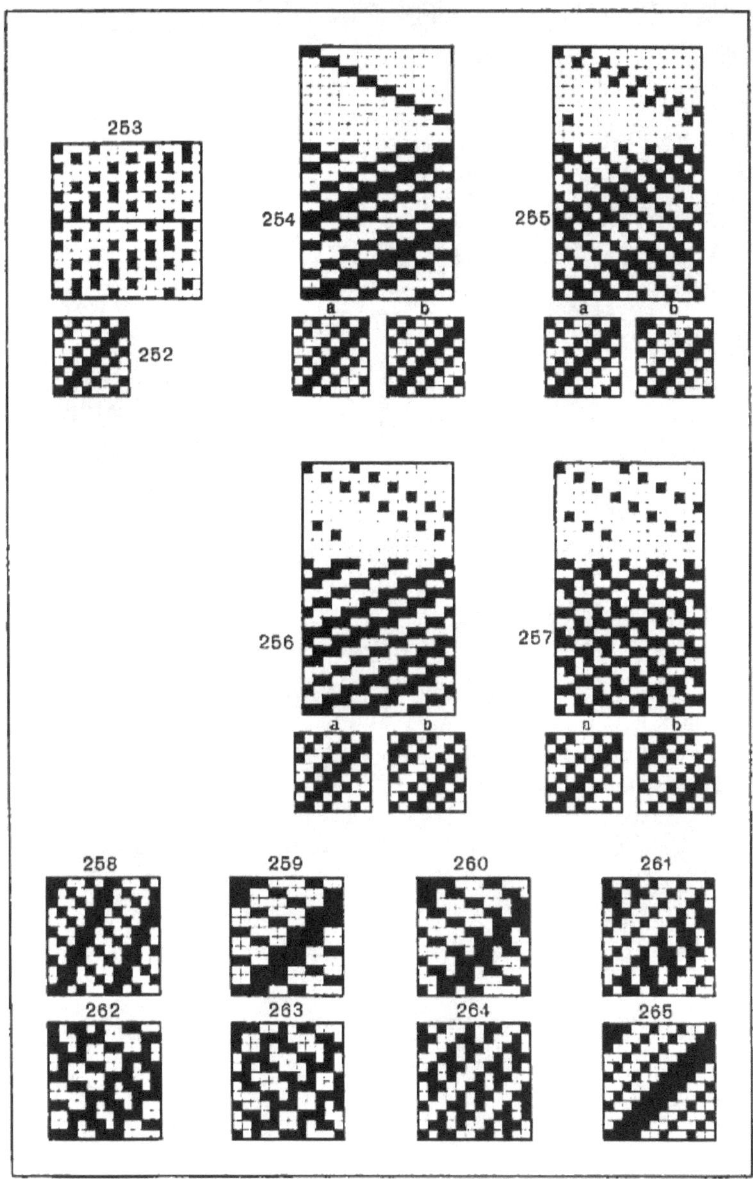

XXIV.

FADENWEISE VERSETZTE BINDUNGEN.

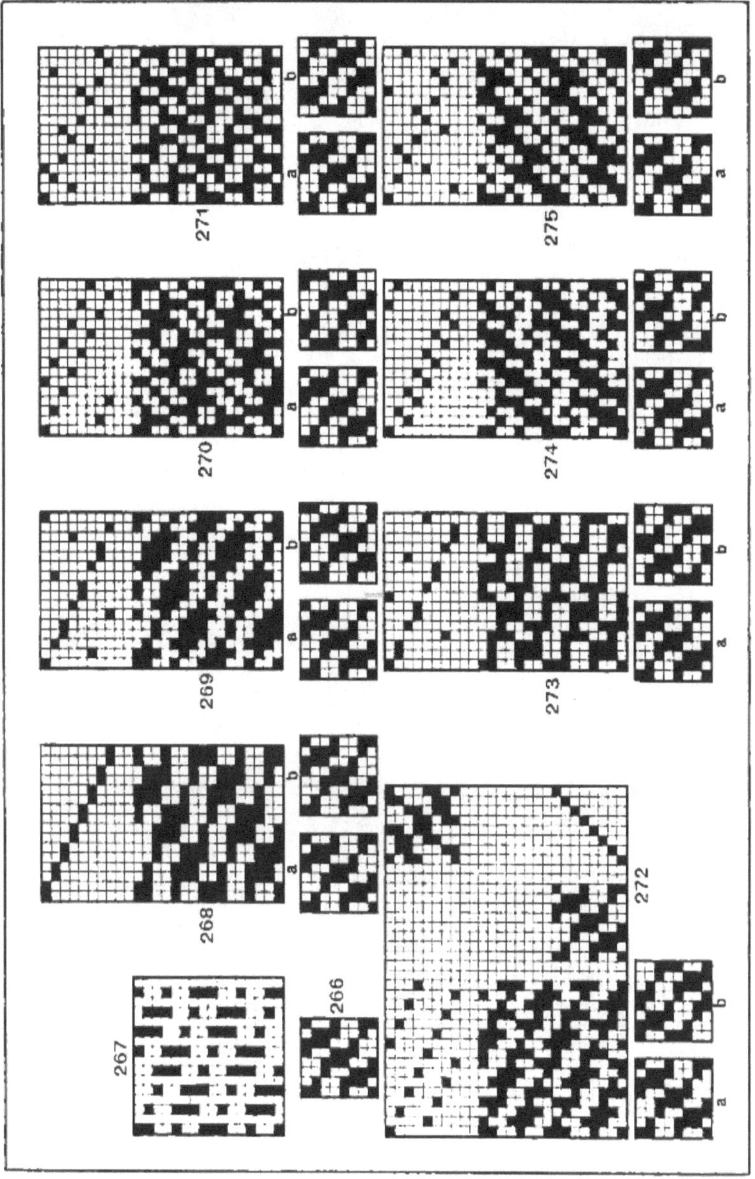

XXV.

FADENWEISE VERSETZTE BINDUNGEN.

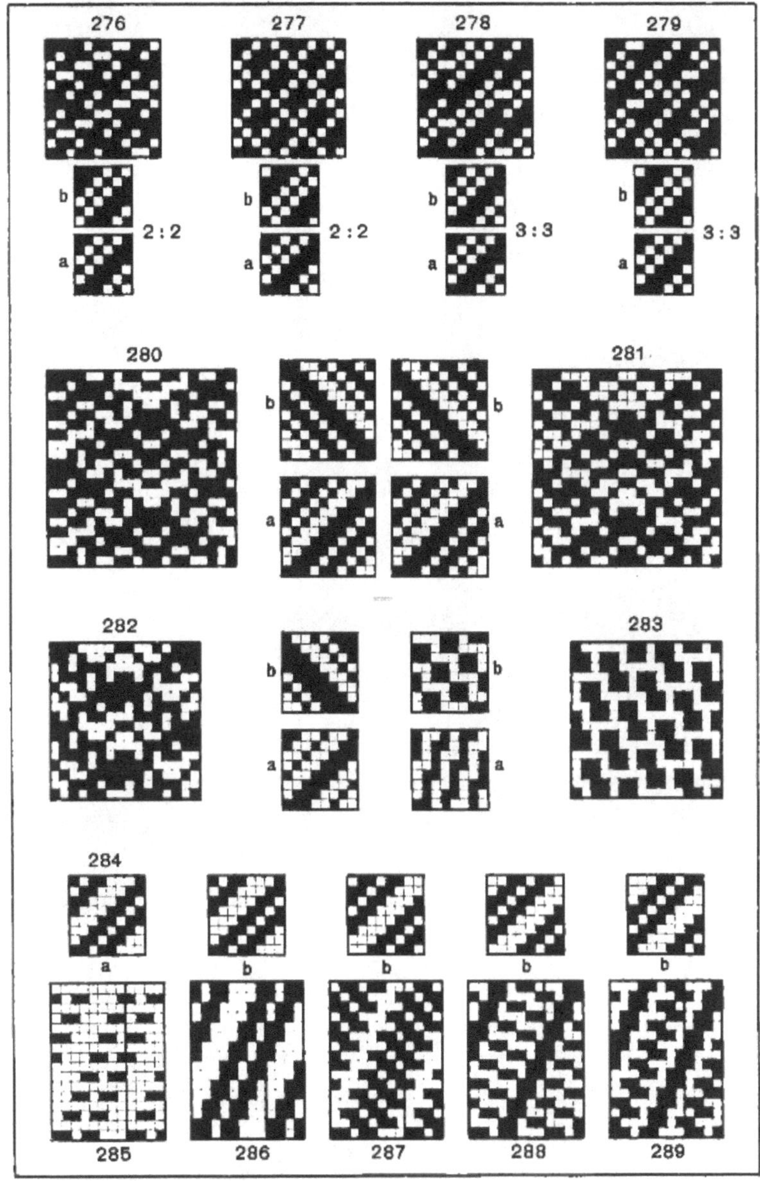

XXVI.

Außer dem Versetzen von Kettenfaden zu Kettenfaden kann man das Versetzen auch von 2 : 2, 3 : 3, 4 : 4 etc. vornehmen. Die Fig. 276—279 ergeben Muster, welche durch das Versetzen eines verstärkten Köpers von 2 : 2 und 3 : 3 Kettenfäden entstanden.

2. Das Versetzen zweier gleichschäftiger Bindungen.

Versetzt man zwei verschiedenartige, aber gleichschäftige Bindungen kettenweise, so entstehen wieder neue Musterungen.

Fig. 280—281: Spitzmuster.

Diese Muster entstehen aus dem 10bindigen verstärkten Köper, wenn man die ungeraden Kettenfäden nach der Bindung *a*, die geraden nach *b* einsetzt.

1 Rapport = 20 Ketten- und 10 Schußfäden = 10 Schäfte und 10 Tritte.

Fig. 282: Kreppbindung.

Der 8bindige nach rechts laufende verstärkte Köper *a* ist auf die ungeraden, der nach links laufende *b* auf die geraden Kettenfäden gesetzt.

1 Rapport = 16 Ketten- und 8 Schußfäden.

Fig. 283: Kreppbindung.

8bindiger verstärkter Atlas *a* wurde auf die ungeraden, 8bindiger Krepp *b* auf die geraden Kettenfäden getupft.

1 Rapport = 16 Ketten- und 8 Schußfäden.

b) Schußfadenweises Versetzen.

Anstatt in der Kette, kann man auch im Schusse versetzen.

Fig 284: 8bindiger verstärkter Köper.

Fig. 285: Bindungsschema der ungeraden Schußfäden der Fig. 286—289.

Fig. 286—289: Diagonalen 2er Steigung. Der Einsatz der geraden Schüsse erfolgte nach den Bindungen *b*.

1 Rapport = 8 Ketten- und 16 Schußfäden.

3. Das Versetzen zweier ungleichschäftiger Bindungen.

Versetzt man zwei ungleichschäftige Bindungen fadenweise, so entstehen Muster mit großen Rapporten. Der Musterrapport wird bestimmt nach dem kleinsten gemeinschaftlichen Vielfachen beider Bindungen.

Fig. 290: 9bindiger verstärkter Köper.

» 291: 8bindiger verstärkter Köper.

» 292: Flachliegender Diagonal.

Der 9bindige verstärkte Köper ist auf die ungeraden, der 8bindige auf die geraden Kettenfäden gesetzt.

1 Rapport = 9 × 8 = 72 × 2 = 144 Kettenfäden.
9 × 8 = 72 Schußfäden.

Zur Verwendung kommen bei zweiteiligem Einzuge 9 + 8 = 17 Schäfte und 72 Karten.

Fig. 293: 7schäftiger Diagonal 2er Steigung.
» 294: 6 » » 2er »
» 295: Diagonal 1er Steigung.

Der 7schäftige Diagonal ist auf die ungeraden, der 6schäftige auf die geraden Kettenfäden getupft.

1 Rapport = 7 × 6 = 42 × 2 = 84 Kettenfäden.
14 × 6 = 84 Schußfäden.

Fig. 296: 7bindiger verstärkter Atlas.
» 297: 6bindiger Krepp.
» 298: Kreppmuster.

1 Rapport = 7 × 6 = 42 × 2 = 84 Kettenfäden.
7 × 6 = 42 Schußfäden.

Fig. 299: 9schäftiger Diagonal 3er Steigung.
» 300: 4bindiger nach links laufender Kettenköper.
» 301: Diagonal $1^1/_2$ Steigung.

1 Rapport = 9 × 4 = 36 × 2 = 72 Kettenfäden.
27 × 4 = 108 Schußfäden.

Zum Weben braucht man 9 + 4 = 13 Schäfte und 108 Karten

Fig. 302: 6schäftiger Diagonal 4er Steigung.
» 303: 5bindiger nach links laufender Kettenköper.
» 304: Diagonal 2er Steigung.

1 Rapport = 6 × 5 = 30 × 2 = 60 Kettenfäden.
24 × 5 = 120 Schußfäden.

Zur Bearbeitung sind 6 + 5 = 11 Schäfte und 120 Karten erforderlich.

Musterkompositionen.

Die reduzierenden (gemusterten) Einzüge und Trittweisen haben außer der praktischen Bedeutung (Reduzierung der Schäfte und Tritte) auch einen theoretischen Wert, da sie zur Erzeugung neuer Muster dienen.

Zu diesem Zwecke nimmt man eine glatte Bindung (305) und bearbeitet diese nach den Fig. 306—318 mit verschiedenen gemusterten Einzügen, deren Schaftzahl dem Kettenrapporte der Vorlagsbindung entspricht.

Das Verfahren ist folgend:

1. Man tupft den Einzug über die zu entwickelnde Bindungsfläche und daneben die Vorlagsbindung.

FADENWEISE VERSETZTE BINDUNGEN.

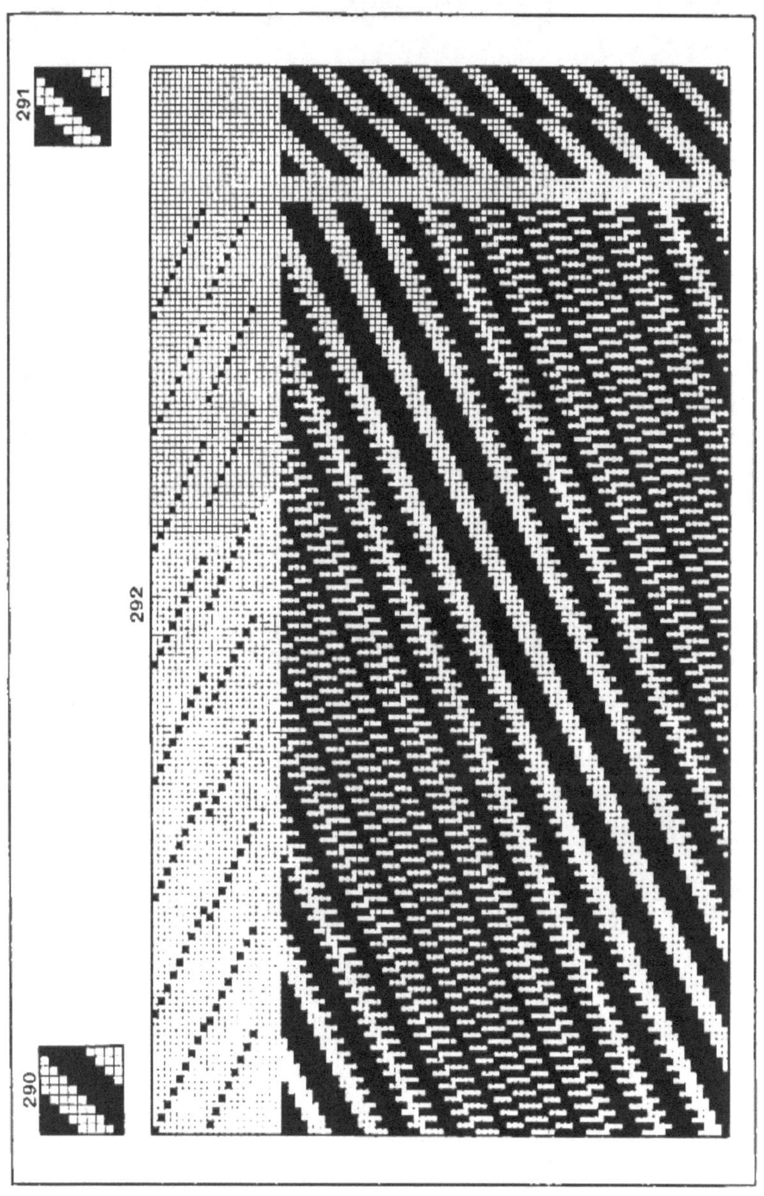

XXVII.

FADENWEISE VERSETZTE BINDUNGEN.

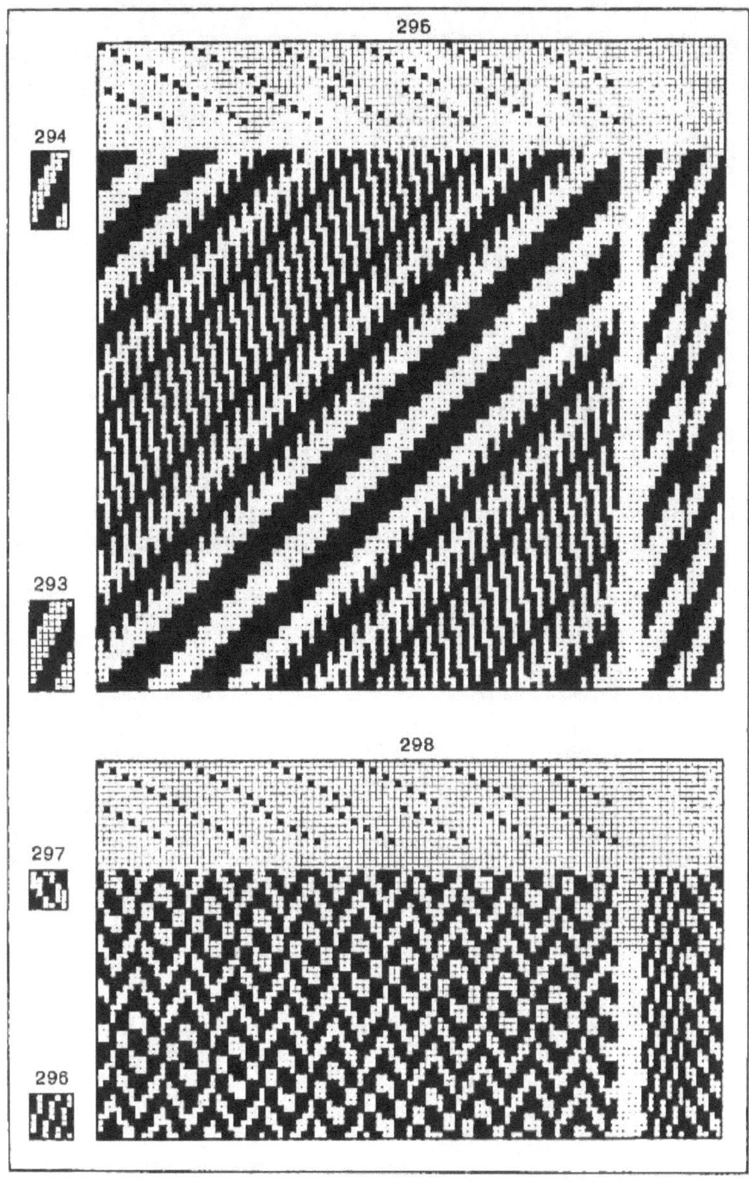

XXVIII.

FADENWEISE VERSETZTE BINDUNGEN.

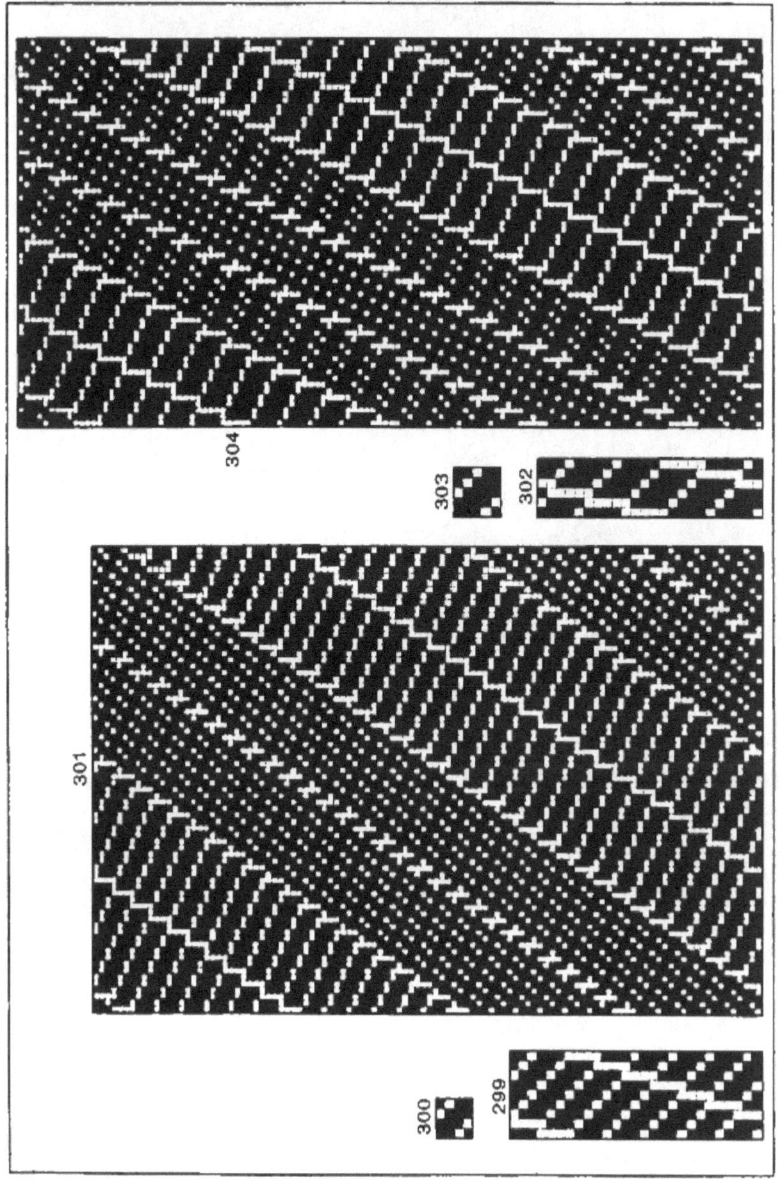

XXIX.

2. Man nimmt den 1. Kettenfaden der Bindung und setzt dessen Bindweise auf alle jene Kettenfäden, welche in den 1. Schaft eingezogen sind.

3. Man verfährt mit dem 2. usw. Kettenfaden der Bindung genau so wie mit dem 1., d. h. man setzt die Bindweise des 2. Kettenfadens der Bindung auf alle jene Kettenfäden des zu entwickelnden Musters, welche in den 2. Schaft eingezogen sind usw.

Bei den Tafeln XXX, XXXI ist die Vorlagsbindung 8bindiger verstärkter Köper. Dieser verstärkte Köper wurde mit den über den Fig. 306—318 schwarz getupften Einzügen nach besprochener Anleitung behandelt. Um z. B. das Muster 309 zu entwickeln, verfährt man folgend:

1. Man nimmt den 1. Kettenfaden der Fig. 305 und setzt dessen Bindweise auf den 1., 24., 27. und 30. Kettenfaden der Bindungsfläche, da alle diese Fäden in den 1. Schaft eingezogen sind.

2. Man nimmt den 2. Kettenfaden von Fig. 305 und tupft dessen Bindweise auf den 2., 5., 28. und 31. Kettenfaden der Bindungsfläche, da diese Fäden in den 2. Schaft eingezogen sind usw.

Eine weitere Musterbildung erfolgt, wenn man die Schußfolge nicht gerade, sondern gemustert anordnet. Die Entwicklung dieser Muster erfolgt aus der Anschnürung oder der Vorlagsbindung. Im ersteren Falle verfährt man folgend:

Man nimmt den 1. Tritt, sucht, welche Schäfte gehoben sind, und tupft als 1. Schuß alle jene Quadrate, welche dem Einzuge der gehobenen Schäfte entsprechen. Dasselbe erfolgt mit jedem weiteren Tritte. Die gehobenen Kettenfäden des 2. Trittes kommen über den 1., die des 3. über den 2. usw.

Auf den 1. Tritt der Fig. 319 sind der 2., 3., 7. und 8. Schaft gehoben. In den 2., 3., 7. und 8. Schaft sind die Kettenfäden 2, 3, 7, 8, 10, 11, 15, 16 eingezogen, weshalb diese auf der 1. Schußlinie getupft werden müssen. Auf den 2. Tritt sind der 1., 3., 4. und 8 Schaft gehoben. In dem 1., 3., 4. und 8. Schaft sind die Kettenfäden 1, 3, 4, 8, 9, 11, 12 und 16 eingezogen, weshalb diese auf der 2. Schußlinie getupft werden müssen usw.

Bei der Musterbildung aus der Vorlagsbindung, Fig. 305, entwickelt man zuerst eine Stelle mit gerader Schußfolge und setzt die anderen Schüsse aus diesen nach der Tretweise zusammen.

Entstehung und Benennung der Muster aus dem 8bindigen verstärkten Köper Fig. 305.

Fig. 306:	Querzickzack.
	Spitzeinzug, gerade Schußfolge.
» 307:	Gemusterter Querzickzack.
	Gemischter Spitzeinzug, gerade Schußfolge.

Fig. 308: Gebrochener Köper.
Gebrochener Spitzeinzug, gerade Schußfolge.
» 309—311: Krepp.
Wiederholender Einzug, gerade Schußfolge.
» 312: Versetzter Köper.
Versetzter Einzug, gerade Schußfolge.
» 313: Krepp.
Satzeinzug, gerade Schußfolge.
» 314: Krepp.
Gesprungener Einzug, gerade Schußfolge.
» 315: Steiler Diagonal $1^1/_2$ er Steigung.
Gesprungener Einzug, gerade Schußfolge.
» 316—317: Flache Diagonalen 1er Steigung.
Gratweiser Einzug, gerade Schußfolge.
» 318: Spitzmuster.
Gratweiser Einzug, gerade Schußfolge.
» 319: Längszickzack.
Gerader Einzug, spitze Schußfolge.
» 320: Spitzmuster.
Spitzeinzug, spitze Schußfolge.
» 321: Spitzmuster.
Gemischter Spitzeinzug, gemischte spitze Schußfolge.
» 322: Diagonal 1er Steigung.
Versetzter Einzug, versetzte Tretweise.

Auf diese Weise lassen sich aus der Fig. 305 noch viele andere Muster bilden.

Färbige Muster.

Nimmt man bei den bis jetzt durchgenommenen Bindungen die Kette und den Schuß aus einfärbigem Garn, so entsteht ein einfärbiges Gewebe. Wird zur Kette helles, zum Schusse dunkles Garn genommen, so wird dadurch die Bindung im Gewebe deutlich hervortreten. Will man das Gewebe mehr beleben, so läßt man in der Kette oder im Schuß, beziehungsweise in Kette und Schuß färbige Fäden nebeneinander abwechseln. Die auf diese Weise entstehenden Muster liefern eine durch Farben gestreifte, karierte oder figurierte Ware.

1. Längsstreifen.

Läßt man z. B. bei einem Gewebe immer 10 Fäden weiß mit 10 Fäden rot wechseln, während man zum Schusse einfärbiges weißes Garn nimmt, so werden im Gewebe weiße Streifen mit rotweißen wechseln.

MUSTERKOMPOSITIONEN.

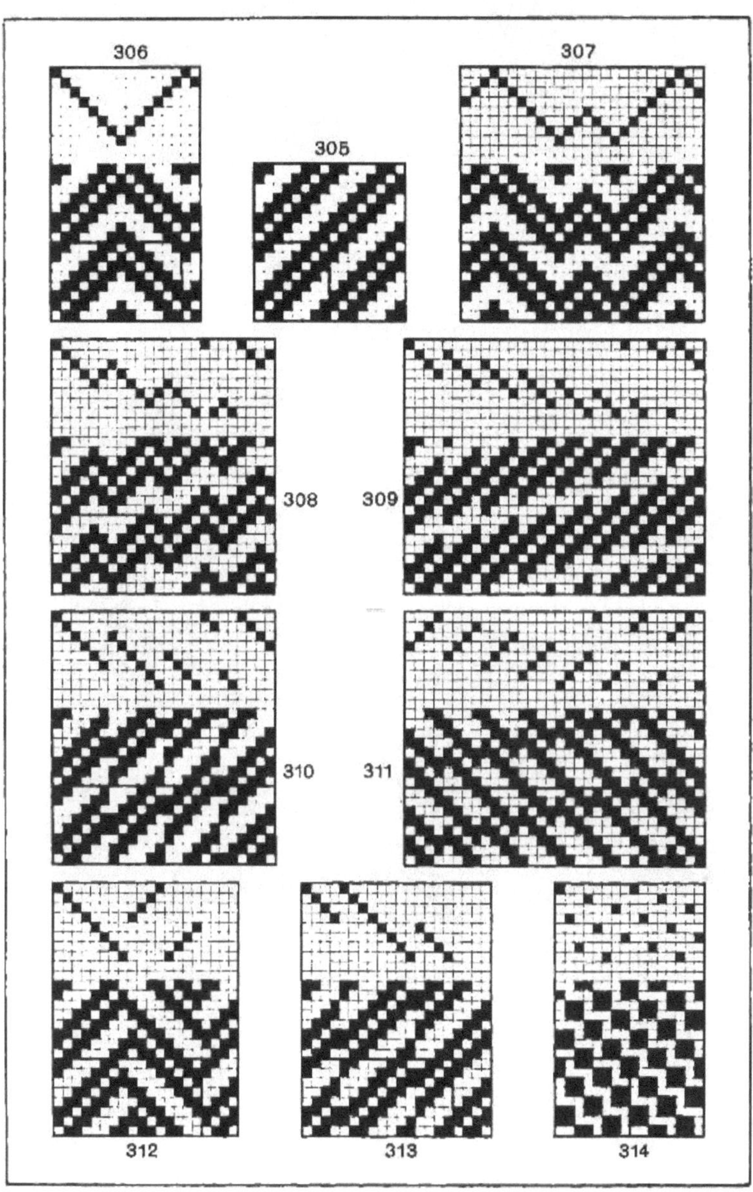

XXX.

MUSTERKOMPOSITIONEN.

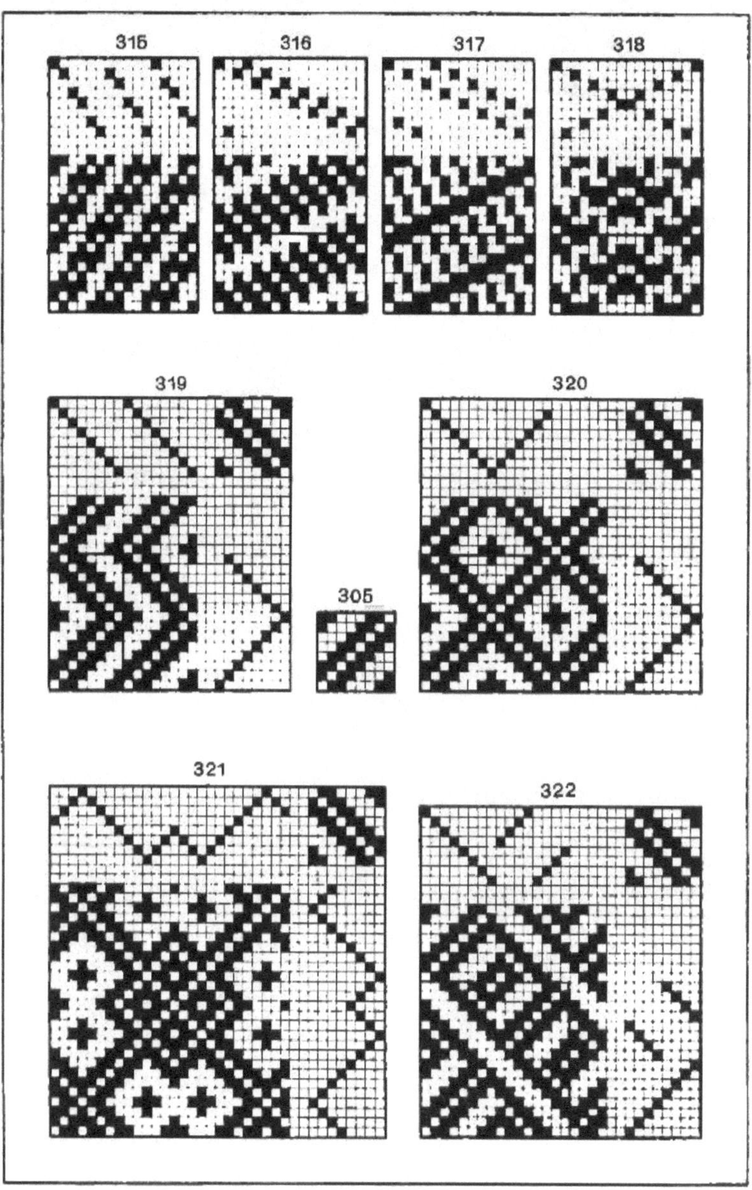

XXXI.

2. Querstreifen.

Nimmt man zur Kette z. B. blaues Garn und läßt man im Schusse 8 Fäden blau mit 8 Fäden schwarz abwechseln, so entsteht ein Gewebe, bei welchem blaue Querstreifen mit blauschwarzen abwechseln.

3. Karos oder karierte Muster.

Läßt man nach Fig. 4, Tafel I, in der Kette und im Schusse verschiedenfärbige Fäden nebeneinander abwechseln, so entsteht ein kariertes Gewebe.

Um aus einer Bindung die Farbenwirkung zu entwickeln, verfährt man folgend:

1. Man tupft nach Fig. 323 die Bindung *A* mit blauer Farbe.
2. Man tupft die Bindung *B* über *A* ebenfalls mit blauer Farbe.
3. Man versinnbildlicht durch Ausfüllung eines wagrechten Zwischenraumes unter *B* die Fadenfolge der Kette (Scher- oder Schweifzettel).
4. Man versinnbildlicht durch Ausfüllung eines senkrechten Zwischenraumes neben *B* die Fadenfolge des Schusses (Schußzettel).
5. Man überträgt die schwarzen Fäden des Schweifzettels auf die entsprechenden Kettentupfen der Bindung *B*.
6. Man setzt auf die Bindung *B* den Schußzettel. Dasselbe muß auf weißen Tupfen erfolgen, da diese obenliegenden Schuß ergeben.

Fig. 323: Längsstreifen:

A. Leinwandbindung.
B. Farbeneffekt.
C. Schweifzettel: 4 Fäden blau, 4 Fäden schwarz.
D. Schußzettel: blau.

Fig. 324: Querstreifen:

A. Leinwandbindung.
B. Farbeneffekt.
C. Schweifzettel: blau.
D. Schußzettel: 8 Fäden blau, 8 Fäden schwarz.

Bei Durchsicht der beiden Farbeneffekte findet man, daß rein blaue Streifen mit blauschwarzen abwechseln. Reine Effekte (Blau) entstehen aus der Kreuzung gleichfärbiger Ketten- und Schußfäden, gemischte Effekte (Blau, Schwarz) aus der Kreuzung von dunkler Kette mit hellem Schusse oder heller Kette mit dunklem Schusse.

Man kann die färbigen Gewebe in zwei Abteilungen sondern, und zwar in solche, wo reine Effekte mit gemischten wechseln und in solche mit nur reiner Farbenwirkung. Die bis jetzt erklärten Musterungen gehören der ersten Abteilung an, während die folgenden die zweite Abteilung repräsentieren.

Reine Farbeneffekte.

Will man nur reine Farbeneffekte erzeugen, so muß man die Fadenfolge der Kette und des Schusses nach der Bindweise richten. Nach der Form des Farbeneffektes unterscheidet man folgende Arten:

1. Längs- und Querstreifen.

Längs- und Querstreifen erzielt man bei Leinwandbindung, wenn man einen Faden hell, einen dunkel schweift und einen Faden hell, einen Faden dunkel schießt.

Fig. 325: Längsstreifen 1 : 1.
Bindung: Leinwand.
Schweifzettel: 1 Faden blau, 1 Faden schwarz.
Schußzettel: 1 Faden schwarz, 1 Faden blau.

Fig. 326: Querstreifen 1 : 1.
Bindung: Leinwand.
Schweif- und Schußzettel:
1 Faden blau, 1 Faden schwarz.

Betrachtet man den Farbeneffekt der Fig. 326, so findet man, daß der blaue Schuß über allen schwarzen und unter allen blauen Kettenfäden liegt, während der schwarze über alle blauen und unter alle schwarzen Kettenfäden geht. Bei dem Effekte der Fig. 325 ist gerade das Gegenteil der Fall; der schwarze Schuß liegt über allen schwarzen und unter allen blauen Kettenfäden, der blaue über allen blauen und unter allen schwarzen Kettenfäden.

Außer Leinwandbindung kann man auch aus Rips, Mattenbindung und Köper Längs- und Querstreifen bilden.

Fig. 327: Längsstreifen 1 : 1 : 1.
Bindung: 3bindiger Kettenköper.
Schweif- und Schußzettel:
1 Faden blau, 1 Faden schwarz, 1 Faden rot.

Will man bei der Leinwandbindung schmale Querstreifchen 1 : 1 mit schmalen Längsstreifchen 1 : 1 partienweise abwechseln lassen, so erzielt man dies bei geradzahligen Partien, wenn man die ungeraden Partien

	1 Faden hell 1 » dunkel	x mal
die ungeraden	1 » dunkel 1 » hell	x mal

anordnet und den Schuß 1 Faden hell, 1 Faden dunkel einträgt. Durch diese Zusammenstellung kommen bei dem Partienwechsel immer zwei gleichfärbige Kettenfäden nebeneinander zu stehen, wodurch ein Wechsel des Farbeneffektes

FÄRBIGE MUSTER.

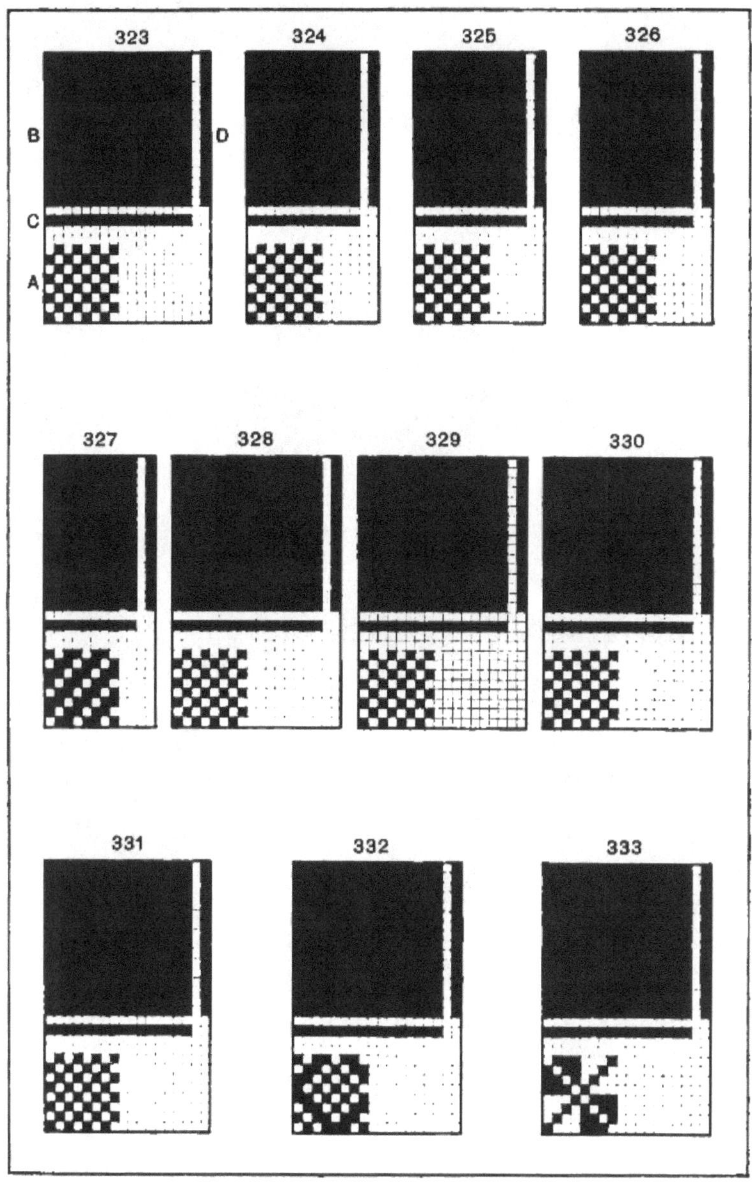

XXXII.

stattfinden muß, da die Einlage des Schusses in den ungeradzahligen Partien nach der Fig. 326, in den geradzahligen nach der Fig. 325 zustande kommt.

Fig. 328: Längsstreifen von 8 : 8 Fäden.

Bei dieser Musterung wechseln Streifen mit wagrechter Liniatur 1 : 1, mit Streifen senkrechter Liniatur 1 : 1 ab. Die Bindung ist Leinwand.

Schweifzettel: 1 Faden blau } 4mal
1 » schwarz }
1 » schwarz } 4mal
1 » blau }

Der Schuß wird 1 Faden blau, 1 Faden schwarz eingetragen. Betrachtet man die Fadenfolge unter dem Farbeneffekte, so findet man, daß der 1. und 16., beziehungsweise 17. Kettenfaden blau, der 8. und 9. Kettenfaden schwarz ist, es muß demnach zwischen dem 16. und 17. sowie 8. und 9. Kettenfaden ein Effektwechsel stattfinden.

Bei Mattenbindung 2 : 2 und 4bindigem zweiseitigen Köper erzielt man derartige Effekte im Verhältnis 2 : 2, wenn man die Fadenfolge anstatt 1 : 1 2 : 2 richtet und durch 4 teilbare Partien nimmt.

Bei ungeradzahligen Partien (5, 7, 9 etc.) schweift man bei Leinwandbindung:

1 Faden hell } x mal
1 » dunkel }
1 » hell

und trägt den Schuß 1 Faden hell, 1 Faden dunkel ein. Bei nicht durch 4, sondern durch 2 teilbaren Partien (10, 14, 18 etc.) schweift man bei Mattenbindung 2 : 2 oder 4bindigem zweiseitigen Köper:

2 Fäden hell } x mal
2 » dunkel }
2 » hell

und legt den Schuß 2 Fäden hell, 2 Fäden dunkel ein. Durch diese Anordnung kommen bei Leinwandbindung immer 2, bei Mattenbindung 2 : 2 und 4bindigem zweiseitigem Köper 4 gleichfärbige Kettenfäden nebeneinander zu liegen, was wieder einen Effektwechsel ergeben muß.

Fig. 329: Längsstreifen von 7 : 7 Fäden.
Bindung: Leinwand.
Schweifzettel:
1 Faden blau } 3mal.
1 » schwarz }
1 » blau.

Schußzettel: 1 Faden blau, 1 Faden schwarz.

Sollen die Effekte Fig. 328, 329 als Querstreifen wirken, so dreht man diese um ein Viertel, wodurch die Fadenfolge der Kette zur Schußfolge und umgekehrt die Schußfolge zur Fadenfolge der Kette wird.

Karos.

Quadratische Musterungen erhält man aus den Fig. 328, 329, wenn man den Schußzettel nach dem Schweifzettel anordnet.

Fig. 330: Karos von 8 : 8 Ketten- und Schußfäden.
Bindung: Leinwand.
Schweif- und Schußzettel:
1 Faden blau } 4mal.
1 » schwarz }
1 » blau } 4mal.
1 » schwarz }

Figurierte Muster.[1]

Durch die Bearbeitung einer Bindung mit verschiedenen Schweif- und Schußzetteln entstehen verschiedenfärbig figurierte Muster.

Fig. 331: Figuriertes Muster.
Bindung: Leinwand.
Schweif- und Schußzettel:
2 Fäden blau, 2 Fäden schwarz.

Fig. 332: Figuriertes Muster.
Bindung: 8bindiges Spitzmuster.
Schweif- und Schußzettel:
1 Faden blau, 1 Faden schwarz.

Fig. 333: Figuriertes Muster.
Bindung: 8bindiger Krepp.
Schweif- und Schußzettel:
1 Faden blau
1 » schwarz
1 » rot
2 » schwarz
1 » rot
1 » schwarz
1 » rot.

[1] Alle erdenklichen Variationen der färbigen Musterung liefert das vom gleichen Verfasser herausgegebene Werk »Färbige Gewebemusterung«.

Schräger Rips mit Ketteneffekt.

Querrips wird in Partien von 2, 4, 6 etc. Kettenfäden in schräge Richtung gebracht, d. h. die einzelnen Partien immer um einen, beziehungsweise zwei Schüsse höher gestellt. Diese Bindungen werden vermöge der beiderseitigen Kettenflottungen und engen Schußbindung Gewebe liefern, wo auf beiden Seiten nur die Kette ersichtlich ist.

Fig. 334: Schräger Rips.

2 Kettenfäden Querrips 4 : 4 wurden immer um einen Schuß höher getupft.

1 Rapport = 16 Ketten- und 8 Schußfäden = 8 Schäfte und 8 Tritte.

Fig. 335: Schräger Rips.

Querrips 3 : 3 wurde von 4 zu 4 Kettenfäden immer um einen Schuß höher getupft.

1 Rapport = 24 Ketten- und 6 Schußfäden = 6 Schäfte und 6 Tritte.

Fig. 336: Schräger Rips.

Querrips 5 : 5 wurde von 2 zu 2 Kettenfäden immer um 2 Schüsse höher gesetzt.

1 Rapport = 10 Ketten- und 10 Schußfäden.

Fig. 337: Gemischter schräger Rips.

Gemischter Querrips 4 : 2 : 2 : 4 : 2 : 2 wurde von 2 zu 2 Kettenfäden immer um einen Schuß höher gesetzt.

1 Rapport = 32 Ketten- und 16 Schußfäden.

Fig. 338: Gemischter schräger Rips.

Querrips 5 : 3 wurde von 4 zu 4 Kettenfäden immer um 2 Schüsse höher angeordnet.

1 Rapport = 16 Ketten- und 8 Schußfäden = 8 Schäfte und 8 Tritte.

Fig. 339: Gemischter schräger Rips.

Gemischter Querrips 4 : 1 ist von 6 : 6 Kettenfäden immer um 2 Schüsse höher gesetzt.

1 Rapport = 30 Ketten- und 5 Schußfäden.

Schweift man bei diesen Bindungen die Kette 1 Faden hell (Rot), 1 Faden dunkel (Blau), so werden im Gewebe, wie aus den Bindungen ersichtlich ist, schräge helle Streifen (Rot) mit dunklen (Blau) regelmäßig abwechseln.

Schräger Rips mit Schußeffekt.

Bei diesen Bindungen bringt man Längsrips in eine schiefe Lage. Diese Bindungen werden wie der Längsrips auf beiden Gewebseiten Schußeffekt liefern, da der flottliegende Schuß die engbindende Kette überdeckt.

Fig. 340: Schrager Rips.

Längsrips 6 : 6 wird in Partien von 2 Schüssen immer um einen Kettenfaden nach rechts getupft.

1 Rapport = 12 Ketten- und 24 Schußfäden.

Fig. 341: Gemischter schräger Rips.

Gemischter Längsrips 5 : 3 ist von 2 zu 2 Schüssen immer um einen Kettenfaden nach rechts gesetzt.

1 Rapport = 8 Ketten- und 16 Schußfäden.

Fig. 342: Schräger Rips.

Längsrips 4 : 4 wurde von 4 zu 4 Schußfäden immer um einen Kettenfaden nach rechts versetzt.

1 Rapport = 8 Ketten- und 32 Schußfäden.

Nimmt man bei den Bindungen Fig. 340—342 Weiß als Kette, Rot und Blau als Schuß an, so entstehen bei abwechselnder Einlage eines roten und eines blauen Schusses im Gewebe diagonallaufende rote und blaue Streifen.

Bindungen für diagonale Farbeneffekte.

Durch diese Bindweise wechseln auf beiden Gewebseiten diagonallaufende Kettenstreifen mit Schußstreifen ab.

Fig. 343: Bindung für diagonalen Farbeneffekt.

Schweift man bei der Bindung *A* einen Faden blau, einen Faden schwarz und schießt einen Faden gelb, einen Faden rot, so werden im Gewebe blaue Kettenstreifen mit roten Schußstreifen, schwarzen Kettenstreifen und gelben Schußstreifen regelmäßig abwechseln. Im Gewebe sind nur die blauen, roten, schwarzen und gelben Flottungen des Farbeneffektes ersichtlich, da die mit der Ringtype versehenen über einen Schuß bindenden Kettentupfen von den Schußflottungen verdeckt werden.

Fig. 344: Bindung für diagonalen Farbeneffekt.

Nimmt man bei der Bindung *A* dieselbe Fadenfolge wie bei Fig. 343, so wechseln im Gewebe schwarze und blaue Kettenstreifen mit roten und gelben Schußstreifen ab. Der Farbeneffekt ergibt nur die Flottungen (Blau, Rot, Gelb, Schwarz), da die über einen Schuß bindenden, im Gewebe nicht ersichtlichen Kettenbindpunkte (Ringtype bei Fig. 343) weggelassen wurden.

Versetzter Querrips.

Durch diese Bindungen erscheint die Ware nicht gerippt, sondern gemustert.

Die Bindungen entstehen durch partienweises Versetzen eines Querripses. Das Versetzen kann 2, 4, 5, 6 etc. mal erfolgen. Bei zweimaligem Versatze ist

SCHRÄGE RIPSE.

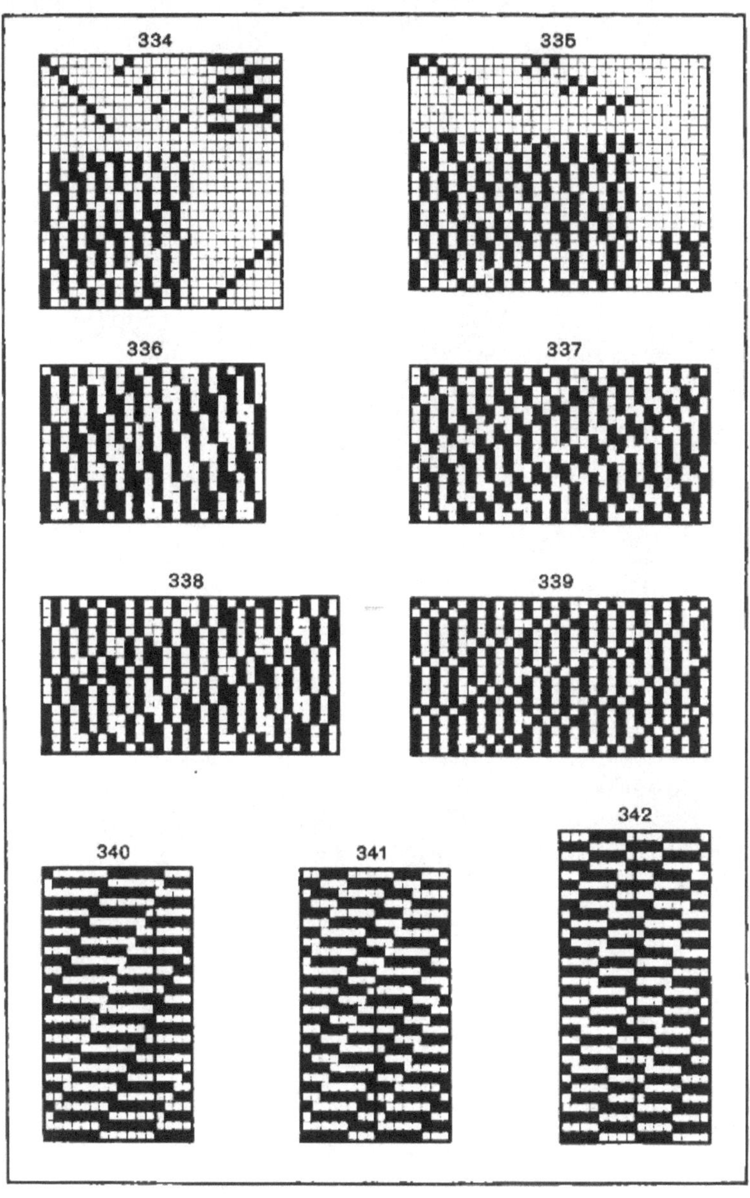

XXXIII.

SCHRÄGE UND VERSETZTE RIPSE.

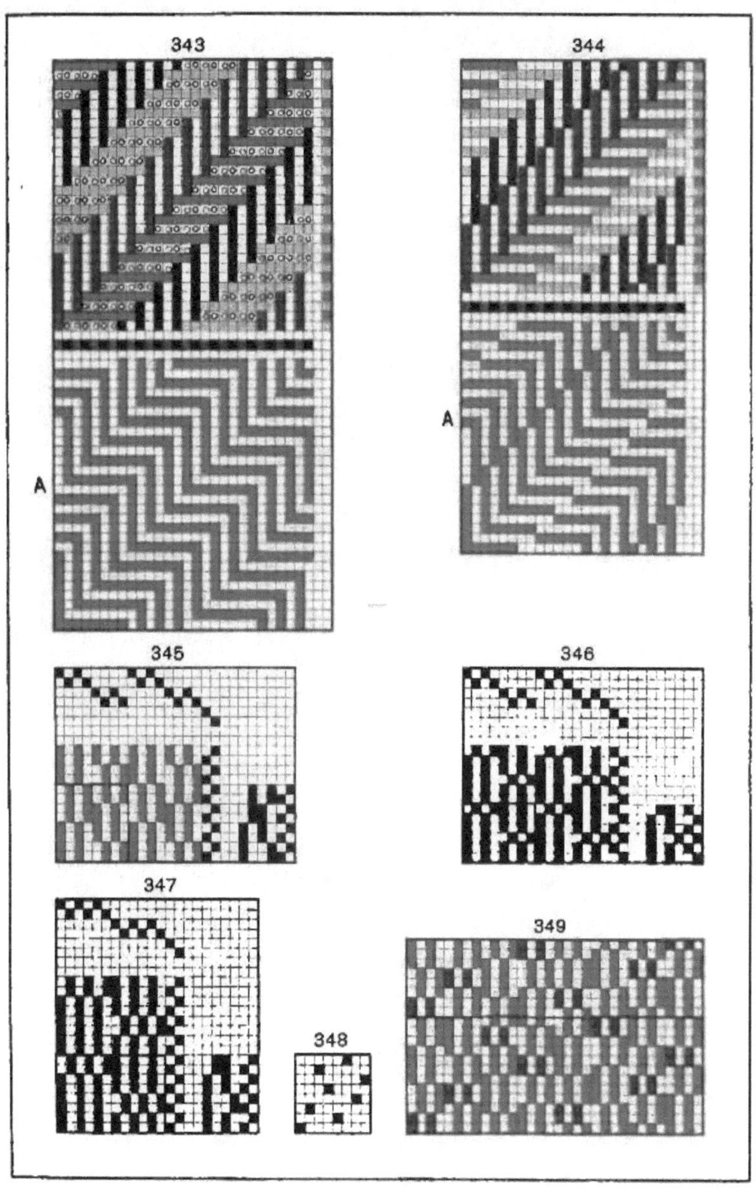

XXXIV.

die Bindung mit der 2. Partie vollständig, während bei 4-, 5-, 6- etc. maligem Versatze 4, 5, 6 etc. Partien zu einem Rapporte gehören. Wird zweimal versetzt, so ist bei gemischten Querripsen zu beachten, daß beide Rippenzahlen entweder gerade oder ungerade genommen werden, da nur dadurch ein genaues Versetzen um die Hälfte möglich ist.

Fig. 345: Versetzter Querrips.

4 Kettenfäden Querrips 4 : 4 sind in der zweiten Partie um 2 Schüsse höher getupft.

1 Rapport = 8 Ketten- und 8 Schußfäden.

Fig. 346: Versetzter gemischter Querrips.

4 Kettenfäden gemischter Querrips 5 : 1 wurden in der zweiten Partie um 3 Schüsse höher gesetzt.

1 Rapport = 8 Ketten- und 6 Schußfäden.

Fig. 347: Versetzter gemischter Querrips.

6 Kettenfäden gemischter Querrips 6 : 2 wurden in der zweiten Partie um die Hälfte des Schußrapportes, das sind 4 Schüsse, höher getupft.

1 Rapport = 12 Ketten- und 8 Schußfäden.

Fig. 349: Versetzter gemischter Querrips.

Gemischter Querrips 2 : 3 : 4 : 3 wurde von 4 : 4 Kettenfäden nach dem 8bindigen versetzten Schußatlasse Fig. 348 versetzt. Die blauen Tupfen erklären das Versetzen und sind diese bei der Entwicklung der Bindung zuerst zu tupfen.

1 Rapport = 32 Ketten- und 12 Schußfäden = 16 Schäfte und 12 Karten.

Versetzter Längsrips.

Bei dieser Bindungsart wird Längsrips 2-, 4-, 5-, 6- etc. mal partienweise versetzt.

Fig. 350: Versetzter Längsrips.

4 Schußfäden Längsrips 4 : 4 wurden in der zweiten Partie um 2 Kettenfäden nach rechts versetzt.

1 Rapport = 8 Ketten- und 8 Schußfäden.

Fig. 352: Versetzter gemischter Längsrips.

Gemischter Längsrips 4 : 3 : 2 : 3 wurde von 4 : 4 Schüssen nach dem 6bindigen versetzten Köper, Fig. 351, getupft.

1 Rapport = 12 Ketten- und 24 Schußfäden.

Figurierter Rips.

Zur Bildung derartiger Bindungen tupft man zuerst eine Vorlage (Fig. 353, 355) und bestimmt, je nachdem man Ketten- oder Schußeffekt bilden will, das

5*

blau Getupfte als Bindweise der ungeraden, das rot Getupfte als Bindung der geraden Ketten-, beziehungsweise Schußfäden der zu entwickelnden Bindung.

Fig. 354: Figurierter Rips mit Ketteneffekt auf beiden Gewebseiten.

Die blauen Tupfen der Vorlage Fig. 353 sind auf die ungeraden, die roten auf die geraden Kettenfäden gesetzt.

1 Rapport = 28 Ketten- und 14 Schußfäden.

Fig. 356: Figurierter Rips mit Ketteneffekt auf beiden Gewebseiten.

Die blauen Tupfen der Vorlage Fig. 355 sind auf die ungeraden, die roten auf die geraden Kettenfäden übertragen.

1 Rapport = 40 Ketten- und 10 Schußfäden.

Fig. 357: Figurierter Rips mit Schußeffekt auf beiden Gewebseiten.

Die blauen Tupfen der Vorlage Fig. 353 sind auf die ungeraden, die roten auf die geraden Schüsse gesetzt. Da in diesem Falle das blau und rot Getupfte im Schuß ausfallen soll, muß beim Kartenstanzen Weiß als Kette betrachtet werden.

1 Rapport = 14 Ketten- und 28 Schußfäden.

Glatter zweikettiger Rips.

Um einen recht erhabenen kräftigen Querrips für Möbelstoffe zu erzeugen, verwendet man 2 Ketten und 2 Schüsse. Man braucht dazu eine Rippenkette, eine Einschnittkette, einen Rippenschuß und einen Einschnittschuß. Das Verhältnis der Rippenkette zur Einschnittkette ist gewöhnlich 2 : 1. Die Ketten müssen jede für sich auf einen Baum kommen, da dieselbe verschiedene Spannung und Einarbeitung haben. Beim Eintragen des Rippenschusses wird die ganze Rippenkette gehoben, die Einschnittkette gesenkt oder in Ruhe gelassen. Beim Eintragen des Einschnittschusses wird die ganze Einschnittkette gehoben und die Rippenkette bleibt in Ruhe. Nachdem der Rippenschuß ein mehrfach gespulter starker Faden ist und die Einschnittkette mit Einschnittschuß feines Material repräsentiert, wird durch die Einlage des ersteren eine Querrippe, durch letzteren ein Einschnitt im Gewebe entstehen.

Fig. 358: Glatter zweikettiger Rips.

Die roten Tupfen ergeben gehobene Rippenkette, die blauen gehobene Einschnittkette. Die ungeraden Schüsse sind Rippenschüsse, die geraden Einschnittschüsse. Der Kammeinzug erfolgt dreifädig, und zwar kommen 1 Rippen-, 1 Einschnitt-, 1 Rippenkettenfaden in eine Rohrlücke.

Figurierter zweikettiger Rips.

Läßt man bei der besprochenen glatten Ripsbindung Fig. 358 die Rippenkette nach einer Vorlage auch über die Einschnittschüsse binden, so entsteht ein aus Kettenflottungen gebildeter figurierter Rips.

VERSETZTE UND FIGURIERTE RIPSE.

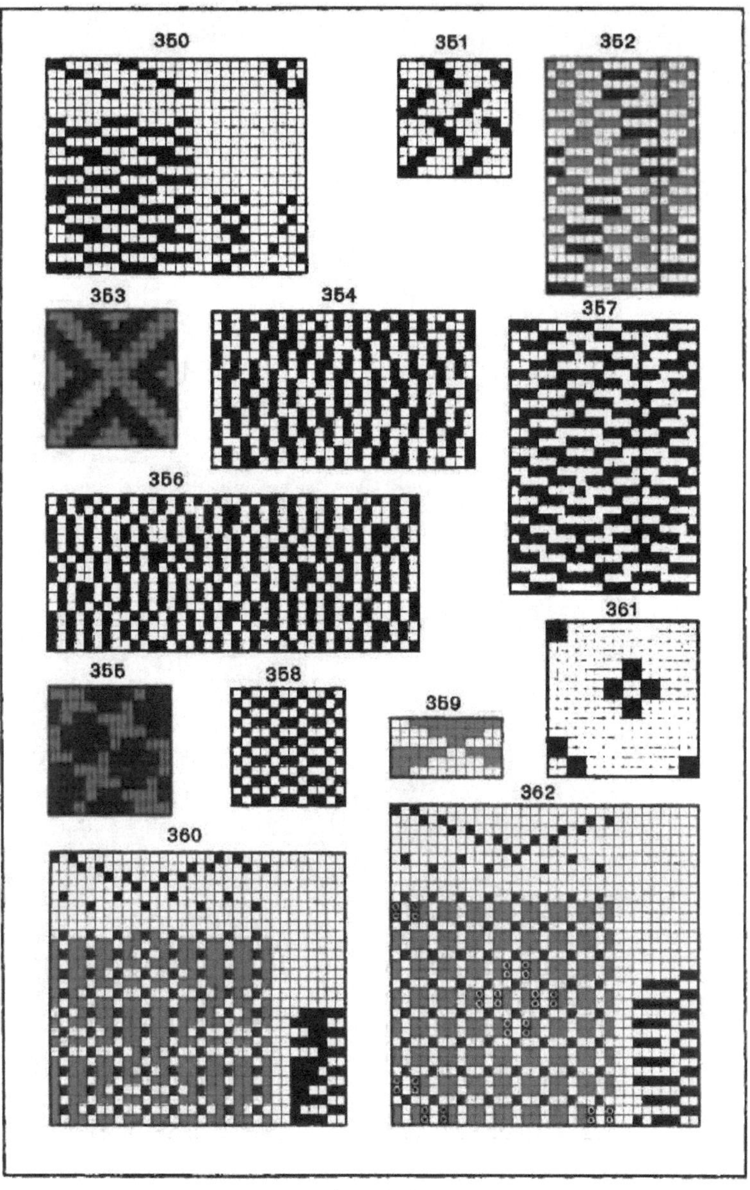

XXXV.

Fig. 360: Figurierter Rips.

Die Grundbindung ist glatter Rips, Fig. 358.

Das Überbinden der Rippenkette, hier Figurkette genannt, über die Einschnittschüsse erfolgt nach der Vorlage Fig. 359.

1 Rapport = 18 Ketten- und 12 Schußfäden. Zur Verwendung kommen 4 Schäfte für die Figurkette, 2 Schäfte für die Einschnittkette und 12 Karten.

Figurierter zweikettiger Rips.

Wenn man nach einer Vorlage bei glattem Rips, Fig. 358, Rippenkettenfäden auf den Rippenschuß liegen läßt, kommt an den Stellen Rippenschuß zum Vorschein, wodurch eine Figurierung erfolgt.

Fig. 362: Figurierter Rips.

Bei dieser Darstellung wurden für den Rippenschuß zwei Schußlinien genommen, da dies besser dem Stärkeverhältnisse des Rippenschusses zum Einschnittschusse entspricht. Das Überbinden des Rippenschusses auf der Rippenkette erfolgt nach der Vorlage Fig. 361 und ist dies durch schwarze Tupfen, welche als gelassen zu betrachten sind, ersichtlich gemacht.

1 Rapport = 24 Ketten- und da zwei Rippenschüsse für einen gelten, 16 Schußfäden.

Durch die Zusammenstellung von figuriertem Rips durch Kette und Schuß entstehen wieder neue lebhaftere Muster.

II. Bindungen für gestreifte, karierte und figurierte Gewebe.

Längsstreifen.

Ordnet man zwei oder mehrere Bindungen streifenweise nebeneinander an, so wird die Ware nicht glatt, sondern gestreift ausfallen. Die Streifen befinden sich in der Längsrichtung des Gewebes, weshalb man derartige Bindungen als Längsstreifen bezeichnet.

Bei der Aneinanderfügung der Bindungen ist zu berücksichtigen, daß der Endfaden des einen Streifens mit dem Anfangsfaden des anderen Streifens entgegengesetzt kreuzt, d. h. daß Kettenstellen mit Schußstellen und umgekehrt Schußstellen mit Kettenstellen wechseln. Durch diese Bindweise werden sich die Streifen klar voneinander trennen. Bei Nichteinhaltung dieser Regel stützen sich die Endfäden der Streifen nicht gegenseitig, was eine Verbreiterung des einen und Verschmälerung des anderen Streifens zur Folge hat.

Gewöhnlich wechselt ein Streifen von Schußeffekt mit einem Streifen von Ketteneffekt ab.

Fig. 363: Längsstreifen von 4:4 Kettenfäden der Schuß und Kettenseite des 4bindigen Köpers

1 Rapport = 8 Ketten- und 4 Schußfäden. Um diese Bindung zu bilden, tupft man 4 Kettenfäden 4bindigen nach rechts laufenden Schußköper als ersten Streifen. Um den zweiten Streifen zu bilden, tupft man das Entgegengesetzte des ersten Streifens. Man tupft den 1. Kettenfaden des zweiten Streifens entgegengesetzt dem 4. Kettenfaden des ersten Streifens, den 2. Kettenfaden des zweiten Streifens entgegengesetzt dem 3. Kettenfaden des ersten Streifens usw. Auf diese Weise erfolgt eine korrekte Abbindung beim Streifenwechsel. Anstatt glatten Köper kann man auch gebrochenen, beziehungsweise versetzten Köper und Atlas zur Bildung von Streifen verwenden.

Fig. 364: Längsstreifen 8 : 8.

Bei dieser Bindung wechseln Streifen von 4bindigem versetzten Schußköper mit 4bindigem versetzten Kettenköper regelmäßig ab.

1 Rapport = 16 Ketten- und 4 Schußfäden.

Will man die Streifen nicht gleich breit haben, sondern schmale mit breiten abwechseln lassen, so bildet man nach den Fig. 365—368 eine Skizze oder ein Warenbild und entwickelt aus letzterem die Bindung. Bei den Warenbildern bedeutet immer ein Kettenfaden einen oder zwei Rapporte der zu verwendeten Bindung. Die weißen Flächen stellen Schußbindung, die roten Kettenbindung dar. Das Warenbild Fig. 365 soll in 5bindigem Atlasse ausgeführt werden. Zu diesem Zwecke verfährt man folgend:

1. Man überträgt Rot von Fig. 365, unter Beachtung fünfmaliger Vergrößerung des Ganzen der Breite nach, auf die neue Bindungsfläche.

2. Man setzt auf die weißen Flächen 5bindigen Schußatlas mit Rot.

3. Man tupft auf die roten Flächen den 5bindigen Atlas entgegengesetzt den roten Tupfen der weißen Flächen mit Weiß, beziehungsweise Schwarz.

Die Vergrößerung vom Warenbild auf das Muster richtet sich nach der Abbindung. Bei einer 4bindigen Abbindung vergrößert man 4-, 8-, 12- etc. mal, bei einer 5bindigen 5-, 10- etc. mal, bei einer 6bindigen 6-, 12- etc. mal.

Fig. 369: Längsstreifen von 20 : 10 : 5 : 10 Kettenfäden der Schuß- und Kettenseite des 5bindigen Atlasses.

1 Rapport = 35 Ketten- und 5 Schußfäden.

Eine andere weniger gebräuchliche Art zur Bildung von Längsstreifen besteht darin, daß man die Bindung des zweiten Streifens nicht in entgegengesetzter Lage des ersten Streifens, sondern nach derselben Richtung laufend tupft.

Fig. 370: Längsstreifen.

4bindiger nach rechts laufender Schußköper wurde auf 4 Kettenfäden gesetzt und die nächsten 4 Kettenfäden in entgegengesetztem Effekt nach rechts

LÄNGSSTREIFEN.

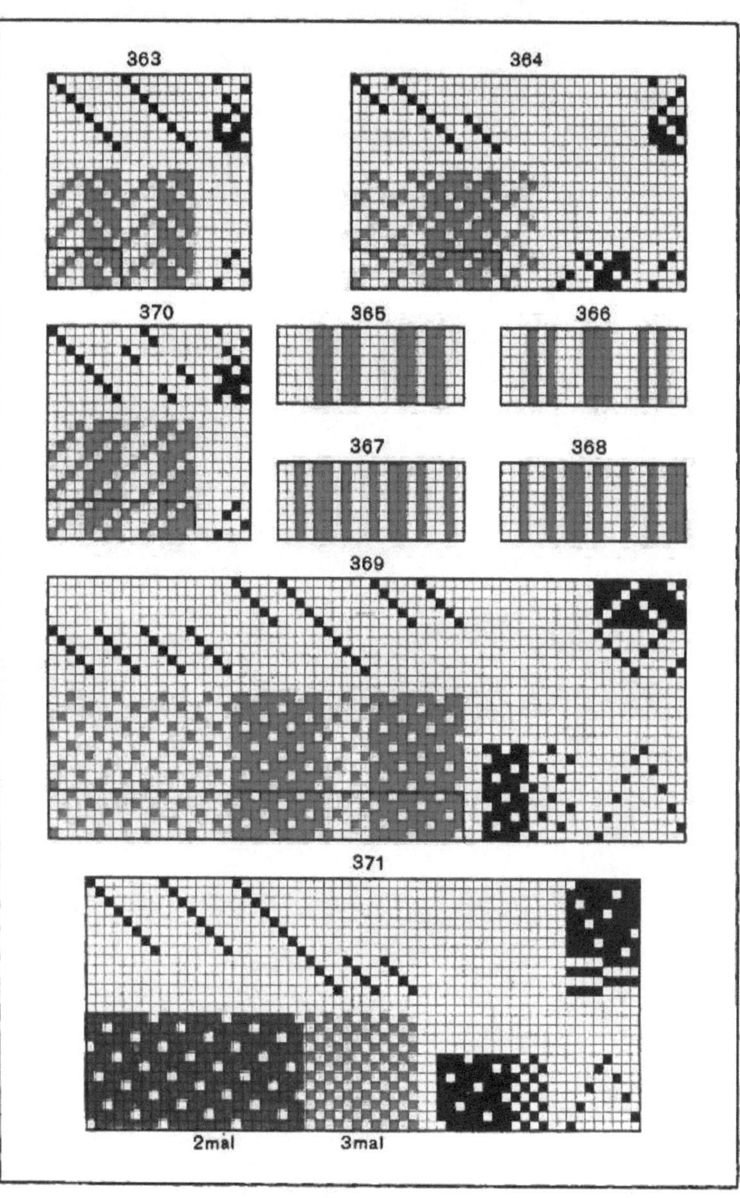

XXXVI.

laufend getupft. Mit der zweiten Partie ist jedoch die Bindung noch nicht vollständig, da der 4. Kettenfaden des zweiten Streifens nicht entgegengesetzt mit dem 1. Kettenfaden des ersten Streifens kreuzt. Es muß demnach die Bindung nach dem zweiten Streifen so lange fortgesetzt werden, bis der 1. Kettenfaden des ersten Streifens mit dem letzten Kettenfaden eines Streifens entgegengesetzt bindet, was bei der Fig. 370 bei den vierten Streifen der Fall ist.

1 Rapport = 16 Ketten- und 4 Schußfäden.

Außer den durchgenommenen Längsstreifen kommen auch solche vor, wo zwei oder mehrere verschiedenartige Bindungen nebeneinander gesetzt sind. Beim Zusammenstellen derartiger Bindungen ist wieder der Anschluß der einzelnen Streifen womöglich zu berücksichtigen und die Bindungsrapporte der zu verwendeten Kreuzungsarten zu beachten, da der Schußrapport des Musters gleich dem gemeinschaftlichen Vielfachen der Schußrapporte der einzelnen Bindungen ist.

Fig. 371: Längsstreifen 48 : 36 (Fig. 5).

8bindiger Kettenatlas und Taft sind streifenweise nebeneinander angeordnet.

1 Rapport = 84 Ketten- und 8 Schußfäden.

Fig. 372: Längsstreifen 12 : 6 : 12 : 18.

6bindiger zweiseitiger Köper, Mattenbindung 3 : 3, 6bindiger zweiseitiger Köper und 6bindiger Krepp sind streifenweise nebeneinander getupft.

1 Rapport = 48 Ketten- und 6 Schußfäden = 8 Schäfte und 8 Tritte.

Querstreifen.

Diese Muster entstehen, wenn man zwei oder mehrere Bindungen streifenweise übereinander anordnet. Bei dem Zusammenstellen ist wieder der Anschluß der Streifen zueinander und der Rapport der einzelnen Bindungen zu beachten. Die Schaftzahl entspricht dem kleinsten gemeinschaftlichen Vielfachen der Kettenrapporte der zur Verwendung kommenden Kreuzungsarten. Was den Ausdruck der einzelnen Streifen im Gewebe anbelangt, ist zu bemerken, daß derjenige Streifen, welcher die größten Schußflottungen hat, am erhabensten erscheinen wird.

Fig. 373: Querstreifen 4 : 4.

Bei dieser Bindung wechselt 4bindiger Schußköper, mit 4bindigem Kettenköper querstreifenweise ab.

1 Rapport = 4 Ketten- und 8 Schußfäden.

Fig. 374: Querstreifen mit Leinwandrand.

16 Schußfäden 8bindigen Krepps, wechseln mit 8 Schußfäden Mattenbindung 2 : 2 ab.

1 Rapport = 8 Ketten- und 24 Schußfäden = 8 Grund-, 2 Leistenschäfte und 24 Karten, beziehungsweise 12 Tritte.

Karos.

Wechselt man den Effekt einer Bindung nicht streifenweise, sondern quadratisch, so entsteht ein getäfeltes, schachbrettartig eingeteiltes Gewebe.

Fig. 375: Karos 8 : 8.

Quadrate von 8 Ketten- und 8 Schußfäden sind abwechselnd in 4bindigem Schuß- und Kettenköper, nach der Regel der Längs- und Querstreifen abgebunden.

1 Rapport = 16 Ketten- und 16 Schußfäden = 8 Schäfte und 8 Tritte, beziehungsweise 16 Karten.

Fig. 376: Karos von 5 : 5 Ketten- und Schußfäden der Schuß- und Kettenseite des 5bindigen Atlasses.

1 Rapport = 10 Ketten- und 10 Schußfäden = 10 Schäfte und 10 Tritte.

Die Fig. 377 ergibt dieselbe Bindweise, nur ist der Atlas anders angefangen. Betrachtet man beide Karos, so wird man finden, daß die Bindpunkte in Fig. 377 besser in dem Raume verteilt sind wie in Fig. 376. Man wird deshalb bei Atlassen und versetzten Köpern nicht mit dem ersten Tupfen wie in Fig. 376 beginnen, sondern den Einsatz so richten, daß der letzte Kettenfaden des Quadrates von oben nach unten genau so bindet wie der erste von unten nach oben.

Fig. 378: Karos.

Quadrate von 12 Ketten- und 12 Schußfäden binden abwechselnd in 6bindigem versetzten Schuß- und Kettenatlas.

1 Rapport = 24 Ketten- und 24 Schußfäden = 12 Schäfte und 24 Karten, beziehungsweise 12 Tritte.

Fig. 379: Karos.

Diese Musterung entstand durch die quadratweise ausgeführte entgegengesetzte Tupfweise eines 4bindigen Krepps.

1 Rapport = 24 Ketten- und 24 Schußfäden = 8 Schäfte und 24 Karten, beziehungsweise 8 Tritte.

Anstatt die Quadrate durch Schuß- und Ketteneffekt einer Bindung zu bearbeiten, kann man auch zwei verschiedenartige Bindungen quadratisch aneinander reihen.

Fig. 380: Karos.

Bei dieser Musterung wechseln Leinwandbindung und Mattenbindung 2 : 2 quadratisch ab.

1 Rapport = 24 Ketten- und 24 Schußfäden.

Außer quadratischen Musterungen kommen auch solche in Verbindung mit Rechtecken vor. Bei der Bearbeitung sind genau dieselben Regeln über den Anschluß der Bindungen wie bei den quadratischen zu beachten.

LÄNGSSTREIFEN, QUERSTREIFEN UND KAROS.

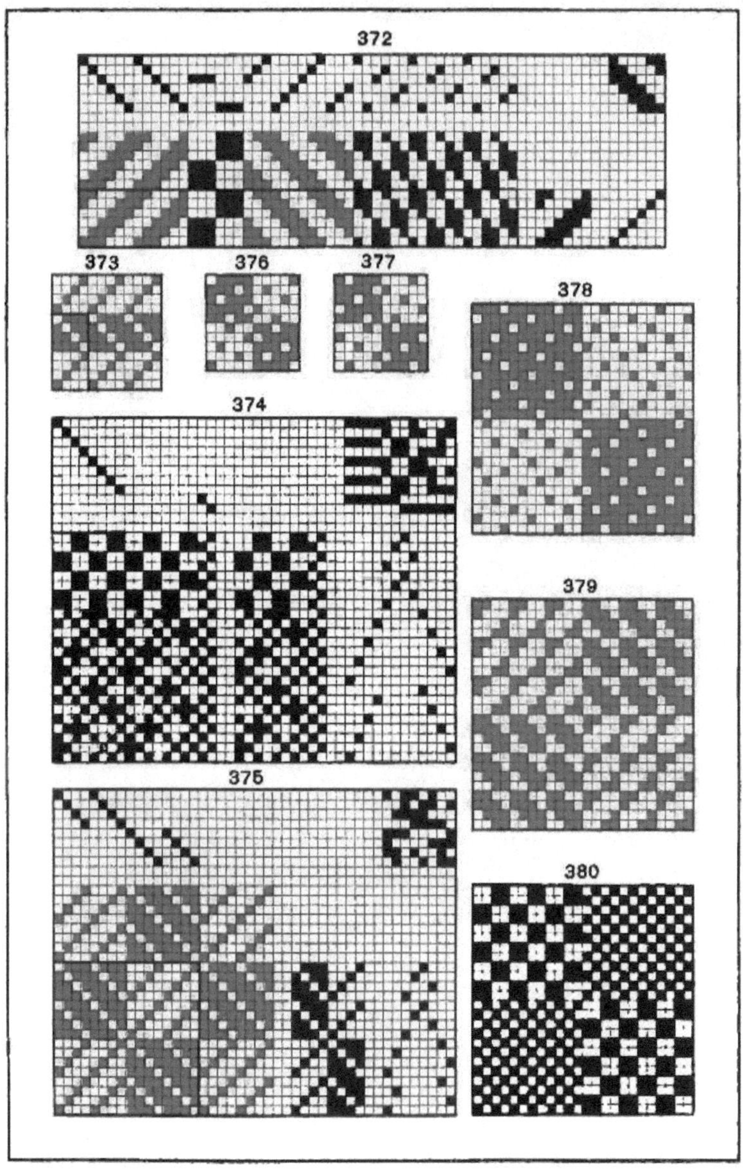

XXXVII.

Fig. 381: Karos.

4bindiger zweiseitiger Köper wurde von 8:8 und 4:4 Ketten- und Schußfäden entgegengesetzt getupft. Man bringt zu diesem Zwecke die Einteilung von 8:8 und 4:4 Ketten- und Schußfäden durch eine Bleistiftkontur auf das Tupfpapier, wodurch vier große Quadrate entstehen, welche oben und rechts von vier Rechtecken und an der Kreuzung der letzteren von vier kleinen Quadraten eingeschlossen sind. Nach dieser Einteilung setzt man in das erste Quadrat den Köper und bearbeitet die benachbarten Räume immer abwechselnd entgegengesetzt.

1 Rapport = 24 Ketten- und 24 Schußfäden = 4 Schäfte und 24 Karten, beziehungsweise 8 Tritte.

Beim Zusammenstellen derartiger Muster bildet man ein Warenbild, welches als Vorlage der Musterzeichnung dient. Ein Warenbild besteht aus verschieden großen Quadraten und Rechtecken, welche leinwandartig aneinander gesetzt sind. Auf dem Warenbilde (Fig. 382) bedeutet ein Quadrat des Tupfpapieres einen Bindungsrapport der in der Musterzeichnung (Fig. 383) zur Verwendung kommenden Abbindung. Soll die Musterzeichnung beispielsweise in 4bindigem Köper abgebunden werden, so entspricht ein Quadrat des Warenbildes 4 Ketten- und Schußfäden der Musterzeichnung. Die roten Flächen des Warenbildes versinnbildlichen Kettenbindung, die weißen Schußbindung.

Fig. 382: Warenbild für Fig. 383.

Fig. 383: Karos.

1 Rapport = 48 Ketten- und 48 Schußfäden.

Um diese Musterzeichnung zu bilden, verfährt man folgend:

1. Man vergrößert Rot vom Warenbilde 4mal mit roter Farbe auf der zu bildenden Musterzeichnung.

2. Man setzt auf die weißen Flächen der Musterzeichnung den 4bindigen Schußköper mit roter Farbe.

3. Man setzt auf die roten Flächen der Musterzeichnung die Schußtupfen mit weißer oder schwarzer Farbe, entgegengesetzt den Kettentupfen der weißen Flächen.

Zum Weben derartiger Muster braucht man immer zwei Schaftpartien, wovon jede soviel Schäfte hat, als der Rapport der Abbindung beträgt. Bei der Verteilung der Schaftpartien ist bei ungleicher Helfenzahl, wegen guter Fachbildung, zu berücksichtigen, daß die Partie mit der großen Helfenzahl gegen die Lade genommen wird.

Außer den durchgenommenen Mustern, welche man, da sie aus zwei Ketten- und zwei Schußfadenpartien bestehen, zweiteilig heißt, kommen auch drei-, vier- etc. teilige Muster vor. Die Fig. 389—392 ergeben dreiteilige, die Fig. 393, 396—398 vierteilige Warenbilder. Die Bearbeitung erfolgt genau so wie bei der zweiteiligen. Würde man bei diesen Mustern die Bindung des Atlasses oder versetzten Köpers mit dem ersten Tupfen beginnen, so würde nicht nur wie bei den zweiteiligen eine weniger vorteilhafte Verteilung der Bindpunkte vorkommen, sondern es würde auch der korrekte Ausschluß nicht überall stattfinden. Der Einsatz der Bindung ist bei 4bindigem versetzten Köper nach der Fig. 384, bei 5bindigem Atlasse nach Fig. 385, bei 6bindigem nach Fig. 386, bei 8bindigem nach Fig. 387 und bei 10bindigem Atlasse nach Fig. 388 zu richten.

Fig. 389: Dreiteiliges Warenbild.

Fig. 390: Zwillich oder Steinmuster.

Zwillich werden gemusterte Gewebe genannt, bei welchen das Muster aus aneinander gereihten Quadraten oder Quadraten und Rechtecken gebildet wird, welche abwechselnd in Ketten- und Schußeffekt einer Bindung auftreten. Stein- oder Plattenmuster heißt man dieselben, weil sie aus zweierlei färbigen quadratischen Steinen, beziehungsweise Platten zusammengesetzt, auch als Fußbodenbeleg Verwendung finden.

Die Musterzeichnung, Fig. 390, entsteht aus dem Warenbilde Fig. 389 durch vierfache Vergrößerung und Abbindung in 4bindigem versetzten Köper mit dem Einsatze der Fig. 384.

Um das zeitraubende Bilden der Musterzeichnung zu vermeiden, kann man auch den Schafteinzug und das Kartenmuster, beziehungsweise die Trittweise aus dem Einzuge und dem Kartenmuster des Warenbildes ausfertigen.

Fig. 393: Zwillich- oder Steinmuster.

Bei der Durchsicht des Warenbildes findet man 4 verschiedene Bewegungen oder Elemente der Kettenfäden, weshalb 4 Schäfte erforderlich sind. Die schwarzen Tupfen über dem Warenbilde ergeben den Einzug, wobei zugleich berücksichtigt wurde, daß die Schäfte, welche die wenigsten Helfen per Rapport haben, zuerst genommen werden. Die schwarzen Tupfen neben dem Warenbilde bilden das Kartenmuster. Jeder Schaft des Warenbildes bedeutet eine Schaftpartie der Musterzeichnung. Es kommen demnach so viele Schaftpartien zur Verwendung, als Schäfte über dem Warenbilde angegeben sind. Jede Schaftpartie hat soviel Schäfte, als der Rapport der Abbindung angibt. Soll z. B. die Abbindung in 4bindigem Köper ausgeführt werden, so hat jede Schaftpartie 4, bei 5bindigem Atlasse 5 Schäfte. Wir nehmen das letztere an, weshalb der Einzug Fig. 394 auf 4 Schaftpartien à 5 Schäften ausgeführt werden muß. Ein Tupfen des Einzuges vom Warenbilde ergibt in diesem Falle 5 fortlaufend gesetzte Tupfen des zu bildenden Einzuges. Ist der Faden beim

KAROS ODER CARREAUX.

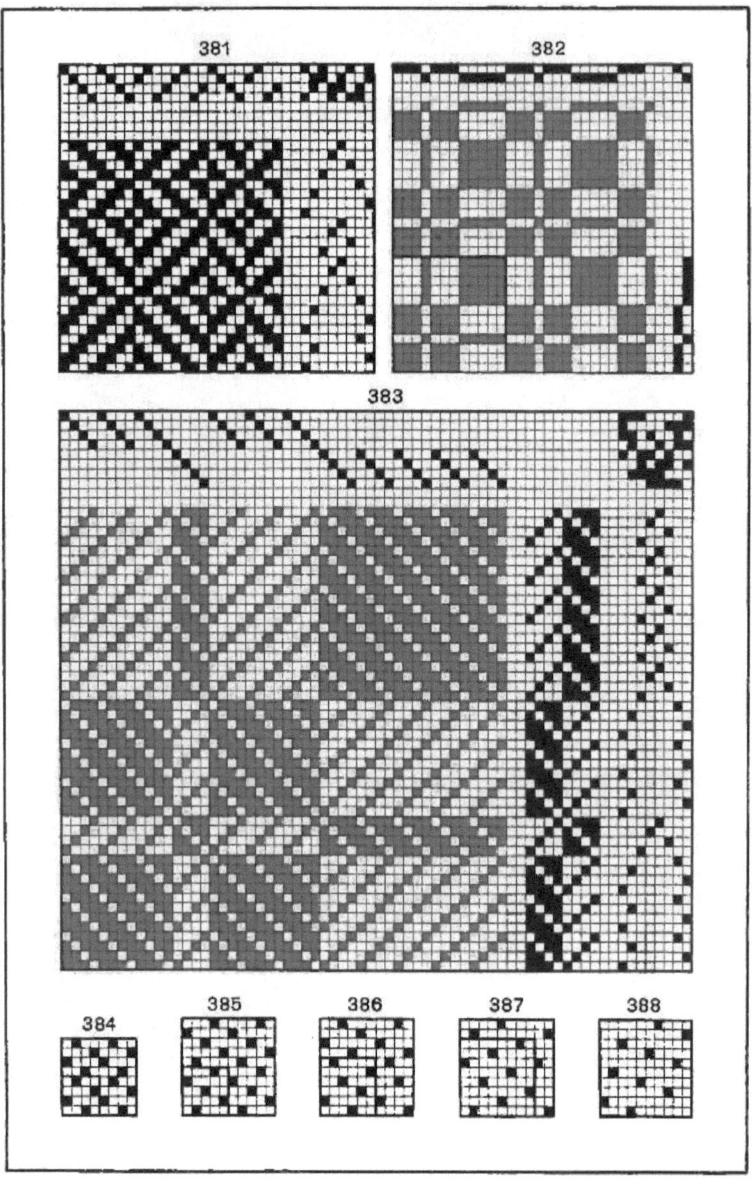

XXXVIII.

ZWILLICH- ODER STEINMUSTER.

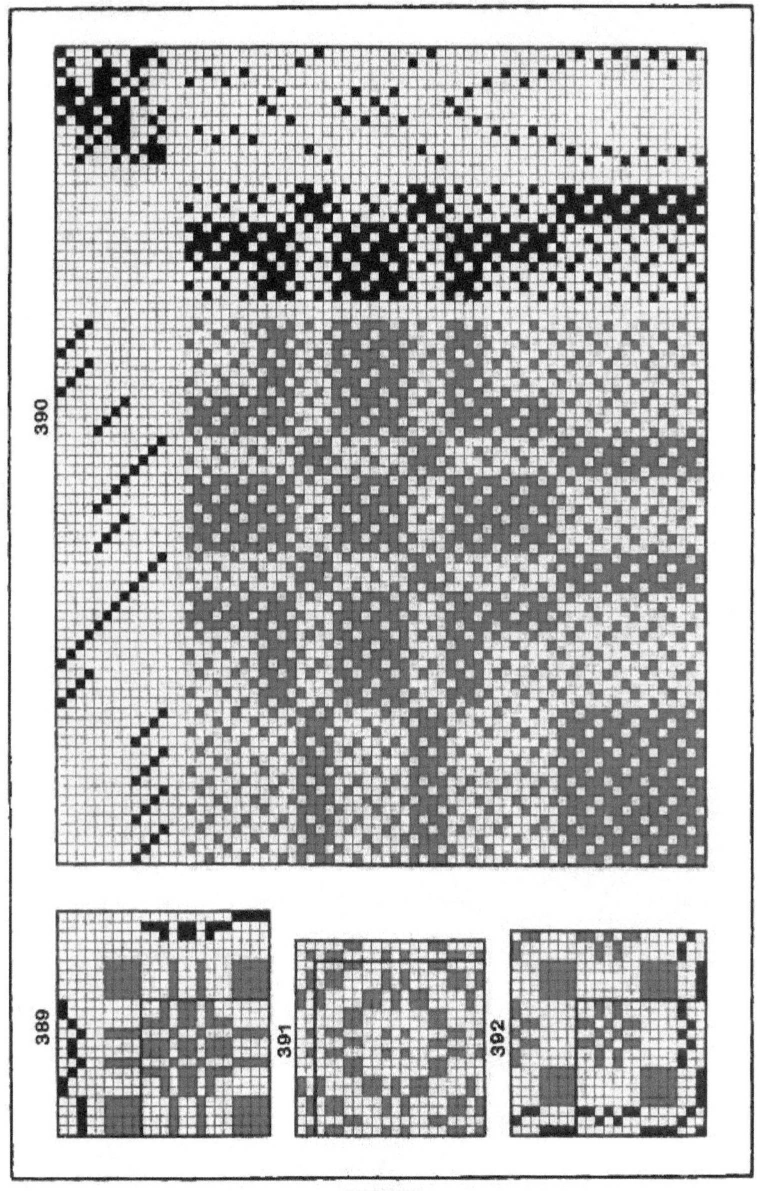

XXXIX.

ZWILLICH- ODER STEINMUSTER.

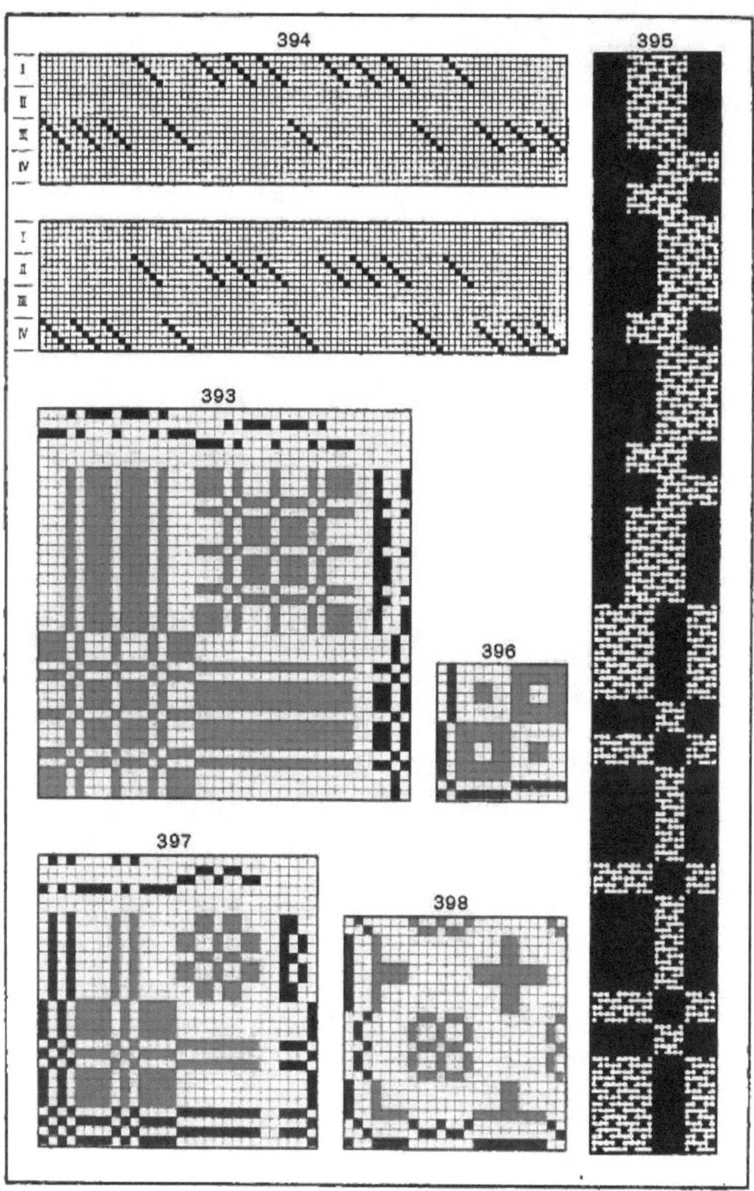

XL.

Einzuge des Warenbildes in den 1. Schaft gezogen, so kommen die 5 gerade gesetzten Tupfen auf die 1. Schaftpartie, ist dieser auf den 3. Schaft gezogen, auf die 3. Schaftpartie usw.

Nachdem die Schaftpartien I—IV, Fig. 394, numeriert sind, beginnt man mit der Übertragung des Einzuges vom Warenbilde auf folgende Weise:

Die Kettenfäden 1, 2 und 3 des Warenbildes sind eingezogen in den 3. Schaft, weshalb in der 3. Schaftpartie dreimal gerade eingezogen wird. Der 4. Kettenfaden des Warenbildes ist in den 1. Schaft eingezogen, weshalb in der 1. Schaftpartie einmal gerade eingezogen wird. Der 5. Kettenfaden des Warenbildes ist eingezogen in den 3. Schaft, weshalb in der 3. Schaftpartie einmal gerade eingezogen wird usw.

Um das Kartenmuster Fig. 395 zu bilden, vergrößert man Schwarz des Kartenmusters Fig. 393 5mal mit Rot und bindet die weißen und roten Flächen der Regel gemäß in 5bindigem Atlasse ab. Rot bedeutet gehobene Kette.

Nachdem Handtücher, Servietten, Tischtücher in Zwillichausführung gewöhnlich eine andersbindende Bordüre haben, ist diese bei den Fig. 396—398 mit Blau angegeben. Die Breite der Bordüre ist im Gewebe verschieden und schwankt ungefähr zwischen 5 und 10 *cm*. Die Bindweise der Bordüre oder Kantenmusterung im Warenbilde wird aus den Figurfäden passend zusammengestellt.

Damast.

Unter Damast versteht man vergrößerte Jacquardgewebe oder 3-, 4- etc. teilige Steinmuster, welche mittels einer besonderen Webstuhlvorrichtung erzeugt wurden. Bei dieser Vorrichtung wird nach Fig. 400, Teil *A*, die Figur (Rot und Blau) ausgehoben, der Grund (Weiß) liegen gelassen. Man zieht zu diesem Zwecke die Kette in Figurschäfte. Die Zahl der Figurschäfte und Tritte ergibt der Einzug und die Trittweise des Warenbildes Fig. 399. Für einen schwarzen Einzugstupfen des Warenbildes werden je nach der 4., 5., 6. etc. Vergrößerung 4, 5, 6 etc. Kettenfäden nebeneinander in einem Figurschaft gezogen. Da durch die Bewegung der Figurschäfte keine Ware zustande kommen kann, weil die Fadensysteme flott liegen, zieht man alle Kettenfäden noch durch die Helfen eines Vorderwerkes. Die Zahl der Schäfte und Tritte des Vorderwerkes richtet sich nach der Abbindung. Soll die Ware in 4bindigem Ketten- und Schußköper abgebunden werden, so braucht man 4, bei 8bindigem Atlasse 8 usw. Schäfte. Die Bewegung der Figurschäfte erfolgt durch Kontermarsch oder Schaftmaschine für Aufzug. Das Vorderwerk hat eine dreifache Dienstleistung; ein Schaft geht hoch, einer tief, die anderen bleiben in Ruhe.

Die Vorrichtung muß demgemäß die Vereinigung von Kontermarsch für Hochfach und Kontermarsch für Tieffach ergeben.

Die Trittweise ist eine doppelte:

Es wird Figurtritt getreten und so lange darauf stehen geblieben, bis durch Treten von 2, 4, 6, 8 Vorderwerkstritten 2, 4, 6, 8 etc. Schüsse eingetragen sind. Die Zahl der Vorderwerkstritte, welche auf einen Figurtritt kommen, richtet sich nach der Vergrößerung des Musters.

Erklärung:

Durch den Figurtritt wird die Kette an den Stellen der Figur ausgehoben, während an den anderen Stellen die Kette auf der Ladebahn liegen bleibt. Um den ausgehobenen und den auf der Ladebahn liegenden Kettenfäden eine Abbindung zu geben, muß von ersteren ein Teil gesenkt, von letzteren ein Teil gehoben werden. Dieses erfolgt durch das Treten eines Vorderwerkstrittes. Aus der Dienstleistung des Vorderwerkes erklärt sich, daß die Helfen so beschaffen sein müssen, daß sie den durch die Figurschäfte gehobenen Kettenfäden nicht hinderlich sind. Es werden die Vorderwerkshelfen demnach kein kleines Auge, sondern ein 7—8 *cm* langes Zwirnauge haben müssen. Die Bindung der Figur wird in diesem Falle Ketteneffekt, die des Grundes Schußeffekt aufweisen.

Fig. 399: 3teiliges Steinmuster.

Soll das Muster nach Art der Zwillichwaren mit 4facher Vergrößerung in 8bindigem Atlasse abgebunden werden, so braucht man $3 \times 8 = 24$ Schäfte und ohne die blaue Bordüre $13 \times 4 = 52$ Karten.

Bei Damastausführung braucht man 3 Figurschäfte a, 3 Figurtritte a_1, 8 Vorderschäfte b und 8 Vorderwerkstritte b_1. Bei der Anschnürung c bedeutet ein Tupfen den Aufzug, ein Ringel den Tiefzug des Schaftes.

Fig. 401: 6teiliges Steinmuster.

Sollte das Muster bei 8facher Vergrößerung und Abbindung in 8bindigem Atlasse nach Art der Zwillichwarenvorrichtung gewebt werden, so brauchte man $6 \times 8 = 48$ Schäfte und ohne die Bordüre bei gewöhnlicher Schaftmaschine $37 \times 8 = 296$ Karten. Bei Damastvorrichtung kommen 6 Figurschäfte, 6 Figurtritte, 8 Vorderschäfte und 8 Vorderwerkstritte zur Verwendung.

Außer Quadraten und Rechtecken wie bei den Steinmustern, kann man auch anderweitige Muster damast- oder zwillichartig bearbeiten.

Das figurierte Muster Fig. 402 wurde in den Fig. 403—406 zwillichartig bearbeitet. Die Vergrößerung erfolgte bei Fig. 403 4mal, bei Fig. 404 5mal, bei Fig. 405 und 406 8mal. Die Abbindung erfolgte bei Fig. 403 in 4bindigem Köper, bei Fig. 404 in 5bindigem Atlasse, bei Fig. 405 in Quer- und Längsrips 2 : 2 und in Fig. 406 in 8bindigem Krepp. Die unter

ZWILLICH-, STEIN- ODER DAMASTMUSTER.

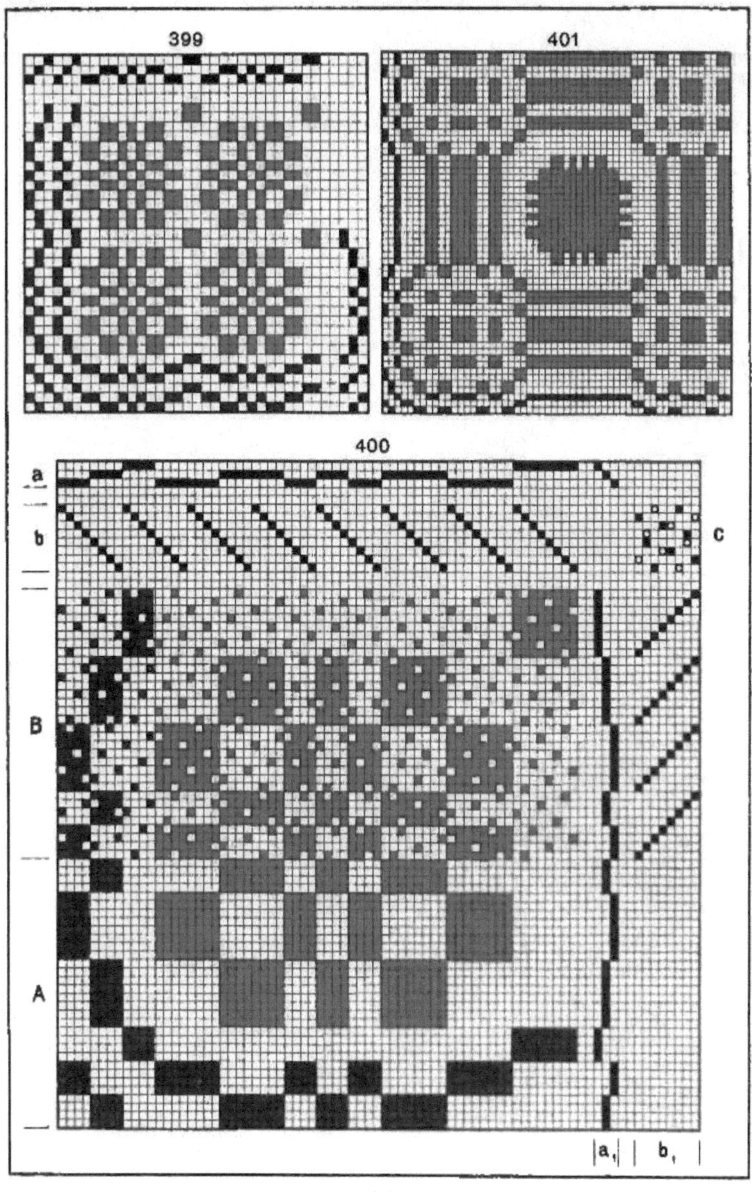

XLI.

DAMAST- UND DAMASTARTIGE MUSTER.

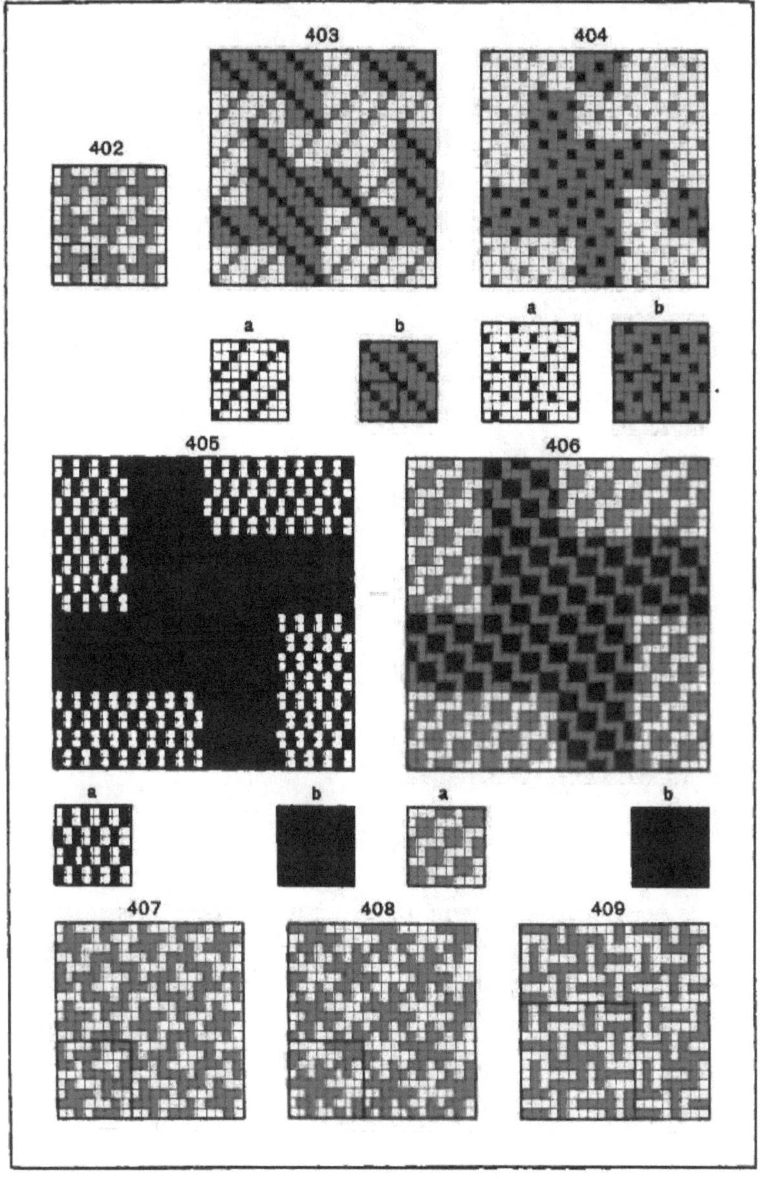

XLII.

den Figuren stehenden Bindungen *a* und *b* zeigen den Bindungseinsatz des Grundes und der Figur.

Mit der Zwillichvorrichtung lassen sich alle, mit der Damastvorrichtung nur die Fig. 403 ausführen. Bei Damast darf ein Kettenfaden des Rapportes im Grunde, dem gleichen Kettenfaden im fortlaufenden Rapporte der Figur, nie entgegengesetzt wirken. Fig. 404 läßt sich mit der Damastvorrichtung weben, wenn man den Atlas im Grunde oder in der Figur ändert. Allerdings wird dann ein schlechter Bindungsanschluß erfolgen, was aber bei Damasten in der Praxis zu öfteren zu finden ist.

Die Fig. 407—409 geben Musterungen, welche sich zur Bearbeitung von Zwillich- und Damastmustern eignen.

Musterkompositionen.

Bearbeitet man kleine Damastmuster mit gemusterten Einzügen bei gerader und gemusterter Trittweise, so entstehen große Musterzeichnungen.

Fig. 410: 8bindiger Krepp.

Fig. 411: 4fädiger Damast.

Das Muster entsteht aus Fig. 410 durch vierfache Vergrößerung und Abbindung in 4bindigem Köper.

1 Rapport = 32 Ketten- und 32 Schußfäden.

Fig. 412: 4fädiger Damast.

Diese Musterzeichnung entsteht, wenn man zu dem über der Fig. 413 befindlichen gemusterten Einzuge die Fig. 411 als Kartenmuster nimmt.

1 Rapport = 128 Ketten- und 32 Schußfäden.

Fig. 413: Damast.

Diese Musterzeichnung entsteht aus der Fig. 412, wenn man die Schußfaden nicht in gerader Ordnung *b*, sondern nach gemusterter Trittweise *c*, ordnet.

1 Rapport = 128 Ketten- und 128 Schußfäden.

Die Zahl der Schäfte *a* und Tritte *b*, mit welchen die Bearbeitung erfolgt, entspricht dem Rapporte des als Grundlage dienenden Damastmusters (Fig. 411). Die Tritte kommen natürlich nur theoretisch in Betracht, da man diese Muster mit Schaftmaschinen webt und zu diesem Zwecke bei gemusterter Trittweise (Fig. 413) das Kartenmuster zu bilden hat.

Sollen die großen Musterzeichnungen damastartig ausfallen wie Fig. 412 und 413, so muß man den Einzug und die Trittweise aus Partien zusammensetzen, welche dem Rapporte der Abbindung, respektive Vergrößerung entsprechen. Wird dies nicht eingehalten, wie z. B. der Einzug Fig. 414 angibt, so entsteht eine verworrene, kreppartige Musterzeichnung.

Durch die große Zahl von aus Kreppmustern (Fig. 410, 415) leicht zusammenstellbaren Vorlagsmustern (Fig. 411, 416) und die Mannigfaltigkeit, mit welcher man derartige Einzüge zusammenstellen kann, ist man in der Lage, viele große, mit verschiedenen Rapportgrößen versehene Muster zu schaffen.

Karierte Muster.

Durch diese Bindweise wird das Gewebe durch schmale Längs- und Querstreifen netzartig eingeteilt. Die zwischen den Streifchen befindlichen quadratischen, manchmal mehr rechteckigen Räume haben glatte Bindung, oder sind räumlich verschieden (Fig. 419) abgebunden. Die schmalen Streifen Karierstreifen genannt, können zweierlei Art sein:

1. Man nimmt zu den Längsstreifen Ketteneffekt, zu den Querstreifen Schußeffekt (Fig. 417, 419, 420).

2. Man nimmt zu beiden Streifen eine Bindung, welche so beschaffen ist, daß sie nach beiden Richtungen gut wirkt (Fig. 418).

Bei der ersten Art kann wieder eine zweifache Zusammenstellung erfolgen. Man läßt die Längsstreifen durch das ganze Gewebe glatt durchbinden (Fig. 417, 420) oder man setzt an der Kreuzung der Längsstreifen mit den Querstreifen eine eigene Kreuzungsart (Fig. 419). Bei den Zusammenstellungen derartiger Muster gelten die Regeln der längs- und quergestreiften Gewebe.

Fig. 417: Kariertes Muster.

Die Bindung der Quadrate ist Leinwand, die der Kettenkarierstreifen 4bindiger Kettenköper, die der Schußkarierstreifen 4bindiger Schußköper.

1 Rapport = 16 Ketten- und 16 Schußfäden.

Fig. 418: Kariertes Muster.

Die Quadrate sind in 4bindigem versetzten Köper, die Karierstreifen in Mattenbindung 2 : 2 abgebunden.

1 Rapport = 16 Ketten- und 16 Schußfäden.

Fig. 419: Kariertes Muster.

Die Quadrate haben abwechselnd Leinwand- und Mattenbindung, die Karierstreifen Quer-, beziehungsweise Längsrips, die Kreuzung der Karierstreifen Leinwandbindung.

1 Rapport = 32 Ketten- und 32 Schußfäden.

Fig. 420: Kariertes Muster.

Die Bindung der Quadrate ist 4bindiger zweiseitiger Köper, die der Kettenkarierstreifen 8bindiger Kettenatlas und Querrips 4 : 4, die der Schußkarierstreifen 8bindiger Schußatlas und Längsrips 4 : 4.

1 Rapport = 44 Ketten- und 44 Schußfäden.

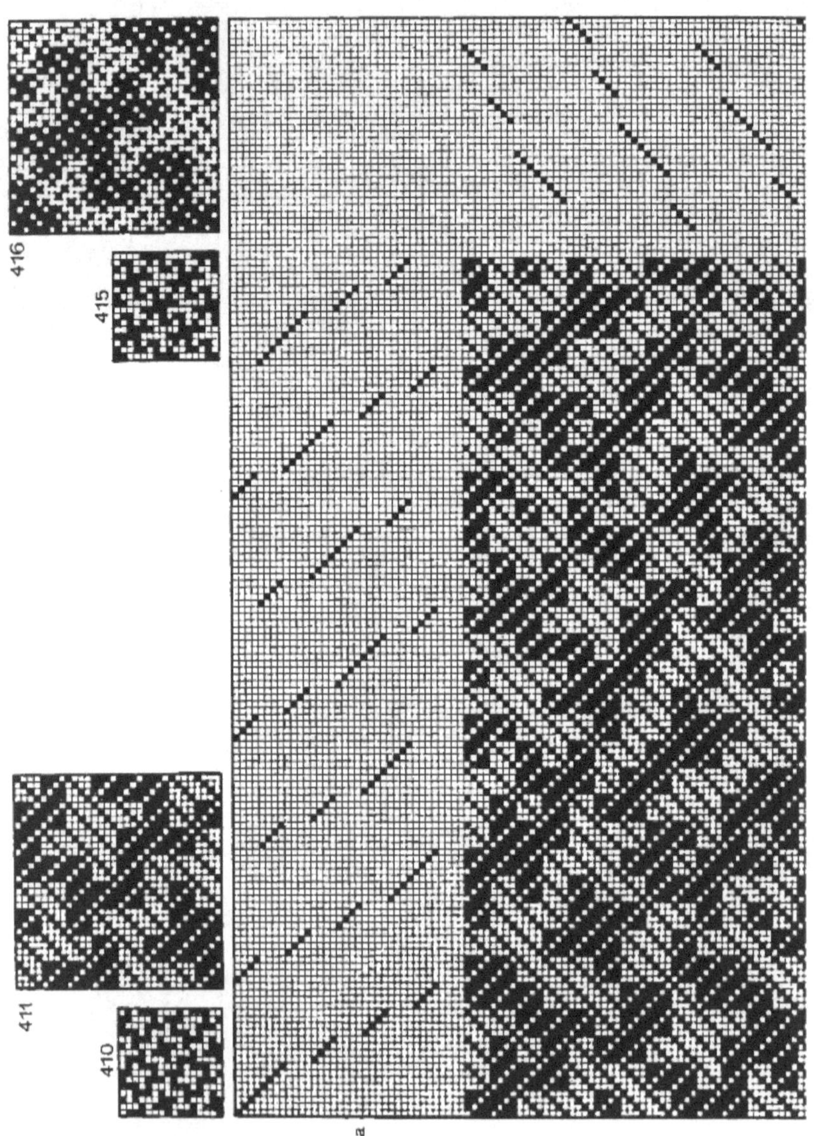
416
415
411
410
a

POSITIONEN.

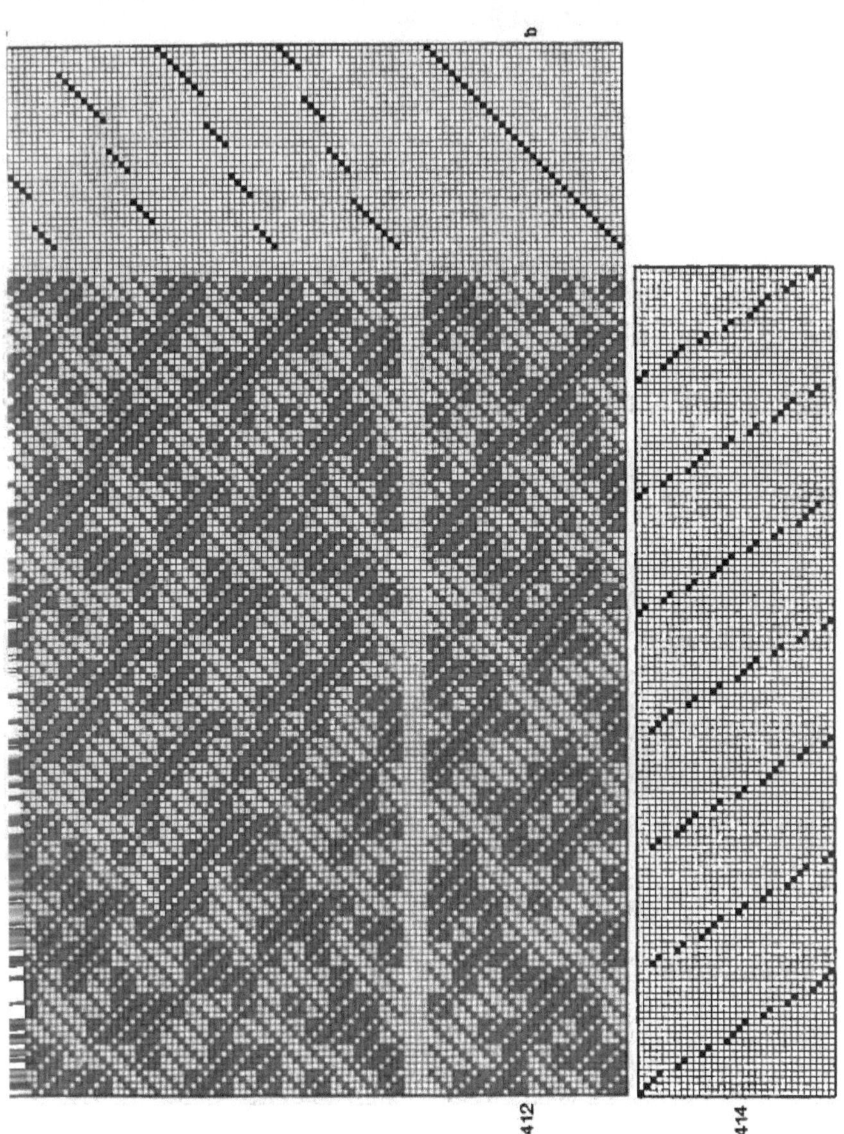

KARIERTE MUSTER.

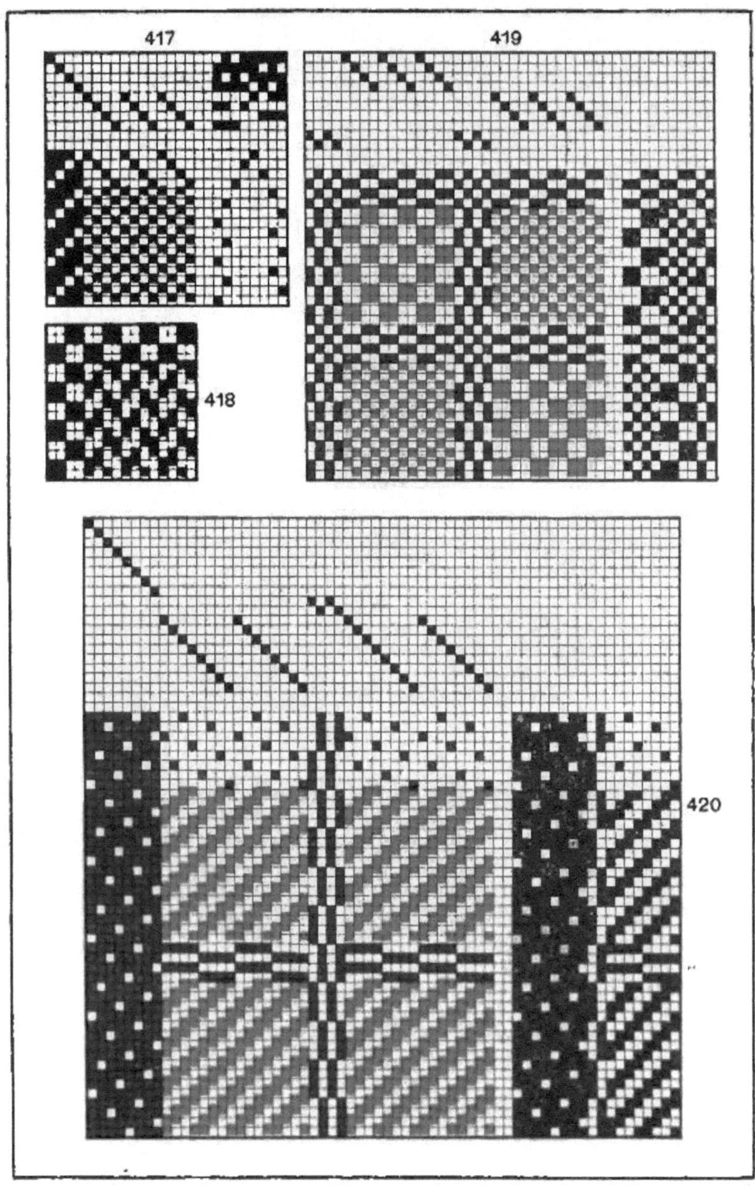

XLV.

III. Verstärkte Gewebe.

Struck.

Unter Struck versteht man eine Bindung, welche ein Gewebe mit erhöhten Partien und linienartigen Vertiefungen liefert. Die erhöhten Partien werden durch Unterstellung eines Schuß- oder Kettenfadensystemes, die tiefen Linien durch glatte Bindung hervorgebracht.

Nach dem Charakter der aufgeworfenen Partien unterscheidet man folgende Arten:

1. Längsstruck.
2. Querstruck.
3. Diagonaler Struck.
4. Figurierter Struck.

Längsstruck.

Bei dieser Bindungsgattung wechseln erhöhte Längsstreifen mit schmalen Längsfurchen ab. Die erhöhten Längsstreifen werden durch Unterstellung eines Schußfadensystemes, die Furchen durch einfache Bindung hervorgebracht. Um das erstere vorzunehmen, läßt man in den betreffenden Streifen nur $^1/_2$ oder $^2/_3$ der Schüsse mit den Kettenfäden verbinden und den anderen Teil unter den Kettenfäden flottliegen. Die rückwärts flottliegenden Schüsse können sich nicht neben die abgebundenen Schüsse legen, sondern müssen sich unter diesen anordnen. Auf diese Weise kommen in diesen Streifen zwei Schußlagen übereinander zu liegen, was eine Verdickung, Erhöhung bedingt. Die Bindung der benachbarten Streifen ist eine einfache, d. h. es verbinden sich alle Schüsse mit den Kettenfäden, weshalb diese Streifen gegenüber den vorhergehenden vertieft im Gewebe erscheinen. Damit sich beide Streifen streng abgrenzen, sollen an den Wechselstellen Schußtupfen mit Kettentupfen abwechseln.

Fig. 422: Längsstruck 12 : 4.

Der Streifen *A* fällt im Gewebe wegen Unterstellung eines Schußfadensystems (2, 4, 6 etc.) erhöht, der Streifen *B* wegen Verbindung aller Schüsse (1, 2, 3, 4 etc.) tiefliegend aus. Um diese Bindung zu bilden, teilt man nach Fig. 421 die Bindungsfläche in die Streifen *A* und *B* und tupft im Streifen *A* auf die geraden Schüsse die Kette mit Rot. Nach diesem setzt man nach Fig. 422 den 3bindigen Kettenköper (*a*) mit Blau auf die weißen Schüsse des Streifens *A* und Leinwand (*b*) mit Schwarz, im Streifen *B*.

1 Rapport = 16 Ketten- und 8 Schußfäden.

Fig. 423 gibt einen Querschnitt der Fig. 422. Die roten Kreise stellen die Kette, die schwarzen Linien den Schuß dar. Im Teile *A* des Querschnittes sieht man, wie der zweite Schuß als Unterschuß wirkt, während er im Teile *B* glatte Bindung bildet.

Fig. 524: Längsstruck 8 : 4.

Die Bindung des 8 Fäden breiten erhöhten Streifens ist 4bindiger zweiseitiger Köper, die des Schnittstreifens Längsrips.

1 Rapport = 12 Ketten- und 8 Schußfäden.

Fig. 425: Längsstruck 10 : 2 : 6 : 2.

Diese Bindung liefert ein Gewebe mit breiten und schmalen erhöhten Streifen *A* und *C*, welche durch Längsfurchen *B* und *D* getrennt sind.

1 Rapport = 20 Ketten- und 4 Schußfäden = 4 Schäfte und 4 Tritte.

Fig. 426: Längsstruck 8 : 2 : 8 : 2.

Bei dieser Bindung ist die Anordnung so getroffen, daß im Streifen *A* die geraden, im Streifen *C* die ungeraden Schüsse als Unterschüsse wirken. Die Bindung der Oberschüsse ist im Streifen *A* 4bindiger Kettenköper, im Streifen *C* 4bindiger versetzter Kettenköper. Die Bindung der tiefliegenden oder Schnittstreifen *B*, *D* ist Querripps 2 : 2.

1 Rapport = 20 Ketten- und 8 Schußfäden.

Fig. 427: Längsstruck 8 : 2 : 4 : 2.

Bei dieser Bindung ist das Verhältnis des Oberschusses zum Unterschusse in den erhöhten Streifen 2 : 1.

1 Rapport = 16 Ketten- und 3 Schußfäden.

Fig. 428: Längsstruck 8 : 2 : 8 : 2.

Im Streifen *A* sind die Schüsse 3, 4, 7, 8 etc. im Streifen *C* 1, 2, 5, 6 etc. Unterschüsse. Die Bindung der Oberschüsse und der Schnittstreifchen ist Leinwand.

1 Rapport = 20 Ketten- und 4 Schußfäden.

Fig. 429: Längsstruck 8 : 2 : 8 : 2.

Bei dieser Bindung kommen in den roten Streifen auf zwei Oberschüsse vier Unterschüsse.

1 Rapport = 20 Ketten- und 6 Schußfäden = 6 Schäfte und 6 Tritte.

Um den Streifen mit dem Unterschusse recht aufgeworfen, wulstig zu machen, füllt man den Raum zwischen der Oberware und dem Unterschusse des erhöhten Streifens durch einen in die Mitte gestellten starken Faden aus. Man nennt diesen Faden Füllfaden und alle zu einem Gewebe notwendigen Füllfäden Füllkette. Diese Kette muß extra auf einen Kettenbaum kommen, da sie sich fast gar nicht einarbeitet. Anstatt eines Fadens pro Streifen kann man auch mehrere anordnen. Durch einen starken Füllfaden wird der Streifen in der Mitte am erhabensten wirken, während mehrere feinere Füllfäden den Streifen gleichmäßig erhaben gestalten. Was die Wirkungsweise der Füllkette anbelangt,

STRUCK- ODER SCHNÜRLBINDUNGEN.

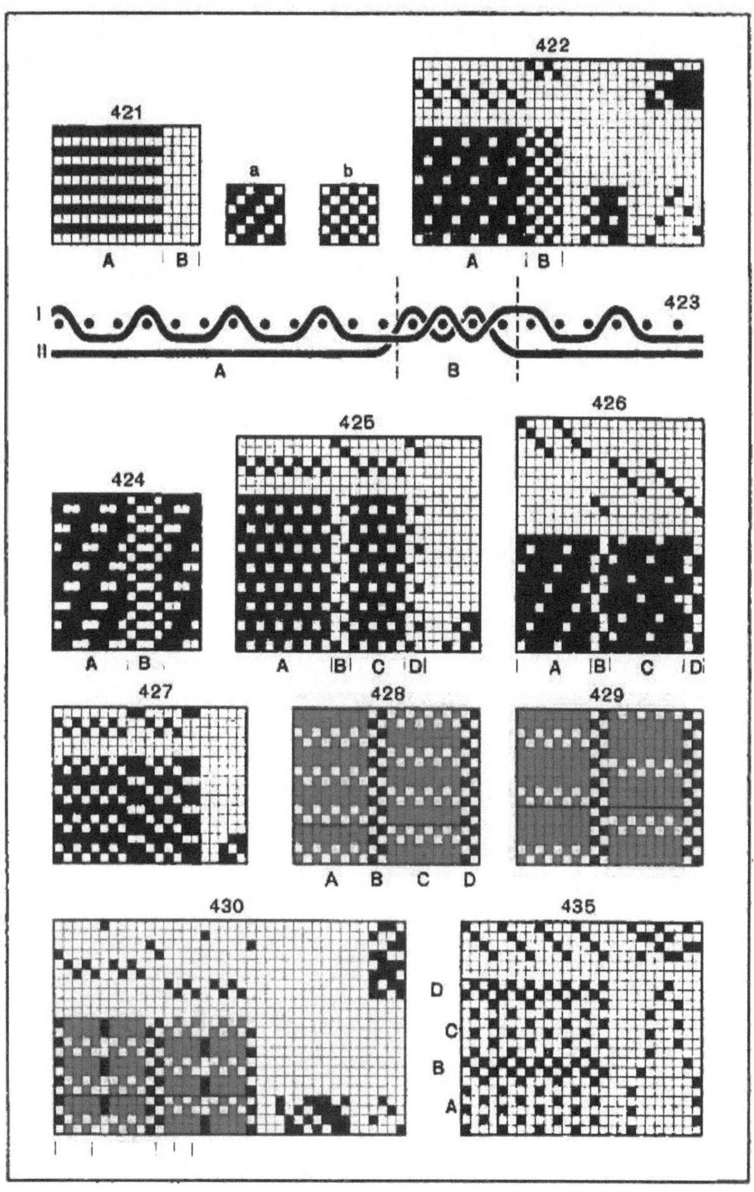

XLVI.

bleiben die Fäden beim Oberschusse liegen, während sie beim Unterschusse gehoben werden.

Fig. 430: Längsstruck 8 : 2 : 8 : 2 mit Füllkette.

Das Verhältnis der Oberschüsse zu den Unterschüssen ist 2 : 2. Die Bindung der Oberschüsse und der Schnittstreifen ist Leinwand. Der Füllfaden ist schwarz getupft und in die Mitte des Streifens gesetzt. Beim Kammeinzuge ist zu berücksichtigen, daß der Füllfaden zu den Grundfäden pro Rohrlücke kommt. Über der Bindung ist der Einzug in die Schäfte, unter derselben der Kammeinzug angeführt; die zwischen den Strichen befindlichen Fäden kommen in eine Rohrlücke.

Man kann auch Längsstrucke aus Längsripsen bilden, wenn man die Schußflottungen eng abbindet. Die nur linienartig wirkenden Längsfurchen werden bei dieser Bindungsart beim Wechsel der Rippe (entgegengesetzte Bindestellen) zustande kommen.

Fig. 432: Längsstruck 4 : 4.

Die Bindung entsteht aus dem Längsripse 4 : 4 Fig. 431, durch Abbinden der weißen Schüsse in Leinwand.

1 Rapport = 8 Ketten- und 4 Schußfäden = 4 Schäfte und 4 Tritte.

Fig. 433: Längsstruck 8 : 6 : 8 : 6.

Längsrips 8 : 6 : 8 : 6 wird vorgetupft und die Schußstellen der ersten Partie in 4bindigem Kettenköper, der zweiten und vierten Partie in Leinwand, der dritten Partie in Querrips 2 : 2 abgebunden.

1 Rapport = 28 Ketten- und 8 Schußfäden.

Fig. 434: Längsstruck 12 : 12.

Auf die Schußflottungen eines Längsripses 12 : 12 wurde im Streifen *A* ein verstärkter Längszickzack gesetzt und dieser im Streifen *B* annähernd symmetrisch genommen.

1 Rapport = 24 Ketten- und 28 Schußfäden.

Querstruck.

Diese Bindungsgattung kommt weniger in Betracht. Die erhöhten Querstreifen werden durch Unterstellung eines Kettenfadensystems, die tiefliegenden durch glatte Bindung hervorgebracht.

Fig. 435: Querstruck.

Im Streifen *A* liegen die Kettenfäden 2, 4, 6 etc., im Streifen *C* 1, 3, 5 etc. rückwärts flott, während die anderen in Leinwand gebunden sind. Die rückwärts flottliegenden Kettenfäden werden sich nicht neben die engbindenden legen, sondern darunter schieben, so daß auf der Oberseite ein Anschluß der mit Rot getupften Kettenfäden stattfindet und dadurch eine Verstärkung, Verdickung dieses Streifens erfolgt. Die Streifchen B und D binden in Leinwand und werden diese vermöge der einfachen Bindung im Gewebe tiefliegender, als die durch Unterkette verstärkten Streifen A und C ausfallen.

1 Rapport = 4 Ketten- und 16 Schußfäden = 4 Schäfte und 16 Karten oder 8 Tritte.

Diagonaler Struck.

Bei dieser Bindungsart sind diagonallaufende Streifen so angeordnet, daß die Hälfte der Schüsse unter dem Streifen flottliegt. Diese Streifen werden im Gewebe erhöht ausfallen, während die Wechselstellen linienartige Furchen erzeugen.

Fig. 436: Diagonaler Struck.

Die Schußstellen des 13bindigen verstärkten Atlasses 2er Steigung sind in Leinwand abgebunden.

1 Rapport = 13 Ketten- und 13 Schußfäden.

Figurierter Struck.

Wird einfache und verstärkte Bindung figurenweise nebeneinander angeordnet, so entsteht figurierter Struck.

Fig. 437: Figurierter Struck.

Quadrate von Längsstruck wechseln mit Quadraten von Querstruck ab. Die Quadrate werden erhöht ausfallen, während an den Wechselstellen linienartige Schnitte im Gewebe zum Vorschein kommen.

1 Rapport = 16 Ketten- und 16 Schußfäden.

Fig. 438: Figurierter Struck.

Quadrate mit Längsstruck wechseln mit Quadraten von Querstruck ab. An den Stellen der blau getupften Leinwand wird das Gewebe furchenartige Linien erhalten, während die anderen Gewebestellen erhöht ausfallen.

1 Rapport = 32 Ketten- und 32 Schußfäden.

Fig. 439: Figurierter Struck.

Ein Querzickzackstreifen mit Unterschuß wechselt mit einem solchen von einfacher Bindung ab.

1 Rapport = 10 Ketten- und 15 Schußfäden.

Fig. 440: Figurierter Struck.

In den auf der Spitze stehenden Quadraten liegen die ungeraden Schüsse rückwärts flott, während die geraden in Leinwand binden. Diese Quadrate werden vermöge dieser Anordnung im Gewebe höher liegend erscheinen als die dazwischen befindlichen diagonalen Streifen.

1 Rapport = 14 Ketten- und 28 Schußfäden.

STRUCKBINDUNGEN.

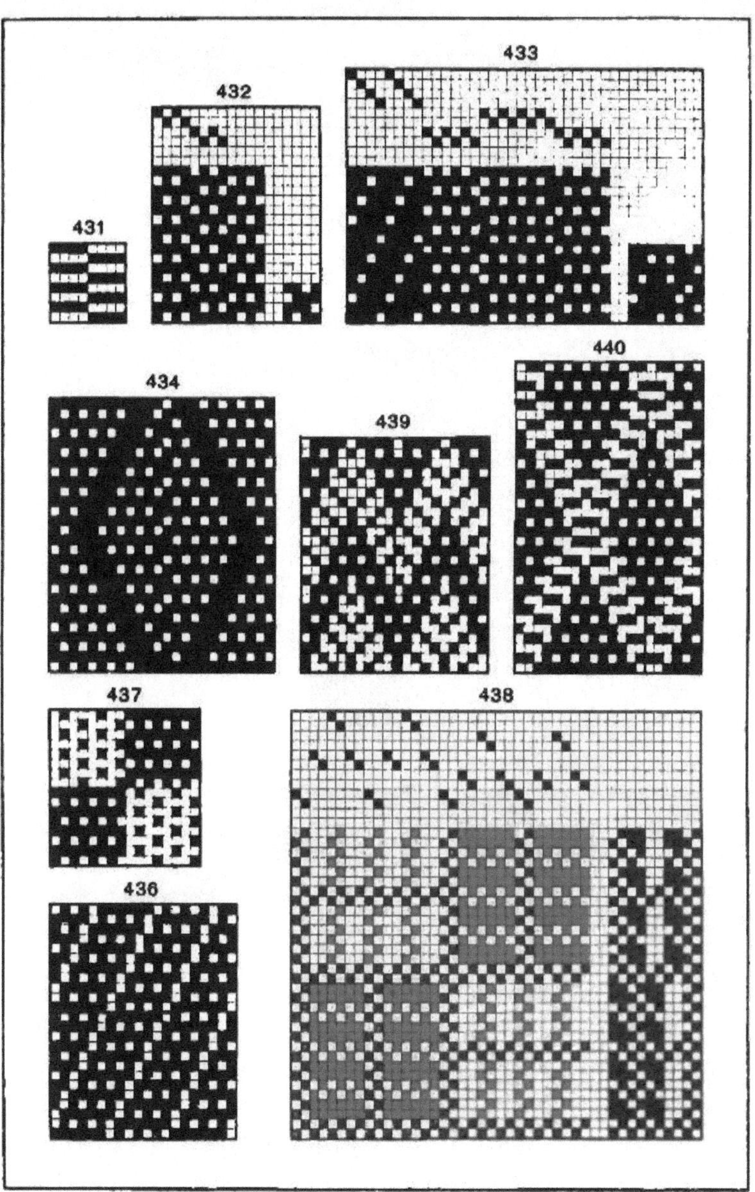

XLVII.

Schußdouble.

Um ein Gewebe stärker, dicker zu machen, ordnet man zwei Schußlagen übereinander an. Im Gewebe darf auf der Oberseite nur das eine, auf der Unterseite nur das andere Schußfadensystem ersichtlich sein. Man nennt deshalb das erstere Schußfadensystem Oberschuß, das zweite Unterschuß. Nachdem beide Schußfadensysteme aber eine gemeinsame Kette haben, muß die Bindung des Unterschusses so gesetzt werden, daß der auf die Kette zu liegen kommende Unterschuß auf der Oberwarenseite nicht ersichtlich ist. Zu diesem Zwecke muß man die Einbindung des Unterschusses dort vornehmen, wo der vorhergehende und der nachfolgende Oberschuß auch auf der Kette liegt. Auf diese Weise kommt der auf der Kette liegende Unterschuß zwischen zwei Oberschußflottungen zu liegen, welche ihn verdecken und unsichtbar machen. Es werden sich nicht alle Bindungen für diese Gewebe eignen. Die Bindung des Oberschusses muß Schußeffekt haben oder mindestens die zum Verheften des Unterschusses notwendigen zwei Schußtupfen übereinander aufweisen. Die Bindung des Unterschusses kann entweder die des Oberschusses mit entgegengesetztem Effekte oder eine andere sein. Im letzteren Falle muß dieselbe jedoch mit dem Rapporte der Bindung des Oberschusses übereinstimmen, d. h. entweder dieselbe Fadenzahl oder ein Vielfaches derselben haben.

Die Fig. 441 ergibt die Darstellung eines Gewebes mit einer Kette und zwei übereinander liegenden Schußfadensystemen nach der Art der Gewebevergrößerung. Die roten senkrechten Fäden 1—12 sind Kettenfäden, die weißen wagrechten rot numerierten Fäden Oberschüsse, die schwarzen Unterschüsse. Bei Durchsicht der Zeichnung findet man, daß sich die Kette mit dem Oberschusse in 4bindigem Schußköper und mit dem Unterschusse in 4bindigem Kettenköper verbindet. Denkt man bei dieser Verflechtung die Schüsse aneinander geschlagen, so wird man finden, daß durch diese Zusammensetzung »gelassene Kettenstellen auf dem Unterschusse entsprechen gelassenen Kettenstellen dem vor diesem und nach diesem eingetragenen Oberschusse« die schwarzen Schüsse unter die weißen gleiten und dadurch ein Aneinanderreihen aller weißen Schüsse auf der oberen Warenseite, aller schwarzen auf der unteren Warenseite erfolgt. Auf dem ersten Unterschuß (Schwarz) bleiben die Kettenfäden 3, 7, 11 liegen, weshalb sich der Unterschuß auf diese Kettenfäden legt. Würden nun auf dem ersten und zweiten Oberschuß (Weiß) die Kettenfäden 3, 7, 11 nicht auch liegen bleiben, so würden die über diesen Kettenfäden liegenden Unterschußstellen auf der oberen Warenseite zum Vorschein kommen, da sich vermöge des Bindungsfehlers der erste Unterschuß nicht unter den ersten Oberschuß, der zweite Oberschuß nicht über den ersten Unterschuß legen kann.

Unter der Verflechtung ist der Querschnitt, aus welchem wieder deutlich ersichtlich ist, daß bei genauer Einhaltung der Regel der Unterschuß unmöglich auf der Oberseite ersichtlich ist. Rechts neben der Verflechtung ist ein Längsschnitt, woraus ersichtlich ist, wie sich die rote Kette abwechselnd mit den weißen und schwarzen Schüssen verbindet.

Das Verhältnis des Oberschusses zum Unterschusse ist je nach der Qualität des Stoffes 1 : 1, 2 : 1, 3 : 1 etc. Anstatt 1 : 1 und 2 : 1 bringt man bei Stoffen, wo der Oberschuß andere Farbe oder anderes Gespinst als der Unterschuß hat und man mit einseitigem Schützenwechsel weben will, die Verhältnisse 2 : 2 und 4 : 2 in Anwendung.

Zur Ausführung der Bindung auf dem Tupfpapiere verfährt man folgend:

1. Man bestimmt die Aufeinanderfolge der Ober- und Unterschüsse. Zu diesem Zwecke streicht man nach Fig. 442 die Unterschüsse einer Bindungsfläche mit gelber Farbe an.

2. Man tupft auf die weißen Schußlinien mit roter Farbe, die genommenen Tupfen der Bindung des Oberschusses (Rot von *a*). Auf diese Weise entsteht aus Fig. 442 Fig. 443.

3. Man tupft auf die gelben Schußlinien die gelassenen Tupfen der Bindung des Unterschusses (Weiß von *b*) mit schwarzer Farbe. Beim Einsetzen der schwarzen Tupfen muß berücksichtigt werden, daß diese zwischen zwei weiße Tupfen der benachbarten Oberschüsse kommen müssen. Auf diese Weise entsteht aus Fig. 443 Fig. 444.

4. Die roten und gelben Tupfen entsprechen gehobener Kette, weshalb diese angeschnürt, beziehungsweise gestanzt werden müssen.

Fig. 444: Schußdouble 1 : 1.
Oberschuß 4bindiger Schußköper.
Unterschuß 4bindiger Kettenköper.
1 Rapport = 4 Ketten- und 8 Schußfäden.

Fig. 445: Schußdouble 1 : 1.
Oberschuß 4bindiger zweiseitiger Köper.
Unterschuß 8bindiger Kettenatlas.
1 Rapport = 8 Ketten- und 16 Schußfäden.

Bei dieser Bindung kann man zum Unterschuß stärkeres Material nehmen als zum Oberschusse, weil die Bindung des Unterschusses bedeutend offener als die des Oberschusses ist.

Fig. 446: Schußdouble 1 : 1.
Oberschuß 8bindiger verstärkter Kettenatlas.
Unterschuß 8bindiger Kettenatlas.
1 Rapport = 8 Ketten- und 16 Schußfäden.

SCHUSSDOUBLES.

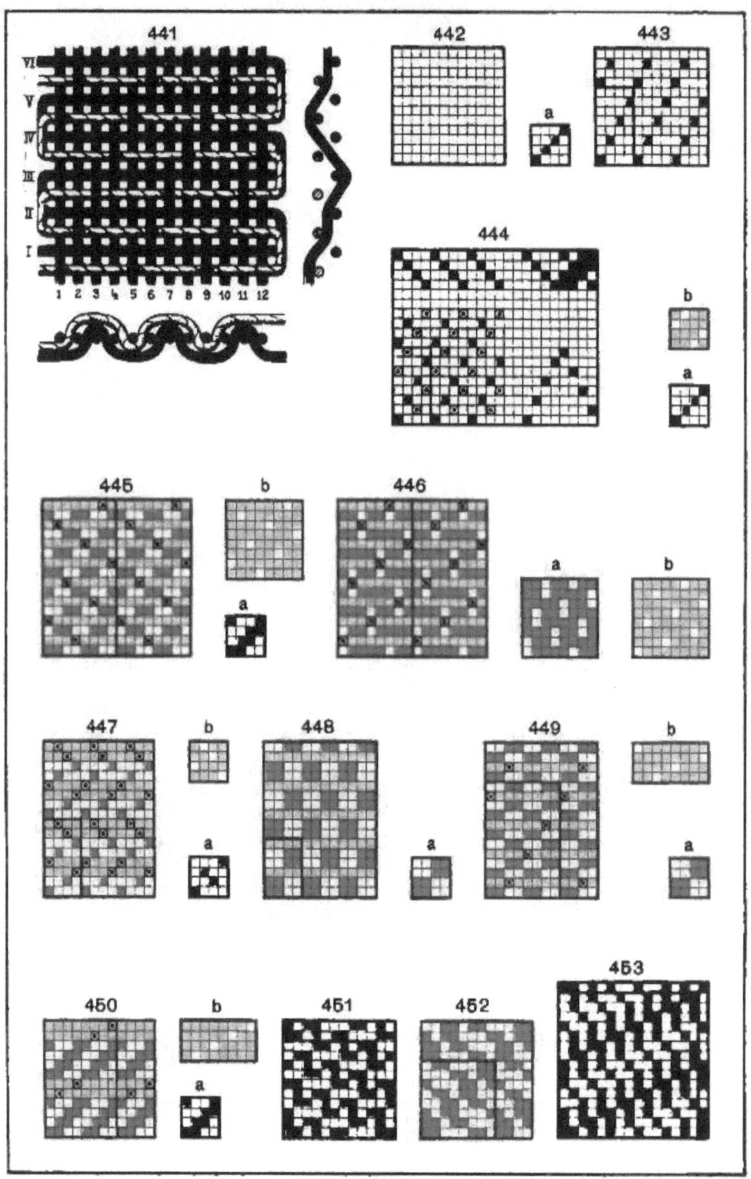

XLVIII.

Zum Unterschiede von Fig. 444 findet man hier für den Oberschuß eine Kettenbindung. Bei näherer Betrachtung findet man aber immer zwei übereinander stehende Schußtupfen, welche die reguläre Anheftung des Unterschusses zulassen.

Fig. 447: Schußdouble 2 : 2 (Gewebe 6, Tafel I).

Oberschuß 4bindiger versetzter Schußköper.

Unterschuß 4bindiger versetzter Kettenköper.

1 Rapport = 4 Ketten- und 8 Schußfäden.

Fig. 449: Schußdouble 2 : 1.

Oberschuß Mattenbindung 2 : 2.

Unterschuß 8schäftig.

1 Rapport = 8 Ketten- und 12 Schußfäden.

Wenn man die Mattenbindung nach der Fig. 448 auf die Oberschüsse bringt, kann man keine Verbindung des Unterschusses vornehmen, da man keine schwarzen Tupfen zwischen Weiß zweier benachbarter Oberschüsse stellen kann. Aus diesem Grunde darf man bei Bindungen, welche entgegengesetzt bindende Schußfäden enthalten (Fig. 121, 204, 209, 210, 242, 243, 375 etc.), den Unterschuß nicht wie bei Fig. 448 zwischen die entgegengesetzt bindenden Schußfäden stellen, sondern letztere zwischen zwei Unterschüssen setzen.

Bei Bindungen außer den Verhältnissen 1 : 1 und 2 : 2 läßt sich auf den Unterschuß meist keine reguläre Bindung setzen, sondern meist nur ein Grat wie bei Fig. 449 anordnen.

Fig. 450: Schußdouble 4 : 2.

Oberschuß 4bindiger zweiseitiger Köper.

Unterschuß 8schäftig.

1 Rapport = 8 Ketten- und 12 Schußfäden.

Um aus der Bindung des Oberschusses die passende Bindung für den Unterschuß zu bestimmen, sucht man auf den Zwischenlinien der Oberschußbindung jene geeigneten Stellen, welche sich zwischen Schußtupfen (Weiß) befinden und markiert diese durch flache Farbtupfen. Bei den Fig. 451—453 wurde die Bindung des Unterschusses durch gelbe, flache Tupfen ersichtlich gemacht. Das Verhältnis des Oberschusses zum Unterschusse ist bei Fig. 451 1 : 1, bei Fig. 452 2 : 1 und bei Fig. 453 3 : 1.

Im allgemeinen kann man aus Schußdoublebindungen dicke, weiche, wollige, schwere, einseitige oder doppelseitige Stoffe erzeugen.

Kettendouble.

Bei diesen Bindungen kommen zwei Ketten- und ein Schußfadensystem in Anwendung. Durch diese Bindweise werden die zwei Kettenfadensysteme im

Gewebe aufeinander liegend angeordnet, so daß dadurch eine dickere, kräftigere Ware entsteht. Das eine Kettenfadensystem, welches nur auf der Oberseite ersichtlich ist, heißt Oberkette, das andere nur auf der Unterseite des Gewebes auftretende Unterkette. Nachdem Ober- und Unterkette einen gemeinsamen Schuß haben, muß man die auf den Schuß zu liegen kommende Unterkette besonders berücksichtigen, damit diese Stellen auf der oberen Gewebeseite nicht ersichtlich sind. Man kann dies nur erreichen, wenn man die Hebung des Unterkettenfadens zwischen zwei gehobene Oberkettenfäden setzt. Durch diese Anordnung wird die Unterkettenfadenhebung von den Oberkettenfadenflottungen eingeschlossen, verdeckt und dadurch dem Auge unsichtbar gemacht. Aus diesem Grunde muß die Bindung der Oberkette Ketteneffekt haben, oder mindestens die zur Verbindung der Unterkette notwendigen zwei Kettentupfen nebeneinander aufweisen. Die Bindung der Unterkette kann die der Oberkette in entgegengesetztem Effekte oder eine andere sein. Im letzteren Falle entspricht die Bindung der Unterkette der aus der Bindung der Oberkette gesuchten vorteilhaften Verheftung und hat denselben Rapport oder ein Vielfaches desselben. Das Verhältnis der Oberkette zur Unterkette ist 1 : 1, 2 : 1, 3 : 1 etc.

Die Fig. 454 versinnbildlicht ein vergrößertes Gewebe, welches aus zwei Kettenfaden- und einem Schußfadensystem besteht. Die roten senkrechten Fäden bedeuten Oberkette, die blauen Unterkette, die wagrechten weißen Fäden Schuß. Betrachtet man die Verflechtung, so findet man, daß die rote Kette mit dem weißen Schusse in 5bindigem Kettenatlasse arbeitet, während die blaue Kette mit dem Schusse in 5bindigem Schußatlasse bindet. Im Gewebe werden die Kettenfäden nicht so nebeneinander liegen wie in der Zeichnung, da sich die blauen Fäden unter die roten Fäden stellen, so daß alle roten Kettenfäden auf der Oberseite, alle blauen Kettenfäden auf der Unterseite des Gewebes aneinander gereiht sind.

Wenn die auf dem Schusse liegenden Unterkettenfäden (Blau) nicht so abbinden, daß sie rechts und links gehobene Oberkette (Rot) haben, so können sich vermöge des eintretenden Widerstandes die Unterkettenfäden nicht unter die Oberkettenfäden anordnen, was eine fehlerhafte Ware bedingt. Denkt man sich z. B. die Bindung der Unterkette in der Fig. 454 um drei Schüsse tiefer eingesetzt, so daß der erste Unterkettenfaden auf dem 1., 6., 11. Schuß liegt, so wird man finden, daß der 1. Unterkettenfaden nicht unter den 1. Oberkettenfaden kann, da die Hebungen der Unterkette auf dem 1., 6. und 11. Schuß dieser Unterstellung Widerstand leisten. Aus den gefundenen Tatsachen ergibt sich die Regel, daß gehobene Unterkettenfäden von gehobenen Oberkettenfäden eingeschlossen werden müssen. Der unter der Fig. 454 dargestellte Querschnitt ergibt die Verbindung des Schusses mit der Ober- und Unterkette. Aus dem

KETTENDOUBLES.

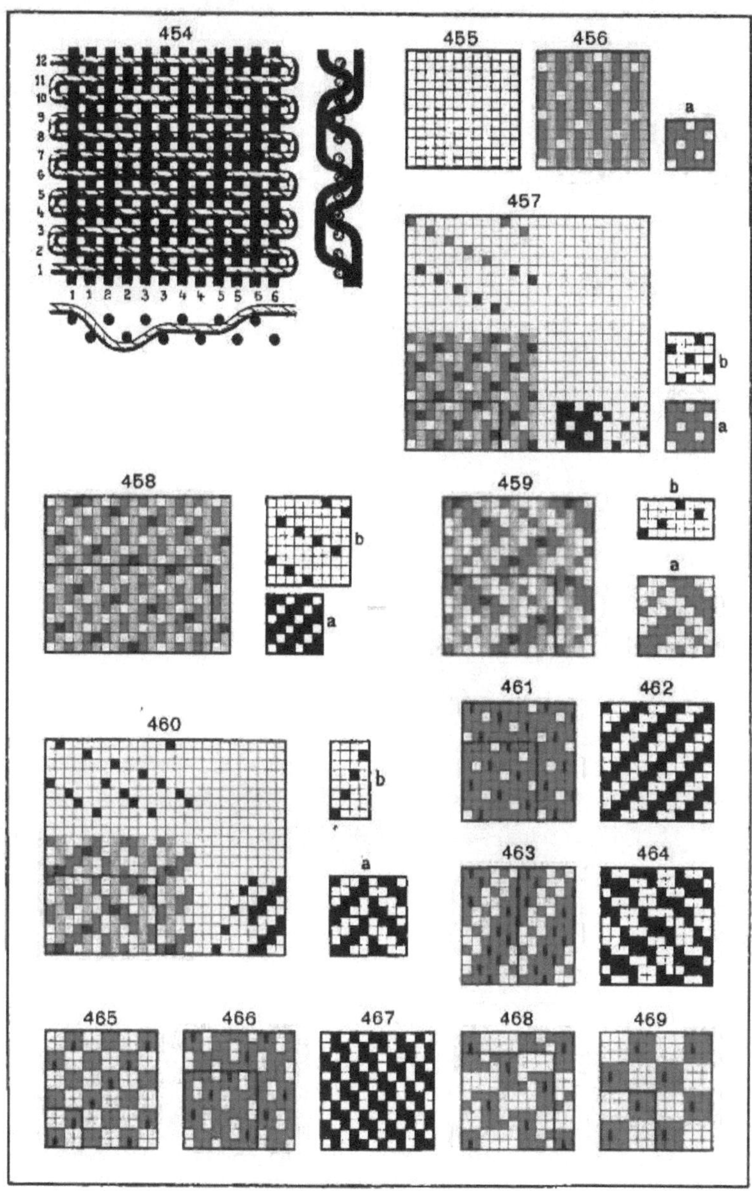

XLIX.

rechts neben der Figur ersichtlichen Längsschnitte ist erkennbar, daß bei genauer Einhaltung der Regel eine Unterstellung des unteren Kettenfadensystemes stattfinden muß und daß die auf dem Schusse liegende Unterkette auf der oberen Warenseite unsichtbar ist.

Um diese Bindweise auf Tupfpapier zu bringen, verfährt man folgend:

1. Man bestimmt nach Fig. 455 durch Vorstreichen der Unterkettenfäden mit gelber Farbe die Aufeinanderfolge der Ober- und Unterkette auf der Bindungsfläche.

2. Man tupft auf die weißen Kettenfäden der Bindungsfläche mit roter Farbe die Bindung der Oberkette. Auf diese Weise entsteht aus der vorgestrichenen Bindungsfläche Fig. 455 und der Bindung *a* die Fig. 456.

3. Man tupft auf die gelben Kettenfäden die Bindung der Unterware mit blauer Farbe. Beim Einsetzen dieser Bindung ist zu beachten, daß jeder Unterkettenfadentupfen zwischen zwei benachbarte Oberkettenfadentupfen gesetzt wird. Auf diese Weise entsteht aus Fig. 456 und Bindung *b* die Fig. 457.

4. Die roten und blauen Tupfen entsprechen gehobener Kette, bedeuten deshalb Schafthebung.

Fig. 457: Kettendouble 1 : 1.
Oberkette 5bindiger Kettenatlas.
Unterkette 5bindiger Schußatlas.
1 Rapport = 10 Ketten- und 5 Schußfäden.

Fig. 458: Kettendouble 1 : 1.
Oberkette 3bindiger Kettenköper.
Unterkette 9bindiger Schußatlas.
1 Rapport = 18 Ketten- und 9 Schußfäden. Nachdem man den 3bindigen Kettenköper mit 3 Schäften und dem 9bindigen Atlas mit 9 Schäften weben kann, braucht man bei reduzierender Einzugsweise 3 + 9 = 12 Schäfte.

Fig. 459: Kettendouble 2 : 1.
Oberkette 8bindiger Krepp.
Unterkette 8schäftig.
1 Rapport = 12 Ketten- und 8 Schußfäden.

Fig. 460: Kettendouble 2 : 1.
Oberkette versetzter zweiseitiger Köper.
Unterkette 4schäftig.
1 Rapport = 12 Ketten- und 8 Schußfäden.

Bei Bindungen mit entgegengesetzt bindenden Kettenfäden, wie dies bei der Bindung 460 *b*, die Kettenfäden 1, 8, beziehungsweise 4, 5 sind, darf der Unterkettenfaden die entgegengesetzt bindenden Fäden nicht trennen, da sonst eine Verheftung unmöglich ist.

Wie bei den Schußdoubles kann man bei den Kettendoubles eine Versinnbildlichung der Unterbindung auf der Oberbindung vornehmen. Bei den Fig. 461—469 ist die Bindung der Unterkette durch schmale blaue Tupfen zwischen den Kettenfäden der Oberkettenbindung angegeben. Bei den Fig. 461—464 ist das Verhältnis der Oberkette zur Unterkette 1 : 1, bei den Fig. 465—468 2 : 1 und bei Fig. 469 3 : 1.

Durch die Kettendoublebindungen bekommt man verstärkte einseitig- oder zweiseitig verwendbare Waren. Die erste Manier findet bei Anzugsstoffen, die zweite bei seidenen Bändern, Schirmstoffen etc. vielfache Anwendung.

Kettendouble-Imitationen.

Durch diese Bindungen will man Gewebe, welche aus zwei Ketten- und einem Schußfadensysteme bestehen, durch eine Kette und einen Schuß nachbilden. Nimmt man bei Querrips, Fig. 731, schrägem Rips, Fig. 334—339, oder verstärktem Atlas, Fig. 150—153, eine sehr dichte Kette, so wird man Waren erhalten, welche wie Kettendoublegewebe auf beiden Gewebeseiten Ketteneffekt liefern. Während bei Ripsen die Kettenflottungen auf beiden Gewebeseiten gleich lang sind, werden dieselben bei den Fig. 151—153 auf der Oberseite kürzer als auf der Unterseite ausfallen. Ähnliche Effekte kann man aus Köper, Atlas, Diagonal und Kreppbindungen mit Atlasgrundlage erzielen, wenn man die Bindungen einer entsprechenden Bearbeitung unterzieht. Zu diesem Zwecke wird der im Rapporte der Grundbindung befindliche Kettengrat im neuen Muster fadenweise angeordnet und 2- oder 3mal atlasartig versetzt. Verdoppelt werden die Grate, wenn die Übertragung vom Kettengrate der Grundbindung auf das neue Muster im Verhältnisse 1 : 1 erfolgt, verdreifacht, wenn dies 2 : 1 geschieht. Die Rapporte der neuen Muster sollten demgemäß auch 2-, beziehungsweise 3mal größer werden als die der Grundbindungen. Da aber die 1 : 1 oder 2 : 1 gesetzten Grate in diesem Raume keinen Anschluß finden, ist je nach der Steigung des Grates eine Vermehrung, beziehungsweise Verminderung von 1, 2, 3 etc. Fäden notwendig. Folgende Aufstellung gibt Aufschluß über die Bestimmung des Rapportes aus Köper, Atlas, Diagonal und Krepp.

Rapportbestimmung bei Verhältnissen 1 : 1.

1. Köper.
   a) Bindungsrapport × 2 + 1.
   b) » × 2 — 1.
2. Atlas, Diagonal, Krepp 2er Steigung.
   a) Bindungsrapport × 2 + 2.
   b) » × 2 — 2.

3. Atlas, Diagonal, Krepp 3er Steigung.
   a) Bindungsrapport × 2 + 3.
   b) » × 2 — 3.
4. Atlas, Diagonal, Krepp 4er Steigung.
   a) Bindungsrapport × 2 + 4.
   b) » × 2 — 4 usw.

Rapportbestimmung bei Verhältnissen 2 : 1.

1. Köper.
   a) Bindungsrapport × 3 + 1.
   b) » × 3 — 1.
2. Atlas, Diagonal, Krepp 2er Steigung.
   a) Bindungsrapport × 3 + 2.
   b) » × 3 — 2.
3. Atlas, Diagonal, Krepp 3er Steigung.
   a) Bindungsrapport × 3 + 3.
   b) » × 3 — 3 usw.

Bevor ein Muster entwickelt wird, begrenzt man auf dem Tupfpapiere den Rapport nach den soeben erklärten Grundlagen. Nach der Rapportbestimmung verfährt man folgend:

I. Bei Köper im Verhältnisse 1 : 1.

Man tupft den Kettengrat des Köpers auf die ungeraden Kettenfäden der Bindungsfläche und rapportiert den Grat immer der Breite nach auf die bestimmte Fadenzahl.

II. Bei Köper im Verhältnisse 2 : 1.

Man tupft den Kettengrat des Köpers auf dem 1., 2., 4., 5., 7., 8. etc. Kettenfaden der Bindungsfläche und wiederholt diesen Grat im Anschlusse des Rapportes 3mal, d. h. man rapportiert vom 1. Grat nach links, vom 2. nach unten und vom 3. nach links.

III. Bei Atlas, Diagonal, Krepp 1 : 1.

a) Man setzt den Atlasgrat der Grundbindung auf die ungeraden Kettenfäden der Bindungsfläche.

b) Man bildet aus dem Grate einen sovielbindigen Schußatlas, als der Rapport des zu bildenden Musters angibt. Die Steigung vom 1. Grate zu den folgenden wird gefunden, wenn man vom Bindungsrapporte der neuen Bindung die Steigung des 1. Grates abzieht und die Summe durch zwei teilt.

c) Man setzt an jedem Atlastupfen soviel Tupfen nach oben an, als der Bindungsgrat der Grundbindung angibt.

IV. Bei Atlas, Diagonal, Krepp 2 : 1.

a) Man setzt den Atlasgrat der Grundbindung auf den 1., 2., 4., 5., 7., 8. etc. Kettenfaden der Bindungsfläche.

b) Man bildet aus dem Grate einen sovielbindigen Schußatlas, als der Rapport Fäden haben soll.

Zur Bestimmung der zweiten Steigungszahl, welche zum Entwickeln des Atlasses notwendig ist, rapportiert man den getupften Grat in der Höhe und setzt zwischen beiden Graten zwei nach links oder nach rechts laufende, gleichmäßig voneinander entfernt stehende Tupfen. Die näheren Details sind bei den Fig. 494 und 496 erklärt.

Fig. 470: 3bindiger Kettenköper.

Fig. 471: Kettendouble-Imitation 1 : 1, *a*, aus Fig. 470.

Rapportzahl: $3 \times 2 + 1 = 7$.

Der Köpergrat wird auf die ungeraden Kettenfäden getupft und durch fortgesetztes Wiederholen auf 7 Kettenfäden die Bindung entwickelt.

Fig. 472: Kettendouble-Imitation 1 : 1, *b*, aus Fig. 470.

Rapportzahl: $3 \times 2 - 1 = 5$.

Der Köpergrat wird 1 : 1 getupft und auf 5 Kettenfäden wiederholt.

Fig. 473: 4bindiger zweiseitiger Köper.

Fig. 474: Kettendouble-Imitation 1 : 1, *a*, aus Fig. 473.

Rapportzahl: $4 \times 2 + 1 = 9$.

Der Köpergrat wird auf die ungeraden Kettenfäden getupft und durch fortgesetztes Wiederholen auf 9 Kettenfäden die Bindung gebildet.

Fig. 475: Kettendouble-Imitation 1 : 1, *b*, aus Fig. 473.

Rapportzahl: $4 \times 2 - 1 = 7$.

Der Köpergrat wird 1 : 1 getupft und auf 7 Kettenfäden wiederholt.

Fig. 476: 4bindiger zweiseitiger Köper.

Fig. 477: Kettendouble-Imitation 2 : 1, *a*, aus Fig. 476.

Rapportzahl: $4 \times 3 + 1 = 13$.

Der Köpergrat wird auf den 1., 2., 4., 5., 7., 8. etc. Kettenfaden getupft und dieser Grat im Rapporte durch fortgesetzten Anschluß 3mal gesetzt. Der 1. Grat wird nach links, der daraus entstandene 2. Grat nach unten und der aus dem 2. Grat entstandene 3. Grat nach links, immer auf 13 Fäden wiederholt.

Fig. 478: Kettendouble-Imitation 2 : 1, *b*, aus Fig. 476.

Rapportzahl: $4 \times 3 - 1 = 11$.

Fig. 479: 6bindiger zweiseitiger Köper.

Fig. 480: Kettendouble-Imitation 2 : 1, *a*, aus Fig. 479.

Rapportzahl: $6 \times 3 + 1 = 19$.

Fig. 481: Kettendouble-Imitation 2 : 1, *b*, aus Fig. 479.
Rapportzahl: $6 \times 3 - 1 = 17$.

Fig. 482: 5bindiger verstärkter Atlas 2er Steigung.

Fig. 483: Kettendouble-Imitation 1 : 1, *a*.
Rapportzahl: $5 \times 2 + 2 = 12$.

Der Atlasgrat von Fig. 482 (schwarze Typen) wird auf die ungeraden Kettenfäden getupft und daraus der 12bindige Schußatlas gebildet. Die dazu notwendige, mit Ringtype versehene zweite Steigungszahl ist $\frac{12 - 2}{2} = 5$. Die Atlastupfen werden nach den Tupfen der Fig. 482 verstärkt.

Fig. 484: Kettendouble-Imitation 1 : 1, *b*.
Rapportzahl: $5 \times 2 - 2 = 8$.

Der Atlasgrat von Fig. 482 wird auf die ungeraden Kettenfäden getupft und daraus mit Hilfe der zweiten Steigungszahl 3 $\left(\frac{8 - 2}{2} = 3\right)$ der 8bindige Schußatlas gebildet. Die Tupfen des Atlasses werden nach der Fig. 482 verstärkt.

Fig. 485: 9bindiger Diagonal 2er Steigung.

Fig. 486: Kettendouble-Imitation 1 : 1, *a*, aus Fig. 485.
Rapportzahl: $9 \times 2 + 2 = 20$.

Die zweite Steigungszahl $= \frac{20 - 2}{2} = 9$.

Fig. 487: Kettendouble-Imitation 1 : 1, *b*, aus Fig. 485.
Rapportzahl: $9 \times 2 - 2 = 16$.

Die zweite Steigungszahl $= \frac{16 - 2}{2} = 7$.

Fig. 488: 8bindiger verstärkter Atlas 3er Steigung.

Fig. 489: Kettendouble-Imitation 1 : 1, *a*, aus Fig. 488.
Rapportzahl: $8 \times 2 + 3 = 19$.

Die zweite Steigungszahl $= \frac{19 - 3}{2} = 8$.

Fig. 490: Kettendouble-Imitation 1 : 1, *b*, aus Fig. 488.
Rapportzahl: $8 \times 2 - 3 = 13$.

Die zweite Steigungszahl $= \frac{13 - 3}{2} = 5$.

Fig. 491: 10bindiger Krepp 2er Steigung.

Fig. 492: Kettendouble-Imitation 1 : 1, *a*.
Rapportzahl: $10 \times 2 + 3 = 23$.

Der schwarz getupfte Atlasgrat von Fig. 491 wird auf die ungeraden Kettenfäden getupft und mit Hilfe der zweiten Steigungszahl $= \frac{23 - 3}{2} = 10$ der 23bindige Schußatlas gebildet. Die über den Atlastupfen gesetzten Bindpunkte entsprechen genau den Tupfen über den schwarzen Tupfen der Fig 491.

Fig. 493: Kettendouble-Imitation 1 : 1, *b*, aus Fig. 491.

Rapportzahl: $10 \times 2 - 3 = 17$.

Die zweite Steigungszahl $= \frac{17 - 3}{2} = 7$.

Fig. 494: Kettendouble-Imitation 2 : 1, *a*, aus Fig. 491.

Rapportzahl: $10 \times 3 + 3 = 33$.

Der schwarze Atlasgrat der Fig. 491 wird auf den Kettenfäden 1, 2, 4, 5, 7, 8, usw. getupft und mit Hilfe der zweiten Steigungszahl der 33bindige Schußatlas gesetzt. Zur Bestimmung der zweiten Steigungszahl rapportiert man den schwarzen Grat in der Höhe und setzt zwischen den letzten Tupfen im Rapporte und den ersten Tupfen über dem Rapporte (Pfeilrichtung) auf die zwei leeren Schüsse zwei gleichmäßig voneinander entfernt stehende, von rechts nach links laufende Tupfen. Die über den Atlastupfen befindlichen Bindpunkte entsprechen genau den Tupfen, welche über den schwarzen Atlastupfen der Fig. 491 stehen.

Fig. 495: Kettendouble-Imitation 2 : 1, *b*.

Rapportzahl: $10 \times 3 - 3 = 27$.

Die Bestimmung der zweiten Steigungszahl erfolgte nach der bei Fig. 494 angegebenen Regel. Die Verstärkung der Atlastupfen nach Fig. 491.

Fig. 496: Kettendouble-Imitation 2 : 1, *b*, aus Fig. 491.

Rapportzahl: $10 \times 3 - 3 = 27$.

Bei dieser Musterung wurde die Steigungszahl auf folgende Weise ermittelt: Man rapportiert den schwarzen Grat in der Höhe, verlängert den ersten um zwei Tupfen und setzt zwischen den ersten Tupfen des zweiten Grates und den letzten Tupfen des verlängerten Grates auf die zwei leeren Schußlinien (Pfeilrichtung) zwei gleichmäßig voneinander entfernt stehende, von links nach rechts laufende Tupfen. (Diese Anordnung ist bei Fig. 494 nicht möglich, da dadurch die Tupfen aller Grate gleiche Anordnung hätten, wodurch die Kettenfäden 3, 6, 9 etc. ohne Bindung wären.)

Schußdouble-Imitationen.

Aus diesen erhält man Gewebe, welche ähnlich den Längsripsen (Fig. 75) und schrägen Ripsen (Fig. 340—342) auf beiden Gewebseiten Schußeffekt liefern. Dreht man die Kettendouble-Imitations-Bindungen um ein Viertel und

KETTENDOUBLE-IMITATIONEN.

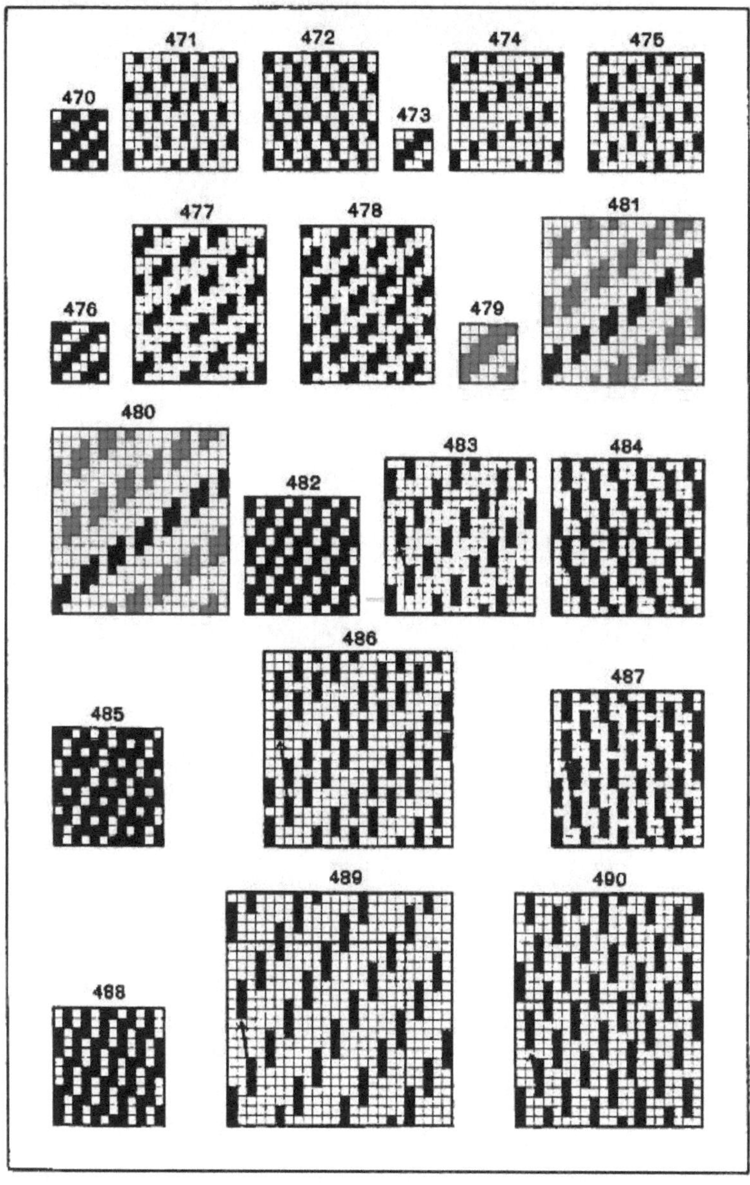

L.

KETTENDOUBLE-IMITATIONEN.

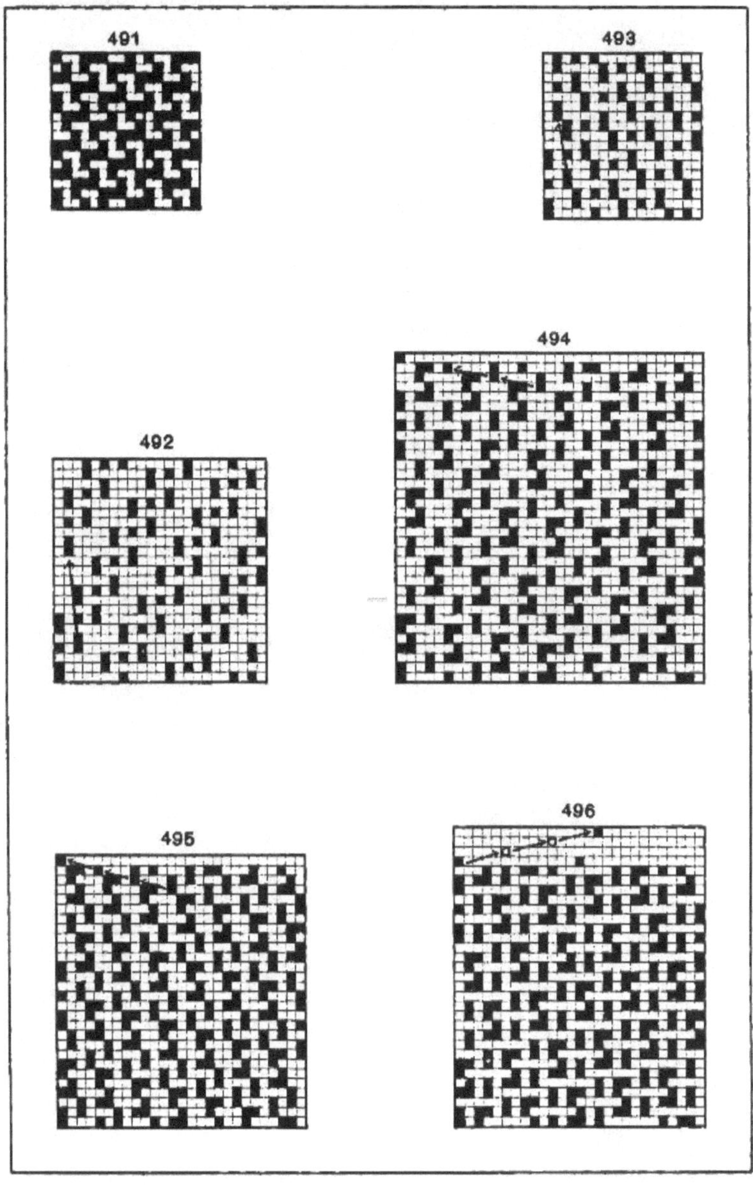

LI.

nimmt man Weiß als Kette, Rot als Schuß an, so bekommt man Schußdouble-Imitations-Bindungen. Diese Gewebe müssen selbstverständlich mit großer Schußdichte gewebt werden.

Schußtriple.

Diese Bindungen bestehen aus einem Ketten- und drei Schußfadensystemen. Durch die Bindweise werden die Schußfadensysteme untereinander liegend angeordnet, so daß das erste nur auf der Oberseite des Gewebes, das zweite nur in der Mitte und das dritte auf der Unterseite auftritt. Aus diesem Grunde unterscheidet man Ober-, Mittel- und Unterschuß. Damit sich die Schüsse im Gewebe untereinander stellen können, muß der Mittelschuß rückwärts größere Schußflottungen als der Oberschuß und der Unterschuß wieder größere Schußflottungen als der Mittelschuß haben. Auch muß die Einsetzung der Bindung des Mittel- und Unterschusses so erfolgen, daß die obenliegende Mittel- und Unterschußstelle von dem darüber liegenden Schusse gedeckt wird, wie dies bei den Schußdoubles Regel war. Man wird deshalb immer erst aus Oberschuß und Mittelschuß ein Schußdouble und aus dem Schußdouble durch Beifügen des dritten Schußfadensystemes ein Schußtriple bilden.

Fig. 497: Schußdouble 1 : 1.

Oberschuß 4bindiger zweiseitiger Köper *a*.

Unterschuß 4bindiger Kettenköper *b*.

Fig. 498: Schußtriple.

Die Schußdoublebindung Fig. 497 wurde durch einen in 8bindigem Atlas bindenden Unterschuß verstärkt. Rot und Gelb gilt als ausgehobene Kette.

1 Rapport = 8 Ketten- und 24 Schußfäden.

Kettentriple.

Drei Kettenfadensysteme sind so mit einem gemeinsamen Schusse verbunden, daß im Gewebe das erste Kettenfadensystem nur auf der Oberseite, das zweite nur in der Mitte und das dritte nur auf der Unterseite ersichtlich ist. Man unterscheidet demgemäß Ober-, Mittel- und Unterkette. Damit ein Unterstellen der drei Kettenfadensysteme erfolgt, muß die Mittelkette rückwärts größere Flottungen haben als die Oberkette und die Unterkette wieder größere als die Mittelkette. Man stellt zuerst aus Oberkette und Mittelkette ein Kettendouble nach den bekannten Gesetzen zusammen und fügt diesem nach denselben Regeln das dritte Kettenfadensystem bei.

Fig. 499: Kettendouble 1 : 1.

Oberkette 4bindiger zweiseitiger Köper, *a*.

Unterkette 4bindiger Schußköper, *b*.

Fig. 500: Kettentriple.

Die Kettendoublebindung Fig. 499 wurde durch eine in 8bindigem Schußatlas bindende Unterkette verstärkt. Das rot, blau und grün Getupfte entspricht gehobener Kette.

1 Rapport = 24 Ketten- und 8 Schußfäden. Aus dem Längsschnitte Fig. 501 ist die Arbeitsweise der drei Ketten deutlich erkennbar.

Füllfäden.

Unter diesen versteht man ein Fadensystem, welches zum Ausfüllen eines einfachen oder verstärkten Gewebes dient. Das Füllfadensystem soll auf der Ober- und Unterseite des Gewebes nicht ersichtlich sein. Wird die Ausfüllung durch eine Kette besorgt, so heißt man diese Füllkette, verwendet man dazu ein Schußfadensystem, so nennt man dies Füllschuß.

Füllschuß.

Um ein einfaches Gewebe durch ein Schußfadensystem dichter zu machen, muß man Bindungen mit Schußeffekt wählen. Damit der Füllschuß nicht auf der Oberseite des Gewebes ersichtlich ist, muß er von den Flottungen der Grundschusses verdeckt werden. Man erreicht dies, wenn man den Füllschuß nur dort einbinden läßt, wo der Oberschuß einbindet.

Fig. 502: 8bindiger Schußatlas mit Füllschuß.

Der Füllschuß ist mit gelber Farbe vorgestrichen. Auf die weißen Schußlinien ist 8bindiger Schußatlas *a* mit Rot getupft und die Abbindung des Füllschusses nach aufgestellter Regel mit Blau vorgenommen. Die roten und blauen Tupfen ergeben gehobene Kette.

1 Rapport = 8 Ketten- und 16 Schußfäden.

Mehr als bei einfachen Geweben kommt Füllschuß bei verstärkten in Anwendung, da er sich bei diesen viel besser unterbringen läßt.

Fig. 504: Kettendouble mit Füllschuß.

Das Verhältnis der Kettenfäden ist 1 Ober-, 1 Unterfaden, das der Schußfäden 2 Grund-, 1 Füllschuß. Die Bindung der Oberkette ist 3bindiger Kettenköper *a*, die der Unterkette 3schäftig köperartig *b*. Zur Ausführung der Bindung bestimmt man die Aufeinanderfolge der Oberkettenfäden zu den Unterkettenfäden durch Vorstreichen der letzteren mit gelber Farbe. Der Füllschuß wird bei Kettendoubles zwischen Ober- und Unterkette gelegt, weshalb er im Gewebe vollständig dem Auge unsichtbar wird. Um dies zu erreichen, wird beim Eintragen des Füllschusses die ganze Oberkette ausgehoben und die Unterkette liegen gelassen. Zu diesem Zwecke tupft man nach Fig. 503 auf dem Füllschuß die Oberkette zum Heben mit schwarzer Farbe. Auf die

SCHUSS- UND KETTENTRIPLES.

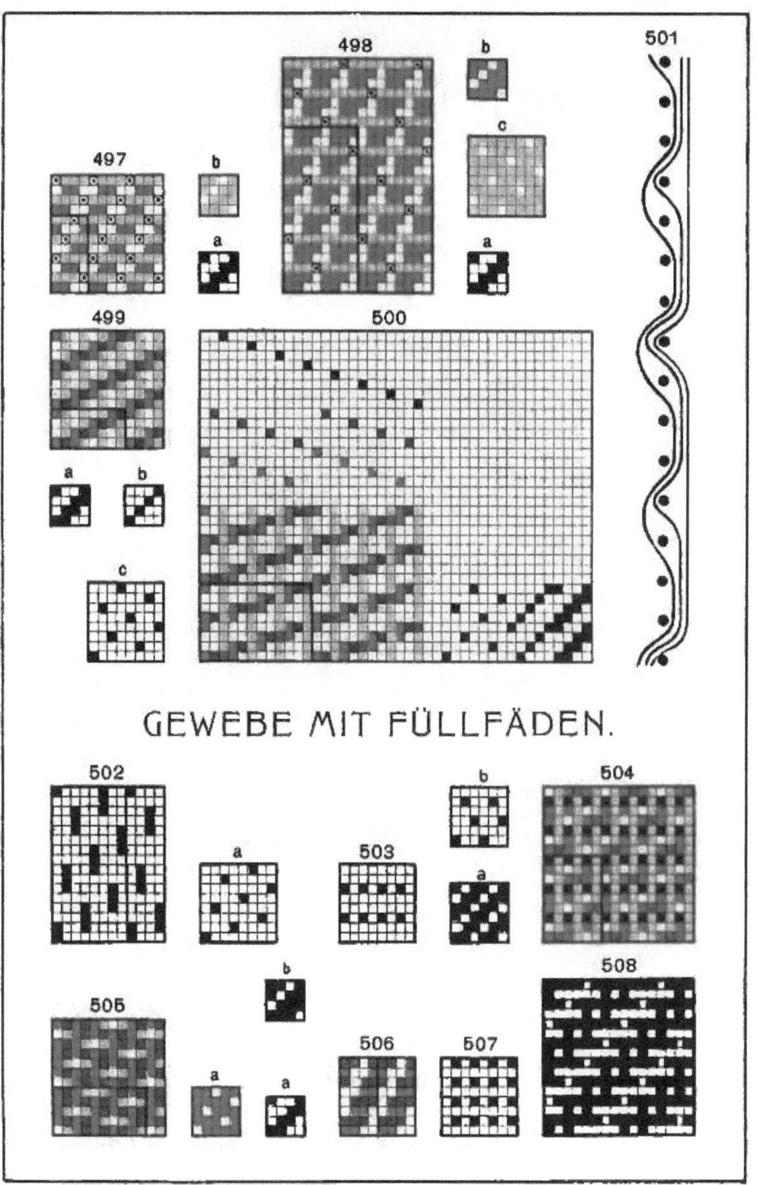

GEWEBE MIT FÜLLFÄDEN.

LII.

weißen Quadrate dieser Bindungsfläche wird die Bindung der Oberkette mit roter Farbe getupft und die gelben Unterkettenfäden nach *b* so mit den Grundschüssen verbunden, daß die grünen Tupfen rechts und links rote Tupfen der Oberkette haben. Das rot, schwarz und grün Getupfte gilt als gehobene Kette.

1 Rapport = 6 Ketten- und 9 Schußfäden.

Füllkette.

Bei dieser Anordnung muß man bei einfachen Geweben die Bindung in Ketteneffekt wählen. Die Füllkette wird nur dort gehoben, wo sie rechts und links gehobene Grundkette hat, damit sie von den Flottungen der letzteren verdeckt wird.

Fig. 505: 5bindiger Kettenatlas mit Füllkette.

Zur Bestimmung der Aufeinanderfolge der Grundkettenfäden zu den Füllkettenfäden werden die letzteren mit gelber Farbe vorgestrichen. Auf die weißen Kettenfäden wird der 5bindige Kettenatlas *a* mit Rot getupft und die Aushebung der Füllkette nach angeführter Methode mit Blau ausgeführt.

1 Rapport = 10 Ketten- und 5 Schußfäden.

Füllkette findet auch vielfache Verwendung bei verstärkten Geweben und wurde bei dem Kapitel »Struck« schon erwähnt.

Fig. 506: Schußdouble 1 : 1.

Oberschuß 4bindiger zweiseitiger Köper *a*. Unterschuß 4bindiger Kettenköper *b*.

Dieser Schußdouble soll mit einer Füllkette im Verhältnisse 1 : 1 versehen werden. Zur Bestimmung der Schußfolge streicht man die Unterschüsse mit gelber Farbe an. Die Füllkette befindet sich zwischen den Ober- und Unterschüssen, wird also dem Auge vollständig unsichtbar gemacht. Zu diesem Zwecke wird beim Eintragen des Oberschusses die gesamte Füllkette liegen bleiben, während diese beim Eintragen des Unterschusses gehoben werden muß. Die Aushebung der Füllkette mit schwarzer Farbe hat demgemäß nach Fig. 507 zu erfolgen. Die roten Tupfen der Fig. 506 werden mit roter Farbe auf die Kreuzungsquadrate der ungeraden Ketten- und ungeraden Schußfäden (Oberschuß), die blauen Tupfen auf die ungeraden Ketten- und geraden Schußfäden (Unterschuß) der Fig. 507 übertragen, wonach die Bindung Fig. 508 entsteht. Das rot, blau und schwarz Getupfte entspricht gehobener Kette. Selbstverständlich wird die Füllkette, da sie fast gar keine Einarbeitung hat, auf einen besonderen Kettenbaum kommen müssen.

1 Rapport = 8 Ketten- und 8 Schußfäden.

Hohl-, Schlauch- oder Dochtgewebe.

Diese durch das Gewebe Fig. 7 illustrierte Bindungsart dient zur Erzeugung von Schläuchen, Lampendochten, Säcken, Walzenüberzügen, Schlipsen usw. Um ein Schlauchgewebe herzustellen, webt man zwei Waren übereinander und verbindet diese seitlich durch das gemeinsame Schußfadensystem. Die Fig. 509—512 sollen die Entstehung dieser Warengattung erklären. Die Fig. 509 besteht aus einem roten und blauen Ketten- und einem roten und einem blauen Schußfadensysteme.

Der erste von links nach rechts eingetragene rote Schuß verbindet sich mit der roten Kette in Taft, während die blaue Kette liegen bleibt.

Der erste von links nach rechts eingetragene blaue Schuß verbindet sich mit der blauen Kette in Taft, während die rote Kette ausgehoben ist. Aus diesen Bewegungen ist erklärlich, daß der erste blaue Schuß sich nicht neben dem ersten roten Schuß, sondern unter den letzteren und die rote Kette legen muß.

Der zweite von rechts nach links eingelegte rote Schuß arbeitet mit der roten Kette in Taft, während wieder die blaue Kette liegen bleibt. Es kann deshalb kein Anschluß an den ersten blauen Schuß stattfinden, da er sich über diesen und die ganze blaue Kette an den ersten roten Schuß anreiht.

Der zweite von rechts nach links eingetragene blaue Schuß arbeitet mit der blauen Kette in Taft, während die ganze rote Kette ausgehoben ist. Dieser Schuß hat keine Gemeinschaft mit dem ersten und zweiten roten Schusse, sondern reiht sich, unter diesen und der roten Kette liegend, an den ersten blauen Schuß.

Auf diese Weise liefern die roten Ketten- mit den roten Schußfäden und die blauen Kettenfäden mit den blauen Schußfäden zwei selbständige übereinander angeordnete Gewebe.

Trägt man aber die beiden Schußfadensysteme nach Fig. 511 mit einem Schützen ein, so muß eine seitliche Verbindung der Gewebe stattfinden, da der Schützen abwechselnd das Fach der Oberware und der Unterware durchläuft.

Im ersteren Falle ist auf die Fadenzahl der Kette, ob gerade oder ungerade etc., keine Rücksicht zu nehmen, wohl aber im letzteren Falle. Beim Zusammenstellen von Schlauchbindungen ist auf den Anschluß der Ober- und Unterware beim Warenwechsel besonders Rücksicht zu nehmen, damit keine Bindungsfehler entstehen. Um die Fadenzahl zu finden, mit welcher ein Hohlgewebe ordnungsgemäß gewebt werden kann, bildet man nach den Fig. 512, 514—516 Querschnitte der Ware. Zu diesem Zwecke zeichnet man eine gewisse Anzahl Ober- und Unterkettenfäden (rote und blaue Kreise) und

HOHL- ODER SCHLAUCHGEWEBE.

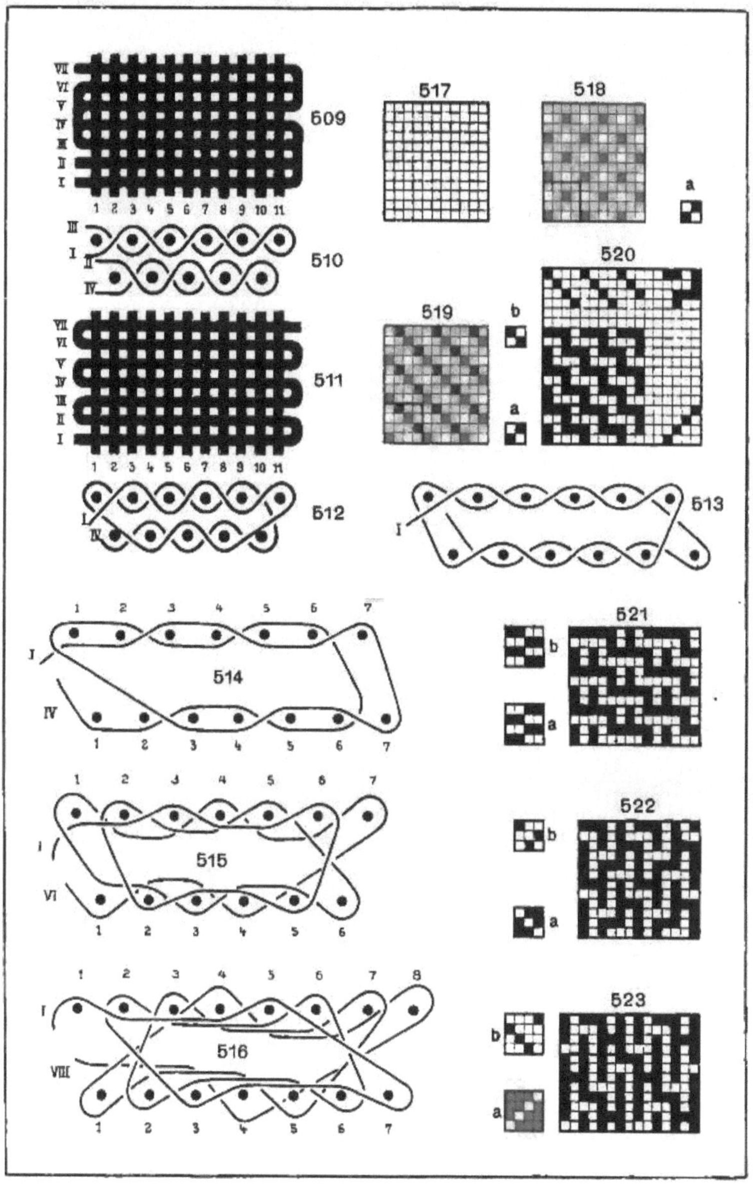

LIII

umlegt diese ordnungsgemaß mit dem Schusse. Findet beim Rapportwechsel ein genauer Anschluß statt, so war die Fadenzahl gut gewählt. Ist der Anschluß aber nicht vorhanden, so muß man Fäden zugeben oder wegnehmen und so lange versuchen, bis der ordnungsgemäße Anschluß beim Rapportwechsel stattfindet. Aus den Querschnitten Fig. 512, 514—516 findet man, daß bei Taftbindung die Kettenfadenzahl eine ungerade sein muß und daß bei Längsrips 2 : 2 die Fadenzahl $4 \times x + 2$, bei 3bindigem Köper $3 \times x + 1$, bei 4bindigem Kettenköper $4 \times x + 7$ sein muß, wenn der Schützenwurf von links nach rechts beginnt. Die Fig. 513 zeigt eine gerade Kettenfadenzahl bei Taftbindung und ist daraus ersichtlich, daß sich eine tadellose Umlegung des Schusses nicht vornehmen läßt, da auf der linken Seite immer zwei gleichbindende Kettenfäden zusammenkommen.

Um die Bindweise der Querschnitte Fig. 512, 514—516 auf das Tupfpapier zu bringen, sucht man zuerst die Bindungseinsätze der Ober- und Unterware. Auf den 1. Oberschuß des Querschnittes Fig. 512 sind alle ungeraden Oberkettenfäden gehoben, während auf dem 2. Oberschuß alle geraden Oberkettenfäden oben liegen. Die Leinwandbindung der Oberware beginnt deshalb nach *a* Fig. 518. Auf den 1. Unterschuß sind alle geraden Unterkettenfäden gehoben, während beim 2. Unterschusse alle ungeraden Unterkettenfäden oben liegen. Die Leinwandbindung der Unterware beginnt demnach nach *b* Fig. 519.

Fig. 520: Tafthohlstoffbindung.

Um aus der Bindung der Ober- und Unterware *a* und *b* die Bindung des Hohlgewebes zu entwickeln, verfährt man folgend:

1. Man bestimmt nach Fig. 517 die Aufeinanderfolge der einzelnen Fadensysteme durch Vorstreichen der Unterketten- und Unterschußfäden mit gelber Farbe. Durch die Kreuzung der weißen Kettenfäden (Oberkette) mit den weißen Schüssen (Oberschuß) entstehen weiße Quadrate, welche vereinigt die Bindungsfläche der Oberware bilden. Durch die Kreuzung der gelben Kettenfäden (Unterkette) mit den gelben Schüssen (Unterschuß) entstehen gelbe Kreuzungsquadrate, deren Gesamtheit die Bindungsfläche der Unterware ergibt.

2. Man setzt auf die weißen Quadrate der Fig. 517 die Bindung der Oberware, d. i. Leinwand *a*, mit roter Farbe. Auf diese Weise entsteht aus der Fig. 517 die Fig. 518.

3. Man tupft auf die gelben Kreuzungsquadrate die Kettenbindpunkte der Unterware, d. i. Leinwand *b*, mit blauer Farbe. Auf diese Weise entsteht aus der Fig. 518 die Fig. 519.

4. Durch diese Übertragung ist jedoch die Bindweise noch nicht fertig, da wenn man nach Fig. 519 Rot und Blau als gehobene Kette betrachtet,

beim Weben ein einfaches Gewebe aus 4bindigem Schußköper entstehen würde. Um zwei Gewebe übereinander zu erhalten, muß man auf die Unterschüsse (2, 4, 6 etc.) die Oberkettenfäden (1, 3, 5 etc.) ausheben, was durch schwarze Tupfen ersichtlich gemacht wird. Auf diese Weise entsteht aus der Fig. 519 die Fig. 520.

5. Beim Anschnüren, beziehungsweise Kartenstanzen gilt das rot, blau und schwarz Getupfte als gehobene Kette.

1 Rapport = 4 Ketten- und 4 Schußfäden = 4 Schäfte und 4 Tritte.

Fig. 521: Hohlgewebebindung aus Längsrips 2 : 2 (Fig. 514).

1 Rapport = 8 Ketten- und 4 Schußfäden.

Trägt man den Schuß doppelt ein, so wird aus der Längsripsbindung Mattenbindung 2 : 2.

Fig. 522: Hohlgewebebindung aus 3bindigem Kettenköper (Fig. 515).

1 Rapport = 6 Ketten- und 6 Schußfäden.

Fig. 523: Hohlgewebebindung aus 4bindigem Kettenköper (Fig. 516).

1 Rapport = 8 Ketten- und 8 Schußfäden.

Bei der Fig. 522 und Fig. 523 ist beim Einsatz der Unterware zu beachten, daß der Effekt wechselt und daß auch die Gratrichtung sich ändert. Die Querschnitte geben darüber genügenden Aufschluß.

Das Weben von Säcken erfolgt der Länge oder der Breite nach.

Im ersteren Falle wird das Zumachen des Bodens auf dem Webstuhle dadurch erzielt, daß man beim Sackende nicht doppelte, sondern einfache Bindung webt, Fig. 524. Beim Weben der Breite nach wird die Tiefe des Sackes der Breite der Kette entsprechen, während der Schluß zu beiden Seiten durch glatte Bindung gebildet wird. Damit nun auf der einen Seite Boden, d. i. geschlossener Sack, auf der anderen Seite offener Sack entsteht, wird der Schuß zweimal durch die Oberkette, dann zweimal durch die Unterkette eingetragen, Fig. 525. Interessant ist auch die Bildung von Matratzen »ohne Naht mit eingewebtem Schlitz«, wie solche im Jahre 1882 vom Autor erfunden und gewebt wurden.

Doppelgewebe.

Läßt man bei einem Hohlstoffe teilweise die Kettenfäden der einen Ware mit den Schußfäden der anderen Ware verbinden, so entsteht eine Vereinigung der beiden Waren zu einem einzigen Gewebe. Ein derartiges Produkt heißt man Doppelgewebe.

Die Vereinigung der Ober- und Unterware eines Hohlgewebes zu einem Doppelgewebe kann auf folgende Arten stattfinden:

1. Durch teilweises Unterlegen der Oberkette unter die Unterschüsse.

2. Durch teilweises Überlegen der Unterkette über die Oberschüsse.

Fig. 526: Doppelstoffbindung.

Die roten senkrechten Fäden bilden Oberkette, die wagrechten Oberschüsse, die blauen Unterkette, beziehungsweise Unterschuß. Die Verkreuzung der Oberkettenfäden mit den Oberschüssen und den Unterkettenfäden mit den Unterschüssen erfolgt in Leinwandbindung. Bei Durchsicht der Bindung findet man, daß auf den blauen Unterschüssen nicht immer die ganze rote Oberkette ausgehoben ist, wie dies bei einem Hohlgewebe Bedingung ist. Da der 1. und 5. Oberkettenfaden unter dem 1. und 5. Unterschusse, der 3. Oberkettenfaden unter dem 3. Unterschusse liegt, wird eine Verbindung der Oberware mit der Unterware bewirkt.

Fig. 527: Doppelstoffbindung.

Die Verkreuzung der roten Oberkettenfäden mit den roten Oberschüssen und der blauen Unterkettenfäden mit den blauen Unterschüssen erfolgt in 4bindigem zweiseitigen Köper. Betrachtet man die Fadenverbindung, so findet man, daß auf den roten Oberschüssen teilweise die blauen Unterkettenfäden liegen, was bei einem Hohlgewebe ausgeschlossen ist. Nachdem der 1. und 5. Unterkettenfaden auf dem 1. Oberschusse, der 2. und 6. Unterkettenfaden auf dem 2. Oberschusse usw. liegen, muß eine Verheftung der Unterware mit der Oberware, beziehungsweise der Unterkette mit dem Oberschusse stattfinden.

Die Verheftung der Unterkette mit dem Oberschusse oder der Oberkette mit dem Unterschusse muß so vorgenommen werden, daß dadurch der Ausdruck des Gewebes keinen Schaden erleidet.

Verbindet man die Unterkette mit dem Oberschusse, so soll erstens der die Anheftung besorgende Unterkettenfaden beim nächsten Unterschuß gehoben sein, damit sich der Unterschuß unter den anbindenden Unterkettenfaden schieben kann. Noch besser ist es, wenn der die Anheftung besorgende Unterkettenfaden am vorhergehenden und folgenden Unterschusse gehoben ist. Zweitens soll der die Anheftung besorgende Unterkettenfaden, wie bei Kettendoubles, rechts und links von aufgehender Oberkette eingeschlossen sein, damit er von den Kettenflottungen verdeckt wird.

Bei der Verbindung von Oberkette mit Unterschuß muß der gelassene Oberkettenfaden auf dem Unterschusse, wie bei Schußdoubles, zwischen gegelassener Oberkette des vorhergehenden und nachfolgenden Oberschusses angeordnet werden.

Die Verteilung der Anheftstellen muß eine durchaus gleichmäßige sein. Dem Bindungscharakter zufolge werden die Anheftstellen leinwand-, köper- oder

7*

atlasartig angeordnet. Am meisten kommt die Verbindung von Unterkette mit Oberschuß vor, da die Unterkette besser zwischen den Oberkettenflottungen unsichtbar gemacht werden kann als der gewöhnlich stärkere Unterschuß zwischen den Flottungen des Oberschusses. Um die reguläre Verbindung der Unterkette mit dem Oberschusse auszuführen, muß die Bindung der Oberware Ketteneffekt haben oder mindestens so beschaffen sein, daß sich die Anheftpunkte zwischen gehobener Oberkette anbringen lassen. Bei der Verbindung von Oberkette mit Unterschuß muß die Bindung der Oberware Schußeffekt aufweisen oder mindestens so beschaffen sein, daß sich die Anheftung zwischen Oberschußflottungen stellen läßt.

Nachdem sich aus der Leinwandbindung kein reines Schuß- und Kettendouble bilden läßt, kann man auch bei zwei taftbindenden Geweben die Verbindung nicht ordnungsgemäß anbringen, was aus der Fig. 526 ersichtlich ist. Die über der Oberkette liegenden Unterschüsse (Anheftstellen) haben wohl nach oben gelassene Oberkette, nach unten aber gehobene Oberkette. Aus diesem Grunde werden die Anheftstellen bei Leinwandbindung nicht gut verdeckt werden. Bei der Fig. 527 ist die Verbindung von Unterkette mit Oberschuß in 4bindigem Köper ausgeführt und tadellos angeordnet, da die die Anheftung besorgenden Unterkettenfäden immer zwischen gehobener Oberkette stehen, was ein vollständiges Verdecken der Anheftstellen bedingt. Die Längs- und Querschnitte, welche neben den Figuren stehen, machen das Verbinden der zwei Gewebe recht deutlich erkennbar. Aus dem Längsschnitte *a* der Fig. 526 ist das Unterlegen der Oberkette unter Unterschuß, aus dem Querschnitte *b* das Überlegen des Unterschusses über die Oberkette ersichtlich. Aus dem Längsschnitt *a* der Fig. 527 sieht man das Überlegen der Unterkette über den Oberschuß, aus dem Querschnitte *b* das Unterlegen des Oberschusses unter die Oberkette.

Außer den durchgenommenen zwei Verbindungsarten kommt bei Gurten, Transmissionsriemen etc. eine dritte in Verwendung. Man nimmt zur Verbindung beider Gewebe eine besondere Kette, welche abwechselnd in die Ober- und Unterware bindet und dadurch eine Vereinigung beider Waren herbeiführt. Man nennt eine derartige die Verbindung besorgende Kette Bindekette.

Fig. 528: Doppelgewebe mit Bindekette.

Die roten senkrechten Fäden bedeuten Oberkette, die blauen Unterkette, die grünen Bindekette, die roten wagrechten Fäden Oberschuß, die blauen Unterschuß. Aus der Verkreuzung der roten Kettenfäden mit den roten Schüssen und der blauen Kettenfäden mit den blauen Schüssen ist erkennbar, daß die Bindung der Ober- und Unterware Leinwand ist. Die grünen Kettenfäden binden abwechselnd zweimal oben, zweimal unten, was ein Vernähen, Verheften der

HOHL- UND DOPPELGEWEBE.

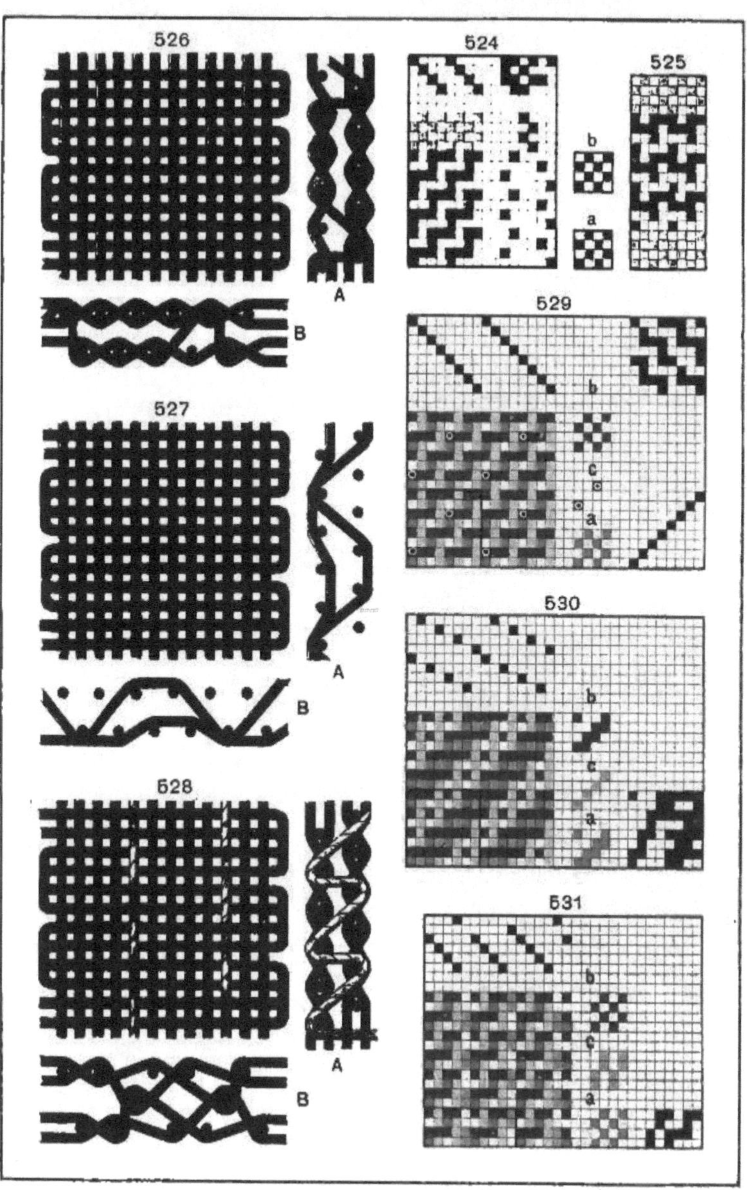

LIV.

Oberware mit der Unterware zur Folge hat. Der neben der Verflechtung befindliche Längsschnitt *a* und der darunter stehende Querschnitt *b* machen das Verbinden der zwei Gewebe durch die Bindekette deutlich ersichtlich.

Um ein Doppelgewebe auf dem Tupfpapiere zu versinnbildlichen, verfährt man wie bei den Hohlgeweben.

1. Man streicht das Unterketten- und Unterschußfadensystem mit gelber Farbe vor.
2. Man tupft auf die weißen Quadrate die Bindung der Oberware mit roter Farbe.
3. Man setzt auf die gelben Kreuzungsquadrate die Bindung der Unterware mit blauer Farbe.
4. Man tupft auf die Unterschüsse alle Oberkettenfäden mit blauer Farbe.
5. Man setzt die Anheftstellen.

Die Punkte 1—4 sind bei den Hohlgeweben erklärt und ist nur bei Punkt 4 dadurch eine Vereinfachung eingetreten, daß man das Ausheben der Oberfäden mit der Farbe der Unterwarenbindung (Blau) vornimmt.

Will man Oberkette mit Unterschuß (Fig. 534) verbinden, so setzt man an der Kreuzung von Oberkette mit Unterschuß einen schwarzen Tupfen dort, wo derselbe oben und unten gelassene Oberkette (Weiß) hat. Soll Unterkette mit Oberschuß (Fig. 530) verbunden werden, so setzt man an der Kreuzungsstelle von Unterkette mit Oberschuß einen grünen Tupfen dort, wo derselbe oben, beziehungsweise unten gehobene Unterkette (Blau) links und rechts gehobene Oberkette (Rot) hat. Während die schwarzen Tupfen bei der ersten Verheftungsart als gelassen zu betrachten sind, gelten die grünen Tupfen der zweiten Art für genommen.

Die Aufeinanderfolge der Ober- und Unterkettenfäden und der Ober- und Unterschüsse ist verschieden und kommen folgende Verhältnisse zur Verwendung:

1 : 1	in	Kette	und			Schuß	(Fig. 529, 530, 532, 533)	
2 : 1	»	»	»			»	(Fig. 534—537)	
1 : 1	in	Kette	und	2 : 1	im	Schuß	(Fig. 538)	
2 : 1	»	»	»	1 : 1	»	»		
1 : 1	»	»	»	2 : 2	»	»	(Fig. 539)	
1 : 1	»	»	»	3 : 1	»	»	(Fig. 540)	
2 : 1	»	»	»	2 : 2	»	»	(Fig. 541)	
2 : 1	»	»	»	4 : 2	»	»	(Fig. 542)	
2 : 1	»	»	»	3 : 1	»	»	(Fig. 543)	
3 : 1	»	»	»	3 : 1	»		(Fig. 544)	
3 : 1	»	»	»	2 : 1	»	»	(Fig. 545)	etc.

Fig. 529 (526): Doppelgewebe 1 : 1.

Dei Bindung der Ober- und Unterware ist Leinwand. Die Verbindung erfolgt durch Oberkette mit Unterschuß leinwandartig. Bei der Verbindung sind nur die ungeraden Oberketten- und Unterschußfäden beteiligt. Die Verbindung selbst läßt sich nicht tadellos vornehmen, da Leinwandbindung nicht zwei übereinander stehende Schußtupfen aufweist. Rot und Blau gilt als gehobene Kette.

1 Rapport = 8 Ketten- und 8 Schußfäden.

Fig. 530 (527): Doppelgewebe 1 : 1.

Ober- und Unterware 4bindiger zweiseitiger Köper. Verbindung durch Unterkette mit Oberschuß in 4bindigem Köper. Das rot, blau und grün Getupfte entspricht gehobener Kette.

Fig. 531 (528): Doppelgewebe mit Bindekette.

Die Fadenfolge ist in der Kette 1 Ober-, 1 Unter-, 1 Ober-, 1 Unter-, 1 Bindefaden im Schusse, 1 Ober-, 1 Unterschuß. Die Bindung der Ober- und Unterware ist Leinwand. Die Verbindung der zwei Gewebe erfolgt durch die Bindekette im Querrips 2 : 2.

1 Rapport = 10 Ketten- und 4 Schußfäden.

Fig. 532: Doppelgewebe 1 : 1.

Ober- und Unterware 8bindiger Krepp. Verbindung durch Unterkette mit Oberschuß in 8bindigem Atlas.

1 Rapport = 16 Ketten- und 16 Schußfäden.

Fig. 533: Doppelgewebe 1 : 1.

Ober- und Unterware 8bindiger Krepp. Verbindung durch Unterkette mit Oberschuß (grüne Tupfen) und Oberkette mit Unterschuß (schwarze Tupfen) in 8bindigem gemischten Atlas.

1 Rapport = 16 Ketten- und 16 Schußfäden.

Fig. 534: Doppelgewebe 2 : 1.

Oberware Mattenbindung 2 : 2, Unterware Leinwandbindung. Verbindung durch Oberkette mit Unterschuß 8schäftig.

1 Rapport = 12 Ketten- und 12 Schußfäden.

Fig. 535: Doppelgewebe 2 : 1.

Oberware 4bindiger versetzter Kettenköper.

Unterware 4bindiger Kettenköper.

Verbindung durch Unterkette mit Oberschuß in 4schäftigem gemischten Atlas.

1 Rapport = 12 Ketten- und 12 Schußfäden.

Fig. 536: Doppelgewebe 2 : 1.

Oberware 4bindiger versetzter zweiseitiger Köper, Unterware Leinwand, Verbindung durch Unterkette mit Oberschuß 4schäftig.

DOPPELGEWEBE.

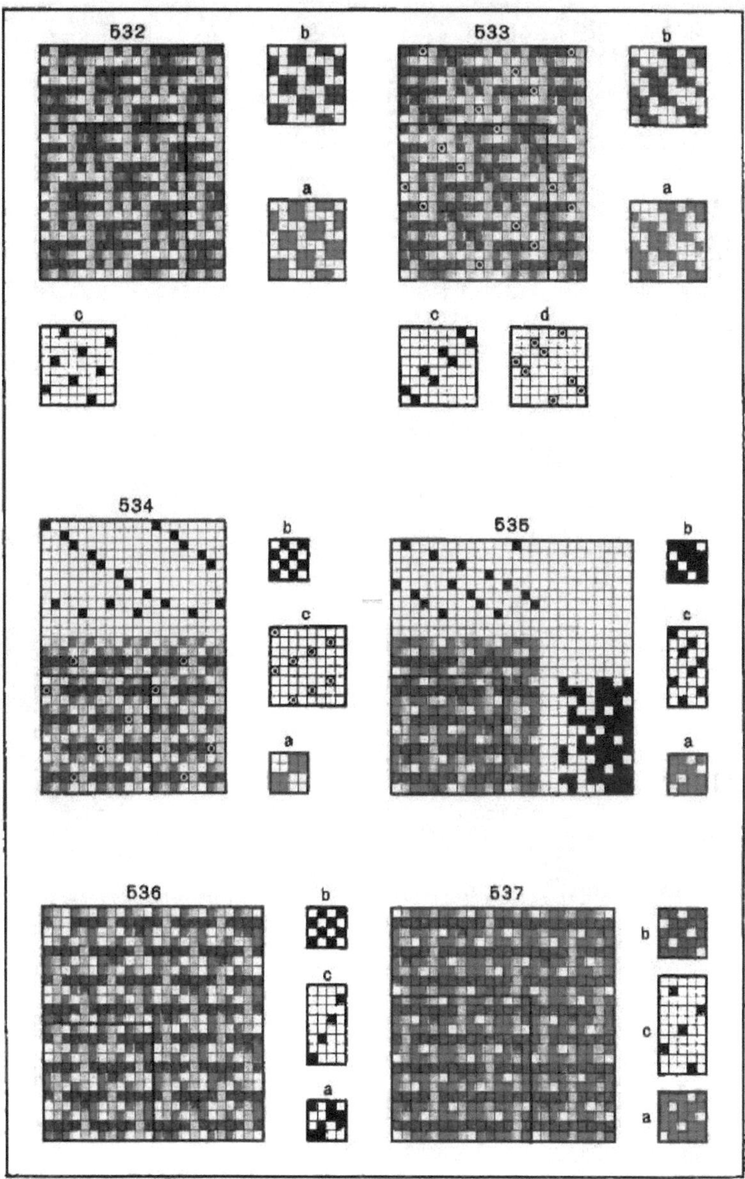

LV.

DOPPELGEWEBE.

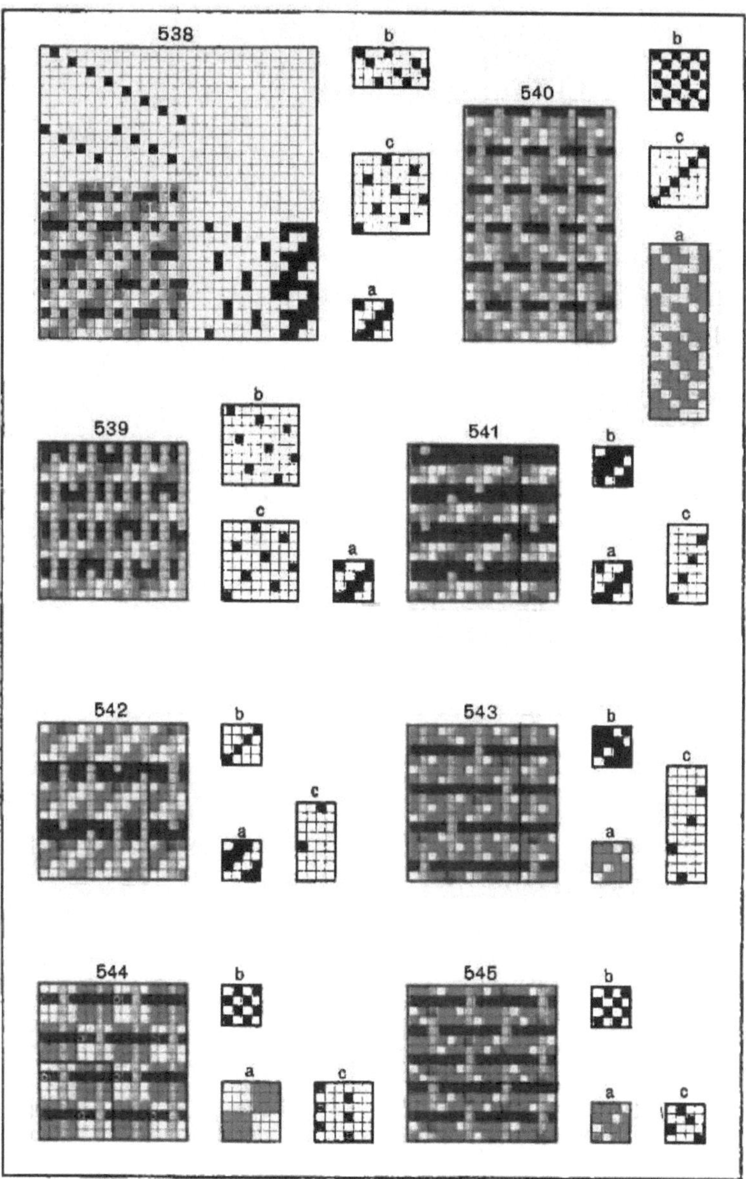

LVI.

1 Rapport = 12 Ketten- und 12 Schußfäden.

Fig. 537: Doppelgewebe 2 : 1.

Ober- und Unterware 5bindiger Kettenatlas. Die Verbindung erfolgte durch Unterkette mit Oberschuß in 5schäftigem Atlas. Bei dieser Bindung und bei der Bindung 536 sind nicht alle Oberschüsse mit der Unterkette verbunden, sondern immer einer angeheftet, einer ohne Anheftung angeordnet.

1 Rapport = 15 Ketten- und 15 Schußfäden.

Fig. 538: Doppelgewebe 1 : 1 und 2 : 1.

Die Bindung der Oberware ist 4bindiger zweiseitiger Köper, die der Unterware 8schäftiger gemischter Atlas. Die Verbindung erfolgte durch Unterkette mit Oberschuß in 8bindigem Atlasse.

1 Rapport = 16 Ketten- und 12 Schußfäden.

Die Fig. 540—545 ergeben Doppelstoffbindungen in verschiedenen Fadenverhältnissen und ist der Aufbau aus den beigegebenen Bindungen der Oberware, Unterware und Anheftung leicht verständlich.

Die bei den Kettendoubles und Doppelgeweben vorgefundenen zwei Kettenfadensysteme kommen teilweise auf einen Kettenbaum, teilweise nimmt man für jedes System einen Kettenbaum. Zwei Kettenbäume muß man nehmen, wenn die Oberkette ein anderes Gespinstmaterial hat als die Unterkette oder wenn eine Kette durch die Bindweise oder Garnstärke sich mehr einwebt als die andere. So z. B. muß man zwei Kettenbäume nehmen, wenn die Oberkette Kammgarn, die Unterkette Streichgarn oder Baumwollgarn ist. Der Kammeinzug richtet sich nach der Fadenfolge der Ketten. Ist das Verhältnis der Oberkette zur Unterkette 1 : 1, so zieht man 2-, 4- oder 6fädig ein, während man bei 2 : 1 3- oder 6fädig, bei 3 : 1 4fädig einziehen muß. Zu beachten ist auch, daß der Unterfaden in die Mitte der Rohrlücke zu liegen kommt, da dies die Verdeckung der Anheftung fördert. Bei sämtlichen Figuren ist die Bindung der Oberware *a*, der Unterware *b* und der Anheftung *c*, beziehungsweise *d* neben der Doppelstoffbindung angegeben.

Doppelgewebe und Füllschuß.

Um einem Doppelgewebe größere Dicke und Schwere zu geben, fügt man einen Füllschuß bei. Nachdem der Füllschuß ungebunden zwischen der Ober- und Unterware liegt, muß man beim Eintragen desselben die ganze Oberkette ausheben, während die ganze Unterkette liegen bleibt.

Fig. 547: Doppelgewebe mit Füllschuß.

Die Fadenfolge ist in der Kette 1 Ober-, 1 Unter-, 1 Oberkettenfaden, im Schusse 1 Ober-, 1 Unter-, 1 Ober-, 1 Füllschuß. Zur Entwicklung der Bindung streicht man nach Fig. 546 die Unterkette und den Unterschuß mit Gelb vor, tupft auf die Füllschüsse die Oberkette mit Blau, setzt auf die weißen Quadrate die Bindung der Oberware *a* mit Rot, auf die gelben Kreuzungsquadrate die Bindung der Unterware *b* mit Schwarz, tupft auf die Unterschüsse die Oberkette mit Schwarz und bewirkt durch die 4schäftige Anheftung von Unterkette mit Oberschuß Grün eine Verbindung der zwei Gewebe. Rot, Blau, Schwarz, Grün entspricht gehobener Kette.

1 Rapport = 12 Ketten- und 16 Schußfäden.

Doppelgewebe mit Füllkette.

Die Füllkette hat denselben Zweck wie der Füllschuß, doch wird dieselbe bei glatten Stoffen weniger angewendet. Damit sich die Füllkette nur zwischen der Ober- und Unterware befindet, muß dieselbe auf den Unterschuß ausgehoben werden, während sie beim Eintragen des Oberschusses liegen bleibt.

Fig. 549: Doppelgewebe mit Füllkette.

Die Fadenfolge ist in der Kette 1 Ober-, 1 Unter-, 1 Ober-, 1 Füllkettenfaden, im Schusse 2 Ober-, 1 Unterschuß. Um die Bindung zu bilden, streicht man nach Fig. 548 die Unterkette und den Unterschuß mit Gelb vor, tupft auf den Unterschuß die Füllkette mit Blau, setzt auf die weißen Quadrate der Oberware die Bindung *a* mit Rot, auf die gelben Kreuzungsquadrate der Unterware die Bindung *b* mit Schwarz, tupft auf den Unterschüssen die Oberkette mit Schwarz und setzt mit Grün die 4schäftige Verbindung der Unterkette mit dem Oberschusse. Rot, Blau, Schwarz, Grün bedeutet gehobene Kette.

1 Rapport = 16 Ketten- und 12 Schußfäden.

Durch die Verbindung von Unterkette mit Oberschuß oder Oberkette mit Unterschuß werden die beiden Gewebe fest vereinigt, was eine kräftige Ware liefert. Will man aber einen Stoff dicker, weicher machen, so nimmt man zur Warenverbindung öfters ein besonderes Ketten- oder Schußfadensystem in Anwendung.

Doppelgewebe mit Bindeschuß.

Der Bindeschuß liegt als Füllschuß zwischen der Ober- und Unterware. Er bewirkt durch abwechselndes Einbinden in die Ober- und Unterkette eine Verbindung der beiden Waren.

Fig. 551: Doppelgewebe mit Bindeschuß.

Die Fadenfolge ist in der Kette 1 Ober-, 1 Unterkettenfaden, im Schusse 1 Ober-, 1 Binde-, 1 Unter-, 1 Ober-, 1 Füll-, 1 Unterschuß. Um die Bindung zu bilden, streicht man das Unterketten- und Unterschußfadensystem nach der Fig. 550 mit Gelb vor, tupft auf die Füll-, beziehungsweise Bindeschüsse die Oberkette mit Blau, setzt auf die weißen Quadrate die Bindung der Oberware *a* mit Rot, auf die gelben Kreuzungsquadrate die Bindung der Unterware *b* mit Rot und tupft auf die Unterschüsse die gesamte Oberkette ebenfalls mit Rot. Um aus dem Füllschusse einen Bindeschuß zu machen, muß derselbe abwechselnd unter die Unterkette und über die Oberkette zu liegen kommen.

Die grünen Tupfen ergeben ein Heben der Unterkette, was ein Unterlegen des Bindeschusses bedingt, die schwarzen ein Liegenlassen der Oberkette, was ein Überlegen des Bindeschusses zur Folge haben muß. Bei der Bindung wechselt immer ein Bindeschuß mit einem Füllschusse ab. Die Bindweise der grünen und schwarzen Tupfen ist leinwandartig. (Man könnte auch den Füllschuß weglassen, wodurch das Verhältnis im Schusse 1 Ober-, 1 Binde-, 1 Unter-, 1 Ober-, 1 Unterschuß würde.) Rot, Blau und Grün bedeutet Schafthebung, Weiß, Gelb und Schwarz Senkung oder Schaftruhe.

1 Rapport = 8 Ketten- und 12 Schußfäden.

Doppelgewebe mit Bindekette.

Läßt man ein Kettenfadensystem abwechselnd über die Ober- und Unterschüsse binden, während man dasselbe an den anderen Stellen zwischen Ober- und Unterware anordnet, so entsteht eine lockere Verbindung der beiden Gewebe, wodurch eine weichere, dickere Gesamtware gebildet wird. Das besprochene Kettenfadensystem heißt man Bindekette und nimmt man dazu meist schwächeres Garn als die Ober- und Unterkette. Da sich die Bindekette beim Weben anders einarbeitet als die Ober- und Unterkette, muß man dieselbe auf einen Kettenbaum allein bringen.

Fig. 553: Doppelgewebe mit Bindekette.

Die Fadenfolge ist in der Kette 1 Ober-, 1 Unter-, 1 Binde-, 1 Ober-, 1 Unterkettenfaden im Schusse, 1 Ober-, 1 Unterschuß. Zur Ausführung der Bindung verfährt man folgend:

1. Man streicht nach Fig. 552 das Unterketten- und Unterschußfadensystem mit gelber Farbe vor.
2. Man tupft nach Fig. 552 auf die Unterschüsse die Bindekette mit blauer Farbe.
3. Man setzt auf die weißen Quadrate der Oberware 4bindigen zweiseitigen Köper *a* mit roter Farbe.
4. Man tupft auf die gelben Kreuzungsquadrate die Bindung der Unterware *b* mit roter Farbe.
5. Man tupft auf die Unterschüsse die Oberkette ebenfalls mit roter Farbe.
6. Man läßt die Bindekette abwechselnd über den Ober- und unter den Unterschuß einbinden, wodurch die Verbindung der Ober- und Unterware

geschieht. Durch die grünen Tupfen kommt die Bindekette auf den Oberschuß, durch die schwarzen unter den Unterschuß zu liegen. Die grünen und schwarzen Tupfen sind leinwandartig gesetzt. Das rot, blau und grün Getupfte bedeutet Schafthebung.

1 Rapport = 10 Ketten- und 8 Schußfäden.

Aus dem Längsschnitte Fig. 554 ist die Wirkungweise der Bindekette ersichtlich.

Doppelgewebe mit Unterschuß oder Gewebe mit 2 Ketten und 3 Schüssen.

Um ein Doppelgewebe kräftiger zu machen, bringt man zuweilen noch einen Unterschuß in Anwendung.

Fig. 556: Doppelgewebe mit Unterschuß.

Die Fadenfolge ist in der Kette 1 Ober-, 1 Unterfaden, im Schusse 1 Ober-, 1 Mittel-, 1 Unterschuß. Zur Ausführung der Bindung streicht man nach Fig. 555 das zweite Ketten- und Schußfadensystem mit Gelb, das dritte Schußfadensystem mit Grün an. Man tupft auf die weißen Quadrate die Bindung der Oberware *a*, auf die gelben Kreuzungsquadrate die Bindung *b* und auf die Kreuzungsquadrate der zweiten Kette mit dem dritten Schusse die Bindung des Unterschusses *c*. Nach diesem tupft man auf die Mittel- und Unterschüsse, die Oberkette mit Blau respektive Schwarz. Die Verbindung erfolgt durch Unterkette mit Oberschuß in 4bindigem Köper und ist dies aus der Kreuztype ersichtlich. Das rot, blau und schwarz Getupfte sowie die Kreuztype = gehobene Kette.

1 Rapport = 8 Ketten- und 12 Schußfäden.

Doppelgewebe mit Unterkette oder Gewebe mit 3 Ketten und 2 Schüssen.

Eine andere Verstärkung des Doppelgewebes erfolgt durch Beifügung einer Unterkette.

Fig. 558: Doppelgewebe mit Unterkette.

Die Fadenfolge ist in der Kette 1 Ober-, 1 Mittel-, 1 Unterkettenfaden, im Schusse 1 Ober-, 1 Unterschuß. Um die Bindung zusammenzustellen, verfährt man folgend:

1. Man streicht nach Fig. 557 die zweite Kette und den zweiten Schuß mit Gelb, die dritte Kette mit Grün an.

2. Man tupft auf die weißen Quadrate die Bindung der Oberware *a* mit Rot.

BINDUNGEN MIT 5 FADENSYSTEMEN.

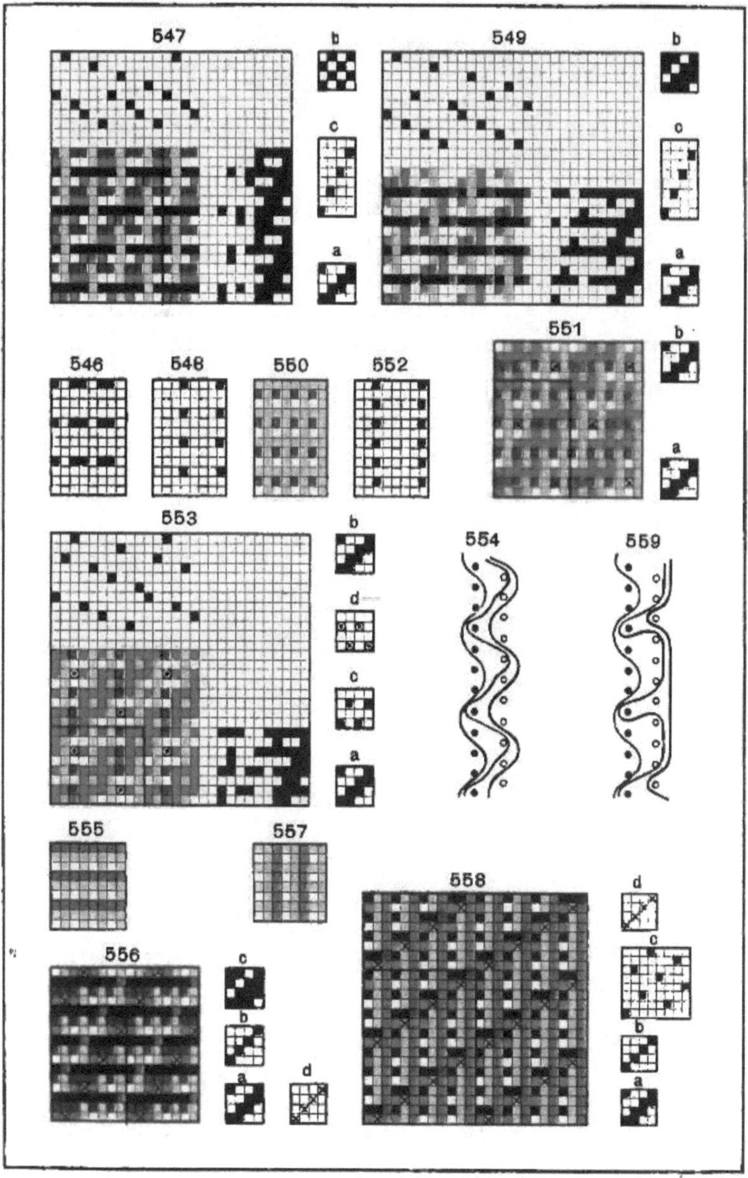

LVII.

3. Man tupft auf die gelben Kreuzungsquadrate die Bindung *b* mit Schwarz.

4. Man tupft auf die Kreuzungsquadrate der dritten Kette (Grün) mit dem zweiten Schusse (Gelb) die Bindung *c* mit Blau.

5. Man tupft auf die zweiten Schüsse (Gelb) die Oberkette mit Schwarz.

6. Man verbindet durch die gesetzten Kreuztypenquadrate die zweite Kette mit dem ersten Schusse in 4bindigem Köper *d*.

Die roten, blauen, schwarzen und Kreuztypenquadrate bedeuten gehobene Kette.

1 Rapport = 12 Ketten- und 16 Schußfäden.

Die Fig. 559 zeigt einen Längsschnitt der Fig. 558, woraus die Bindung der Ober- und Unterware, deren Verheftung und die Bindung der dritten Kette erkennbar ist.

Drei- und mehrfache Stoffe.

Um besonders starke und dicke Waren zu erzeugen, webt man 3, 4 oder mehr Waren übereinander und verbindet diese zu einem einzigen Gewebe.

Fig. 560: Triplestoffbindung.

In der Kette und im Schusse wechselt immer 1 roter, 1 blauer, 1 grüner Faden. Die roten Kettenfäden bilden mit den roten Schüssen das erste Gewebe, die blauen Kettenfäden mit den blauen Schußfäden das zweite Gewebe und die grünen mit den grünen das dritte Gewebe. Prüft man die Bindweise der einzelnen Gewebe, so findet man, daß alle drei Gewebe in Leinwand arbeiten. Webt man diese Verflechtung in diesem Zustande mit drei Schützen, so entstehen drei getrennte Gewebe übereinander, nimmt man dazu nur einen Schützen, so entstehen drei Gewebe, welche an den Rändern verbunden sind. Legt man aber, wie dies aus der Fig. 560 ersichtlich ist, z. B. den 1., beziehungsweise 3. Kettenfaden der zweiten Kette über den 1., beziehungsweise 3. Schuß der ersten Kette und den 3., beziehungsweise 1. Kettenfaden der dritten Kette über den 1., beziehungsweise 3. Schuß der zweiten Kette, so muß ein Vernähen der drei Gewebe stattfinden. Aus dem Längsschnitte *A* und dem Querschnitte *B* ist die Verheftung erkennbar. Um diese Verflechtung auf das Tupfpapier zu übertragen, verfährt man folgend:

1. Man streicht die 2. Kette und den 2. Schuß nach Fig. 561 mit Gelb an.

2. Man streicht die 3. Kette und den 3. Schuß mit Grün an. Aus der Fig. 561 entsteht die Fig. 562.

3. Man tupft auf die weißen Quadrate, welche die Bindungsfläche des 1. Gewebes repräsentieren, die Bindung des 1. Gewebes *a* mit Rot. Aus der Fig. 562 entsteht Fig. 563.

4. Man setzt auf die gelben Kreuzungsquadrate die Bindung des 2. Gewebes *b* mit Blau. Aus der Fig. 563 entsteht die Fig. 564.

5. Man tupft auf die grünen Kreuzungsquadrate die Bindung des 3. Gewebes *c* mit Schwarz. Aus der Fig. 564 entsteht die Fig. 565.

6. Nachdem beim Weben des 2. Schusses die 1. Kette ausgehoben werden muß, tupft man auf die 2., das sind gelbe Schüsse, die 1., d. i. weiße Kette, mit Rot. Aus der Fig. 565 entsteht Fig. 566.

7. Nachdem beim Weben des 3. Schusses die 1. und 2. Kette ausgehoben werden muß, tupft man auf die 3., das sind grüne Schüsse, die 1. Kette mit Rot, die 2. Kette mit Blau. Aus der Fig. 566 entsteht die Fig. 567.

8. Man verbindet durch das Setzen der Kreuztype die 2. Kette mit dem 1. Schusse leinwandartig.

9. Man verbindet durch das Setzen der Ringtype die 3. Kette mit dem 2. Schusse leinwandartig. Aus der Fig. 567 entsteht die Fig. 568.

10. Rot, Blau, Schwarz, Kreuz- und Ringtype = gehobene Kette.

1 Rapport = 12 Ketten- und 12 Schußfäden.

Außer 3fachen Geweben kommen auch 4fache zur Verwendung. Aus den Fig. 569—572 soll die Entwicklung einer 4fachen Gewebebindung erklärt werden.

Fig. 569: Vorgestrichene Bindungsfläche.

Die weißen Quadrate repräsentieren die Bindungsfläche für das 1. Gewebe, die gelben Kreuzungsquadrate die des 2., die grünen Kreuzungsquadrate die des 3. und die blauen die des 4. Gewebes.

Fig. 570: Bindung des 1., 2., 3. und 4. Gewebes in Leinwand mit Rot.

Fig. 571: Bindung des 1., 2., 3. und 4. Gewebes (Fig. 570) und Aushebung der 1. Kette (Weiß) auf die 2. Schüsse (Gelb), der 1. und 2. Kette (Weiß und Gelb), auf die 3. Schüsse (Grün) und der 1., 2., und 3. Kette (Weiß, Gelb und Grün) auf die 4. Schüsse (Blau) mit Rot.

Fig. 572: 4faches verbundenes Gewebe.

Durch die blauen Tupfen erfolgt eine Verbindung der 2. Kette mit dem 1. Schusse, durch die grünen Tupfen eine Verbindung der 3. Kette mit dem 2. Schusse und durch die gelben eine Verbindung der 4. Kette mit dem 3. Schusse. Die einzelnen Anheftungen sind leinwandartig angeordnet. Das rot, blau, grün und gelb Getupfte gilt als gehobene Kette.

1 Rapport = 16 Ketten- und 16 Schußfäden.

Die mehrfachen Gewebe dienen auch als Ersatz der Transmissionsriemen. Zu diesem Zwecke webt man mehrere Waren übereinander und vernäht diese durch eine Bindekette.

Fig. 573: 4faches Gewebe mit Bindekette.

3 UND 4FACHE GEWEBE.

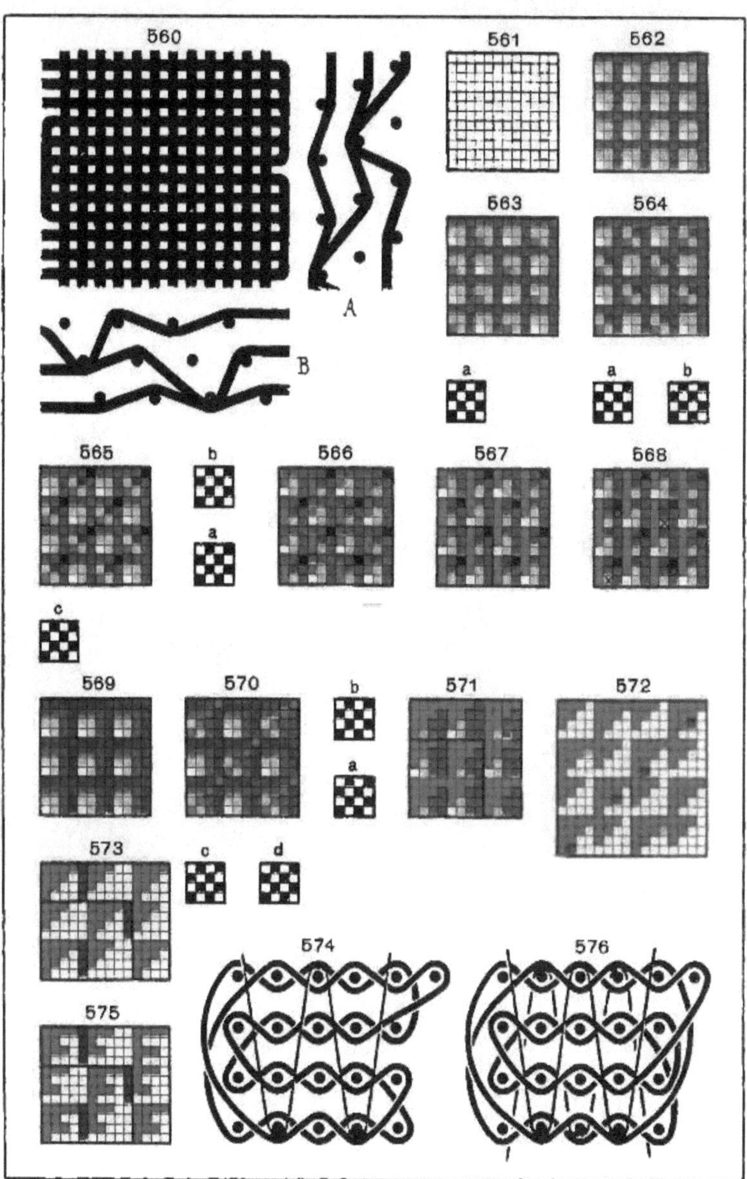

LVIII.

Die Fadenfolge ist in der Kette ein Faden 1. Kette, ein Faden 2. Kette, ein Faden 3. Kette, ein Faden 4. Kette, ein Faden Bindekette, im Schusse ein Schuß des 1. Gewebes, ein Schuß des 2. Gewebes, ein Schuß des 3. Gewebes und ein Schuß des 4. Gewebes. Die Bindung der vier einzelnen Gewebe ist Leinwand (Fig. 571). Die Bindekette bewirkt ein Vereinigen der vier Gewebe zu einem Ganzen. Fig. 574 ist der Querschnitt des Gewebes und macht dieser die Verbindung der vier übereinander liegenden Leinwandgewebe durch die blaue Bindekette ersichtlich. Bei Prüfung dieses Querschnittes findet man aber, daß die rechte Leiste offen ist, während die linke geschlossen erscheint. Um die rechte Leiste auch geschlossen zu bekommen, muß man nach Fig. 575 die Schußfolge ändern. Aus dem Querschnitte Fig. 576, welcher die richtige Anordnung bringt, sieht man, daß der 1. Schuß in das 1. Gewebe, der 2. Schuß in das 3. Gewebe, der 3. Schuß in das 2. Gewebe und der 4. Schuß in das 4. Gewebe eingetragen ist.

Zerlegen von Doppelstoffbindungen.

Hat man eine Doppelstoffbindung, welche nur in einer Farbe ausgeführt ist, so ist es schwer, aus dieser die einzelnen Details der Zusammensetzung zu bestimmen. Um daraus die genaue Kenntnis der Bindung von der Ober- und Unterware sowie Verheftung zu erhalten, muß man ein Zerlegen der Vorlagsbindung vornehmen. Zu diesem Zwecke verfährt man folgend:

1. Man tupft die Vorlagsbindung Fig. 577 in 3 Exemplaren Fig. 578—580.

2. Man sucht auf Fig. 578 die Unterketten- und Unterschußfäden und streicht diese mit schwarzer Farbe an. Auf diese Weise bleibt die Bindung der Oberware stehen, welche nun nach *a* abgetupft wird.

3. Man streicht auf Fig. 579 die Oberketten- und Oberschußfäden mit schwarzer Farbe an und tupft die deutlich ersichtliche Bindung der Unterware nach *b* ab.

4. Man sucht die Verheftung aus Fig. 580.

Bei der Aufsuchung der Unterkette und des Unterschusses hat man zu merken, daß auf den Unterschüssen die Oberkette ausgehoben werden muß. Aus diesem Grunde wird auf den Oberketten und Unterschußfäden viel getupft sein, so daß eine Bestimmung dieser Fadensysteme leicht vorgenommen werden kann. Um die Anheftung zu bestimmen, sucht man, ob an der Kreuzung von Unterkette mit Oberschuß Tupfen stehen, was eine Verbindung von Unterkette mit Oberschuß bedeuten würde (Fig. 580), oder ob auf den Unterschüssen mitunter Oberkettenfäden liegen geblieben sind, was eine Verbindung von Oberkette mit Unterschuß (Fig. 584) ergeben würde.

Fig. 577: Doppelgewebebindung.

Bei Durchsicht der Bindung findet man, daß auf den 1., 3., 4., 6., 7. etc. Ketten- und 3., 6., 9 etc. Schußfäden viel getupft ist. Es werden demgemäß die Kettenfäden 1, 3, 4, 6, 7 etc. Oberkettenfäden und die Schußfäden 3, 6, 9 etc. Unterschüsse sein. Um das Unterfadensystem unsichtbar zu machen, wird man nach Fig. 578 die Unterkettenfäden 2, 5, 8 und Unterschußfäden 3, 6, 9 etc. mit schwarzer Farbe überstreichen müssen. Die dadurch deutlich hervortretende Bindung ist die Bindung der Oberware, welche nach *a* abgesetzt wird. Um nach Fig. 579 das Oberfadensystem zu verdecken, streicht man einfach das Gegenteil von Fig. 578 mit schwarzer Farbe an. Die dadurch ersichtlich werdende Bindung ist die der Unterware, welche wieder durch Aneinanderreihen der Bindpunkte nach *b* abgesetzt wird. Verfolgt man den 1., 2., 3., 4. und 5 Unterkettenfaden, so findet man nach Fig. 580, daß diese an der Kreuzung des 2., 6., 10., 4. und 8. Oberschusses einen Tupfen haben, was eine Verbindung von Unterkette mit Oberschuß bedeutet. Diese grünen Tupfen so herausgesetzt, daß nur Unterketten- und Oberschußfäden beim Zählen in Betracht kommen, ergibt die Anheftung *c*.

Fig. 581: Doppelstoffbindung.

Diese Bindung ist nach den Fig. 582 und 583 in die Bindung der Ober- und Unterware zerlegt. Bei Durchsicht der Bindung findet man nach Fig. 584, daß auf den 1., 2., 3. und 4. Unterschuß die Oberkettenfäden 5, 7, 1 und 3 nicht gehoben sind, was eine Verbindung von Oberkette mit Unterschuß bedingt. Beim Heraussetzen der Anheftung *c* kommen natürlich nur die Kreuzungsquadrate von Oberkette mit Unterschuß zur Berücksichtigung.

Winterrock- und Paletotstoffe.

Nach der allgemeinen Behandlung der verstärkten Gewebe sei ein Kapitel über die Winterrock- und Paletotstoffe eingeschaltet. Man unterscheidet folgende Arten:

1. Eskimo, Mandarin.
2. Pelzstoffe, Boi, Moutonnés, Tüffel.
3. Velourstoffe.
4. Ratiné, Welliné oder Ondulé.
5. Montagnacs.
6. Schlingenstoffe.
7. Floconné.

Mandarin, Eskimo.

Dies sind Winterrockstoffe mit glatter Oberseite und stark gerauhter Unterseite. Die hiezu verwendeten Bindungen sind Schußdoubles oder Doppelgewebe, welche auf der Oberseite Ketteneffekt, auf der Unterseite Schußeffekt haben. Das erstere bezieht sich auf die glatte Oberseite, das letzte auf die rauhe Unterseite. Die pelzartige Unterseite der Ware wird durch starkes Rauhen hervorgebracht. Es eignet sich zum Rauhen besser der Schuß als die Kette, da der Schuß erstens weniger gedreht ist als die Kette und zweitens die Rauhkarde senkrecht auf die Faser wirken kann. Fig. 446 ergibt eine diesbezügliche Bindung für eine Kette und 2 Schußlagen, die Fig. 535 und 537 für 2 Ketten- und 2 Schußlagen.

Boi, Tüffel, Moutonnés.

Unter diesen versteht man Stoffe, welche auf der Oberseite eine starke liegende Haardecke haben. Zur Verwendung kommen selten einfache, sondern meist verstärkte Bindungen. Bei einfachen Bindungen zeigt die rechte Seite, bei verstärkten meist beide Gewebeseiten Schußeffekt. Fig. 585 zeigt eine derartige Bindung für eine Kette und zwei Schüsse, Fig. 586 für eine Kette und drei Schüsse, Fig. 587 für zwei Ketten und drei Schüsse. Bei Pelzstoffen muß der Oberschuß von passendem Gespinst sein. Er ist schwach gedreht, damit er beim Rauhen recht viel Flor liefert. Die Fasernlänge richtet sich nach den Schußflottungen. Zu lange Wollen liefern zu viel Haardecke, zu kurze zu wenig Flor. Um die Ware kräftig und zugleich mild zu machen, spult man den Oberschuß meist zwei- oder mehrfach.

Velourstoffe.

Bei dieser Warengattung hat die rechte Seite eine kurze aufrechtstehende Haardecke. Man erreicht dieses durch Abscheren, beziehungsweise Gleichschneiden des durch Rauhen und Klopfen gebildeten Flors. Als Bindungen kommen dieselben wie bei den Pelzstoffen in Betracht.

Ratiné. Welliné.

Dies sind dicke, weiche, auf der rechten Seite durch kleine oder größere Wollknötchen, wellen- oder baumrindenartige Aufschürfungen gemusterte Stoffe. Die Knötchen werden, nachdem die Ware gewalkt, gerauht, geklopft, gedämpft, abgespitzt ist, durch Reiben einer Platte der Ratiniermaschine hervorgebracht. Beim Ratinieren muß die Ware gegen den Strich laufen. Als Bindung kommen Schußdouble wie Fig. 585, Schußtriples Fig. 586, Doppelgewebe etc. zur Verwendung. Bei Ratinés wähle man zu den den Flor bildenden Schuß eine kurze feine Wolle, da die Feinheit der Wolle die Knötchenbildung fördert.

Montagnac.

Bei dieser Warengattung besteht die Oberseite aus gekräuselten dichten Haarbüscheln. Die Benennung dieses Stoffes erfolgt nach dem Erfinder, dem

Fabrikanten Montagnac in Sedan. Als Bindungen kommen Schußdoubles, Schußtriples, Fig. 586, Doppelgewebe und Doppelgewebe mit besonderem Kräuselschuß, Fig. 587, zur Verwendung. Bei der Fig. 586 gilt Grün, Rot und Blau, bei der Fig. 587 Grün, Rot, Blau und Schwarz als gehobene Kette. Der die Kräuselung besorgende Schuß ist aus Kaschmirgarn, mitunter auch Kamelhaar und muß die Bindung dieses Schusses Schußflottungen aufweisen. Durch das Auf-, beziehungsweise Durchrauhen der Flottungen des Kräuselschusses, der Materialbeschaffenheit des letzteren, Klopfen der Ware etc. entstehen die charakteristischen Wollkräusel.

Schlingenstoffe.

Dies sind Stoffe, welche auf der Oberfläche Schlingen haben. Auf die einfachste Weise erzielt man dies, wenn man bei glatter Bindweise Schlingenzwirne verwendet. Eine andere Methode, Schlingenstoffe zu erzeugen, beruht auf der Verwendung zweier Gespinstmaterialien, von welchen das eine walkfähig ist, während das andere diese Eigenschaft nicht hat.

Fig. 588: Bindung für ein Schlingengewebe mit einem Ketten- und zwei Schußfadensystemen. Das eine Schußfadensystem soll das Grundgewebe, das andere die Schlingen bilden. Nach einem Schlingenfadenschusse folgen zwei Grundschüsse. Die Bindung des Grundgewebes ist 4bindiger zweiseitiger Köper *b*, die des Schlingenschusses ein Atlasgrat *a*.

1 Rapport = 8 Ketten- und 12 Schußfäden.

Nimmt man bei dieser Bindung zur Kette und zum Grundschusse Streichgarn, zum Schlingenschusse Mohair und walkt den Stoff zirka 30% ein, so muß ein Zusammenschrumpfen der Streichgarnkette und des Streichgarnschusses erfolgen, was eine Verkürzung des Gewebes in der Länge und Breite bedingt. Da aber das Ziegenhaar die Eigenschaft des Einschrumpfens nicht hat, müssen sich dessen Flottungen wölben und dadurch die Oberseite des Gewebes durch Schlingen bemustern. Die Schlingen können je nach Anordnung der Flottungen gleichmäßig verteilt, in diagonaler Richtung Fig. 588 oder figurenartig Fig. 589 wirken.

Fig. 589: Bindung für ein Schlingengewebe.

Nach einem leinwandbindenden Grundschusse aus walkfähigem Materiale folgt ein Schlingenschuß aus nicht zusammenschrumpfbarem Materiale. Durch die Flottungen des Schlingenschusses werden nach dem Walken[1]) des Stoffes versetzte Schlingeneffekte auf Ripsgrunde entstehen.

[1]) Unter Walken versteht man den Appreturprozeß, welcher die Zusammenschrumpfung (Verfilzung) eines Wollgewebes durch Feuchtigkeit und schiebenden Druck ausführt. Die dazu verwendeten Maschinen heißen Walken. Bei Baumwollgarn erfolgt eine Zusammenschrumpfung durch Behandlung mit Natronlauge.

ZERLEGUNG DER DOPPELGEWEBE.

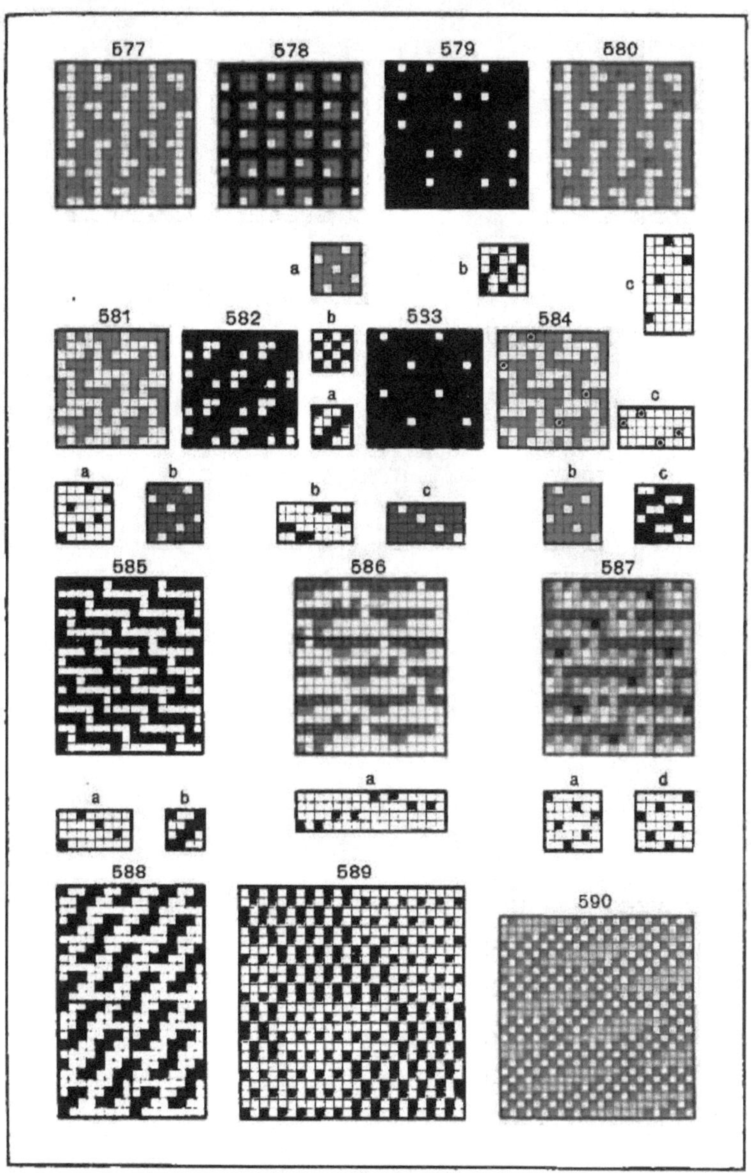

PALETOTSTOFFE.
LIX.

Fig. 590: Bindung für einen Schlingenstoff mit einem Ketten- und einem Schußfadensysteme. Nimmt man bei dieser Bindung zur Kette Baumwollgarn, zum Schusse Mohair oder Weft und walkt die Ware um zirka 30% ein, so schrumpfen die leinwandbindenden Gewebestellen zusammen, was ein Wölben der durchs Walken nicht verkürzten Schußflottungen zur Folge hat. Auf diese Weise entsteht ein Gewebe, welches als Imitation der später erklärten Krimmergewebe gilt und den Namen Walkkrimmer führt.

Flockenstoffbindungen oder Floconné.

Bei dieser Gewebegattung ist die rechte Seite durch flockenartige Haarbüschel gemustert. Diese Haarbüschel entstehen aus Schußflottungen, welche auf der Rauhmaschine in der Mitte zerrissen, zerfasert und aufgerichtet sind. Damit beim Durchrauhen der Schußflottungen die Verbindung von Flottung zu Flottung nicht mit herausgerissen wird, muß neben der Flottung enge Bindung gesetzt werden. Nachdem bei einem einfachen Gewebe durch das Durchrauhen von Schußflottungen die Haltbarkeit in Frage gestellt wird, verwendet man zu einem Floconné mindestens ein Ketten- und zwei Schußfadensysteme. Das eine Schußfadensystem bildet mit der Kette das Grundgewebe, das andere dient zur Erzeugung der Wollflocken. Damit die Ware weich und mild ausfällt, muß dieselbe auf dem Webstuhle möglichst dicht gewebt werden, damit man nur sehr wenig walken darf. Besondere Rücksicht ist auf das Material des die Flocken bildenden Schusses zu nehmen. Derselbe ist wenig gedreht und wird gewöhnlich mehrfach gespult eingetragen, da dadurch ein leichteres Zerfasern durch die Rauhkarde erfolgt als bei einem einzelnen starken Faden. Man erzeugt folgende Arten von Floconnés:

1. Floconnés bei einfachen Geweben.
2. » bei verstärkten Geweben.
3. Gepreßte Floconné.

Bei der ersten Art wechseln Grundschüsse mit Flockenschüssen ab. Das Verhältnis der Grundschüsse zu den Flockenschüssen ist 1 : 1, 1 : 2 etc.

Fig. 593: Floconnébindung für eine Kette und zwei Schüsse. Die Bindung der Grundschüsse (2, 4, 6 etc.) ist Leinwand, die der Flockenschüsse ein Karos aus Quadraten mit Leinwandbindung und Quadraten mit Schußflottungen. Die Flockenschußbindweise wird aus dem Flockenbilde Fig. 591 durch zweifache Vergrößerung in der Breite und Abbindung der gelben Flächen mit Blau in Leinwand, entwickelt. Kommt die Ware auf die Rauhmaschine, so werden die Schußflottungen in der Mitte zerrissen, zerfasert und aufgerichtet. Der Effekt, welchen die durchgerauhten Schußflottungen eines Flockenschusses liefern, ist aus dem Querschnitte der Fig. 594 ersichtlich.

Fig. 597: Floconnébindung für eine Kette und zwei Schüsse. Bei dieser Bindung sind die Flocken längsstreifenweise angeordnet. Als Grundlage dient Querrips 5 : 5, Fig. 595. Aus letzterer wird durch zweifache Vergrößerung in der Breite und Leinwandabbindung die Bindweise des Flockenschusses Fig. 596 entwickelt. Die Bindung des Grundschusses ist 4bindiger zweiseitiger Köper *a*. Bei der Bindung 597 wechselt immer 1 Grundschuß mit 2 Flockenschüssen ab. Trägt man bei dieser Bindung den Flockenschuß 1 : 1 ein, d. h. nimmt man zu den geraden Flockenschüssen andere Farbe oder anderes Gespinst als zu den ungeraden, so werden im Gewebe die ungeraden Längsstreifen anderen Ausdruck liefern als die geraden.

1 Rapport = 20 Ketten- und 12 Schußfäden.

Floconnés werden meistens aus verstärkten Bindungen erzeugt. Zur Verwendung kommen Schußdoubles, Doppelgewebe etc.

Fig. 600: Floconnébindung.

Die Bindung ist ein Schußdouble mit einer Fadenfolge von 2 Ober- oder Flockenschüssen und 1 Unterschusse. Die Bindung der Flockenschüsse wird aus dem Flockenbilde Fig. 598 gebildet. Zu diesem Zwecke überträgt man Rot in doppelter Breite auf die ungeraden, Weiß in doppelter Breite auf die geraden Schußfäden mit gelber Farbe und bindet das Getupfte in Leinwand ab. Die Bindung des Unterschusses ist ein 20bindiger gemischter Atlas. Das rot und blau Getupfte entspricht gehobener Kette.

1 Rapport = 20 Ketten- und 60 Schußfäden.

Die Fig. 604 versinnbildlicht annähernd das Warenbild des nach Fig. 600 gewebten Floconnés.

Fig. 603: Floconnébindung.

Die Bindung ist ein Doppelgewebe 2 : 1. Die Bindung der Oberware 602 entsteht aus Fig. 601 auf dieselbe Weise wie Fig. 599 aus Fig. 598. Die Unterware bindet in Leinwand *a*. Die Verbindung der Ober- und Unterware erfolgt nach *b* durch Oberkette mit Unterschuß. Rot und Blau = gehobene Kette.

1 Rapport = 24 Ketten- und 24 Schußfäden.

Fig. 605: Flockenstoffbindung.

Diese Bindung stellt ein Gewebe mit 2 Ketten- und 3 Schüssen dar. In der Kette wechselt ein Oberkettenfaden mit einem Unterkettenfaden, im Schusse 1 Oberschuß mit einem Flockenschusse und einem Unterschusse ab. Die Bindung der Oberware ist 4bindiger, zweiseitiger Köper *a*, die des Unterschusses 4bindiger Kettenköper *b*. Die Verbindung beider Waren erfolgt durch Unterkette mit Oberschuß 4schäftig taftartig *d*. Nachdem die Flockenschüsse mit der Oberkette in Längsrips 4 : 4 *c* binden, wird die Ware nach dem Durchrauhen der Flockenschußflottungen und entsprechender Appretur einen

FLOCKENSTOFFBINDUNGEN.

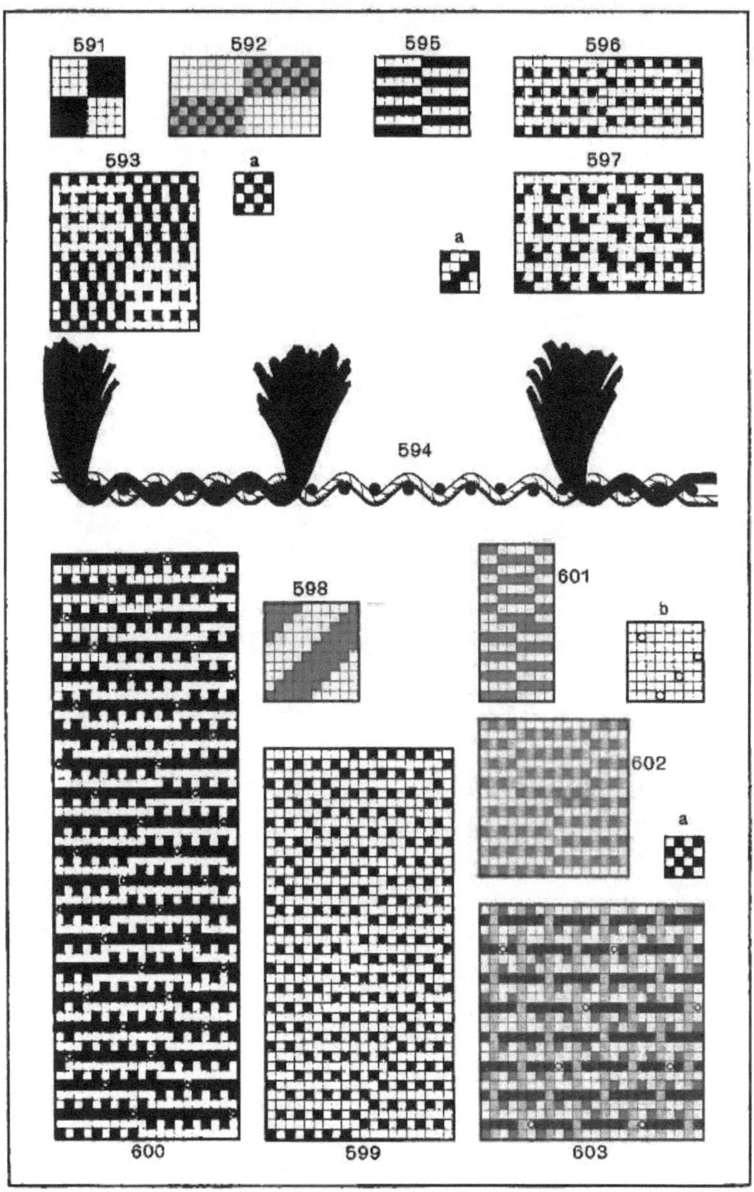

LX.

FLOCKENSTOFFBINDUNGEN.

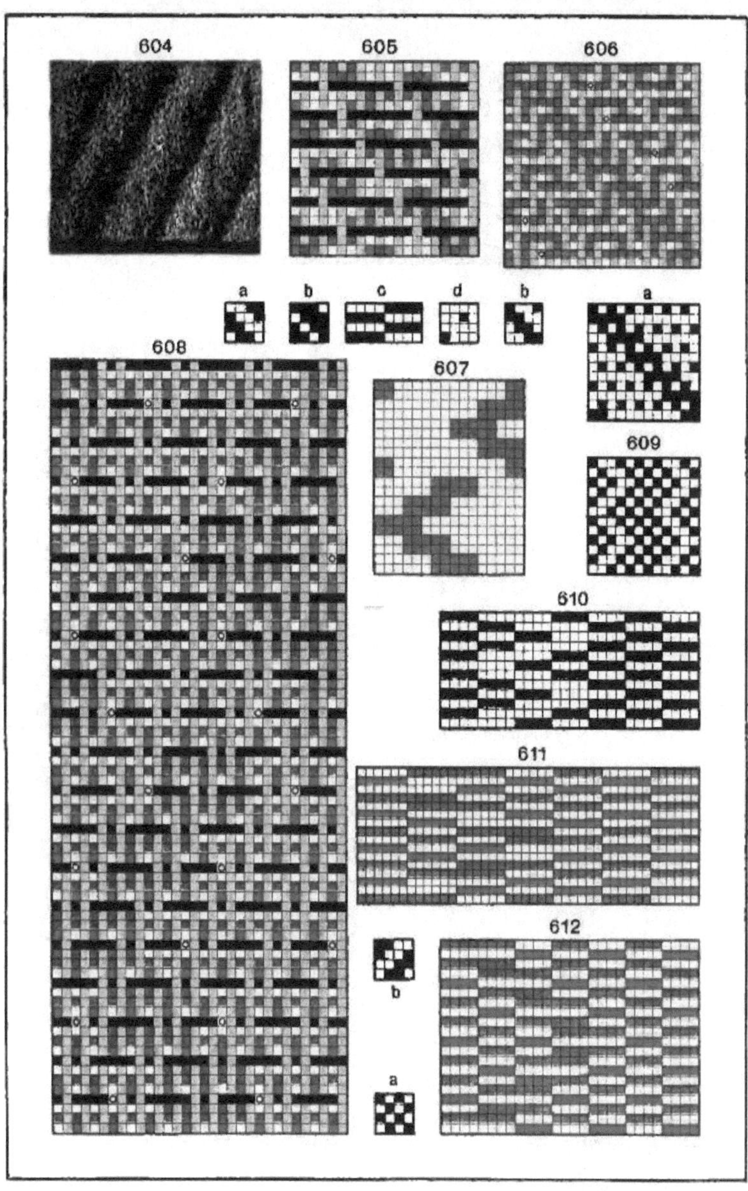

LXI.

längsgestreiften Flockeneffekt liefern. Rot, Schwarz, Grün und Blau entspricht gehobener Kette.

1 Rapport = 8 Ketten- und 12 Schußfaden.

Fig. 606: Flockenstoffbindung.

Die Bindung ist ein Doppelgewebe 1 : 1. Die Bindung der Oberware *a* besteht aus taftbindenden Grundschüssen und köperbindenden Flockenschüssen. Die Bindung der Unterware *b* ist 4bindiger zweiseitiger Köper. Die Verbindung erfolgt durch Oberkette mit Unterschuß 12schäftig (Ringtype). Das rot und blau Getupfte gilt als gehobene Kette.

1 Rapport = 24 Ketten- und 24 Schußfäden.

Fig. 608: Flockenbindung.

Zur Verwendung kommt eine Oberkette, eine Unterkette, ein Ober-, ein Füll-, ein Flocken- und ein Unterschuß. Die Bindung der Oberware ist Leinwand *a*, die der Unterware 4bindiger, zweiseitiger Köper *b*. Der Flockenschuß verbindet sich mit der Oberkette nach der Fig. 607. Die Verbindung der Oberware mit der Unterware erfolgt durch Oberkette mit Unterschuß 8schäftig in Zickzackordnung.

1 Rapport = 32 Ketten- und 80 Schußfäden.

Um eine große Flor- oder Haardecke im Gewebe zu erzeugen, muß man die Flocken eng aneinander stellen. Gute Resultate erzielt man durch die versetzte Anordnung der Flottungen zweier nacheinander folgender Flockenschüsse, wie dies Fig. 605 *c* zeigt. Um auf diese Weise figurierte Flockenschußbindweisen zu bilden, tupft man nach Fig. 609 ein geeignetes Motiv, welches man nach einer der folgenden Methoden bearbeitet.

1. Man vergrößert Rot von Fig. 609 4mal der Breite nach mit Rot, so daß Fig. 610 entsteht.

2. Man überträgt Rot der Fig. 609 6mal in der Breite vergrößert nach Fig. 611 auf den 2., 3., 6., 7., 10., 11., 14., 15. Schußfaden, nach Fig. 612 auf den 1., 4., 7., 10., 13., 16. und 19. Schußfaden der zu bildenden Flockenschußbindung. Nach diesem bindet man die leergelassenen Schüsse auf 611 und 612 entgegengesetzt der abgebundenen roten Schußlinien mit Blau ab. Das Vergrößern der Breite nach kann auch anders erfolgen.

Außer den durchgenommenen Floconnés kommen auch solche vor, wo die Flockeneffekte durch Pressen eines glatten Velourgewebes gebildet sind.

Figurierte Schußdoubles.

Tauscht man bei einem Schußdouble, wo der Unterschuß andere Farbe als der Oberschuß hat, die Schüsse streifen- oder figurenweise aus, d. h. läßt man dieselben teilweise als Ober- und teilweise als Unterschüsse wirken, so

8*

erhält man eine zweifärbig gestreifte, karierte oder figurierte Ware. Zu diesem Zwecke bildet man ein Warenbild und bindet dies nach den Fig. 613, 616, 619 und 622 zuerst mit Schwarz, dann mit Blau ab. Die blauen Tupfen bewirken die Abbindung der Oberschüsse, die schwarzen die der Unterschüsse. Die Abbindung erfolgte bei Fig. 613 und 616 in 4bindigem Köper, bei Fig. 619 und 622 in 4bindigem versetzten Köper. Auf dem Warenbilde gilt eine Schußlinie für einen Ober- und einen Unterschuß, weshalb bei der zu entwickelnden Bindung von einem Schuß des Warenbildes zwei Schüsse getupft werden müssen. Will man die Bindung Fig. 614 entwickeln, so tupft man auf die ungeraden Schußlinien der zu bildenden Bindung die blauen und weißen Tupfen aller Schüsse von Fig. 613 mit Rot und nachher auf die geraden Schüsse die blauen und roten Tupfen aller Schüsse von Fig. 616 mit Blau. Soll das Schußverhältnis anstatt 1 : 1, 2 : 2 sein, was bei einseitigem Schützenwechsel notwendig ist, so nimmt man nach Fig. 615 die Übertragung vom Warenbilde nicht 1 : 1 wie bei Fig. 614, sondern 2 : 2 vor.

Man kann auch figurierte Schußdoubles bilden, wenn man die Bindung des zweiten Streifens entgegengesetzt des ersten tupft. In diesem Falle wird aber der Bindungsgrat im zweiten Streifen entgegengesetzt zum ersten laufen.

Will man färbige Quadrate haben, so erzielt man bei der Bindung Fig. 614 einen Farbenwechsel im Schusse, wenn man an den Wechselstellen zwei gleichfärbige Schüsse hintereinander einlegt, bei der Fig. 615, wenn vier gleichfärbige Schüsse an den Wechselstellen aufeinander folgen.

Will man aber Karos bei einer fortlaufenden Schußfolge von 1 : 1 oder 2 : 2 erzeugen, so muß man wie in der Kette auch im Schusse einen Bindungswechsel vornehmen. Die Fig. 617 und 618 ergeben diesbezügliche Muster, welche wieder aus dem Warenbilde Fig. 616 entstehen, daß man zuerst Blau und Weiß, dann Rot und Weiß überträgt. Die Fig. 620, 621, 623 geben Musterungen für färbige Karos nach den Warenbildern 619 und 622 bei Schußfolge 1 : 1, beziehungsweise 2 : 2.

Bei großen Mustern stanzt man direkt vom Warenbilde 613, 616, 619, 622 und verfährt dabei folgend:

1. Man numeriert die Karten der Oberschüsse 1, 2, 3, 4 usw. mit roter Tinte, die Karten der Unterschüsse 1, 2, 3, 4 usw. mit schwarzer Tinte.

2. Man stanzt alle Oberschüsse, indem man Blau und Weiß jeder Schußlinie locht.

3. Man stanzt alle Unterschüsse, indem man Blau und Rot locht.

4. Man läßt bei Verhältnis 1 : 1 immer eine Oberschußkarte mit einer Unterschußkarte, bei Verhältnis 2 : 2 immer zwei Oberschußkarten mit zwei Unterschußkarten beim Kartenbinden abwechseln.

FIGURIERTE SCHUSS- UND KETTEN-DOUBLES.

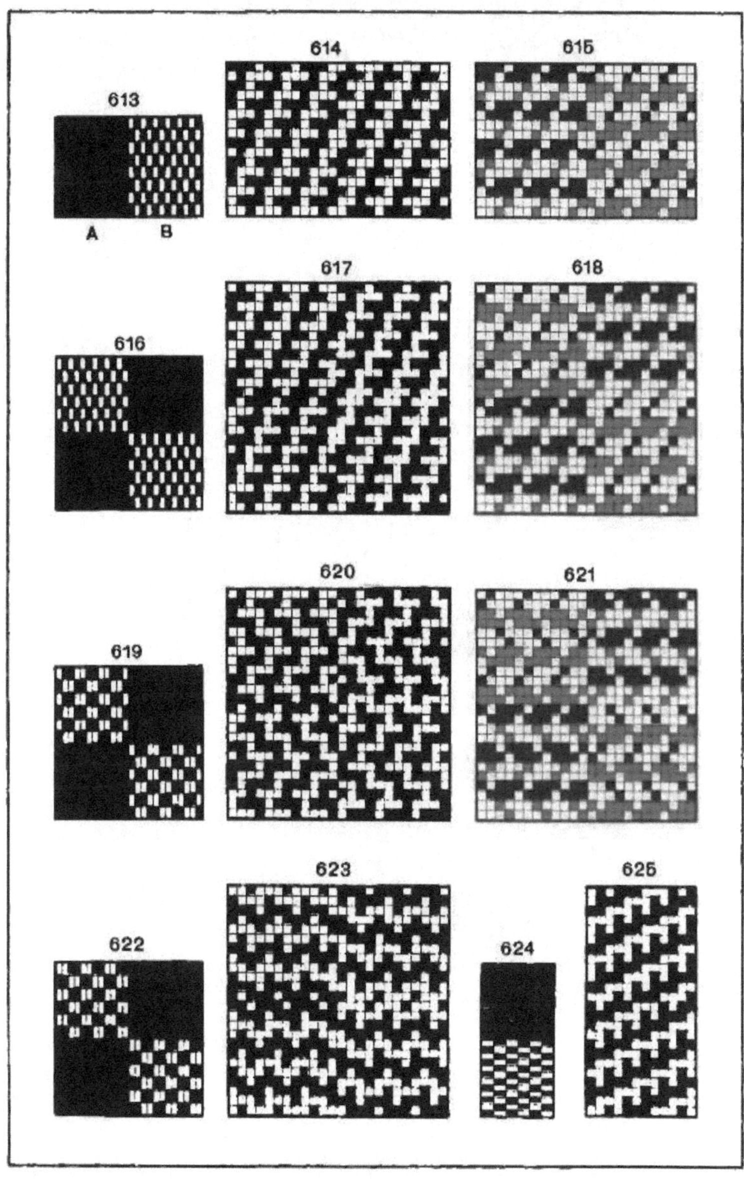

LXII.

Figurierte Kettendoubles.

Tauscht man bei einem Kettendouble, wo z. B. die eine Kette hell, die andere dunkel ist, die Bindung der Kettenfäden streifenweise, quadratisch oder figurenweise aus, d. h. läßt man die Kettenfäden teilweise als Oberkette, teilweise als Unterkette wirken, so entsteht ein zweifärbig figuriertes Gewebe. Zum Bilden derartiger Muster bildet man ein Warenbild und bindet nach der Fig. 624 die weißen und roten Flächen zuerst mit Schwarz, dann mit Blau ab. Bei der Fig. 624 erfolgte die Abbindung in 4bindigem Köper. Um die Bindung Fig. 625 zu bilden, tupft man auf alle ungeraden Kettenfäden die weißen und blauen Tupfen von Fig. 624 mit Rot und auf alle geraden Kettenfäden die blauen und roten Tupfen mit Blau. Färbige Quadrate erzielt man bei der Bindung Fig. 625, wenn man an den Wechselstellen zwei gleichfärbige Fäden nebeneinander anordnet. So z. B. würden bei einer Schweifweise von 1 Faden rot } 6mal
1 » schwarz }
1 » schwarz } 6mal
1 » rot }

in der Ware rote Quadrate, beziehungsweise Rechtecke mit schwarzen regelmäßig abwechseln.

Figurierte Doppelgewebe.

Diese Warengattung besteht aus zwei übereinander liegenden verschiedenfärbigen Waren, welche sich quadratisch oder figurenweise austauschen. Diese Gewebe liefern zwei entgegengesetzt gefärbte Rechtseiten. Man benötigt zu einem figurierten Doppelgewebe zwei Ketten- und zwei Schußfadensysteme, d. h. eine Oberkette mit Oberschuß und eine Unterkette mit Unterschuß. Die Bindung der beiden Waren ist meist gleich, seltener verschieden. Die Fig. 626 versinnbildlicht ein derartiges Gewebe. Dasselbe besteht aus roten und blauen Ketten- und roten und blauen Schußfäden. Die Bindung der roten Kette mit dem roten Schusse und die der blauen Kette mit dem blauen Schusse ist Leinwand. In den Quadraten I und IV bildet das rote Gewebe Oberware, das blaue Unterware, in den Quadraten II und III das blaue Gewebe Oberware, das rote Unterware. Beim Weben der ersteren Quadrate muß man auf den blauen Schüssen die ganze rote Kette ausheben, damit die blaue Kette und der blaue Schuß unter der roten Kette und dem roten Schusse zu liegen kommen. Beim Weben der Quadrate II und III muß man auf den roten Schüssen die ganze blaue Kette ausheben, damit die rote Kette und der rote Schuß sich unter der blauen Kette und dem blauen Schuß anordnen. Die Verbindung der beiden Gewebe erfolgt an den Warenwechselstellen.

Aus dem Längsschnitte *A* und dem Querschnitte *B* ist deutlich der Austausch und die Verbindung beider Gewebe ersichtlich.

Um ein figuriertes Doppelgewebe auf das Tupfpapier zu übertragen, verfährt man folgend:

1. Man bildet nach Fig. 627 ein Warenbild, welches den Austausch der Gewebe darstellt.

2. Man streicht nach dem Verhältnisse der beiden Gewebe die Unterkette und den Unterschuß mit Gelb an.

3. Man tupft nach Fig. 628 auf die weißen Quadrate die Bindung der Oberware *a* mit Rot.

4. Man tupft auf die gelben Kreuzungsquadrate die Bindung der Unterware *b* mit Blau. Auf diese Weise entsteht aus Fig. 628 Fig. 629.

5. Man vergrößert das Warenbild durch starke Linien auf die Bindung. Die Vergrößerung muß bei einem Verhältnisse 1 : 1 2mal erfolgen, da ein Faden des Warenbildes einem Ober- und einem Unterfaden des Gewebes entspricht.

6. Man tupft in den Flächen, welche Rot des Warenbildes entsprechen, auf die gelben Schüsse (2, 4, 6 etc.) die weißen Kettenfäden (1, 3, 5 etc.) mit Schwarz. Auf diese Weise entsteht aus Fig. 629 Fig. 630.

7. Man tupft in den Flächen, welche Weiß des Warenbildes entsprechen, auf die weißen Schüsse (1, 3, 5 etc.) die gelbe Kette (2, 4, 6 etc.) mit Schwarz. Auf diese Weise entsteht aus Fig. 630 die fertige Bindung Fig. 631, auf welcher das rot, blau und schwarz Getupfte als gehobene Kette gilt.

Zum Weben derartiger Gewebe braucht man eine Kette, welche 1 Faden hell, 1 Faden dunkel geschweift ist und einen hellen und einen dunkeln Schuß.

Fig. 633: Figurierte Doppelbindung.

Das Verhältnis der beiden Gewebe ist 1 : 1 und die Bindung 4bindiger zweiseitiger Köper *a* und *b*. Der Austausch der Gewebe erfolgte nach dem Warenbilde Fig. 632.

Bei diesem Muster wurde die Aushebung der Oberkette auf den Unterschüssen (Rot von Fig. 632) mit Rot, die Aushebung der Unterkette auf den Oberschüssen (Blau von Fig. 632) mit Blau ausgeführt.

1 Rapport = 24 Ketten- und 24 Schußfäden.

Beim Weben braucht man 16 Schäfte und 24 Karten, beziehungsweise 16 Tritte. Sollen die beiden Gewebe an den roten Flächen des Warenbildes nicht hohl liegen, so verbindet man beide Gewebe nach den Regeln der Doppelstoffe.

Fig. 636: Figurierte Doppelbindung 2 : 1.

Die Bindung des einen Gewebes ist Mattenbindung *a*, die des anderen Leinwand *b*. Der Austausch der beiden Gewebe erfolgt nach den Fig. 634 und

FIGURIERTE DOPPELGEWEBE.

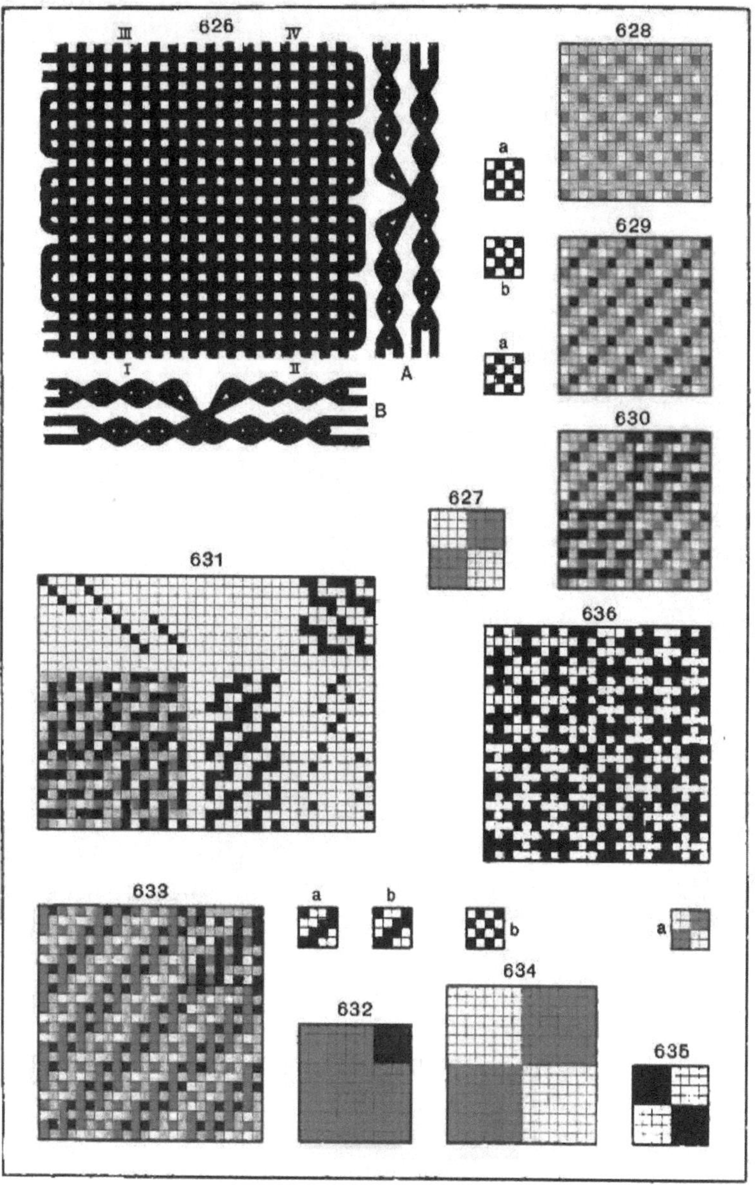

LXIII.

FIGURIERTE DOPPELGEWEBE.

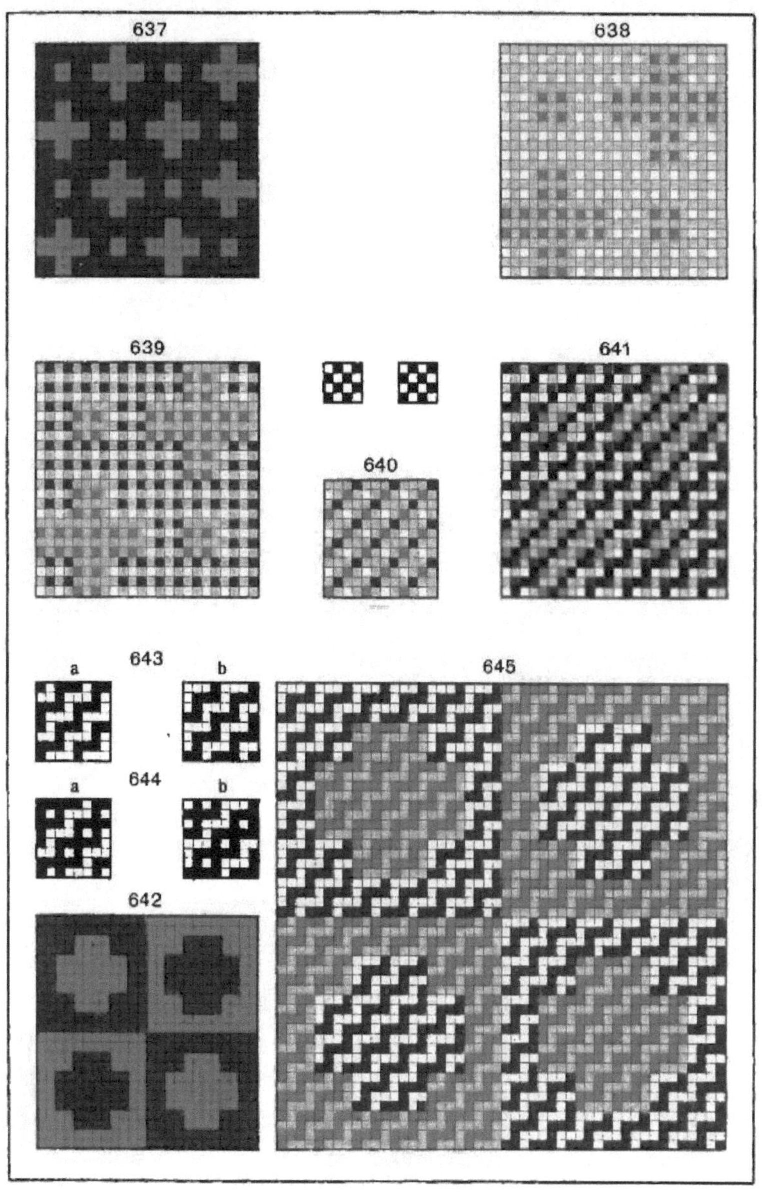

LXIV.

635 quadratisch. In den Quadraten I und IV bildet das Mattengewebe Oberware, das Leinwandgewebe Unterware, in den Quadraten II und III erfolgt das Gegenteil.

1 Rapport = 24 Ketten- und 24 Schußfäden.

Zum Weben braucht man 4 + 4 Schäfte und 24 Karten, beziehungsweise im Handstuhle 12 Tritte.

Eine andere Entwicklung der figurierten Doppelbindung erfolgt nach Fig. 641, wenn man zuerst die Aushebungen (6 und 7) tupft und dann den Geweben die Bindung gibt. Man verfährt dabei folgend:

1. Man streicht bei einem Verhältnisse 1 : 1 die geraden Ketten- und Schußfäden einer Bindungsfläche mit Gelb an.

2. Man tupft auf die weißen Quadrate der vorgestrichenen Bindungsfläche Rot des Warenbildes Fig. 637 mit Rot Fig. 638.

3. Man tupft auf die gelben Kreuzungsquadrate Blau des Warenbildes mit Blau. Auf diese Weise entsteht aus Fig. 638 die Fig. 639.

4. Man gibt den beiden Geweben die Bindung. Sollen beide Gewebe in Leinwand binden, so muß man, da nach Fig. 640 2mal Leinwand übereinander den 4bindigen Schußköper ergibt, diesen Köper auf die Bindung bringen. Dieser Köper muß so gesetzt werden, daß er auf die Kreuzungsstellen von gelber Kette mit weißem Schusse oder weißer Kette mit gelbem Schusse kommt. Auf diese Weise entsteht aus Fig. 639 das fertige Muster Fig. 641, bei welchem das rot, blau und schwarz Getupfte als gehobene Kette gilt. Zu bemerken ist bei dieser Bindungsentwicklung, daß die Bindung in der Kette mit einem Oberfaden, im Schusse mit einem Unterfaden beginnt.

Man kann auch nach Fig. 645 auf eine dritte Art eine figurierte Doppelbindung tupfen, wenn man folgend verfährt:

1. Man vergrößert Rot des Warenbildes Fig. 642 2-, eventuell 4mal mit Gelb.

2. Man bindet die gelben und weißen Flächen ab. Sollen beide Gewebe in Leinwand binden, so setzt man die Bindung Fig. 643 *a* auf Gelb, die Bindung Fig. 643 *b* auf Weiß. Will man anstatt Leinwand 4bindigen zweiseitigen Köper haben, so bindet man die gelben Flächen mit der Bindung Fig. 644 *a*, die weißen mit Fig. 644 *b* ab.

3. Die Bindungen Fig. 643 *a* und 644 *a* beginnen mit einem Oberketten- und Oberschußfaden, die Bindungen Fig. 644 *a* und 644 *b* mit einem Unterketten- und Unterschußfaden, weshalb durch die abwechselnde Anordnung von *a* und *b* ein Gewebeaustausch stattfinden muß.

4. Das rot und blau Getupfte bedeutet gehobene Kette.

Figurierte dreifache Gewebe.

Diese Warengattung besteht aus drei übereinander liegenden Geweben, welche sich flächenweise austauschen.

Fig. 646: Warenbild eines figurierten dreifachen Gewebes. Um diesen Effekt zu erzeugen, muß eine blaue, rote, weiße Kette und ein blauer, roter und weißer Schuß zur Verwendung kommen. Die Bindung der blauen Kette mit dem blauen Schusse, der roten Kette mit dem roten Schusse und der weißen Kette mit dem weißen Schusse ist Leinwand. Um die Musterzeichnung Fig. 647 zu bilden, vergrößert man das Warenbild Fig. 646 3mal und setzt auf die färbigen Flächen die Bindung *a*, welche ein dreifaches Leinwandgewebe (Fig. 567 darstellt. Nachdem jede färbige Fläche der Musterzeichnung eine andere Stellung der drei übereinander liegenden Gewebe ergibt, muß die Bindung in drei Stellungen übertragen werden.

Wenn die 1. Kette und der 1. Schuß blau,
» 2. » » » 2. » rot,
3. » » » 3. » weiß angenommen werden und in den blauen Flächen die Gewebe in dieser Reihenfolge übereinander liegen, so muß in den genannten Flächen der Musterzeichnung die Bindung *a*, welche mit einem 1. Ketten- und 1. Schußfaden beginnt, getupft werden. Wenn in den roten Flächen das rote Gewebe Oberware, das weiße Mittelware und das blaue Gewebe Unterware bilden soll, so müssen diese Flächen der Musterzeichnung nach Bindung *b*, welche mit einem 2. Ketten- und 2. Schußfaden beginnt, eingesetzt werden. Soll in den weißen Flächen das weiße Gewebe Oberware, das blaue Mittelware, das rote Gewebe Unterware bilden, so muß die Bindung dieser Flächen nach *c* begonnen werden, da diese mit dem 3. Ketten- und 3. Schußfaden beginnt. Beim Kartenstanzen gilt das schwarz Getupfte als gehobene Kette.

Weitere Farbeneffekte bei 2-, 3- und 4fachen Geweben siehe das Werk Donat, »Färbige Gewebemusterung«.

Trikot.

Unter Trikot versteht man einen verstärkten Hosenstoff mit schmalen linnenartigen Furchen. Nach der Richtung dieser Furchen unterscheidet man Quer-, Längs- und Diagonaltrikots.

Quertrikot.

Die Bindungen sind entweder Schußdoubles oder querstreifenweise angeordnete Tafthohlstoffbindungen. Bei Schußdoubles ist das Verhältnis des Oberschusses zu dem Unterschusse 1 : 1, 2 : 2 oder 2 : 1. Dem Prinzipe nach wechseln immer zwei aneinander gelegte Oberschüsse mit einer Querfurche ab.

FIGURIERTE DREIFACHE GEWEBE.

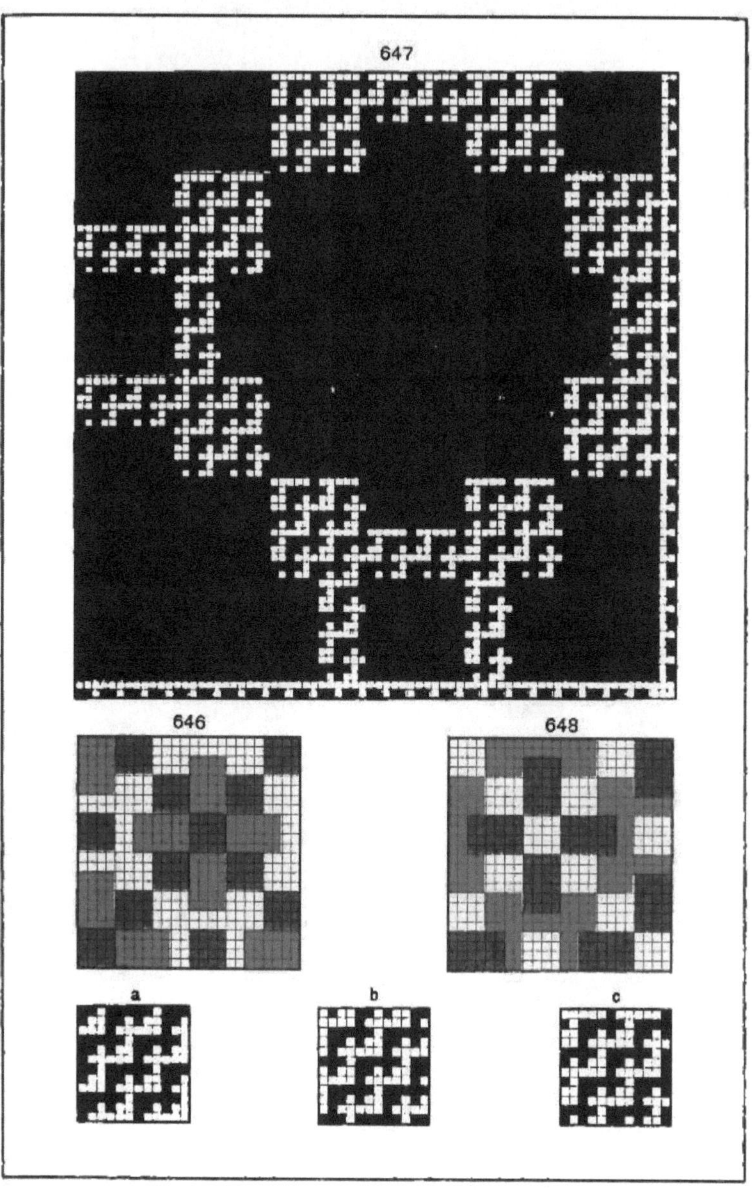

LXV.

Das Aneinanderreihen der zwei Oberschüsse erzielt man bei Schußdoubles durch die ordnungsmäßige Abbindung des ersten Unterschusses, die Furche durch die entgegengesetzte Bindweise des zweiten Unterschusses gegenüber dem dritten Oberschusse. Durch das erstere schiebt sich der erste Unterschuß unter den ersten Oberschuß, weshalb sich der zweite Oberschuß direkt an den ersten Oberschuß legen kann. Da aber der zweite Unterschuß entgegengesetzt der Regel der Schußdoubles gesetzt ist, wird der dritte Oberschuß durch den zweiten Unterschuß gesperrt, was eine Lücke oder Furche zwischen dem zweiten und dritten Oberschusse zur Folge hat.

Bei Tafthohlstoffbindungen ist das Verhältnis der Oberware zur Unterware 1 : 1. Die linienartigen Querfurchen entstehen, daß man Tafthohlstoffbindung von 4 : 4 oder 6 : 6 Schüssen entgegengesetzt tupft. Durch die entgegengesetzte Tupfweise erfolgt ein Austausch der Oberkette mit der Unterkette, was die Furchenbildung bewirkt.

Fig. 649: Quertrikot (Schußdouble 1 : 1).
Oberschuß 4bindiger nach links laufender Schußköper *a*.
Unterschuß 4bindiger nach rechts laufender Kettenköper *b*.
1 Rapport = 4 Ketten- und 8 Schußfäden.

Fig. 650: Quertrikot (Schußdouble 1 : 1).
Oberschuß 3bindiger Schußköper *a*.
Unterschuß 3schäftiger Diagonal *b*.
1 Rapport = 3 Ketten- und 12 Schußfäden.

Fig. 651: Quertrikot (Schußdouble 1 : 1).
Oberschuß 4bindiger versetzter Schußköper *a*.
Unterschuß 4bindiger versetzter Kettenköper *b*.
1 Rapport = 4 Ketten- und 8 Schußfäden.

Fig. 652: Quertrikot (Schußdouble 1 : 1).
Oberschuß 4schäftiger gemischter Schußatlas *a*.
Unterschuß 4schäftiger gemischter Kettenatlas *b*
1 Rapport = 4 Ketten- und 16 Schußfäden.

Fig. 653: Quertrikot (Schußdouble 2 : 2).
Oberschuß 4bindiger versetzter Schußköper *a*.
Unterschuß 4bindiger versetzter Kettenköper *b*.

Dieses Verhältnis wird anstatt 1 : 1 angewendet, wenn man zum Unterschuß anderes Material oder Farbe als zum Oberschuß nehmen will und man nur einen einseitigen Schützenwechsel zur Verfügung hat.

1 Rapport = 4 Ketten- und 8 Schußfäden.

Fig. 654: Quertrikot (Schußdouble 2 : 1).
Oberschuß 3bindiger Schußköper *a*.

Unterschuß 3bindiger Kettenköper *b*.

1 Rapport 3 Ketten- und 9 Schußfäden.

Fig. 655: Quertrikot (Tafthohlbindung 1 : 1).

4 Schußfäden Tafthohlbindung *a* wechseln mit 4 Schußfäden entgegengesetzt getupfter Tafthohlbindung ab.

1 Rapport = 4 Ketten- und 8 Schußfäden.

Fig. 656: Quertrikot (Tafthohlbindung 1 : 1).

Bei dieser Bindung wechseln 6 Schußfäden Tafthohlbindung mit 6 Schußfäden entgegengesetzter Tafthohlbindung ab. Im Gewebe werden immer drei aneinander gelegte Oberschüsse mit einer Querfurche abwechseln.

1 Rapport = 4 Ketten- und 12 Schußfäden.

Fig. 657: Quertrikot (Tafthohlbindung mit Füllschuß).

In jedem Querstreifen der Fig. 655 wurde ein Füllschuß gelegt. Beim Eintragen der Füllschüsse muß die Oberkette gehoben werden, während die Unterkette gesenkt oder liegen bleiben muß. Weil bei den zweiten Querstreifen ein Wechsel der Ketten erfolgt, stehen die blauen Tupfen des zweiten Füllschusses auch entgegengesetzt zu denen des ersten Füllschusses. Durch den Füllschuß wird natürlich die Ware kräftiger werden.

Längstrikot.

Bei dieser Warengattung wechseln immer zwei aneinander gelegte Kettenfäden mit einer schmalen Längsfurche ab. Man kann dazu die Quertrikotbindungen verwenden, wenn man dieselben um $^1/_4$ dreht. Auf diese Weise entstehen Kettendoubles und längsstreifenweise angeordnete Tafthohlstoffbindungen.

Fig. 658: Längstrikot (Tafthohlstoffbindung 1 : 1).

4 Kettenfäden Tafthohlstoffbindung *a* wechseln mit 4 Kettenfäden entgegengesetzt getupfter Tafthohlbindung ab.

1 Rapport = 8 Ketten- und 4 Schußfäden.

Fig. 659: Längstrikot (Tafthohlbindung mit Füllkette).

In jedem Streifen der Fig. 658 ist ein Füllkettenfaden untergebracht. Weil bei längsstreifenweise versetzt getupfter Tafthohlbindung ein Wechsel der Schüsse stattfindet und die Füllkette immer auf den Unterschuß ausgehoben wird, stehen die blauen Tupfen des zweiten Füllkettenfadens entgegengesetzt zu den Tupfen des ersten Füllfadens.

1 Rapport = 10 Ketten- und 4 Schußfäden.

Um ein kräftiges, dickes Trikotgewebe zu erzeugen, fügt man den bis jetzt durchgenommenen Bindungen eine Unterkette und Unterschuß bei.

Fig. 660: Längstrikot Doppelgewebe 2 : 1).

TRIKOT.

649
b
a
650
b
a
651
b
a
652
b
a
653
b
a
654
b
a
655
a
656
a
657
a
661
658
a
659
a
660
b
c
a
a
b

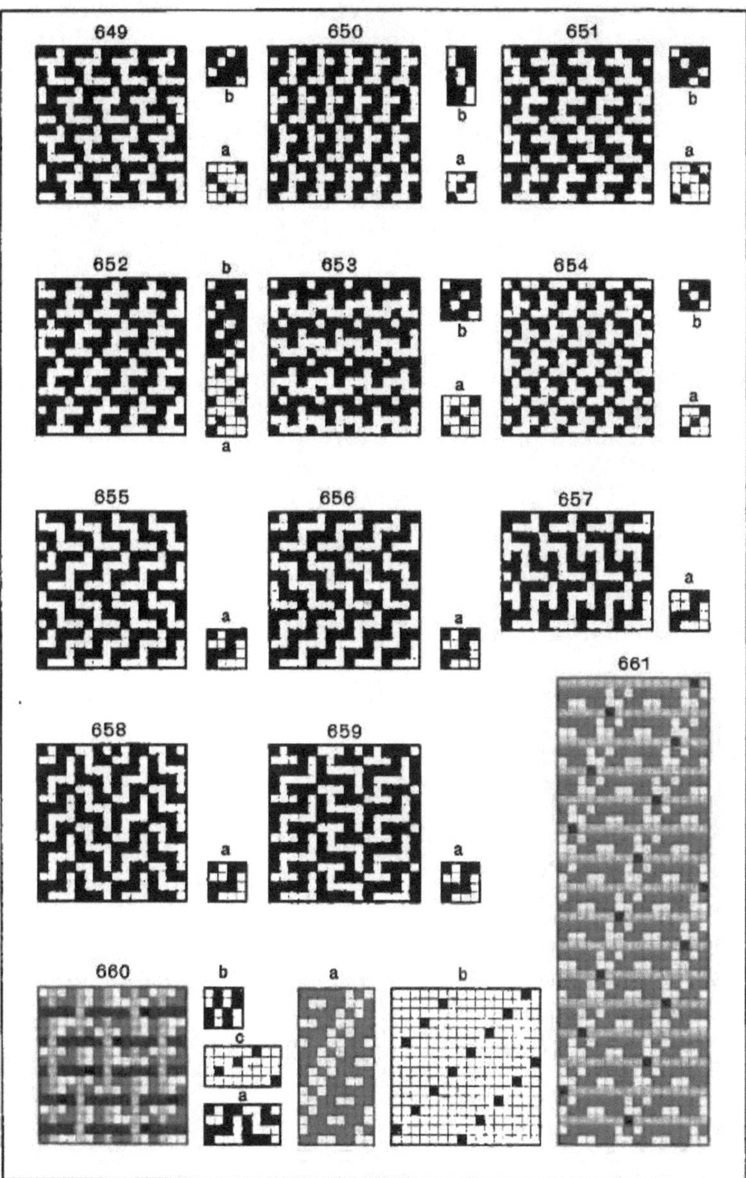

LXVI.

Oberware Längstrikot *a*.

Unterware Querrips 2 : 2 *b*. Die Verbindung der Oberware mit der Unterware erfolgt durch Oberkette mit Unterschuß 8schäftig nach *c*. Das rot und blau Getupfte bedeutet gehobene Kette.

1 Rapport = 12 Ketten- und 12 Schußfäden.

Diagonaltrikot.

Um eine Ware mit diagonallaufenden linienartigen Furchen zu bilden, nimmt man eine Diagonalbindung, verstärkt diese mit Unterschuß und bindet den letzten entgegengesetzt der Regel der Schußdoubles ab.

Fig. 661: Diagonaltrikot (Schußdouble 2 : 1).

Die Bindung des Oberschusses ist 8bindiger Diagonal 2er Steigung *a*. die des Unterschusses 16bindiger Atlas *b*. Wie aus der Bindung Fig. 661 ersichtlich ist, haben die schwarzen Tupfen auf den Unterschüssen (Gelb) nach unten keine Deckung, weshalb sich der Unterschuß an diesen Stellen nicht unter die vorhergehenden Oberschüsse schieben kann, was ein Tiefziehen des unter dem Unterschusse liegenden Oberkettenfadens zur Folge hat. Durch dieses Tiefziehen des Oberkettenfadens entsteht eine Steppe in der Ware. Da diese diagonalartig angeordnet sind, werden schmale, diagonallaufende Längsfurchen in der Ware entstehen. Auf der Bindung bedeutet das rot und gelb Getupfte gehobene Kette.

1 Rapport = 16 Ketten- und 48 Schußfäden.

Matelassé.

Schnitte oder linienartige Furchen erzielt man bei Doppelgeweben durch Schaffung von entgegengesetzt bindenden Schnittfäden oder durch eine der Regel der Doppelstoffe zuwider handelnde Anordnung der Anheftstellen. Nach der Anordnung der Furchen erhält man längsgestreifte, quergestreifte, karierte und figurierte Musterungen.

Fig. 662: Bindung für ein Gewebe mit Längs- und Querfurchen.

Tafthohlstoffbindung wurde von 8 : 8 Ketten- und Schußfäden entgegengesetzt getupft. Durch diese Bindweise bekommen der 1. und 16. sowie 8. und 9. Ketten- und Schußfaden entgegengesetzte Bindung, was zur Folge hat, daß zwischen dem 8. und 9. sowie 16. und 17. Ketten- und Schußfaden linienartige Vertiefungen zustande kommen.

1 Rapport = 16 Ketten- und 16 Schußfäden, das sind bei reduzierendem Einzuge 8 Schäfte und 16 Karten, beziehungsweise im Handwebstuhle bei reduzierender Trittweise 8 Tritte.

Fig. 663: Bindung für ein Gewebe mit Längs- und Querfurchen.

Tafthohlstoffbindung wurde von 8 : 8 : 16 : 16 Ketten- und Schußfäden entgegengesetzt getupft.

1 Rapport = 48 Ketten- und 48 Schußfäden = 8 Schäfte und 48 Karten, beziehungsweise 8 Tritte. Die Fig. 664 versinnbildlicht die durch die Längs- und Querfurchen gemusterte Ware aus der Bindung Fig. 663. Außer Hohlstoffbindungen kann man auch aus Schußdoublebindungen Längs- und Querfurchen erzeugen.

Fig. 665: Bindung für ein Gewebe mit Längs- und Querfurchen.

Die aus dem 4bindigen versetzten Schußköper *a* und dem 4bindigen versetzten Kettenköper *b* entwickelte Schußdoublebindung wurde von 12 : 12 Ketten- und Schußfäden entgegengesetzt getupft.

1 Rapport = 24 Ketten- und 24 Schußfäden = 8 Schäfte und 24 Karten oder 16 Tritte.

Fig. 666: Doppelstoffbindung für Längsfurchen.

Die Fadenfolge ist in Kette und Schuß 2 : 1. Die Bindung der Oberware ist Mattenbindung 2 : 2 *a*, die der Unterware 4bindiger Köper *b*. Die Ringtype ergibt die Verbindung von Oberkette mit Unterschuß. Die Anheftstellen sind nach der Regel der Doppelgewebe eingesetzt, da die Ringtype für gelassen gilt und so steht, daß sie oben und unten Weiß, d. i. Oberschuß hat. Werden diese Anheftstellen z. B. atlasartig angeordnet, so verteilt sich die durch die Überlage des Unterschusses entstehende Spannung, der die Anheftung besorgende Oberkettenfaden und die Anheftstellen werden vermöge der Deckung durch die Flottungen des Oberschusses dem Auge unsichtbar gemacht. Ordnet man dieselben aber wie bei Fig. 666 direkt übereinander liegend an, so muß durch diese Anordnung und die dadurch erhöhte Spannung der Schnittfäden gegenüber den anderen Kettenfäden ein Tieferliegen der Schnittfäden erfolgen und dadurch eine Längsfurche entstehen.

1 Rapport = 24 Ketten- und 6 Schußfäden.

Fig. 667: Doppelstoffbindung für Querfurchen.

Die Bindung der Ober- und Unterware ist dieselbe wie bei Fig. 666. Die Verheftung der beiden Gewebe erfolgt durch Unterkette mit Oberschuß. Durch die linienartige Anordnung der Versteppungspunkte entsteht im Gewebe an diesen Stellen eine Vertiefung, eine Querfurche.

1 Rapport = 6 Ketten- und 24 Schußfäden.

Fig. 668: Doppelstoffbindung für Längs- und Querfurchen.

Diese Bindung ergibt die Vereinigung von Längs- und Querfurchen nach den Fig. 666 und 667.

1 Rapport = 24 Ketten- und 24 Schußfäden.

MATELASSÉ.

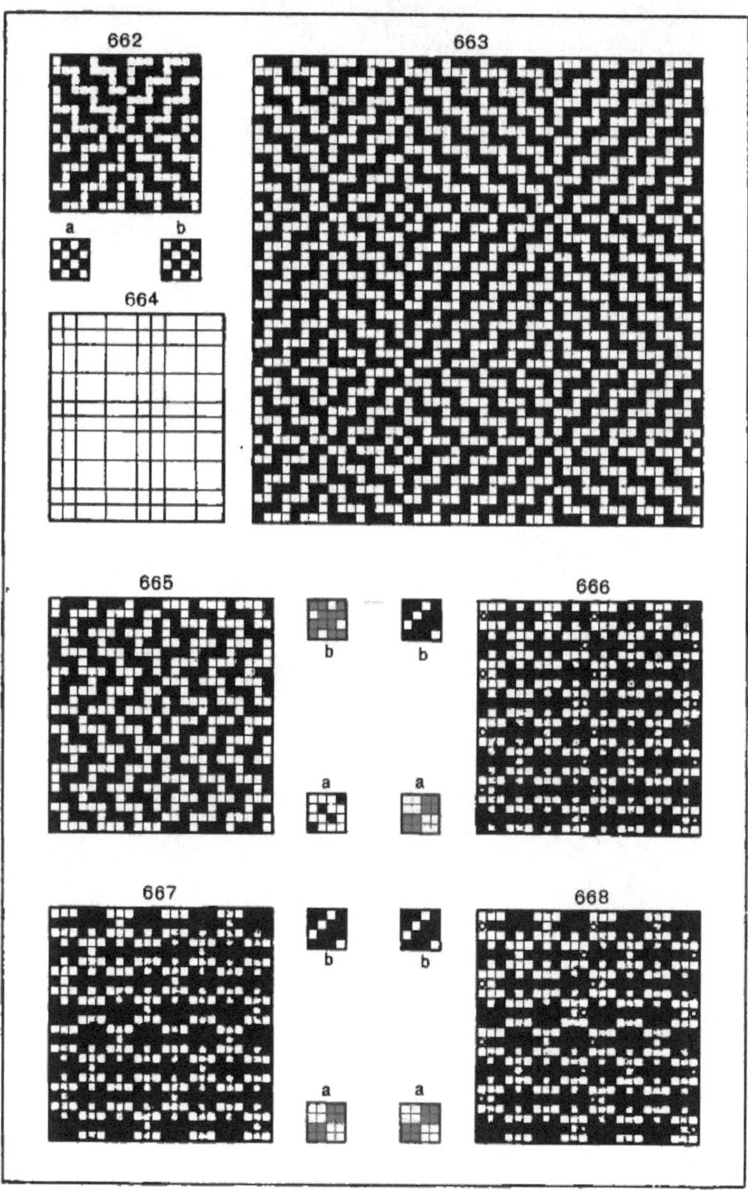

LXVII.

MATELASSÉ.

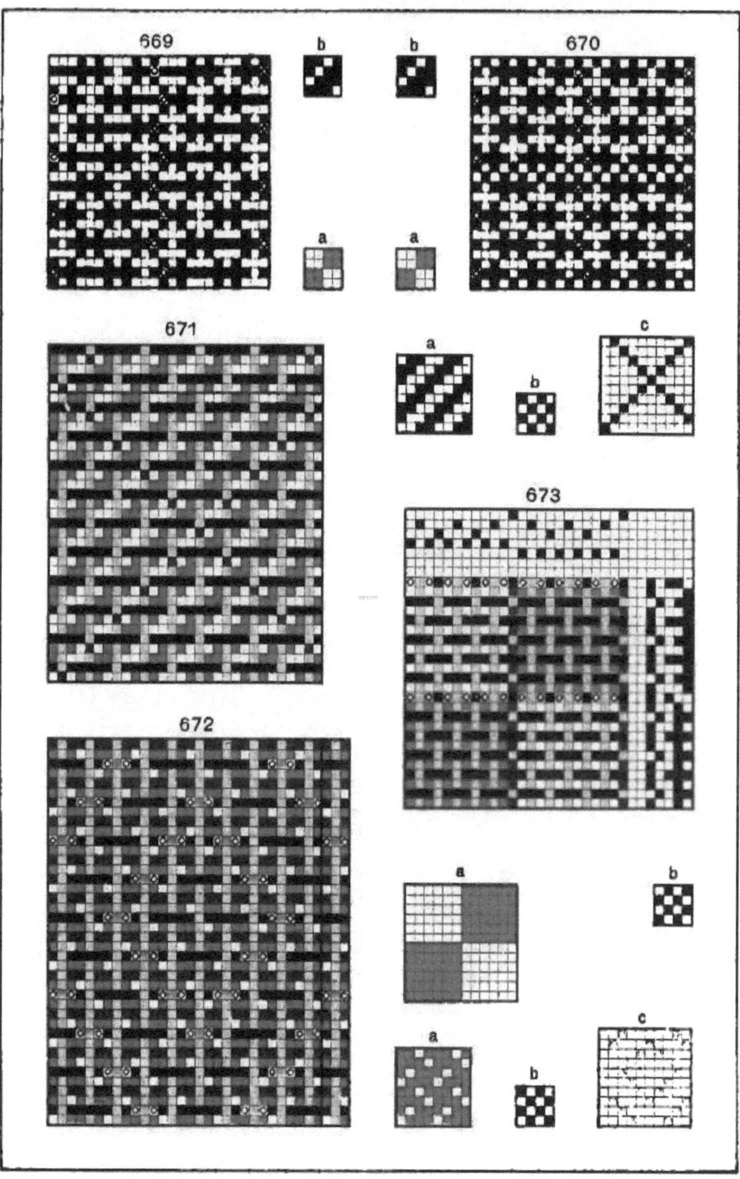

LXVIII.

Will man die Furchen kräftiger haben, so setzt man die Versteppungspunkte entgegengesetzt der Regel der Doppelstoffe und geben darüber die Fig. 669 und 670 Aufschluß.

Das rot, blau und schwarz Getupfte bedeutet gehobene Kette.

Will man in einem Gewebe diagonale Einschnitte bilden, so muß man die Versteppungstupfen, entgegengesetzt der Regel der Doppelstoffe, in diagonaler Richtung anordnen. Sollen auf der Spitze stehende Quadrate oder Figuren durch Einschnitte oder Furchen erzeugt werden, so muß man die Versteppung in diesem Sinne ausführen.

Fig. 671: Matelassé.

Das Verhältnis der Oberware zur Unterware ist 2 : 1. Die Bindung der Oberware ist 4bindiger zweiseitiger Köper *a*, die der Unterware Leinwand *b*. Die Versteppung erfolgt nach dem 10bindigen Spitzköper *c* durch Unterkette mit Oberschuß. Die Versteppungstupfen sind ganz außer der Regel gesetzt, da dieselben rechts und links Oberschuß anstatt Oberkette haben. Durch diese Anordnung wird die Steppe recht kräftig ausfallen, weil durch den Oberschuß auch der rechts und links vom einbindenden Unterkettenfaden befindliche Oberkettenfaden mit tiefgezogen wird.

1 Rapport = 30 Ketten- und 30 Schußfäden.

Fig. 672: Matelassé.

Die Fadenfolge ist in der Kette 1 Ober-, 1 Unter-, 1 Oberkettenfaden im Schusse, 1 Ober-, 1 Unter-, 1 Ober-, 1 Füllschuß. Die Bindung der Oberware ist 4bindiger versetzter Kettenköper *a*, die der Unterware Leinwand *b*. Die Versteppung der beiden Gewebe erfolgte nach dem 10bindigen Spitzmuster *c*, durch Oberkette mit Unterschuß. Die aus der Ringtype ersichtliche Versteppung wird einen kräftigen Tiefzug der Oberware bewirken, da die Versteppungspunkte nach keiner Seite die bei den glatten Doppelgeweben notwendige Deckung haben.

Um die Musterzeichnung Fig. 672 zu bilden, verfährt man folgend:

1. Man streicht die Unterkettenfäden (2, 5, 8 usw.) und die Unterschußfäden (2, 6, 10 usw.) mit Gelb an.

2. Man tupft auf die Füllschüsse (4, 8, 12 usw.) die Oberkettenfäden (1, 3, 4, 6, 7 usw.) mit Blau.

3. Man setzt mit Rot auf die weißen Quadrate der Bindungsfläche die Bindung der Oberware *a*.

4. Man tupft mit Schwarz auf die gelben Kreuzungsquadrate die Bindung der Unterware *b*.

5. Man tupft auf die Unterschüsse die Oberkette mit Schwarz.

6. Man überträgt die grünen Tupfen des Versteppungsmusters *c* auf die Kreuzungsquadrate der Unterkette mit Unterschuß.

7. Man bewirkt durch Setzen von gelassen geltenden Tupfen (Ringtype) links und rechts neben den grünen Tupfen die Versteppung von Oberkette mit Unterschuß.

8. Das rot, blau, schwarz und grün Getupfte bedeutet gehobene Kette.

1 Rapport — 30 Ketten- und 40 Schußfäden.

Fig. 673: Matelassé.

Die Fadenfolge ist in Kette und Schuß 1 Ober-, 1 Unterfaden, die Bindung der Oberware Mattenbindung *a*, die der Unterware Leinwand. Durch die blauen Tupfen erfolgt eine Versteppung beider Gewebe durch Unterkette mit Oberschuß, durch die Ringtypen eine Versteppung durch Oberkette mit Unterschuß. Das rot, schwarz und blau Getupfte gilt als gehobene Kette.

Piqué oder Pikee.

Unter Piqué versteht man ein leinwandbindendes Gewebe, welches durch furchenartige Einschnitte gemustert ist. Zum Weben eines Piqués braucht man mindestens zwei Ketten und einen Schuß. Die eine Kette verbindet sich mit dem Schusse in Leinwand, die andere bewirkt durch Einbinden in die Grundschüsse die Musterung des Gewebes. Man heißt die eine Kette Grundkette, die andere Steppkette, den Schuß Grundschuß. Gewöhnlich hat die Grundkette noch einmal soviel Fäden als die Steppkette. Die Grundkette ist schwach, die Steppkette straff gespannt. Der ungleichen Kettenspannung und Bindweise zufolge muß jede Kette auf einen besonderen Kettenbaum kommen.

Fig. 674: Piqué.

Die weißen Kettenfäden 1, 3, 4, 6 etc. bedeuten Grund-, die gelben 2, 5, 8 etc. Steppkette. Die Bindung der Grundkette mit dem Grundschusse ist Längsrips *a*. Die Bindung der Steppkette mit dem Grundschusse ist Querzickzack *b* und sind die Tupfen so gesetzt, daß sie rechts und links Schuß (Weiß) haben, was ein deutliches Hervortreten auf der rechten Warenseite bedingt. Durch die straff gespannte Steppkette wird das schwach gespannte Grundgewebe an den Stellen, wo die Steppkette einbindet, tiefgezogen und dadurch furchenartig wirken, während die anderen Gewebestellen erhöht ausfallen.

1 Rapport — 12 Ketten- und 4 Schußfäden.

Der Schafteinzug erfolgt zweiteilig. Man braucht 3 Schäfte für die Steppkette und 2, beziehungsweise 4 Schäfte für die Grundkette.

Um einerseits die Ware kräftiger zu machen, anderseits der Musterung ein plastischeres Gepräge zu geben, verwendet man außer Grundkette, Steppkette und Grundschuß noch Füll-, beziehungsweise Futterschuß. Füllschuß heißt er dann, wenn er ungebunden zwischen der Steppkette und dem Grundgewebe angeordnet ist, Futterschuß, wenn er auch teilweise unter der Steppkette zu liegen kommt. Das Verhältnis des Grundschusses zum Füll-, beziehungsweise Futterschuß ist gewöhnlich 2 : 1, beziehungsweise 4 : 2. Damit das Einbinden der Steppkette in das Grundgewebe größere Tiefzüge, »Steppen«, verursacht, läßt man die Steppkette immer über zwei Grundschüsse einbinden. Man unterscheidet Schnürlpiqué, wenn die Ware durch der Quere nach laufende Schnürl gestreift ist, und figurierten Piqué, wenn dieselbe einen figurierten Ausdruck hat.

Um eine Piquébindung zu entwickeln, verfährt man folgend:

1. Man bildet ein Muster, nach welchem die Versteppung, d. h. Verbindung der Steppkette mit dem Grundschusse erfolgen soll. Dabei nimmt man die zwei Schüsse, über welche immer der Steppfaden bei der Einbindung zu liegen kommt, für einen an.

2. Man bestimmt die Fadenfolge und streicht nach dieser die Steppkette und den Füll-, beziehungsweise Futterschuß mit Gelb an.

Die Fadenfolge ist in der Kette immer 2 : 1, im Schusse bei figuriertem Piqué 2 : 1, 4 : 2, eventuell 2 : 2, bei Schnürlpiqué je nach der Breite der Schnürl und Furchen verschieden.

3. Man tupft die Bindung des Grundgewebes mit Rot auf die weißen Quadrate der Bindungsfläche. Die Bindung des Grundgewebes ist Leinwand, in seltenen Fällen Köper.

4. Man tupft auf die Füll-, beziehungsweise Futterschüsse die Oberkette mit Schwarz.

5. Man überträgt mit Blau, die blauen Tupfen des Versteppungsmusters auf die Kreuzungsstellen der Steppkette mit den Grundschüssen.

Dabei ist zu beachten, daß eine Schußlinie des Versteppungsmusters zwei Grundschüssen entspricht, was eine Verdoppelung der Versteppungspunkte auf der Piquébindung zur Folge hat.

6. Man läßt bei Piqué mit Futterschuß den auf den Grundschüssen liegenden Steppkettenfaden auch über den nächstfolgenden Futterschuß binden, was durch Ansetzen eines blauen Tupfens über die bereits gesetzten blauen Tupfen erfolgt.

Piqué wird in der Handweberei so vorgerichtet, daß man den Füll-, beziehungsweise Futterschuß, ohne die Aushebung der Grundkette vorzunehmen, eintragen kann. Zu diesem Zwecke richtet man die Steppkette für Aufzug, die Grundkette für Tiefzug vor. Das Einziehen der Kettenfäden in die Helfen der Schäfte erfolgt zweiteilig. In den ersten Teil kommen die Steppkettenfäden, in den zweiten die Grundkettenfäden. Die Zahl der Steppschäfte wird nach dem Versteppungsmotive bestimmt. Für das Grundgewebe brauchte man eigentlich nur zwei Schäfte. Man nimmt aber stets wegen zu großer Kettenfadendichte vier in Anwendung. Zum Bewegen der zwei Schaftabteilungen braucht man zwei Trittabteilungen. Rechts ordnet man gewöhnlich die Grundtritte, links daneben die Stepptritte an. Die Zahl der Stepptritte wird nach dem Versteppungsmuster bestimmt. Zum Bewegen der vier Grundschäfte dienen bei Leinwandbindung zwei Tritte. Die Bearbeitung der Grundtritte erfolgt mit dem rechten Fuße, die der Stepptritte mit dem linken Fuße. An der Kreuzung der ersten Schaftabteilung mit der ersten Trittabteilung (Schnürung) bedeutet ein voller schwarzer Tupfen eine Schafthebung, an der Kreuzung der zweiten Schaft- und Trittabteilung die Ringtype einen Schafttiefzug. Bei großen Versteppungsmustern ist es vorteilhaft, für die Steppkette eine Schaftmaschine für Aufzug Fig. 34 zu verwenden.

Bei Bindungen mit Füllschuß Fig. 675, 676 wird der Füllschuß, ohne einen Grundtritt zu treten, eingetragen, da durch die Stuhlvorrichtung im Handwebstuhle schon eine zum Eintragen dieses Schusses notwendige Fachbildung vorhanden ist. Beim Eintragen der zwei Grundschüsse wird auf den Tritt der Steppkette getreten und so lange darauf stehen geblieben, bis diese durch Treten der zwei Grundtritte eingetragen sind. Wird mit Futterschuß gearbeitet, so wird auf den Stepptritt getreten und so lange darauf stehen geblieben, bis erstens durch Treten der zwei Grundtritte zwei Grundschüsse eingetragen sind, zweitens ein Futterschuß eingelegt ist, ohne einen Grundtritt zu treten.

Aus dem Gesagten ist erklärlich, daß man durch diese Vorrichtung im Handwebstuhle große Muster mit wenig Tritten herstellen kann und außerdem eine Vereinfachung der Webweise (Aushebung der Grundkette auf die Füll-, beziehungsweise Futterschüsse) stattfindet.

Webt man Piqués mit gewöhnlicher Aufzugsvorrichtung, so muß man soviel Tritte, respektive Karten nehmen, als der Schußrapport Schüsse hat. Der Schafteinzug bleibt dabei derselbe, nur kommt anstatt der Tritte das Kartenmuster *K* in Betracht.

Fig. 675: Schnürlpiqué mit Füllschuß.

Vier Schüsse des Grundgewebes (1, 2, 4, 5) bilden das Schnürl, zwei durch die Steppkette tief gezogene Grundschüsse (7, 8) die Furche. Das Schnürl erhält die plastische Form durch die zwei zwischen dem Grundgewebe und der Steppkette eingelegten zwei Füllschüsse (3, 6).

1 Rapport = 3 Ketten- und 8 Schußfäden.

Fig. 676: Figurierter Piqué mit Füllschuß.

Das Verhältnis der Ketten ist 2 : 1, das der Schüsse 4 : 2. Die Bindung des Grundgewebes ist Leinwand *a*, die der Versteppung der Spitzköper *b*.

PIQUÉ-, PIKEE- ODER STEPPGEWEBE.

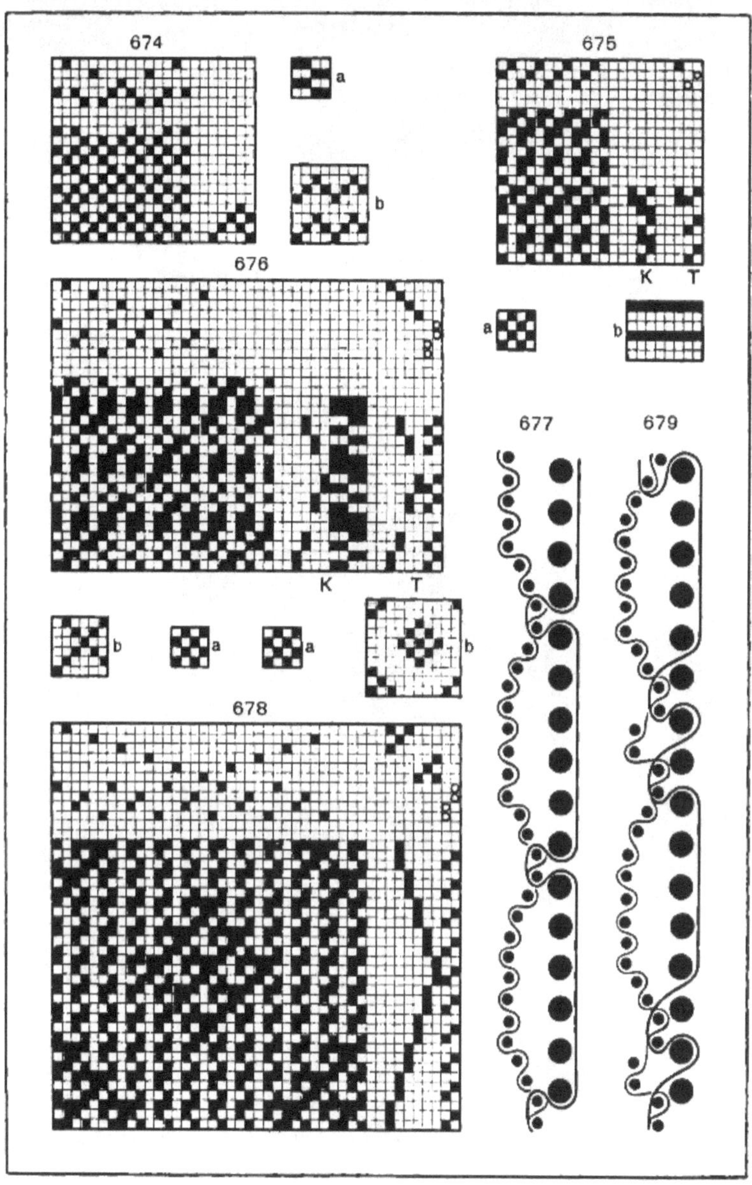

LXIX.

PIQUÉ

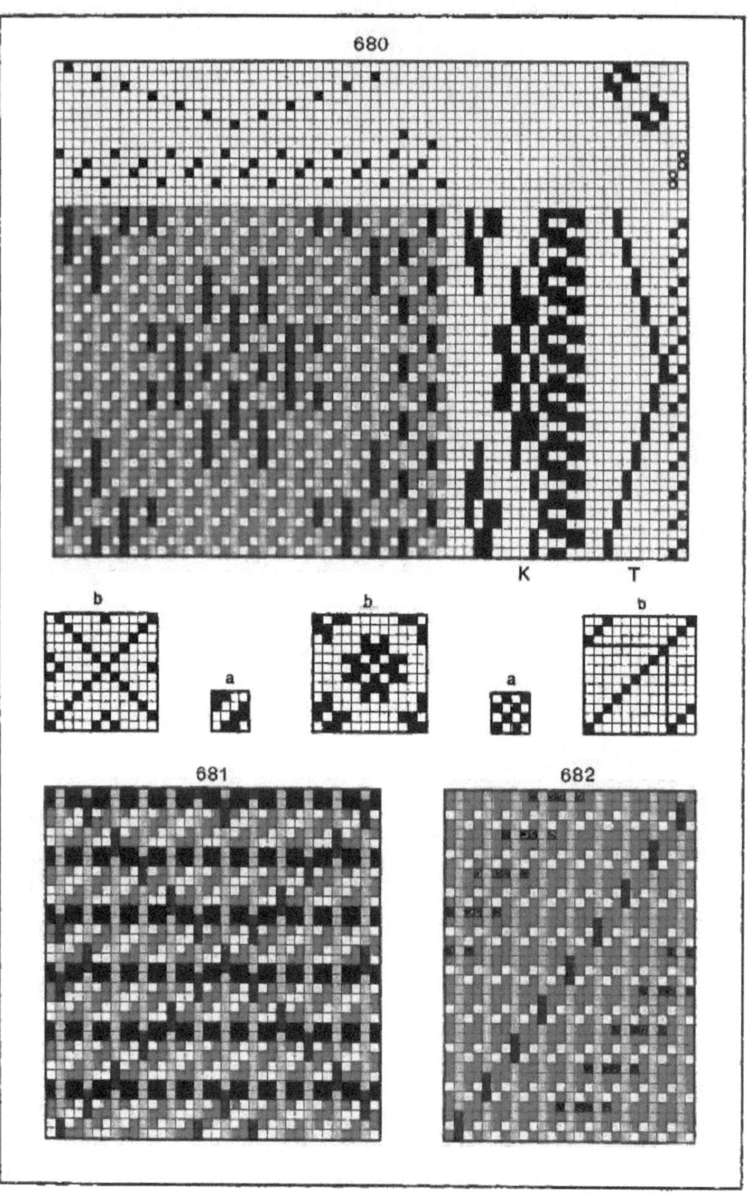

LXX.

1 Rapport = 18 Ketten- und 18 Schußfäden.

Aus dem Längsschnitte Fig. 677 ist ersichtlich, wie durch das Einbinden der Steppkette in die Grundschüsse ein Tiefziehen des Grundgewebes erfolgt und wie durch die Füllschüsse ein Ausfüllen des Raumes zwischen der Steppkette und dem Grundgewebe geschieht.

Fig. 678: Figurierter Piqué mit Futterschuß.

Das Verhältnis der Ketten- und Schußfäden ist 2 : 1. Die Bindung des Grundgewebes ist Leinwand *a*. Die Versteppung erfolgte nach dem Spitzmuster *b*. Der Längsschnitt 679 versinnbildlicht die Art und Weise der Versteppung des Grundgewebes durch die Steppkette und die Unterlage des Futterschusses unter der Steppkette bei der Versteppung.

Bei Durchsicht der beiden Längsschnitte wird man finden, daß die erste Versteppungsmethode einen größeren Tiefzug des Grundgewebes bewirkt als die zweite. Die erste Methode wird meist bei Sommerpiqué, die zweite bei Winter- oder Pelzpiqué angewendet. Die erstere Warengattung ist auf beiden Seiten glatt, die letztere durch Aufrauhen des Futterschusses rückwärts pelzartig appretiert.

Fig. 680: Figurierter Piqué mit Futterschuß und andersbindender Leiste.

Das Verhältnis der Grundkette zur Steppkette und des Grundschusses zum Futterschusse ist 2 : 1. Die Bindung des Grundgewebes ist Leinwand. Häufig nimmt man die Steppkette färbig, die Grundkette, Grundschuß und Futterschuß weiß und bewirkt durch längeres als zweimaliges Obenliegen der Steppkette über die Grundschüsse eine Figurierung des weißen Grundgewebes. Bei der Fig. 680 diente das Spitzmuster *b* zur Versteppung, beziehungsweise Figurierung des glatten Grundgewebes. Damit bei Piqués eine gute Randverbindung erfolgt, läßt man meistens, wie dies bei Fig. 680 ersichtlich ist, beide Ketten und Schüsse in Leinwand verarbeiten

1 Rapport = 36 Ketten- und 36 Schußfäden.

Zur Verwendung kommen 7 Steppschäfte für Figur, 2 Steppschäfte für Leiste, 4 Grundschäfte und 36 Karten, beziehungsweise bei Bearbeitung auf dem Handstuhle 7 Stepptritte und 2 Grundtritte.

Fig. 681: Figurierter Piqué mit Futterschuß.

Das Verhältnis der Ketten ist 2 : 1, das der Schüsse 4 : 2. Das Verhältnis kommt in Anwendung, wenn man nur einseitigen Schützenwechsel zur Verfügung hat. Die Bindung des Grundgewebes ist 4bindiger zweiseitiger Köper *a*. Die Versteppung erfolgte nach dem Spitzmuster *b*. An die Versteppungspunkte wurde zur Bildung des Futterschusses abwechselnd ein Tupfen nach oben, ein Tupfen nach unten angesetzt.

1 Rapport = 36 Ketten- und 36 Schußfäden.

Bei der Vorrichtung im Handwebstuhle kommen 7 Steppschäfte, 4 Grundschäfte, 7 Stepptritte und 4 Grundtritte zur Verwendung.

Fig 682: Figurierter Piqué.

Das Verhältnis der Grundkette zur Steppkette ist 2:1. Im Schusse wechseln zwei Grundschüsse mit einem Futter- und einem Figurschusse ab. Die Bindung des Grundgewebes ist Leinwand *a*. Die Versteppung und Figurierung durch den Figurschuß wird vom Warenbilde *b* auf die Bindungsfläche übertragen. Dadurch, daß man auf den 4., 8., 12 etc. Schuß nicht die ganze Grundkette hebt, sondern einzelne Grundkettenfäden nach den gelben Tupfen des Warenbildes *b* liegen läßt, werden diese Schüsse auf den gelassenen Grundkettenfäden liegen und dadurch das Grundgewebe figurieren. Gewöhnlich ist Grundkette, Steppkette und Grundschuß rot oder blau, Futter- und Figurschuß weiß. Bei der Bindung gilt das rot und blau Getupfte als obenliegende Kette.

1 Rapport = 27 Ketten- und 36 Schußfäden.

Bei den Piqués ist noch zu bemerken, daß der Kammeinzug 3fädig erfolgt, d. h. daß pro Rohrlücke 1 Faden Grund-, 1 Faden Stepp- und 1 Faden Grundkette kommt.

Faltenstoffe.

Unter diesen versteht man Stoffe, welche ein faltiges Aussehen haben. Man unterscheidet glatte, gestreifte und figurierte Faltenstoffe. Glatte Faltenstoffe erzeugt man bei Leinwandbindung, wenn man z. B. zur Kette und zum Schusse überdrehtes Garn, Hartdraht oder Krepon genannt, verwendet und die Ware nach dem Weben entsprechend appretiert. Stoffe mit Längsfalten erzeugt man aus derselben Bindung, wenn man zur Kette normal gedrehtes und zum Schusse überdrehtes Garn verwendet. Bei Querfalten muß die Kette überdreht und der Schuß normal gedreht sein. Gemusterte Faltenstoffe bekommt man durch Abwechslung von 2 oder mehreren überdrehten mit 2 oder mehreren normal gedrehten Fäden in Kette und Schuß. Man bezeichnet die auf diese Weise entstandenen Waren als Krepp. Sie dienen zu Kleiderstoffen, Trauerfloren etc. Bei den Seidenkreppen wird das gekrauste Aussehen außer der großen Garndrehung dadurch erzielt, daß man die Ware durch geriffelte und geheizte Walzen der sogenannten Kreppmaschine gehen läßt.

Eine andere Art Längsfalten zu bilden besteht darin, daß man zwei ungleich gespannte Ketten streifenweise abwechseln läßt. Die Bindung kann eine glatte oder längsgestreifte sein.

Fig. 683: Bindung für ein Gewebe mit Längsfalten.

8 Fäden rotgetupfter Leinwand wechseln mit 8 Fäden blaugetupfter Leinwand ab. Die rotgetupften Kettenfäden sollen einen glatten, die blaugetupften einen faltigen Streifen im Gewebe liefern. Zu diesem Zwecke nimmt man alle

Kettenfäden der Streifen *A* auf einen straff gespannten Kettenbaum, alle Kettenfäden der Streifen *B* auf einen locker gespannten Kettenbaum. Beim Weben werden sich die locker gespannten Kettenfäden mehr einweben als die straff gespannten, was eine Faltenbindung aller Streifen *B* ergeben muß. Damit bei der Fachbildung die Fäden der Faltenkette gespannt sind, läßt man sie über einen beweglichen Schwingbaum laufen, welcher beim Offenfach diese Fäden spannt. Auch kann man wegen der unterschiedlichen Spannung die Fäden der Falten- und Grundkette nicht in ein und dieselben Schäfte ziehen. Man ordnet deshalb zwei Schaftpartien an und nimmt diejenige, in welche die Faltenkette eingezogen ist, neben die Lade.

Fig. 684: Struckbindung.

Läßt man bei dieser Bindung zwei Schüsse aus normal gedrehtem Garne mit zwei Schüssen aus überdrehtem Garne wechseln, so wird der Streifen *A* durch das Zusammenziehen der Kreponschüsse (überdrehtes Garn) falten- oder blasenartig wirken, während der Streifen *B* furchenartig ausfällt. Nimmt man gemusterte Struckbindungen wie Fig. 685, so wird bei abwechselnder Eintragung von zwei Schüssen aus normal gedrehtem Garne mit zwei Schüssen aus überdrehtem Garne ein gemusterter Falten- oder Blaseneffekt erzeugt, da das Zusammenziehen des Gewebes den Flottungen gemäß erfolgt.

Plissierte Stoffe.

Unter diesen versteht man Stoffe mit gelegten Querfalten, wie solche zu Hemdenbrüsten, Blusen etc. verwendet werden. Im großen und ganzen sind dabei zwei Gewebe derart vereinigt, daß eines den Grundstoff, das andere die Falte bildet.

Zum Weben braucht man zwei Ketten, eine Grundkette und eine Faltenkette und einen, beziehungsweise zwei Schüsse. Da die Spannung und Einarbeitung dieser Ketten sehr verschieden ist, muß man jede Kette auf einen besonderen Kettenbaum bringen. Die Grundkette wird straff, die Faltenkette locker gespannt. Beim Weben des Grundstreifens verbinden sich beide Ketten mit dem Schusse, beim Weben des Faltenstreifens hingegen erfolgt bloß eine Verbindung der Faltenkette mit dem Schusse, während die Grundkette rückwärts flottliegt. Beim Weben des Faltenstreifens darf der Regulator nicht weiter schalten, weshalb er bis zum ersten Schuß des nächsten Grundstreifens abgestellt werden muß. Sind die zur Falte notwendigen Schüsse eingetragen, so wird wieder der erste Grundschuß abgeschossen und dieser mittels eines kräftigen Ladenschlages an den letzten Grundschuß gedrückt. Auf diese Weise wird der gewebte Faltenstreifen vermöge Nachlassens der Faltenkette gefaltet auf den Grundstreifen gelegt und durch den ersten Grundschuß mit dem Grundgewebe vernäht.

9*

Fig. 686: Querfaltenbindung.

Im Grundstreifen *A* verbindet sich die rot getupfte Grundkette und die blau getupfte Faltenkette mit dem weißen Schusse in Leinwand, während im Faltenstreifen *B* nur die Faltenkette mit dem Schusse in Leinwand kreuzt.

1 Rapport = 4 Ketten- und 27 Schußfäden.

Aus dem Längsschnitte Fig. 687 ist die Webweise des Grundstreifens *A* und des Faltenstreifens *B* erkennbar, während aus dem Längsschnitte Fig. 688 die Entstehung der durch den Ladenanschlag gebildeten Falte ersichtlich ist.

Fig. 689: Querfaltenbindung.

Das Verhältnis der Grundkette zur Faltenkette ist 1 : 2. Im Grundstreifen bilden beide Ketten mit dem Schusse Längsrips 1 : 2, während im Faltenstreifen nur die Faltenkette mit dem Schusse in Leinwand kreuzt.

1 Rapport = 3 Ketten- und 32 Schußfäden.

Will man bei Faltengeweben den Falten- und Grundstreifen von einer Farbe haben, wie dies meistens der Fall ist, so nimmt man für beide Streifen einen Schuß. Soll aber die Falte eine andere Farbe haben, als der Grundstreifen, so nimmt man für den Grundstreifen eine andere Schußfarbe als für den Faltenstreifen. Soll im Gewebe auf dem Grundstreifen nur die Grundkette und der Schuß ersichtlich sein, so läßt man auf diesem Streifen die Faltenkette rückwärts flottliegen und bindet nach Fig. 690 *A* die Grundkette mit dem Schusse in Leinwand ab. Das Vernähen beider Ketten erfolgt in den Streifen *B* und *D* durch Längsrips 2 : 2. Im Faltenstreifen *C* verbindet man die Faltenkette mit dem Schuß in Leinwand und läßt die Grundkette rückwärts flottliegen.

1 Rapport = 4 Ketten- und 44 Schußfäden.

Durch die Zusammensetzung großer und kleiner Grund- und Faltenstreifen kann man verschiedene Muster bilden.

IV. Broschierte Stoffe.

Unter diesen versteht man glatte oder figurierte Stoffe, welche durch ein zweites Ketten- oder Schußfadensystem, beziehungsweise durch beide in auffälliger Weise gemustert sind. Nach dem Fadensysteme, welches die Bemusterung des Grundgewebes ausführt, unterscheidet man Kettenbroché, Schußbroché und kariertes Broché.

Kettenbroché.

Nach dem Gewebemuster Fig. 8 wird ein leinwandbindendes, durch Farben gemustertes Grundgewebe durch schwarze Tupfen einer zweiten Ketet

FALTEN- ODER PLISSÉ-GEWEBE.

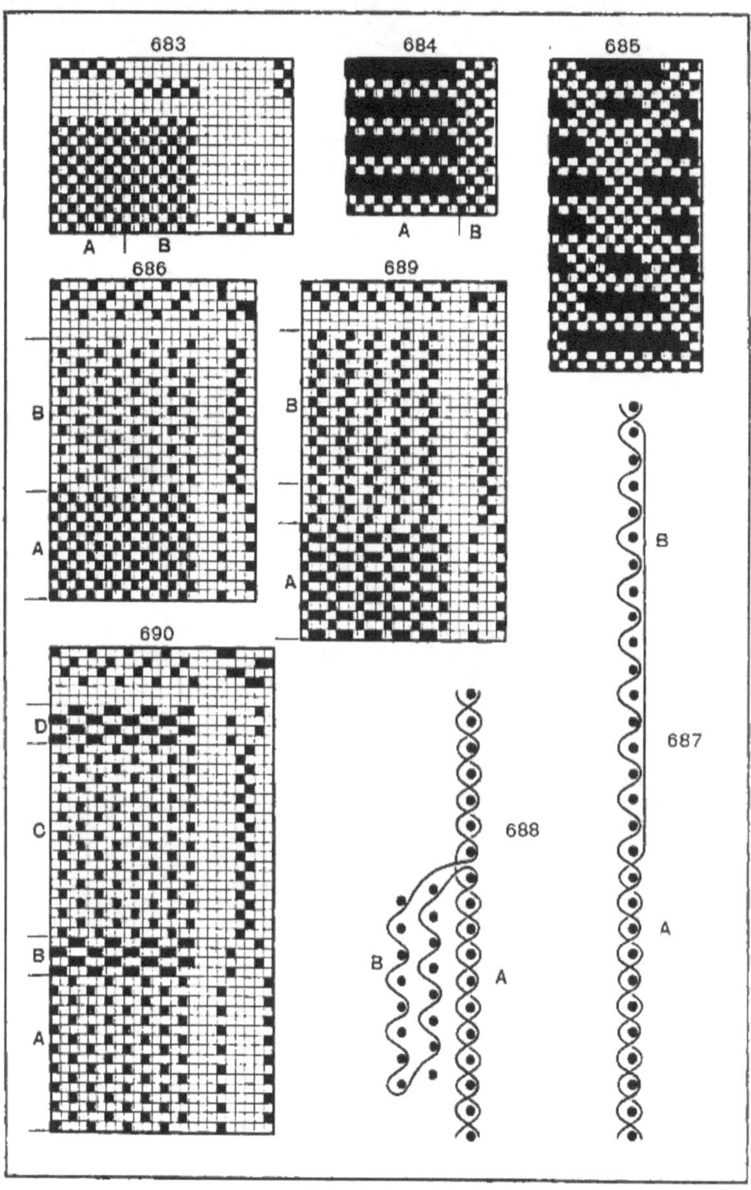

LXXI.

figuriert. Die Fig. 691 ergibt die diesbezügliche Musterzeichnung. Aus derselben ist ersichtlich, daß zwischen den 12. und 13., 13. und 14., 14. und 15., 15. und 16., 16. und 17. leinwandbindenden Grundkettenfäden Brochékettenfäden gelegt sind, welche durch Überlegen des Grundschusses Tupfen bilden, während sie an den anderen Gewebestellen rückwärts flottliegen. Der ungleichen Einarbeitung und Spannung halber müssen Grund- und Brochékette getrennt aufgebäumt werden. Damit die in der Musterzeichnung ersichtlichen Zwischenräume nicht im Gewebe vorhanden sind, muß man die Brochékettenfäden beim Kammeinzuge mit zu den durchaus gleichmäßig eingezogenen Grundkettenfäden nehmen. Aus diesem Grunde wird der Kammeinzug nicht gleichmäßig, sondern nach folgender Angabe gemustert sein:

6 Rohre à 2 Fäden
2 » » 4 »
1 Rohr » 3 »
5 Rohre » 2 »

Fig. 692: Kettenbroché.

Die Brochékette ist bei dieser Musterzeichnung wieder streifenweise angeordnet und verziert das glatte Köpergewebe durch versetzte Tupfen. Beim Kammeinzuge wechseln 4 Rohre à 2 Fäden mit 2 Rohren à 4 Fäden regelmäßig ab.

Die auf der Rückseite der Ware befindlichen Brochéfäden liegen entweder flott oder sie sind passend abgebunden. Das Abbinden muß so erfolgen, daß die Anheftstellen auf der oberen Warenseite nicht ersichtlich sind. Man erreicht dies durch Setzen der Anheftstellen zwischen gehobener Oberkette. Bei der Fig. 692 wurde dieses Verfahren, obwohl der kurzen Flottungen wegen nicht nötig, angewendet, um dieses zur Kenntnis zu bringen. Bleibt beim Weben die Brochékette rückwärts flottliegen, so kann man diese Flottungen in der Ware belassen oder man entfernt dieselben durch Ausscheren. Um im letzteren Falle dem Broché mehr Haltbarkeit zu geben, versieht man nach Fig. 693 die Figur meist mit einer leinwandartigen Kontur.

Fig. 694: Kettenbroché.

Das Verhältnis der Grundkette zur Brochékette ist 1 : 1. Die Bindung des Grundgewebes ist Leinwand. Die Brochékette liefert versetzt stehende Spitzfiguren. Der Kammeinzug erfolgt 4fädig.

Schußbroché.

Bei diesen Stoffen wird ein Grundgewebe durch ein zweites Schußfadensystem auffallend figuriert.

Fig. 695: Schußbroché.

Das Verhältnis des Grundschusses zum Brochéschusse ist 1 : 1. Der Brochéschuß figuriert das leinwandbindende Grundgewebe durch versetzte Figuren. Beim Eintragen des Brochéschusses muß die Grundkette dort liegen bleiben, wo der Brochéschuß auf der Oberseite ersichtlich sein soll. Das rot und schwarz Getupfte bedeutet gehobene Kette.

1 Rapport = 16 Ketten- und 24 Schußfäden.

Fig. 696: Schußbroché.

Das gemusterte Grundgewebe *a* wurde durch einen Brochéschuß ausdrucksvoller gestaltet. Das rot und schwarz Getupfte bedeutet gehobene Kette.

1 Rapport = 22 Ketten- und 16 Schußfäden.

Eine andere in der Jacquardweberei häufig vorkommende Schußbroschiermethode besteht darin, daß man den Broschierschuß nicht durch die ganze Kette legt, sondern nur um die Broschierung führt. Man braucht dazu besonders konstruierte Laden, welche man Broschierladen heißt. Das dadurch erzielte Broché ist das festeste, da dessen Fäden ähnlich der Endleiste eines Gewebes um die Figur gelegt sind.

Kariertes Broché.

Bei dieser Manier kann man durch die Vereinigung von Brochékette und Brochéschuß abwechslungsreiche Musterungen erzeugen.

Fig. 697: Kariertes Broché.

Das leinwandbindende Grundgewebe ist durch Brochékette und Brochéschuß nach dem Warenbilde *a* bearbeitet. Um die Musterzeichnung 697 zu entwickeln, überträgt man, unter Berücksichtigung 4facher Vergrößerung der weißen Flächen, die Brochéfäden mit gelber Farbe auf das Tupfpapier. Auf die weißen Flächen wird Leinwand getupft und dann die Brochékettenfäden nach den blauen, die Brochéschüsse nach den grünen Tupfen des Warenbildes bearbeitet. Auf der Musterzeichnung gilt das rot, blau und schwarz Getupfte als gehobene Kette.

1 Rapport = 28 Ketten- und 28 Schußfäden.

Broché-Imitationen.

Um ein Gewebe mit einer Kette und einem Schusse brochéartig zu figurieren, kann man folgend verfahren:

1. Man sucht nach Fig. 698, durch regelmäßige Wiederholung andersfärbiger Kettenfäden, eventuell Schußfäden, das Gewebe zu figurieren.

2. Man läßt bei Längsripsen nach Fig. 699 einzelne andersfärbige Kettenfäden über 3, 5 etc. Schüsse binden. Da bei Längsripsen auf beiden Gewebeseiten nur der Schuß ersichtlich ist, werden die andersfärbigen Kettenfäden

BROCHÉ.

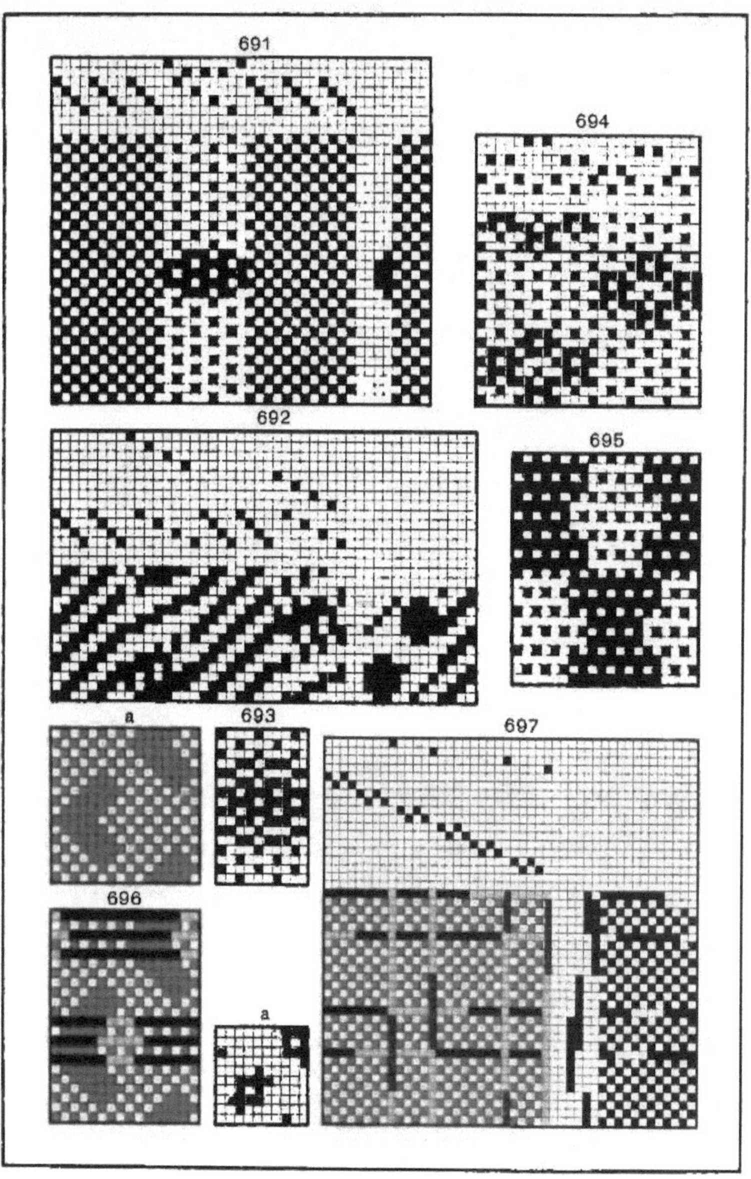

LXXII.

BROCHÉ-IMITATIONEN.

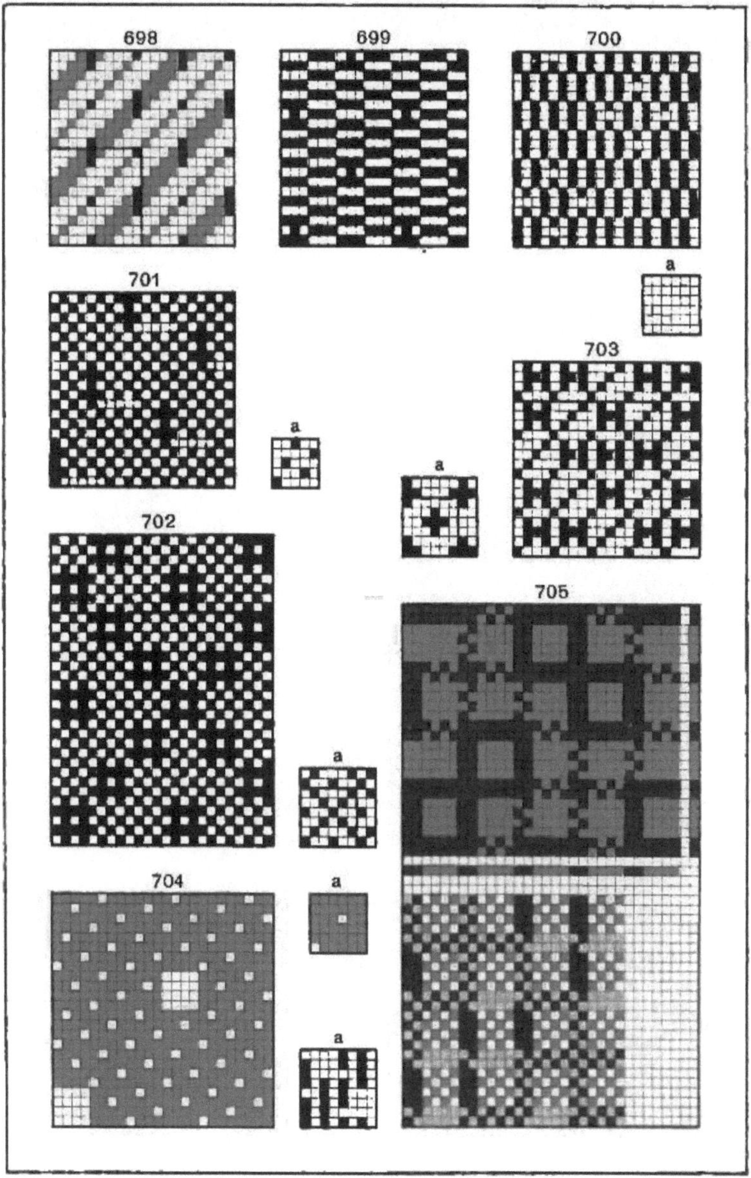

LXXIII.

nur durch die Flottungen das Gewebe figurieren, da die roten und die mit der Ringtype versehenen Kettenstellen vom Schusse verdeckt werden.

3. Man figuriert nach Fig. 700 einen Querrips, daß man einzelne andersfärbige Schußfäden nach einer Vorlage (*a*) über 3, 5 etc. Kettenfäden binden läßt. Nachdem die weißen und die mit der Ringtype versehenen Schußstellen von der Kette verdeckt werden, figurieren die andersfärbigen Schußfäden das Gewebe nur durch die Schußflottungen. Bei der Fig. 700 bedeutet das rot Getupfte gehobene Kette.

4. Man ordnet nach Fig. 701 Ketten- und Schußflottungen nebeneinander an. Das rot und blau Getupfte gilt für gehobene Kette.

5. Man tupft nach Fig. 702 Leinwand, nach Fig. 703 4bindigen Schußköper auf die Bindungsfläche und überträgt auf die geraden Kettenfäden nach einer Vorlage (*a*) die entsprechend vergrößerte Figur. Zettelt man bei diesen Bindungen die Kette 1 Faden dunkel, 1 Faden hell und nimmt zum Schusse dunkles Garn, so wird ein kettenbrochéartiger Effekt gebildet werden.

6. Man sucht nach Fig. 704 ein Gewebe mit Ketteneffekt durch Schußflottungen oder ein Gewebe mit Schußeffekt durch Kettenflottungen zu verzieren.

7. Man sucht nach Fig. 705 ein glattes Grundgewebe durch Ketten- und Schußflottungen zweier andersfärbiger, meist auch stärkerer Fadensysteme brochéartig zu figurieren. Man vergrößert zu diesem Zwecke die Figur des Vorlagsmusters 2-, 4-, 6- etc. mal oder nach Fig. 705 so, daß die ungeraden Fäden von *a* 2mal, die geraden 4mal genommen werden. Man tupft auf die weißen Flächen Leinwand mit Rot, setzt auf die Stellen, welche blauen Tupfen des Vorlagsmusters entsprechen, Kettenflottungen mit Blau und überall mit Ausnahme der Stellen, welche gelben Tupfen des Vorlagsmusters entsprechen, Leinwand mit Blau. Bearbeitet man diese Bindung mit einer Fadenfolge von 2 dunkel, 4 hell, so entsteht der über der Bindung der Fig. 705 dargestellte brochéartige Effekt.

Auf ähnliche Weise lassen sich noch viele andere Broché-Imitationsmethoden schaffen.

Der Unterschied zwischen einem broschierten und einem verzierten Gewebe ist außer der ausdrucksvolleren Musterung des ersten der, daß bei einem broschierten Gewebe nach Entfernung des Figurfadensystemes das Grundgewebe keine Lücken aufweist, welche bei verzierten durch das Fehlen dieser Fäden vorhanden sind.

V. Samt und samtartige Gewebe.

Unter Samt versteht man einen Stoff mit aufrechtstehender Flor- oder Haardecke. Die Flordecke besteht aus aufrechtstehenden Fadenstücken, welche in einem Grundgewebe befestigt sind. Je nachdem die Florstücke einem Schuß- oder Kettenfadensysteme angehören, unterscheidet man Schuß- und Kettensamte.

Schußsamt. Manchester oder Velvet.

Unter Manchester, Fig. 9, versteht man ein baumwollenes Samtgewebe, wo der Flor durch Aufschneiden eines Schußfadensystemes gebildet ist. Zum Weben eines Schußsamtes braucht man eine Kette und einen Schuß. Nachdem der Schuß das Grundgewebe und den Flor bildet, muß eine Teilung der Arbeitsleistung stattfinden. Es müssen Schüsse vorhanden sein, welche zur Bildung des Grundgewebes dienen, und Schüsse, welche zur Entwicklung der Haar- oder Florkette bestimmt sind. Man heißt die ersteren Grundschüsse, die letzteren Florschüsse. Die Bindung der Grundschüsse ist meist Leinwand oder Köper, seltener Kettenatlas. Zur Bildung des Flores muß die Bindung der Florschüsse Flottungen aufweisen, welche atlasartig angeordnet sind. Das Verhältnis der Grundschüsse zu den Florschüssen ist je nach Qualität 1 : 2, 1 : 3, 1 : 4 etc.

Fig. 706: Manchester.

Das Verhältnis der rotgetupften Grundschüsse zu den blaugetupften Florschüssen ist 1 : 2. Die Bindung der Grundschüsse ist Leinwand, die der Florschüsse über 3 Kettenfäden bindende versetzte Flottungen. Die Fig. 707 gibt dieselbe Bindweise nach Art der Gewebevergrößerung. Bei dieser Bindung bilden die roten senkrechten Fäden Kettenfäden, die schwarzen wagrechten Fäden Grundschüsse, die blauen Florschüsse. Nachdem die Bindung der Grundschüsse ein engeres Gefüge hat als die der Florschüsse, werden sich im Gewebe letztere über erstere legen, so daß auf der Rückseite nur die Grundschüsse Fig. 708, auf der Oberseite nur die Florschüsse Fig. 709 ersichtlich sind. Fig. 710 *a* zeigt einen Querschnitt des Gewebes bei Einlage des ersten Grundschusses, *b* einen solchen bei Einlage des ersten und zweiten Florschusses. Aus letzterem und der Fig. 709 ersieht man, daß im Gewebe durch die übereinander angeordneten Flottungen der Florschüsse Schläuche entstehen. Zur deutlichen Darstellung dieser Schläuche wurde der Schuß bei Fig. 709 zweifärbig angeordnet und ist daraus das Wechseln von blauen und gelben Schläuchen leicht erkennbar. Durchschneidet man diese Schläuche in der Mitte, d. i. an der Stelle der Pfeile mittels eines langen, schlanken, nadelförmigen Stoßmessers, Fig. 711, so werden, durch späteres Aufbürsten, **U** förmige Noppen oder Florstücke Fig. 710 *c* entstehen. Das Samtmesser Fig. 711 besteht aus der zirka 50 *cm* langen, am Ende sehr dünnen und scharfen Klinge *M*, der Scheide *Sch* und dem Griffe *G*.

Vor dem Aufschneiden der Florschläuche wird die Rückseite der Ware auf der Pappmaschine mit Kleister bestrichen. Durch das Trocknen des Kleisters wird die Rückseite hart und leistet die Ware dadurch den beim Aufreißen der Florschläuche notwendigen Widerstand. Um die Schläuche aufzuschneiden, legt man den gepappten und getrockneten Stoff in einfacher Lage auf einen Tisch, schiebt die Scheide oder den Fühler des Samtmessers in den ersten Florschlauch und schneidet, beziehungsweise reißt durch fortgesetztes Stoßen in der Schlauchrichtung denselben auf. Ist der erste Schlauch in der Tischlänge aufgeschnitten, geht man zum 2., 3. usw. über, bis alle Schläuche aufgeschnitten sind. Nachdem alle Schläuche aufgeschnitten sind, wird die Ware weiter gelegt und der erste Vorgang wiederholt. Nach dem Aufschneiden muß die Ware von dem auf der Rückseite befindlichen Papp befreit werden, was durch schichtweises Einweichen der Stücke, Waschen und Schleudern erfolgt. Nach dem Trocknen folgt ein Bürsten, Färben, Dampfen, nochmaliges Bürsten der Länge und Quere nach und ein Gleichscheren des Flores. Zur Bildung des seidenähnlichen Glanzes kommt die Ware auf die sogenannte Finishmaschine. Zu diesem Zwecke läuft die, durch eine mit Filz überzogene, rasch laufende schwere Metallwalze gebremste Ware mit der Florseite über eine polierte Stahlplatte. Betreffs des Aussehens der Florfläche unterscheidet man glatten, gerippten, figurierten und doppelten Manchester.

Fig. 712: Glatter Manchester 1 : 2.

Die Bindung der Grundschüsse ist Leinwand, die der Florschüsse 6schäftig versetzte Flottungen.

1 Rapport = 6 Ketten- und 6 Schußfäden.

Die Fig. 713 versinnbildlicht nur die Florschüsse, welche wieder zweifärbig angeordnet sind, daß man daraus die im Gewebe sich bildenden Schlauchreihen deutlich wahrnehmen kann. Das Einsetzen des Messers beim Aufschneiden der Florschläuche erfolgt an den Stellen der gezeichneten Pfeile.

Fig. 714: Glatter Manchester 1 : 3 nach dem Gewebe 9, Tafel I.

Die Bindung der Grundschüsse ist Leinwand, die der Florschüsse ein 6schäftiger Atlasgrat.

1 Rapport = 6 Ketten- und 8 Schußfäden.

Die Fig. 715 zeigt die Oberseite des rohen Manchesters Fig. 714 und sind daraus die in einem Kettenrapporte sich bildenden 3 Florschläuche ersichtlich und deren Schnittstellen durch Pfeile bestimmt. Fig. 716 *a* zeigt den Querschnitt der 3 Florschüsse, *b* die durch Aufschneiden des Florschlauches gebildete aufgebürstete Flornoppe.

Fig. 717: Glatter Manchester 1 : 3.

Grundschuß 3bindiger Kettenköper.

Florschuß 6schäftiger Atlasgrat.

1 Rapport = 6 Ketten- und 12 Schußfäden.

Fig. 718: Glatter Manchester 1 : 4.

Grundschuß 4bindiger Kettenköper.

Florschuß 8schäftiger Atlasgrat.

1 Rapport = 8 Ketten- und 20 Schußfäden.

Fig. 719: Glatter Manchester 1 : 4.

Grundschuß Leinwand.

Florschuß 8schäftig versetzte Atlasflottungen.

1 Rapport = 8 Ketten- und 10 Schußfäden.

Bei allen bis jetzt durchgenommenen Manchesterbindungen ist die Flornoppe immer unter einem Kettenfaden liegend angeordnet. Will man dem Flore mehr Haltbarkeit geben, so legt man die Noppen leinwandartig nach Fig. 720 und 721 um 3, nach Fig. 728 um 5 Kettenfäden.

Fig. 720: Glatter Manchester 1 : 2.

Grundschuß Leinwand.

Florschuß 10schäftig versetzte Flottungen.

1 Rapport = 10 Ketten- und 6 Schußfäden.

Fig. 721: Glatter Manchester 1 : 5.

Grundschuß Leinwand.

Florschuß 10schäftiger Soleilgrat.

1 Rapport = 10 Ketten- und 12 Schußfäden.

Die Fig. 722 versinnbildlicht das obere Gewebebild des rohen Manchestergewebes nach der Bindung Fig. 721 und sind daraus die pro Kettenrapport sich bildenden 5 Florschläuche, deren Einbindung und die Schnittstellen ersichtlich.

Die Fig. 723 zeigt die nach dem Aufschneiden der Florschläuche gebildete und aufgerichtete Noppe des ersten Florschusses der Fig. 720 und 721.

Glatten Manchester kann man durch Farbendruck oder Pressen, »Gaufrieren«, ein gemustertes Aussehen geben. Gestreifte Effekte entstehen, wenn man unaufgeschnittene Florschläuche mit aufgeschnittenen wechseln läßt.

Fig. 724: Gerippter Manchester oder Cord 1 : 2.

Grundschuß 4bindiger zweiseitiger Köper.

Florschuß taftartig angeheftete Schußflottungen.

1 Rapport = 16 Ketten- und 12 Schußfäden.

Durch die Fig. 725 ist das obere Bindungsbild des rohen Manchesters nach Fig. 724 dargestellt.

Bei gerippten Manchestern wird zwischen den Abbindungen der Florschüsse nur ein Schnitt in der Mitte der Partie ausgeführt. Auf diese Weise

SCHUSSSAMT, MANCHESTER ODER VELVET.

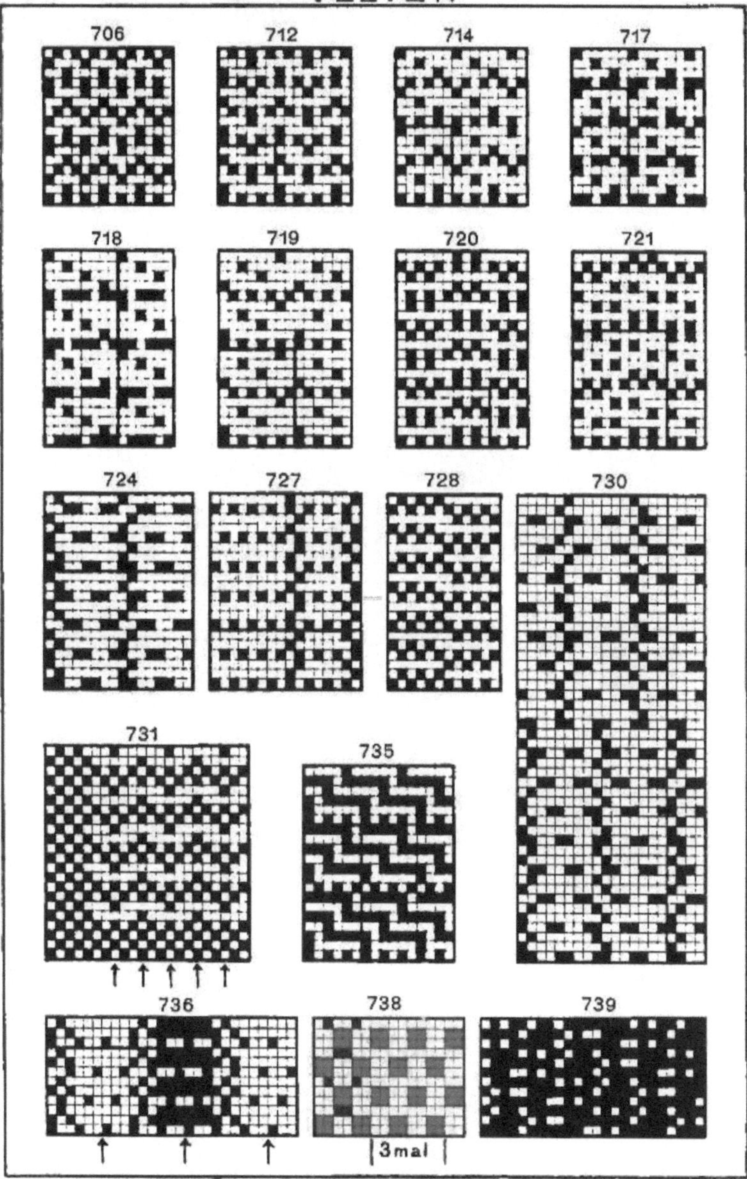

LXXIV.

SCHUSSSAMT.

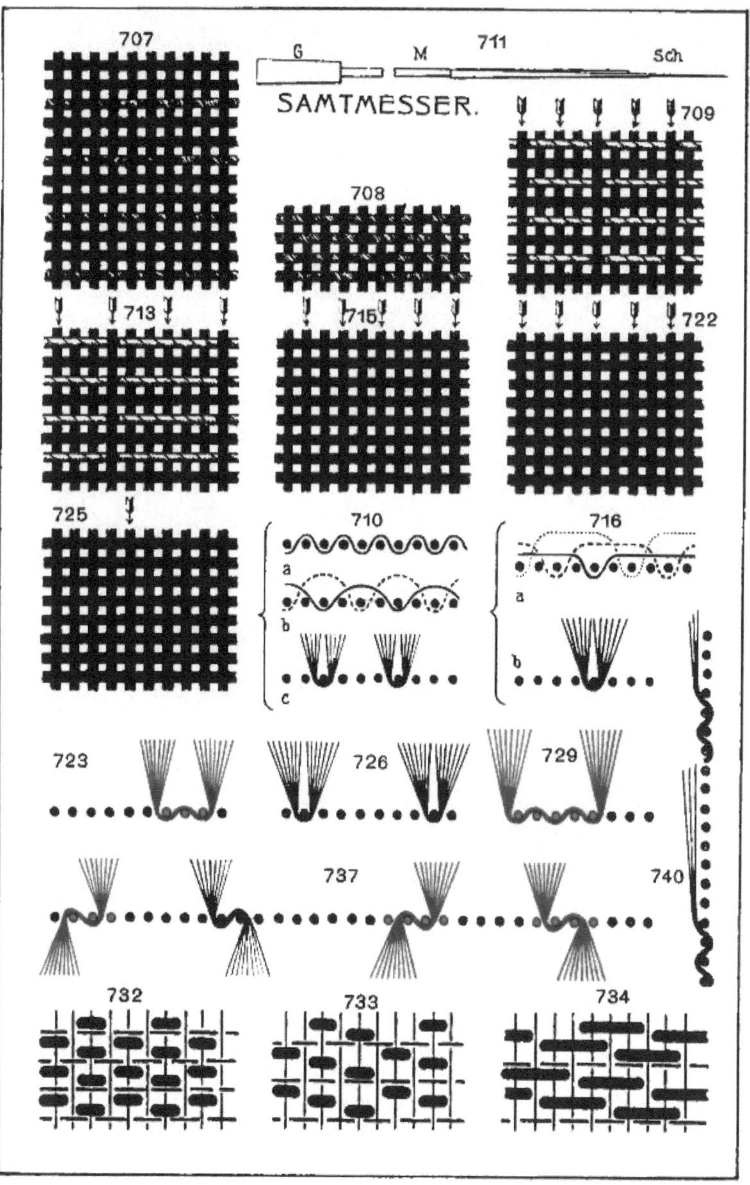

LXXV.

werden die Noppen der Länge der Ware nach rippenbildend wirken. Die Fig. 726 zeigt den Noppenstand des ersten Florschusses des nach Fig. 724 gewebten und appretierten Manchesters.

Will man bei dieser Manchestergattung zweierlei Florhöhe haben, so läßt man nach Fig. 727 große Flottungen mit kleineren längsreihenweise abwechseln.

Fig. 728: Cord 1 : 2.

Grundschuß Leinwand.

Florschuß 12schäftiger Soleil.

1 Rapport = 12 Ketten- und 6 Schußfäden.

Der Querschnitt Fig. 729 zeigt die Flornoppenbildung aus dem ersten Florschusse nach dessen Aufschneidung und Aufbürstung.

Läßt man Florschlauchbindung mit glatter Bindweise abwechseln oder bringt man Florschlauchbindung nach Fig. 730 versetzt in Anwendung, so erhält man nach Aufschneiden der Florschläuche und Aufrichten der Flornoppen gemusterte Manchester.

Fig. 730: Versetzter Cord 1 : 2.

Der Cord Fig. 724 wurde von 24 zu 24 Schüssen versetzt angeordnet.

1 Rapport = 8 Ketten- und 48 Schußfäden.

Fig. 731: Karierter Manchester.

Quadrate von Florschlauchbindung Fig. 712 wechseln mit glatter Bindweise ab. Nach dem Aufschneiden der Florschläuche und Aufrichten der Flornoppen werden die Quadrate Flor erhalten, während die Zwischenräume ohne Flor bleiben.

1 Rapport = 22 Ketten- und 22 Schußfäden.

Durch die Fig. 732—734 sind die aus den Bindungen 706, 714 und 721 gewebten und fertig appretierten Manchestergewebe in der Daraufsicht dargestellt.

Unter doppelflorigem Manchester versteht man Baumwollsamte, welche auf beiden Seiten Flor haben. Man verwendet diese seltenen Stoffe zu Vorhängen etc. und zeigt Fig. 735 die Bindweise eines glatten, Fig. 736 die eines gerippten doppelseitigen Manchesters.

Durch den Querschnitt Fig. 737 ist der Floreffekt eines aus der Bindung Fig. 736 gewebten Manchesters gekennzeichnet.

Das Schußsamtverfahren findet auch öfters bei schafwollenen Tüchern und Shawls Anwendung.

Fig. 738: Cordbindung für Tücher etc.

Der Grundschuß verbindet sich mit der Kette in Mattenbindung 2 : 2, der Florschuß bildet längsstreifenweise abgebundene Schußflottungen. Durch

Aufschneiden der Florschußflottungen in der Mitte derselben entstehen längsstreifenweise angeordnete Wollnoppen.

Bei Bändern, Kleiderstoffen etc. erzeugt man auch Samteffekte durch figurenweißes Aufschneiden der Flottungen eines Kettenfadensystems. Die Bindungen bestehen laut Fig. 739 z. B. aus Soleil mit leinwandbindenden Grundfäden. Die Stoffe selbst sind bedruckt oder chiniert.[1]) Nach dem Weben schneidet man die Flottungen der durch Druck markierten Figuren auf. Beim Aufschneiden legt man die Messerklinge eines gewöhnlichen Messers flach auf den Stoff, fährt unter die einzelnen Flottungen und schneidet diese auf. Nachdem die Flornoppen nach Fig. 740 nur einschenkelig sind, heißt man diesen Samt Velour du sable (Säbelsamt).

Kettensamt.

In ein aus Grundkette und Grundschuß gebildetes Grundgewebe wird ein zweites Kettenfadensystem so eingebunden, daß dieses durch Einlage von Nadeln aufrechtstehenden Flor oder Schlingen auf der Oberseite des Grundgewebes liefert. Zum Weben eines Kettensamtes braucht man nach Fig. 741 eine Grundkette (Rot), eine Florkette (Blau), einen Grundschuß (1—12) und Nadeln oder Ruten (IV, V, VI). Wegen ungleicher Einarbeitung und Anspannung der Ketten müssen Grund- und Florkette je auf einen Kettenbaum kommen. Um einen Samt zu erzeugen, verwebt man auf 2—5 Grundschüssen die Grund- und Florkette in glatter Bindung. Nach diesen Schüssen läßt man die ganze Grundkette liegen und hebt nur die Florkette. In das so entstandene Fach legt man aber keinen gewöhnlichen Schuß, sondern eine Nadel aus Messing, Eisen oder Holz. Nach dem Einlegen der Nadel verwebt man wieder beide Ketten in glatter Bindung, bildet wieder ein Nadelfach und verfährt so abwechselnd weiter. Die Nadeln müssen so breit sein, daß sie die Kette auf beiden Seiten etwas überragen. Gewöhnlich verwendet man zum Weben 12—16 Nadeln. Sind diese Nadeln verwebt, so überträgt man diese nadelweise, von unten anfangend in die kommenden Nadelfächer. Nimmt man die Nadeln nach der Form der Fig. 741, 744, so zerschneidet man beim Entfernen der Nadel aus dem Gewebe die darüber liegenden Florfäden mittels eines Messers. Die Nadeln haben zu diesem Zwecke auf der oberen schmalen Seite eine Rinne oder Furche, in welcher das Messer geführt wird. Das Samtmesser *M* ist behufs Auswechslung (Schleifen) und geschickter Handhabung zwischen der Messingplatte *MP* und dem darauf befindlichen Stege *St* durch Schraube *S* festgemacht. Die Messingplatte *MP* ist mit dem Liniale *L* verbunden, welches

[1]) Chiniert = durch Kettendruck figuriert.

KETTENSAMT, PLÜSCH ODER PELUCHE.

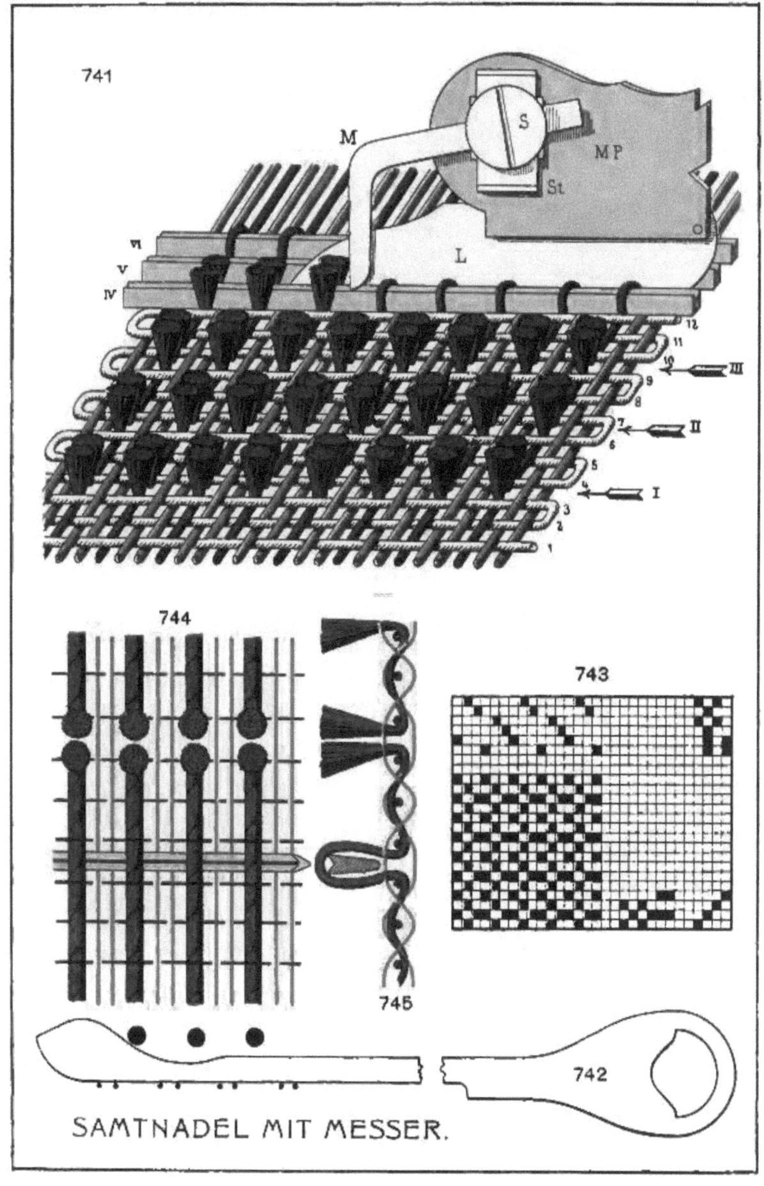

SAMTNADEL MIT MESSER.

LXXVI.

zur Führung des ganzen Werkzeuges, Dreget genannt, dient. Auch verwendet man nach Fig. 742 Samtnadeln, welche an dem linken Ende ein Messer haben. Zieht man diese mit einem passenden Griff versehenen Nadeln heraus, so ist damit ein Zerschneiden der darauf liegenden Florfäden verbunden. Derartig erzeugte Samte zeigen eine faserige Florfläche und nennt man dieselben geschnittene Samte oder Velour coupé. Verwendet man aber zur Einlage runde Nadeln nach der Fig. 746, so wird nach dem Herausziehen dieser Nadeln die Florkette Schlingen oder Schleifen liefern. Einen derartigen Samt heißt man gezogenen Samt oder Velour frisé.

Das Verhältnis der Grundkette zur Florkette ist 1 : 1 und 2 : 1, das des Grundschusses zu den Nadeln 2 : 1, 3 : 1, 4 : 1, 5 : 1. Zur Darstellung der Samtbindung auf dem Tupfpapier streicht man die Nadelschußlinien mit Gelb an, tupft auf die Grundkettenfäden die Bindung mit Rot und auf die Florkettenfäden die Bindung mit Blau.

Der Einzug der Kettenfäden in den Kamm richtet sich nach dem Verhältnisse der Grundkette zur Florkette. Ist das Verhältnis 1 : 1, so erfolgt der Einzug zweifädig, ist dies 2 : 1, dreifädig. Das Aufschneiden der über der Nadel liegenden Florfäden erfolgt von links nach rechts. Durch dieses Schneiden werden die Florfäden nach rechts verschoben. Damit diesem Verschieben Einhalt geboten wird, nimmt man den Florfaden links vom Grundfaden und gibt dem letzteren die entgegengesetzte Bindweise des Florfadens. Läßt man die Flornoppen zwischen zwei Grundschüssen heraustreten, so erzielt man dadurch den aufrechtstehendsten Flor. Damit diese zwei Grundschüsse den heraustretenden Flor recht festhalten, gibt man denselben gleiche Bindweise, was ein gutes Zusammenschlagen verursacht. Werden beim Einlegen der Rute alle Florkettenfäden gehoben, so heißt man diesen Samt einflorig, werden auf die ungeraden Nadeln die ungeraden, auf die geraden alle geraden Florfäden gehoben, zweiflorig. Erfolgt das Heben der Florfäden auf die Nadeln 3-, 4- etc. teilig, so heißt man den Samt 3-, 4- etc. florig. Wegen verschiedenzeitigen Einwebens muß man bei 2florigem Samt die Florkette auf zwei Kettenbäume, bei mehrflorigem auf mehrere Kettenbäume bringen. 1-, 2-, 3- etc. schüssiger Plüsch ist die Bezeichnung, um wieviel Grundschüsse die Flornoppen binden. Die Höhe des Flores hängt von der Höhe, beziehungsweise dem Umfange der Nadeln ab. Samt mit hohem Flor heißt Plüsch. Plüsch, welchen man durch verschiedene Appreturmanipulationen, wie Zusammendrücken und nachheriges Dämpfen, durch Eindrücke, Pressungen, gemustert macht, heißt Astrachan. Felbel, Zylinderhutplüsch und Pane sind gebügelte Plüsche.

Da ein dichtes, festes Aufwinden des Plüsches während des Webens dem Flore schädlich ist, läßt man ihn nur über den Brustbaum gehen und locker auf dem Warenbaum winden oder in einen unter dem Brustbaum befindlichen Kasten fallen. Zu diesem Zwecke versieht man den Brustbaum mit Nadeln, so daß dadurch die Ware gespannt und weitergerückt werden kann. Der Schafteinzug ist zweiteilig. Die Schäfte der Florkette nimmt man gegen die Lade.

Fig. 741: Geschnittener einfloriger Samt.

Das Verhältnis der Grundkette zur Florkette ist 2 : 1, das des Grundschusses zum Nadelschusse 3 : 1. Die Bindung der Grundschüsse (1—12) ist gemischter Querrips 2 : 1. Der Samt ist einflorig, da auf eine Nadel alle Florkettenfäden gehoben sind. Die Fig. 743 zeigt die Samtbindung auf dem Tupfpapiere. Die gelb gestrichenen Schußlinien stellen Schneidnadeln vor. Das rot und blau Getupfte bedeutet gehobene Kette.

1 Rapport = 3 Kettenfäden und 3 Grund-, 1 Nadelschuß.

Zum Weben sind 2 Grundschäfte, 1 Florschaft und 4 Tritte erforderlich. Wegen zu großer Kettenfadendichte nimmt man aber anstatt 2 Grundschäften 4 und anstatt 1 Florschaft 2 in Verwendung.

Die Fig. 744 versinnbildlicht die Daraufsicht, die Fig. 745 einen Längsschnitt des in Fig. 741 dargestellten Samtgewebes.

Fig. 746: Gezogener einfloriger Samt.

In der Kette wechselt immer 1 Schlingenfaden mit 2 Grundfäden, im Schusse 2 Grundschüsse mit 1 Nadel ab. Die Bindung der Grundschüsse ist Leinwand.

Fig. 747: Längsschnitt von Fig. 746. Die Fig. 748 versinnbildlicht das Samtgewebe auf dem Tupfpapiere.

1 Rapport = 3 Ketten- und 3 Schußfäden.

Fig. 749: Zweifloriger Samt oder Plüsch.

Die Fadenfolge ist in der Kette 1 : 1 im Schusse 2 : 1. Die Bindung des Grundgewebes ist Querrips 2 : 2 *a*. In der Fig. 750 ist die Bindweise des ersten Flor- und ersten Grundkettenfadens sowie des zweiten Flor- und zweiten Grundkettenfadens dargestellt.

Fig. 751: Einfloriger Plüsch 1 : 2 und 4 : 1.

Die Bindung des Grundgewebes ist Leinwand. Die Florschenkel zweier übereinander stehender Flornoppen kommen hier nicht gemeinsam zwischen zwei Grundschüssen heraus, da ein Grundschuß dazwischen liegt.

Fig. 752: Zweifloriger Plüsch 1 : 2 und 3 : 1.

Die Bindung des Grundgewebes ist Längsrips 2 : 2. Zwischen den Florschenkeln zweier übereinander angeordneter Flornoppen liegen drei Grundschüsse. Die Nadel wird in diesem Falle erst hinter dem letzten der drei Grundschüsse eingelegt, da sie sich vermöge des Ladenanschlages in die Mitte

KETTENSAMT UND PLÜSCH.

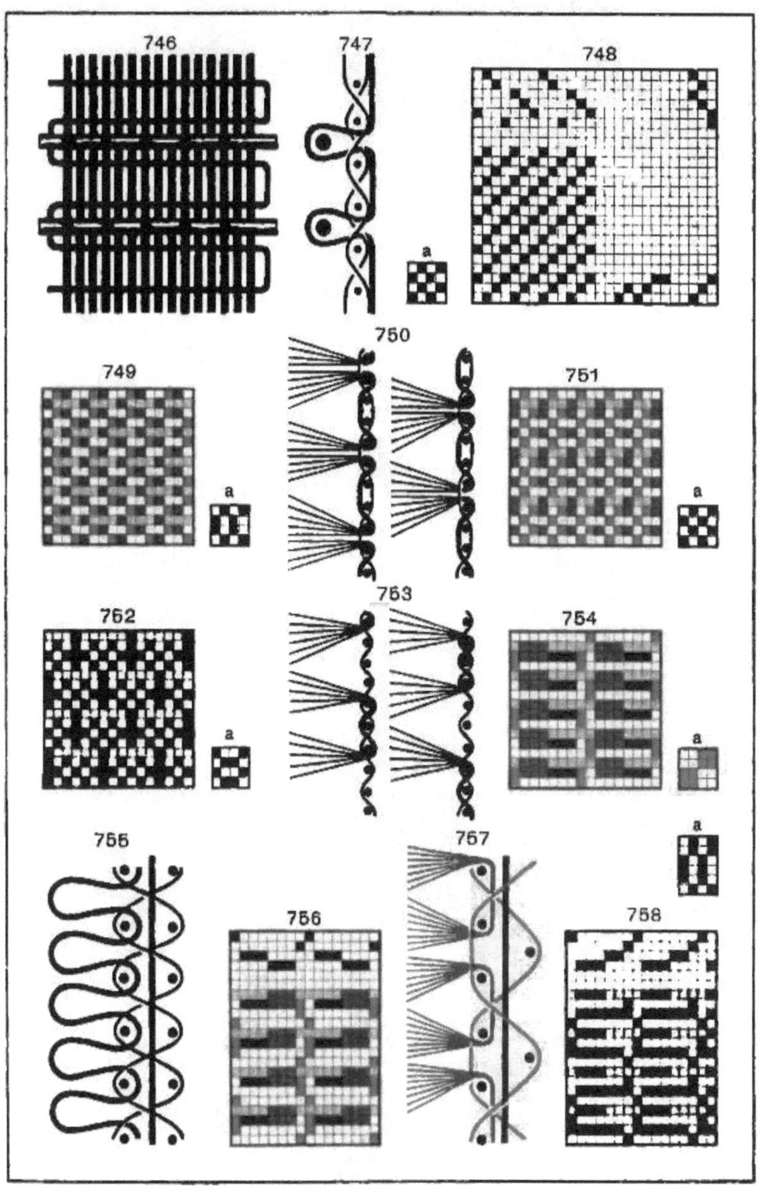

LXXVII.

der drei Grundschüsse schiebt. Würde man die Nadel nach dem ersten Grundschusse einlegen, so würde dieselbe beim Einlegen des zweiten und dritten Grundschusses nicht in Ruhe bleiben, da der zweite und dritte Grundschuß dieselbe Florfadenaushebung wie der erste hat.

Aus der Fig. 753 ist die Bindweise des ersten und zweiten Flor- und ersten und dritten Grundkettenfadens ersichtlich.

Fig. 754: Einfloriger, gezogener Teppichplüsch mit Futterkette.

In der Kette wechseln 1 Grundfaden, 3 Schlingenfäden, 3 Futterfäden, 1 Grundfaden, im Schusse 2 Grundschüsse, 1 Zugnadel regelmäßig ab. Die Bindung der Grundkette mit dem Grundschusse ist Mattenbindung 2 : 2. Der Kammeinzug erfolgt 8fädig und richtet sich genau nach der angegebenen Fadenfolge der Kette.

1 Rapport = 16 Ketten- und 6 Schußfäden = 4 Schäfte und 6 Tritte.

Das rot, blau und schwarz Getupfte bedeutet gehobene Kette. Die Fig. 755 versinnbildlicht einen Längsschnitt des Gewebes und ist daraus die Schlingenbildung der Florkette, die Lage der Futterkette und die Bindweise der Grundkette erkennbar. Erhält der aus dieser Bindung erzeugte Teppich durch färbige Schweifweise der Florkette ein Muster, so heißt er Brüsseler Teppich. Sind die Florkettenfäden nach einer Zeichnung vor dem Weben bedruckt, so heißt man ihn Tapestryteppich.

Fig. 756: Einfloriger, geschnittener Teppichplüsch.

Bei geschnittenem Plüsch läßt man zum besseren Halten der Flornoppen diese unter zwei Grundschüsse binden. Auch kann man die Futterkettenfäden vor den Florkettenfäden anordnen. Die Bindung der Grundkette mit dem Grundschusse ist Querrips 3 : 3.

1 Rapport = 8 Ketten- und 8 Schußfäden.

Die Fig. 757 gibt den Längsschnitt des Teppichgewebes und ist daraus alles Wissenswerte ersichtlich.

Fig. 758: Einfloriger, geschnittener Teppichplüsch.

Bei dieser Bindung ist die Fadenfolge 1 Grund-, 3 Flor-, 2 Futter-, 1 Grundkettenfaden, 3 Grund-, 1 Nadelschuß. Anstatt 2 Futterfäden kann man auch 3 oder 1 nehmen. Die Noppenschenkel kommen hier zwischen zwei Schüssen heraus und sind die Noppen durch Einbinden über den zweiten Grundschuß besonders haltbar gemacht.

1 Rapport = 7 Ketten- und 8 Schußfäden.

Geschnittene Teppichplüsche mit färbig geschweifter Florkette heißen Tournay-Velourteppiche, solche mit gedruckter Florkette Tapestry-Velourteppiche.

Bei Brüsseler Teppichen läßt man nach Fig. 754 den Anfangs- und Endgrundfaden eines Rohres gleichbinden, da dadurch die Flornoppe vermöge des beiderseitigen gleichen Druckes unverschiebbar wird. Bei Velourteppichen würden sich aber bei dieser Anordnung Längsgassen bilden, weshalb man nach Fig. 756 und Fig. 758 die Flornoppen abwechselnd von den Grundfäden, beziehungsweise deren Bindweise nach rechts und links verschieben läßt. So z. B. werden alle Noppen von den ungeraden Nadeln von dem links im Rohre befindlichen Grundfaden nach rechts, alle Noppen der geraden Nadeln von dem am Ende des Rohres befindlichen Grundfaden durch dessen Bindweise nach links gedrückt.

Fig. 759: Vierfloriger, geschnittener Plüsch.

Ein Florkettenfaden wechselt mit zwei Grundkettenfäden, drei Grundschüsse mit einer Schneidnadel ab. Die Bindung der Grundkette mit dem Grundschusse ist Längsrips 2 : 2, die der Florkette mit den Nadeln 4bindiger Köper.

1 Rapport = 12 Ketten- und 16 Schußfäden.

Fig. 760: Längsschnitt des ersten Florkettenfadens mit den Grundschüssen.

Fig. 761: Einfloriger, gestreifter Plüsch.

In der Kette wechseln ein Florfaden, ein Grundfaden, im Schusse drei Grundschüsse, eine Zugnadel, eine Schneidnadel ab. Die Bindung der Grundkette mit den Grundschüssen ist gemischter Querrips 2 : 1. Die ersten acht Florkettenfäden bilden gezogenen, die zweiten acht Florfäden geschnittenen Plüsch, was aus den Längsschnitten des 1. und 9. Florkettenfadens mit den Grundschüssen Fig. 762 und 763 ersichtlich ist.

Damit sich beim Weben die Schneidnadel auf die Zugnadel stellen läßt, muß man die Aushebung der Florkette auf die Schneidnadel auch auf die vorher eingelegte Zugnadel bringen.

Die vorgestrichenen grünen Schüsse versinnbildlichen die Zugnadeln, die gelben die Schneidnadeln. Rot, Blau und Schwarz entspricht gehobener Kette.

1 Rapport = 32 Ketten- und 3 Grund-, 2 Nadelschüsse.

Fig. 764: Zweifloriger geschnittener Samt mit Atlasrücken für Bänder.

Die Fadenfolge ist in der Kette 1 Flor, 2 Atlas, 1 Grund, im Schusse 2 Grund, 1 Nadel. Die Bindung der Grundkette mit dem Grundschusse ist Querrips 2 : 2, die des Rückens 16bindiger Atlas.

1 Rapport = 32 Ketten- und 16 Grundschüsse, 8 Nadeln.

Fig. 765: Längsschnitt der ersten vier Kettenfäden mit den Grundschüssen der Fig. 764. Die Pfeile geben die Einlage der Nadeln an.

Fig. 766: Zweifloriger, karierter, geschnittener Samt.

In der Kette wechseln zwei verschiedenfärbige Florfäden mit einem Grundfaden, im Schusse zwei Grundschüsse mit einer Nadel ab. Die Grund-

PLÜSCH.

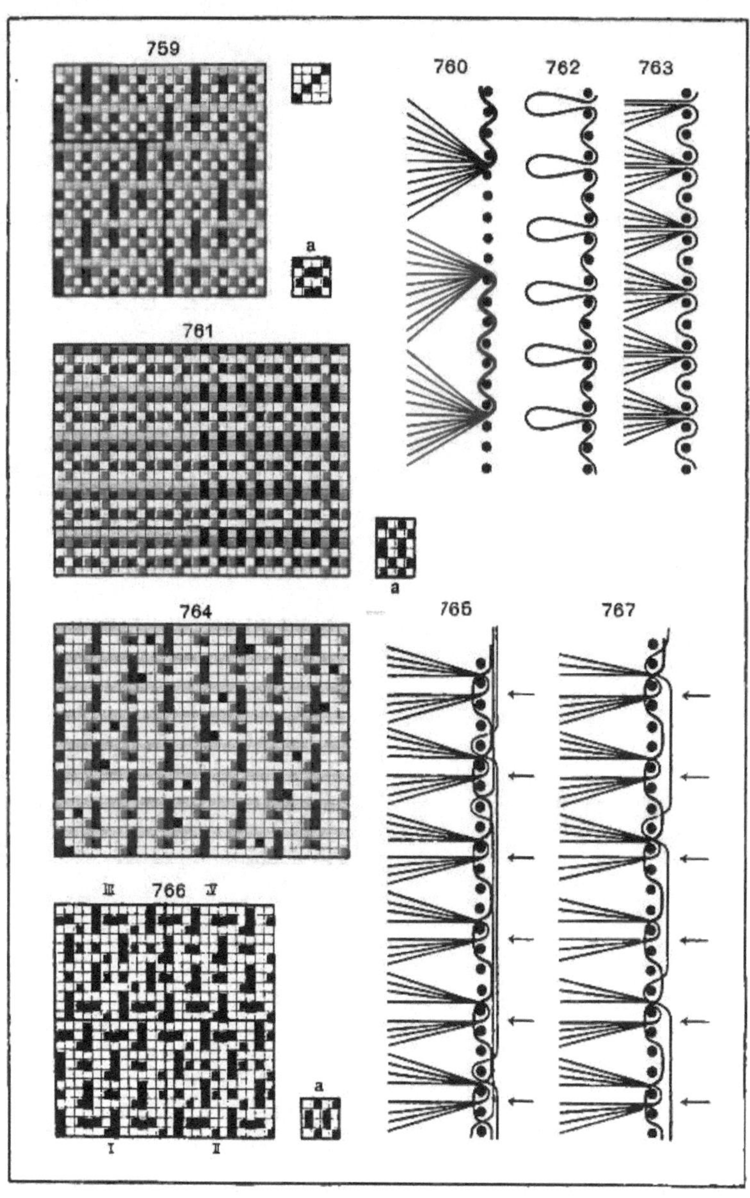

LXXVIII.

bindung ist Querrips 2:2. In den Quadraten I und IV bilden die ungeraden, in den Quadraten II und III die geraden Florfäden den Flor, während die anderen rückwärts flottliegen.

1 Rapport = 24 Kettenfäden, 16 Grundschüsse und 8 Nadeln.

Beim Weben kommen 2, beziehungsweise 4 Grundschäfte, 8 Florschäfte und 24 Karten zur Verwendung.

Fig. 767: Längsschnitt des 1. und 2. Florketten- und 1. Grundkettenfadens mit den Grundschüssen der Fig. 766. Die Pfeile bestimmen die Einlage der Nadeln.

Krimmer.

Dies ist ein Flor- oder Schlingengewebe, welches zur Imitation der echten Lammfellkrimmer dient. Während bei Samt eine gleichmäßig verteilte Florfläche Bedingung ist, soll bei Krimmer ein gezogener oder geschnittener lockenartiger Effekt gebildet werden. Zu diesem Zwecke nimmt man zu der lockenbildenden Kette wenig, aber dicke Fäden. Die Höhe des Flores oder der Schlingen wird durch die Einlage hoher oder dicker Nadeln, die Lockenbildung durch die besondere Behandlung der Florgarne erzielt. Die zur Flor-, beziehungsweise Schlingenkette verwendeten Garne heißt man Rovings. Diese wenig gedrehten Mohair- oder Westgarne müssen 16—20 *cm* lange Haare haben. Um die zur Lockenbildung bestimmten glatten Garne gelockt zu machen, schweift man je nach der Stärke 6—40 Fäden in entsprechender Länge, nimmt diese unterbunden vom Schweifrahmen und überdreht sie entgegengesetzt dem Spinndrahte auf einem Seilerrade. Der eine Arbeiter hält den Strang in der Mitte, der andere bewirkt durch die Inbewegungssetzung des mit zwei Spindeln (Fig. 768) ausgerüsteten Seilerrades das Drehen des Stranges. Die Größe der Locken hängt von der Fadenzahl des Stranges ab. Sind die zu der Kette notwendigen Stränge fertig, so gibt man sie in einen Jutesack, verbindet diesen und kocht zirka $2^1/_2$ Stunden in Wasser. Nach dem Ablassen des Wassers läßt man abkühlen, öffnet den Sack, trocknet die Stränge in heißen Räumen, dreht nach dem Trocknen die Stränge auf und bringt die einzelnen Fäden durch Aufbäumen auf einen Kettenbaum.

Fig. 769: Zweifloriger Krimmer.

Die Bindung des Grundgewebes ist Längsrips 2:2. Die über 7 Grundschüsse liegenden Schlingen sind versetzt angeordnet. Die Fig. 770 zeigt den Längsschnitt des 1. und 2. Schlingenfadens. Die Nadel wird direkt vor dem letzten Hochgange des Schlingenfadens eingelegt, da sie durch den Ladenschlag in die Mitte der Flottung gebracht wird. Rot und Blau entspricht gehobener Kette.

Fig. 771: Zweifloriger Krimmer.

Nimmt man zu den grüngetupften Lockenfäden gekräuselten Mohairzwirn, zu den blauen ungekräuselten Weftzwirn und zu den ersten hohe, zu den letzten niedere Nadeln, so wird nach den Längsschnitten 772 das Gewebe eine Fellimitation darstellen, da auf dichtem Weftgrunde die gekräuselten Mohairfäden den auf dem Körper des Schafes auftretenden strähnchenartigen Lockeneffekt nachahmen. Rot, Blau und Grün = gehobene Kette.

Fig. 773: Zweifloriger, gestreifter Krimmer.

Die Florfäden des ersten Streifens liegen über den ungeraden, die des zweiten Streifens über den geraden Nadeln. Nimmt man die ungeraden Nadeln höher als die geraden, oder verwendet man zu den Streifen *A* gekräuseltes, zu den Streifen *B* ungekräuseltes Mohairgarn, so werden im Gewebe Längsstreifen entstehen. Rot, Blau und Schwarz gilt für gehobene Kette.

Fig. 774: Zweifloriger gestreifter Plüsch, beziehungsweise Krimmer.

Die 4 Florfäden des Streifens *A* liegen über den Zugnadeln, die 4 Florfäden des Streifens *B* über den Schneid- und Zugnadeln. Nach der Entfernung der Nadeln wird der Streifen *A* gezogener Plüsch, beziehungsweise Krimmer, der Streifen *B* geschnittenen ergeben.

Fig. 775: Vierfloriger gezogener Krimmer.

Die Locken sind nach dem 4bindigen versetzten Köper angeordnet. Die Fig. 776 zeigt die Längsschnitte der Lockenfäden mit den Grundschüssen und eingelegten Nadeln. Die letzteren sind in der Lage gezeichnet, welche sie durch den Ladenanschlag einnehmen.

Doppelplüsch.

Bei dieser Warengattung werden zwei Plüschgewebe übereinander liegend gearbeitet. Das Doppelgewebe besteht aus zwei Grundketten und mindestens einer Florkette. Die zwei Grundketten sind auf einem oder auf zwei Kettenbäumen untergebracht. Die Fig. 777 zeigt die schematische Seitenansicht des mechanischen Doppelsamtstuhles. Die auf dem Kettenbaume *GKB* gebäumte Grundkette geht über den Schwingbaum *SB*, teilt sich in zwei Teile, wovon der eine in den 1. und 2. Schaft, der andere in den 3. und 4. Schaft gezogen ist. Die auf dem Kettenbaum *FKB* gebäumte Florkette geht durch die mit Filz überzogenen Walzen W, W_1, über die Walze W_2 in die Helfen des 5. Schaftes. Die Schäfte 1 und 2 sind für Aufzug, die Schäfte 3—5 für Tiefzug eingerichtet. Die mit einem Regulator verbundenen Walzen W, W_1 liefern das zur Einbindung notwendige Florkettenmaterial. Beim Weben der Oberware gehen die Schäfte 3 und 4 abwechselnd tief, während die Schäfte 1 und 2 in Ruhe bleiben. Beim Weben der Unterware gehen die Schäfte 1 und 2 abwechselnd hoch, während die Schäfte

KRIMMER.

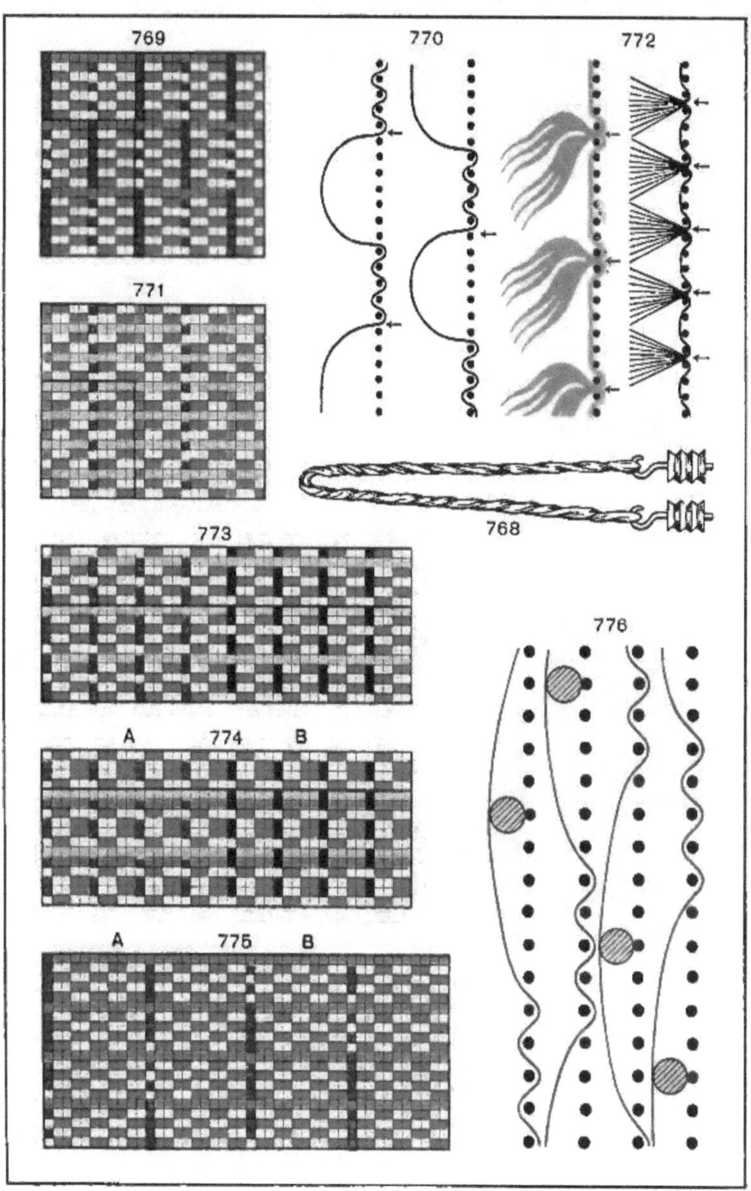

LXXIX.

3 und 4 in Ruhe bleiben. Soll die Florkette in das Untergewebe einbinden, so muß der Florschaft 5 gesenkt werden. Beim Stillstande des Stuhles liegt die Unterkette auf der Ladebahn auf, während die Oberkette zirka 4 *cm* höher steht. Durch diese Anordnung streben die beiden Waren auseinander, weshalb durch das Einbinden der lockeren Florkette der Flor zwischen beiden Geweben gebildet wird. Der zwischen den beiden Grundgeweben gebildete Flor wird auf dem Webstuhle mittels eines Messers *M*, welches mechanisch von links nach rechts und wieder zurück bewegt wird, in der Mitte zerschnitten und dadurch zwei Plüschgewebe gebildet, welche von zwei Nadelwalzen abgezogen werden.

Ein- oder zweischützIger Samt ist die Bezeichnung, ob die Ober- und Unterware mit einem Schützen gearbeitet ist oder ob man für die Ober- und Unterware je einen Schützen nimmt. Bei zweischützIger Ware sind beide Grundgewebe getrennt, bei einschützIger durch den gemeinsamen Schuß verbunden. Das Zerschneiden der beide Gewebe verbindenden Schußfäden erfolgt durch eine Vorrichtung am Breithalter. Einflorig heißt eine Ware, wo alle Florfäden des Gewebes dieselbe Bindweise haben. Zwei- oder mehrflorig ist eine Ware, wenn 2, 3 etc. verschiedenbindige Florfäden vorkommen. Flordurchbindung heißt man eine Bindweise, wo die Florfäden das Grundgewebe durchbinden, Floraufbindung, wenn die Flornoppe zur Gänze auf der linken Warenseite offen liegt. Nach der Anzahl Grundschüsse, welche auf einen Florrapport kommen, unterscheidet man Zwei-, Drei- und Vierschußsamt, d. h. bei Zweischußsamt werden immer zwei Schüsse in das Ober- und zwei Schüsse in das Untergewebe eingetragen, während dieses bei Dreischußsamt von 3 : 3, bei Vierschußsamt von 4 : 4 erfolgt.

Um die Bindweise eines Doppelplüsches auszuführen, zeichnet man die Querschnitte der Gewebe und numeriert die Ketten- und Schußfäden nach den Fig. 778—787.

Fig. 778: Einfloriger, dreischüssiger Samt oder Plüsch mit Flordurchbindung.

Die Bindung zeigt ein Ober- und ein Untergrundgewebe mit den Grundkettenfäden I—IV und den Grundschüssen 1—9. Die Grundbindung ist gemischter Rips 2 : 1. Der Florfaden V bindet in Leinwand und geht nach drei Schüssen aus dem Obergewebe in das Untergewebe und ebenso wieder zurück. Drei in das Obergewebe eingetragene Schüsse (1, 2, 3), wechseln mit drei in das Untergewebe eingetragenen Schüssen (4, 5, 6) ab. Nachdem durch den Ladenanschlag die Unterschüsse 4, 5, 6 unter die Oberschüsse 1, 2, 3 zu liegen kommen, werden die Florschenkel nicht die gezeichnete senkrechte, sondern die in Fig. 777 dargestellte schiefe Lage bekommen. Die Fig. 779 zeigt das Bild der durch Teilen des Flores gebildeten zwei Plüschgewebe.

10*

Fig. 780: Einfloriger, zweischüssiger Plüsch mit Floraufbindung.

Die Grundbindung ist Leinwand, die Flornoppe bindet um einen Schuß. Die Fig. 781 zeigt die Anordnung der Flornoppen nach dem Zerschneiden des Flores.

Fig. 782: Zweifloriger, zweischüssiger Plüsch mit Floraufbindung.

Fig. 783 und 784: Zweifloriger Plüsch mit Floraufbindung und Deckkette.

Die Deckkettenfäden haben den Zweck, die rückwärts eingebundenen Flornoppen zu verdecken, weshalb sie auf der Rückseite der Ware Flottungen aufweisen müssen. Meist nimmt man zum Zwecke besseren Deckens die Deckkette doppelfädig. Die Fig. 783 und 784 sind nebeneinander folgend zu verstehen. Zur Verwendung kommt Grundkette, Florkette und Deckkette in folgender Ordnung:

1 Untergrundkettenfaden	(1 Fig. 783,	8 Fig. 784),
1 Obergrundkettenfaden	(2 « «	9 « «),
1 Florkettenfaden	(3 « «	10 « «),
1 Unterdeckkettenfaden	(4 « «	11 « «),
1 Oberdeckkettenfaden	(5 » «	12 « «),
1 Untergrundkettenfaden	(6 « «	13 « «),
1 Obergrundkettenfaden	(7 « «	14 « «).

Die Bindweise der Grundkettenfäden ist Mattenbindung 2 : 2, die der Deckkettenfäden gemischter Querrips 3 : 1.

Der Kammeinzug erfolgt 7fädig; 7 Kettenfäden nach Fig. 783 per Rohrlücke, wechseln mit 7 Kettenfäden nach Fig. 784 per Rohrlücke regelmäßig ab.

Man verwendet diese aus England stammende Bindung zu Mohairplüschen und heißt sie Lüsterbindung.

Fig. 785—787: Dreifloriger Plüsch mit Flordurchbindung.

Die Fig. 785—787 sind nacheinander folgend zu verstehen. Das Gewebe besteht aus Ober- und Untergrundkette, Florkette und Ober- und Unterschuß. In der Kette wechselt ein Untergrundfaden mit einem Obergrundfaden und einem Florfaden regelmäßig ab. Wie beim Lüsterplüsch folgen auf zwei Schüsse der Oberware zwei Schüsse der Unterware. Die Bindung der Grundkette mit dem Grundschusse ist 3bindiger Köper. Die Flornoppen sind nach dem 3bindigen Köper angeordnet.

Um die Doppelplüschbindung aus dem Querschnitte (778—787) auf das Tupfpapier zu bringen, bestimmt man zuerst den Einzug, wonach das Übertragen der Hebungen, beziehungsweise Senkungen der Kettenfäden erfolgt.

Mit folgendem soll das Bilden der Bindung Fig. 788 aus dem Querschnitte 778 erklärt werden. Aus dem Querschnitte ersieht man zwei Ober-, zwei Unter-

DAS WEBEN DES DOPPELPLÜSCHES.

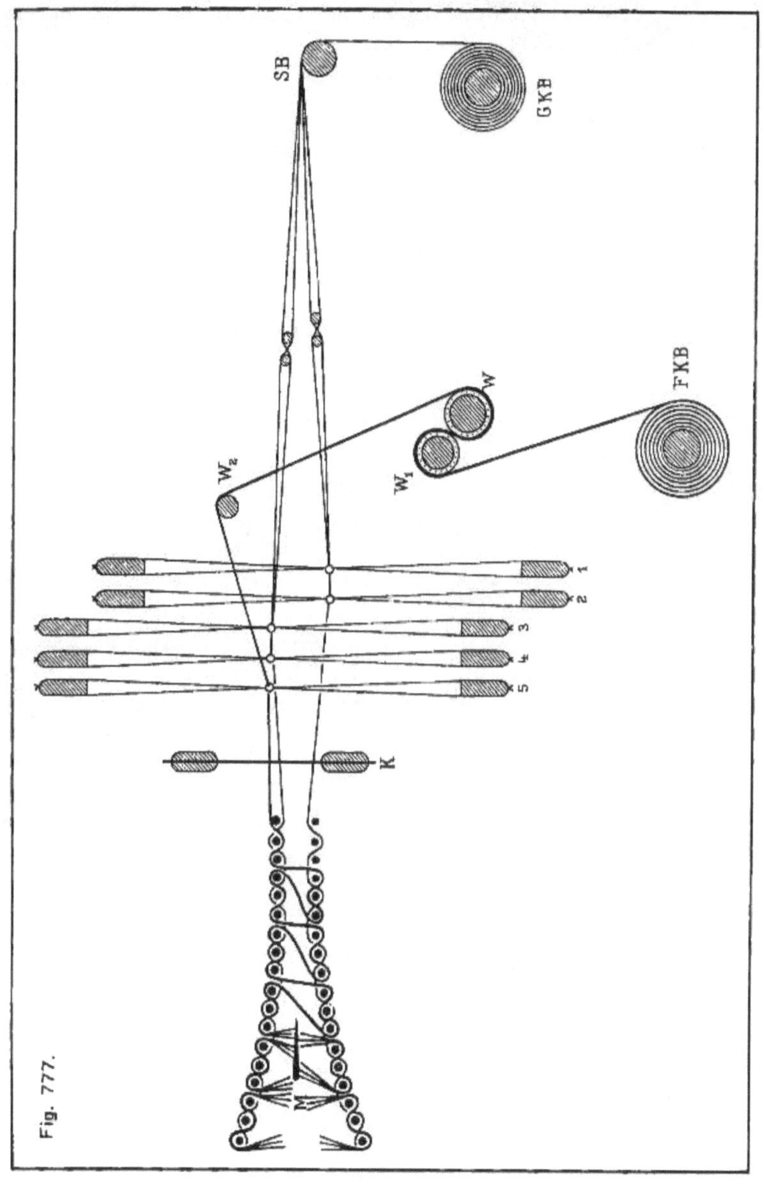

Fig. 777.

LXXX.

DOPPELPLÜSCH.

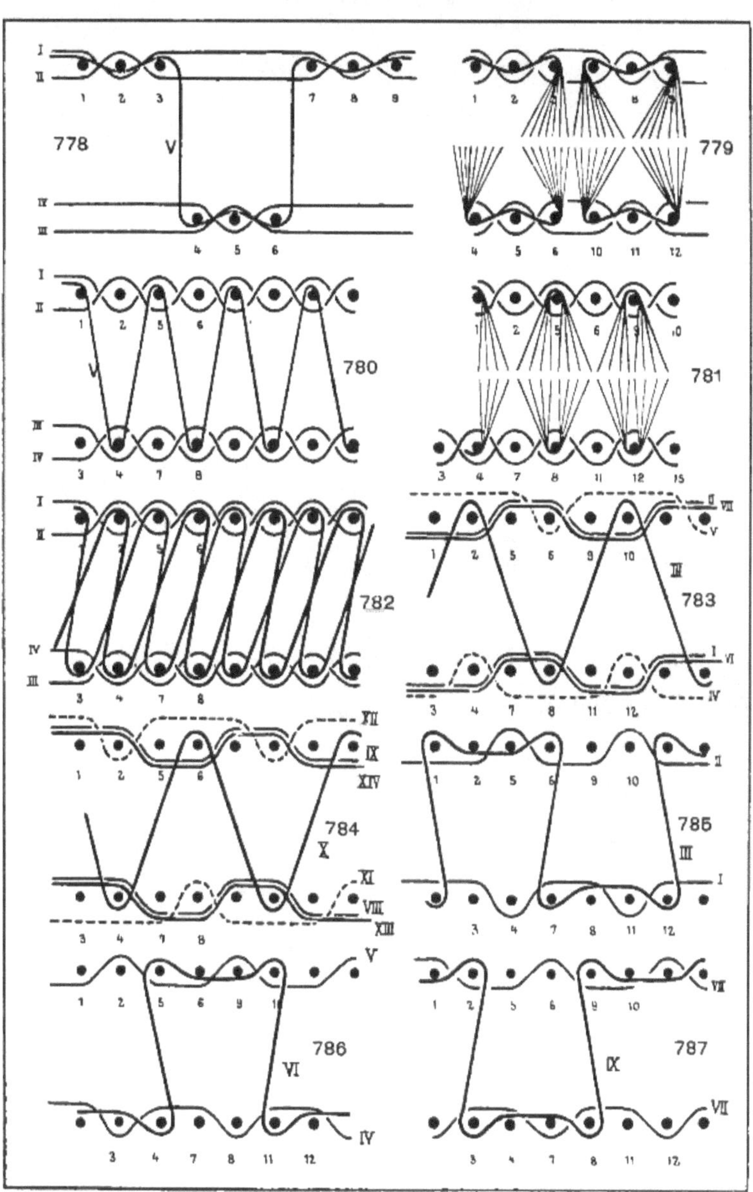

LXXXI.

grundkettenfäden, einen Florfaden, Oberschüsse (1, 2, 3, 7, 8, 9) und Unterschüsse (4, 5, 6). Die Oberkette verbindet sich mit dem Oberschusse und die Unterkette mit dem Unterschusse in gemischtem Querrips 2 : 1, weshalb je zwei Schäfte erforderlich sind. Für die Florkette ist ein Schaft notwendig. Der 1. Oberkettenfaden ist eingezogen in den 1., der 2. in den 2. Schaft, der 1. Unterkettenfaden in den 3., der 2. in den 4. Schaft, der Florfaden in den 5. Schaft. Die grünen Tupfen des Einzuges machen das Einziehen der Oberkette, die schwarzen das der Unterkette und die roten das der Florkette ersichtlich. Die Oberkette und die Florkette sind für Tiefzug, die Unterkette für Aufzug vorgerichtet.

1. Schuß (Oberschuß): Der 2. Oberkettenfaden liegt unter dem 1. Schusse. Der 2. Kettenfaden ist in den 2. Schaft eingezogen, weshalb der 2. Schaft gesenkt werden muß. Auf die 1. Schußlinie der Bindung werden deshalb alle jene Kettenfäden mit Grün getupft werden, welche in den 2. Schaft gezogen sind.

2. Schuß (Oberschuß): Der 1. Oberkettenfaden und der Florfaden liegen unter dem 2. Schusse. Diese Kettenfäden sind eingezogen in den 1. und 5. Schaft, weshalb diese Schäfte gesenkt werden müssen. Auf der 2. Schußlinie der Bindung werden alle Kettenfäden, die in den 1. Schaft eingezogen sind mit Grün, die in den 5. Schaft befindlichen mit Rot getupft.

3. Schuß (Oberschuß): Dieser Schuß ist wie der 1. Schuß, weshalb die Tupfen der 3. Schußlinie nach der 1. Schußlinie gesetzt werden.

4. Schuß (Unterschuß): Der 2. Unterkettenfaden (IV) liegt auf dem 4. Schusse, der Florfaden unter dem 4. Schusse. Der 2. Unterkettenfaden ist eingezogen in den 4. Schaft, weshalb dieser gehoben werden muß. Der Florfaden ist eingezogen in den 5. Schaft, weshalb dieser gesenkt werden muß. Auf die 4. Schußlinie der Bindung werden alle Kettenfäden, welche in den 4. Schaft eingezogen sind, mit Schwarz, alle welche in den 5. Schaft eingezogen sind, mit Rot getupft.

5. Schuß (Unterschuß): Der 1. Unterkettenfaden (III) liegt auf dem 5. Schusse, was ein Hochgehen des 3. Schaftes bedingt. Auf die 5. Schußlinie der Bindung werden alle Kettenfäden, die in den 3. Schaft eingezogen sind, mit Schwarz getupft.

6. Schuß (Unterschuß): Dieser Schuß ist genau wie der 4., weshalb die Tupfen der 6. Schußlinie nach der 4. Schußlinie gesetzt werden können.

Bei der Anschnürung gilt das grün und rot Getupfte für Tiefzug, das Schwarze für Aufzug.

Die Fig. 789 zeigt die Daraufsicht des einfachen Plüschgewebes. Man muß vor dem Bilden der Querschnittbindweisen immer erst diese Verbindung aufsuchen, da diese Daten für die Querschnitte Vorbedingung sind.

Fig. 790: Bindung zu Fig. 780.
Fig. 791: « « « 782.
Fig. 792: « « « 783 und 784.
Zur Bearbeitung dieser Bindung sind erforderlich:
2 Schäfte für die untere Deckkette,
2 « « obere «
2 « « « untere Grundkette,
2 « « « obere
2 « « « Florkette.

Auf der Bindung und dem Kartenmuster bedeutet Schwarz Schafthebung, Grün, Rot und Blau Schaftsenkung.

Fig. 793: Bindung zu Fig. 785—787.
Zur Verwendung kommen:
3 Schäfte für die untere Grundkette,
3 « « « obere «
3 « « « Florkette.

Auf der Bindung und dem Kartenmuster bestimmt die schwarze Type Schafthebung, die Ringtype Schaftsenkung.

Die Fig. 794 versinnbildlicht die Daraufsicht des einfachen Plüschgewebes nach Fig. 793, beziehungsweise 785—787 und ist daraus die Bindweise des Grundgewebes und der Flornoppen deutlich erkennbar.

Zweiseitiger Plüsch.

Unter diesem versteht man ein Gewebe, welches auf beiden Seiten eine Flordecke zeigt. Man verwendet diese Gewebe für Vorhänge und erzeugt sie auf dem Ruten- oder auf dem Doppelplüschstuhle. Bei ersterer Art legt man auf beiden Gewebseiten Ruten oder Nadeln ein, während auf dem Doppelplüschstuhle dieses durch Einlage besonderer Schüsse zustande gebracht wird.

Das Doppelplüschgewebe wird nach Fig. 795 erzeugt, in der Mitte der Florfäden zerschnitten und aus den vom Webstuhle abgezogenen zwei einfachen Plüschgeweben, die auf dem Grundgewebe liegenden Schußfäden 3, 9, beziehungsweise 6, 12 etc. so aus der Ware gerissen, daß dadurch die Hälfte des Flores auf die linke Seite befördert wird. Natürlich muß man zu diesem Schußfadensystem festes Garn nehmen, damit es beim Herausziehen der Florschenkel nicht reißt. Wie aus der Zeichnung ersichtlich ist, wird durch die Einlage des starken Schusses das Gewebe auf der einen Seite höheren Flor zeigen als auf der anderen. Die Fig. 797 zeigt den Querschnitt des unteren Plüschgewebes mit einseitigem Flore. Die Fig. 798 zeigt den doppelseitigen Plüsch aus Fig. 797, wenn man

OG
UG
F
788
789
790
791
OG
UG
F
792
UD
OD
UG
OG
F
1.Rohr
2.Rohr
793
UG
OG
F
794

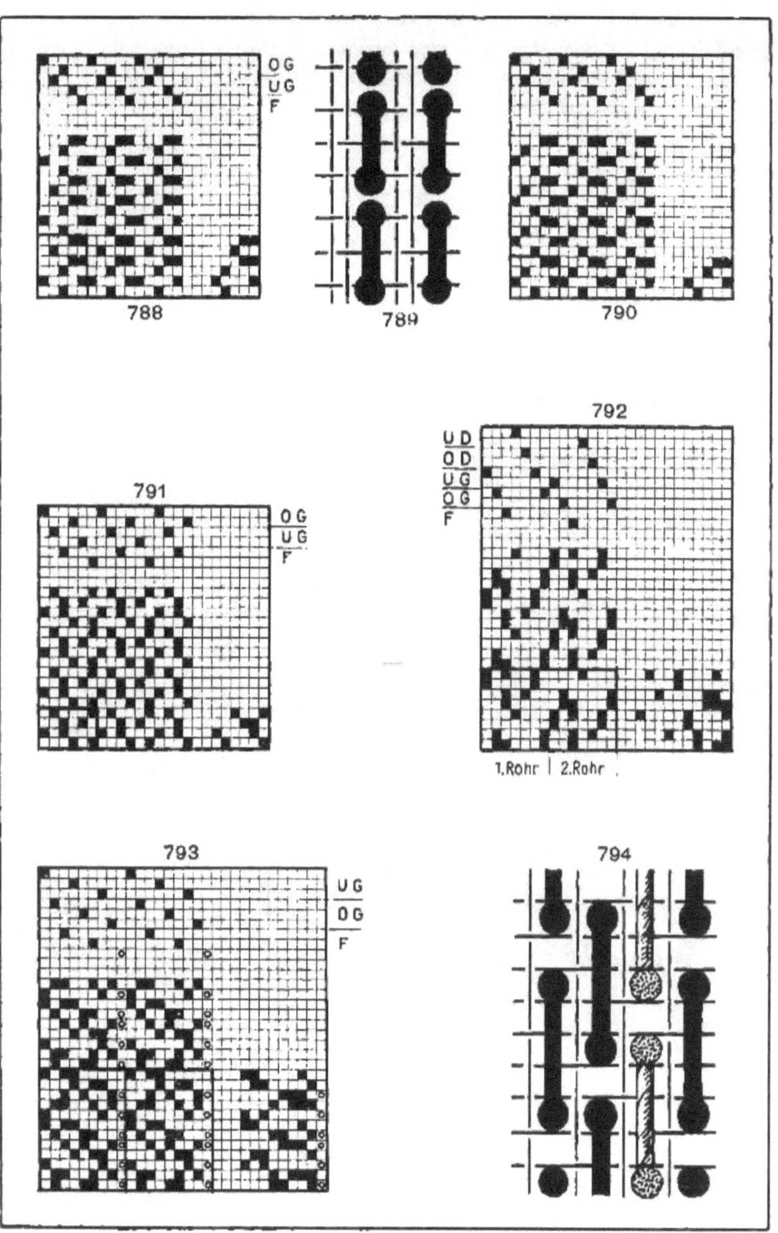

LXXXII.

795
III
IV
4
5
6
10
11
12
V
II
I
1
2
3
7
8
9
796
OG
UG
F
797
798
799
800
801
802
a
b
c
803
804
805
806
A
B
807
808

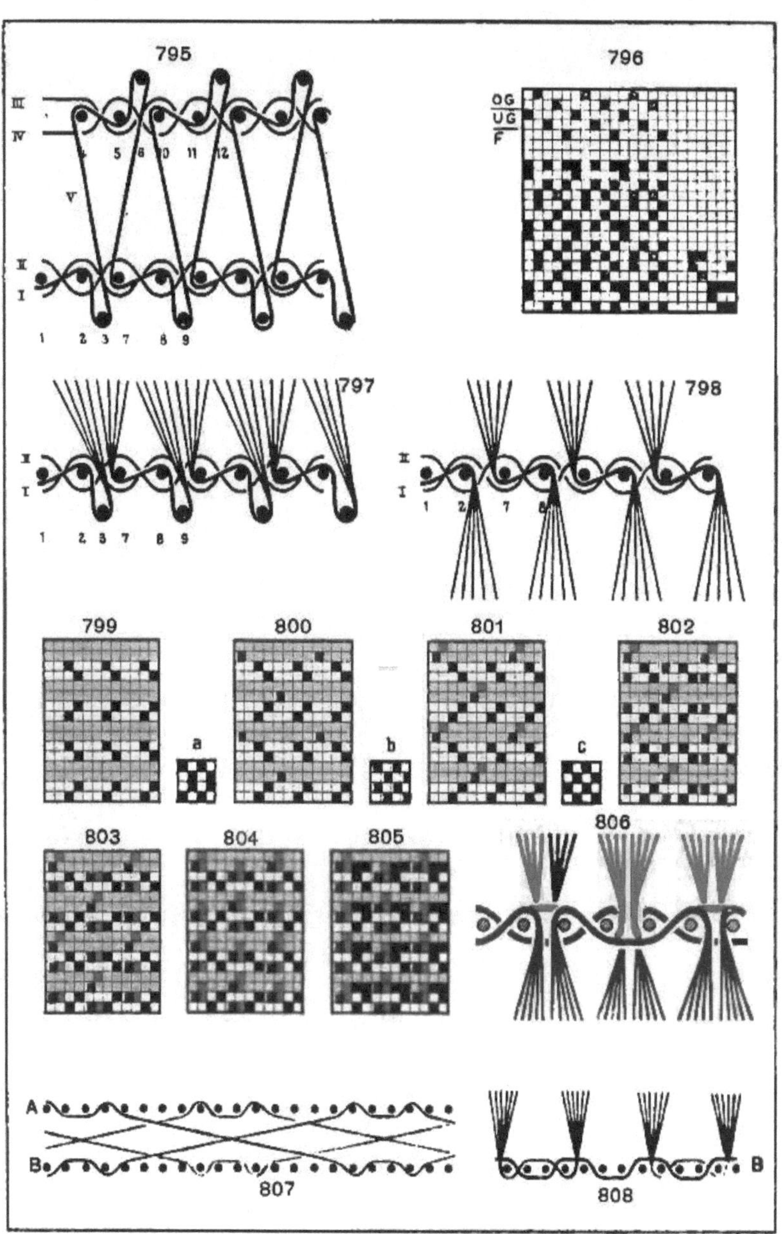

LXXXIII.

durch Herausreißen der Schüsse 3, 9, 12 etc. die Hälfte des Flores von der Oberseite auf die Unterseite bringt.

Aus den Fig. 799—805 ist der Werdegang einer Bindung für einen doppelflorigen Plüsch durch Einlage doppelter Nadeln ersichtlich. In der Kette wechselt ein Unterflorfaden mit einem Oberflorfaden und 2 Grundkettenfäden ab, während im Schusse nach zwei Grundschüssen eine Nadel für den unteren Flor und eine Nadel für den oberen Flor eingelegt wird.

Fig. 799: Bindung des Grundgewebes (Querrips 2 : 2 *a*).

Fig. 800: Grundbindung und Bindung der Unterflorfäden auf die unteren Nadeln (Leinwand *b*).

Fig. 801: Grundbindung und Bindung der Florketten auf die unteren und oberen Nadeln.

Fig. 802: Bindweise 801 und Einbindung der Unterflorfäden in die Grundschüsse.

Fig. 803: Bindweise 802 und Einbindung der Oberflorfäden in die Grundschüsse.

Fig. 804: Bindweise 803 und Aushebung der Oberflorfäden beim Einlegen der unteren Nadel.

Fig. 805: Bindweise 804 und Aushebung der Grundkettenfäden auf die untere Nadel.

Das schwarz, blau und rot Getupfte gilt als gehobene Kette. Die Fig. 806 ergibt den Querschnitt der Florfäden des Doppelplüsches Fig. 805.

Man kann den Doppelplüsch auch nach der beim Doppelsamtstuhlplüsch beschriebenen Weise erzeugen, wenn man nach der Fig. 797 auf der oberen Seite Nadeln einlegt und unter die später herauszuziehenden Schüsse einträgt.

Ein vom verstorbenen Professor Friedrich Eckstein, Wien, patentiertes Verfahren, Schußsamt als Doppelware zu weben, versinnbildlicht die Fig. 807. Die Bindung der Grundketten *A* und *B* mit dem Grundschusse ist Längsrips 2 : 2. Die Florschüsse (Blau, Rot) binden abwechselnd in die Ober- und Unterware. Das Teilen beider Waren, d. i. das Zerschneiden der Florfadenflottungen in der Mitte soll nach dem Abnehmen des Gewebes vom Webstuhle erfolgen. Nach dem Zerschneiden werden die Florfäden durch entsprechende Appreturmanipulationen aufgerichtet. Die Fig. 808 ergibt die Flornoppenstellung eines fertig appretierten Gewebes. Das Verfahren ist nicht praktisch ausgeführt worden und nur anregungshalber angeführt.

Knüpf- oder Smyrnateppiche.

Dies ist eine aus dem Oriente stammende Teppichart mit hoher, dichter, floriger Oberseite. Der Flor wird nicht durch Einlage von Nadeln wie bei den Velourteppichen hervorgebracht, sondern durch Einknüpfen von Fadenstücken in ein leinwandbindendes Grundgewebe erzeugt. Die Morgenländer bedienen sich zur Erzeugung dieser Teppichart eines primitiven aufrechtstehenden Rahmens, welcher oben eine Walze zur Aufnahme der Kettenfäden und unten eine Walze zum Aufwickeln der Ware hat. Die Knüpfteppiche werden bei uns auf einem Webstuhle, von welchem die Fig. 809 eine schematische Seitenansicht ergibt, hergestellt. Die auf dem Kettenbaume KB befindliche, über die Holzwalze SB_1 (Streichbaum) gehende Kette K wird in die Helfen der Schäfte H_1, H_2 eingezogen. Die Schäfte sind um zwei Walzen W_1, W_2 gelegt und so befestigt, daß durch Drehen der Kurbel K eine Fachbildung entsteht. In dieses Fach wird der auf ein gekerbtes Brettchen, Fig. 810, gewundene Grundschuß eingelegt.

Um den Teppich zu bilden, knüpft man immer nach 2—4 Grundschüssen eine Querreihe Florfadenstücke ein. Das Verweben der Grundkette mit dem Grundschusse erfolgt in Leinwandbindung. Zur Bildung des Flores werden die Florfadenstücke um 2, respektive 1 Grundkettenfaden nach den Fig. 811—814 geschlungen. Die Länge der Einknüpffadenstücke richtet sich nach der Höhe des Flores, welchen der Teppich haben soll. Zum Schneiden der Florfadenstücke wickelt man das Florgarn in einer Lage auf eine Holzrolle, welche mit einer Längsfurche versehen ist. Ein in der Längsfurche geführtes scharfes Messer zerschneidet den aufgewickelten Faden in einzelne gleichlange Fadenstücke. Die Knotenreihen sowie die Grundschüsse werden mittels einer kräftigen, eisernen Gabel, Fig. 815, fest aufeinander geschlagen. Damit das Anschlagen über die ganze Teppichbreite gleichmäßig stattfindet, verwendet man bei den modernen Knüpfstühlen zum Nachschlagen noch eine unter den Schäften angeordnete Lade mit einem groben Kamme. In den letzteren sind die Kettenfäden zweifädig eingezogen.

Um dem Teppich einen guten Rand in der Breite zu geben, nimmt man starkes Wollgarn und bewickelt damit die ersten und letzten 4 oder 6 Leistenkettenfäden. Das Einknüpfen der Florfadenstücke erfolgt nach einer auf dem Tupfpapier ausgeführten Musterzeichnung. Die Zahl der Farben ist eine unbeschränkte, da jedes Florfadenstück für sich arbeitet. Jedes Quadrat der Musterzeichnung stellt einen Knoten dar, welcher in der angegebenen Farbe geknüpft werden muß.

Die Herstellung der morgenländischen Teppiche erfolgt zumeist durch Frauen und Mädchen. Wir finden im Orient den Knüpfrahmen seit den ältesten Zeiten in ähnlicher Weise verbreitet, wie früher bei uns das Spinnrad. Die Dessins (Muster) der zu verfertigenden Teppiche werden aus Motiven alter Zeichnungen und Gewebe gebildet. Beim Knüpfen spielt die Phantasie eine große Rolle, was zur Folge hat, daß fast kein morgenländischer Teppich dem anderen vollkommen gleicht. Die staunenswerte Unregelmäßigkeit in Farbe und Zeichnung,

KNÜPFTEPPICH UND CHENILLE.

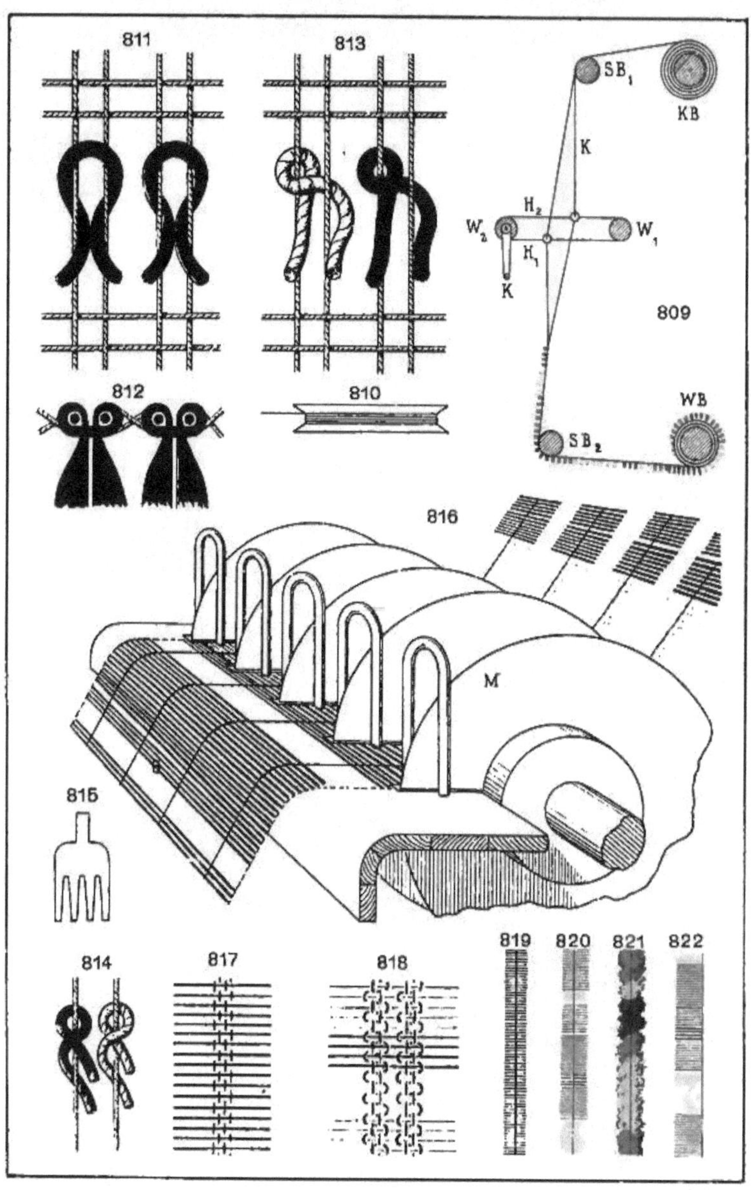

LXXXIV.

welche sich auch bei fortlaufenden Mustern bemerkbar macht, gilt als untrügliches Merkmal des echten Orientteppiches.

Die von den Orientalen gewählten nur echten Farben der alten Teppiche sind: weiß, rot, blau, grün, orange.

Knüpfteppiche werden in Kleinasien, Kurdistan, Turkistan, Persien, Indien, China, Buchara, Kaukasien, Tunis, Marokko etc. erzeugt. Als Hauptproduktionsorte der in Kleinasien erzeugten Teppiche, »Smyrna-Teppiche« genannt, gelten Uschack, Kula, Gyordes etc. Betreffs der Teppichsorten befaßt sich fast ausschließlich Uschack mit der Herstellung großer Teppiche nach alttürkischen Mustern, während Kula und Gyordes meist Vorleger, nach persischem Stil gehalten, erzeugt.

Das Material der Grundkette ist Schafwollgarn, Baumwollgarn, Leinen oder Jutegarn, seltener Seide, das der Einknüpfkette Schafwolle, Ziegenhaar, Kamelhaar oder Seide, und das Material des Schusses Schafwolle, Kamelhaar, Baumwoll- oder Jutegarn.

Um auf die Verwendung der Teppiche zu kommen, sei erwähnt, daß bei den Orientalen der Besitz derselben für unentbehrlich gehalten wird, da er denselben als Matratze, Satteldecke, Zeltvorhang, Gebetunterlage etc. benutzt, während er bei uns nur eine Bodenrolle spielt und oft nur als Luxusartikel betrachtet wird. Letzteres erklärt sich dadurch, daß bei unseren gedielten Fußböden das Belegen mit Teppichen nicht ein solches Bedürfnis ist wie im Orient, wo der Boden unbelegt ist, also ein Bedecken mit Teppichen notwendig wird, zumal nach der dortigen Sitte sich der Eintretende seiner Fußbekleidung entledigt.

Chenille.

Unter Chenille versteht man schmale, ausgefranste Bändchen, welche entweder flach oder gedreht in der Textilindustrie verwendet werden. Viele solche Bändchen werden auf dem Webstuhle nebeneinander gewebt. Nimmt man z. B. bei einer Kette den Kammeinzug abwechselnd 1 Rohr à 4 Fäden, 6 Rohre leer, so werden nach dem Eintragen des Schusses schmale Kettenfädengruppen mit breiten Schußflottungen wechseln. Dieses zusammenhängende Gewebe wird auf besonderen Schneidmaschinen in der Mitte der Schußflottungen zerschnitten und dadurch in einzelne Bändchen zerlegt. Die Fig. 816 zeigt ein derartig erzeugtes Gewebe, wie es den scheibenförmigen Messern *M* der Chenilleschneidmaschine vorgelegt wird, und wie nach dem Schneiden die getrennten Bändchen zum Vorschein kommen. Die Fig. 817 zeigt ein vergrößertes Bändchen mit Leinwandbindung, die Fig. 818 ein solches für Axminsterteppiche mit Dreherbindung. Die aus der Schneidmaschine kommenden, flachen Bändchen Fig. 819 und 820 heißt man Flachchenille. Werden diese Bändchen nach Fig. 821 gedreht, so bekommen sie ein raupenartiges Aussehen und heißt man sie dann Rundchenille. Wird Chenille in eine z. B. leinwandbindende Kette eingeschossen, so entsteht ein Gewebe mit beiderseitiger Velour- oder Florbildung. Nimmt man nach Fig. 819 die Chenille einfärbig, so entsteht ein einfärbiges Gewebe, nimmt man sie nach Fig. 820, 821 gemustert, ein färbig figuriertes Gewebe. Bei gemusterten Chenillegeweben müssen die Farben beim Weben der Bändchen nach einer Zeichnung aufeinander folgen. Bei der Teppichchenille Fig. 822 ist der Flor aufrechtstehend angeordnet. Man erzielt dies aus der Bindweise Fig. 818, wenn man mit dem Schneiden der Bändchen zugleich ein Dämpfen, beziehungsweise Pressen vornimmt.

Frottier- oder Schlingenstoff.

Unter diesem versteht man einen Stoff, welcher auf beiden Seiten Schlingen hat. Derselbe ist vermöge seiner Beschaffenheit besonders geeignet zum Abreiben, Frottieren des Körpers. Zum Weben braucht man eine straff gespannte Grundkette, eine locker gespannte Schlingenkette und einen Schuß. Das Material der Ketten und des Schusses ist meist Baumwollgarn, doch wird eine Schlingenkette aus Leinengarn dem Frottieren noch mehr Vorschub leisten. Das Verhältnis der Grundkette zur Schlingenkette ist gewöhnlich 1 : 1, und zwar wechselt 1 Grundkettenfaden, 1 Oberschlingenfaden, 1 Grundkettenfaden und 1 Unterschlingenfaden ab. Die Schlingen werden nicht wie bei gezogenem Samte durch Einlage von Nadeln erzielt, sondern durch ein besonderes in den Fig. 823 und 825 dargestelltes Webverfahren zustande gebracht. Man schlägt nach Fig. 823 drei, nach Fig. 825 vier Schüsse (Vorschlagschüsse genannt) nicht direkt an das Gewebe, sondern hält sie durch eine Vorrichtung (Ladenbremse), welche dem Kamme verweigert, an das Gewebe zu schlagen, in einer gewissen, nach der Schlingenhöhe sich richtenden Entfernung. Denkt man sich bei der Fig. 823,[1]) beziehungsweise 825 nach dem Eintragen der 3, beziehungsweise 4 Vorschlagschüsse das Hindernis zum Anschlagen des Kammes beseitigt und die Schüsse mittels eines kräftigen Ladenschlages an die Ware gedrückt, so werden sich die Grundkettenfäden gestreckt verarbeiten, während sich die blauen Schlingenfäden nach oben, die schwarzen nach unten wölben. Es ergibt sich dies aus der straffen Spannung der Grundkette, der lockeren Spannung der Schlingenkette und der Bindeweise der letzteren. Die Bindung der Grundkette ist bei 3 Vorschlagschüssen gemischter Querrips 2 : 1, bei 4 Vorschlagschüssen gemischter Querrips 3 : 1, Rips 2 : 2 oder Leinwand. Läßt man bei 3 Vorschlagschüssen den Schlingenfaden über den ersten und letzten und unter den mittleren Vorschlagschuß binden, so entsteht Oberschlinge, bei umgekehrter Einbindung Unterschlinge.

---

[1]) Bei der Fig. 823 ist in der Lithographie ein Fehler entstanden. Die Bindweise der Schlingenkette (Blau und Schwarz) auf den drei letzten Schüssen (Vorschlagschüsse) muß genau dieselbe sein, wie auf den drei ersten Schüssen.

Bei 4 Vorschlagschüssen entsteht Oberschlinge durch Heben des Schlingenfadens über den 1., 2. und 4., beziehungsweise 1., 3. und 4. Vorschlagschuß, Unterschlinge durch die entgegengesetzte Bindeweise.

Fig. 824: Frottierbindung nach Fig. 823 für 3 Vorschlagschüsse.

Das rot Getupfte bedeutet gehobene Grundkette, das blau und schwarz Getupfte Schlingenkette, das Weiße obenliegenden Schuß. Die Bindung der blauen Kettenfäden bewirkt Oberschlinge, die der schwarzen Unterschlinge.

1 Rapport = 4 Ketten- und 3 Schußfäden.

Fig. 826: Frottierbindung nach Fig. 825 für 4 Vorschlagschüsse.

1 Rapport = 4 Ketten- und 4 Schußfäden.

Fig. 827: Frottierbindung für 4 Vorschlagschüsse, wo die Grundkette in Leinwand bindet.

Man kann auch Gewebe erzeugen, wo nur auf der Oberseite Schlingen vorhanden sind, wenn man nach Fig. 828 den Schlingenkettenfäden die Bindweise der Oberschlinge gibt. Auch kann man nach Fig. 829 die einzelnen Schlingenfäden zum abwechselnden Bilden von Ober- und Unterschlinge verwenden.

Was die Ausmusterung der Bindungen 824, 826 und 827 anbelangt, kann man verschiedene Abwechslungen schaffen.

1. Grundkette, Schlingenkette und Schuß weiß.

2. Grundkette und Schuß weiß, Schlingenkette, anderes Material oder andere Farbe.

3. Grund- und Schlingenkette weiß, Schuß rot oder blau, überhaupt färbig.

4. Grundkette, Schuß und die geraden Schlingenkettenfäden weiß, die ungeraden rot, blau, überhaupt färbig.

5. Grundkette, Schuß und die geraden Schlingenfäden weiß, die ungeraden durch einen Schweifzettel gemustert.

6. Grundkette und Schuß weiß, die ungeraden und geraden Schlingenfäden nach einer Fadenfolge gleichartig gemustert.

7. Grundkette und Schuß weiß, die geraden Schlingenfäden bekommen einen anderen Schweifzettel als die ungeraden usw.

Abwechselnd weiße und blaue Querstreifen bekommt man aus der Bindung Fig. 830, wenn man die Schlingenkette 1 Faden weiß (schwarz), 1 Faden blau schweift, da durch den Wechsel der Schlingenbindweise die weißen Fäden im ersten Querstreifen Oberschlingen, im zweiten Unterschlingen liefern, während die blauen Fäden im ersten Querstreifen (1. bis 12. Schuß) Unterschlingen, im zweiten (13. bis 24. Schuß) Oberschlinge bilden. Will man aus derselben Bindung ein Gewebe von weißen und blauen Quadraten Fig. 831 *a* bilden, so stellt man an den Quadratwechsel der Kette einmal zwei blaue und einmal zwei weiße (schwarze) Schlingenfäden zusammen. Soll mit derselben Bindung ein dreifärbiger Effekt nach Fig. 831 *b* gebildet werden, so muß man den Schweifzettel der Schlingenkette folgend anordnen:

1 Faden weiß }
1 » blau } 4mal
1 » rot }
1 » weiß } 4mal.

Eine andere Musterung entsteht, wenn man Ober- und Unterschlinge nicht faden-, sondern flächenweise abwechseln läßt.

Fig. 832: Kariertes Schlingenmuster.

Das Verhältnis der Grundkette zur Schlingenkette ist 2 : 1 und kommen beim Weben 3 Vorschlagschüsse zur Einlege. Die Quadrate mit der blauen Schlingenfadenbindung liefern im Gewebe auf der Oberseite Schlingen, auf der Unterseite glatte Bindung, die Quadrate mit der schwarzen Schlingenfadenbindung das Entgegengesetzte.

Zur Bildung figurierter Schlingenmuster tupft man nach Fig. 833 ein Warenbild, bei welchem jedes Quadrat eine Schlinge darstellt. Die blau getupfte Figur soll Oberschlinge, der weiße Grund Unterschlinge ergeben.

Fig. 834: Figuriertes Schlingenmuster.

Das Verhältnis der Grundkette zur Schlingenkette ist 1 : 1 und kommen beim Weben 4 Vorschlagschüsse zur Eintragung. Um diese Musterzeichnung zu bilden, setzt man auf die ungeraden Kettenfäden die Grundbindung (Querrips 3 : 1) mit Rot und überträgt Blau vom Warenbilde, Fig. 839, 4mal (Zahl der Vorschlagschüsse) in der Höhe vergrößert mit Gelb auf die geraden Kettenfäden. Nachdem auf Gelb Oberschlinge, auf Weiß Unterschlinge werden soll, setzt man auf Gelb die Bindweise für die Oberschlinge mit Blau und auf Weiß der geraden Kettenfäden die Bindweise der Unterschlinge mit Schwarz. Rot, Blau und Schwarz entspricht gehobener Kette.

Dreher oder Gaze.[1])

Unter Dreher versteht man einen Stoff, Fig. 10, bei welchem sich die Kettenfäden gegenseitig umschlingen. Jedes Drehergewebe hat zwei Systeme von Kettenfäden. Das eine System, welches umdreht wird, heißt Grundkette, das andere, welches die Umdrehung vornimmt, Drehkette. Das Verhältnis der Grundfäden zu den Drehfäden ist 1 : 1, 2 : 1, 3 : 1, 2 : 2 usw.

Die Fig. 842 zeigt eine Dreherbindung, bei welcher die Grundkette und der Schuß schwarz, die Drehkette rot gezeichnet ist. Zur Ausführung

[1]) Gaze stammt von Gaza, der Name einer kleinasiatischen Stadt, wo diese Gewebe zuerst erzeugt worden sind.

FROTTIER- ODER SCHLINGENSTOFF.

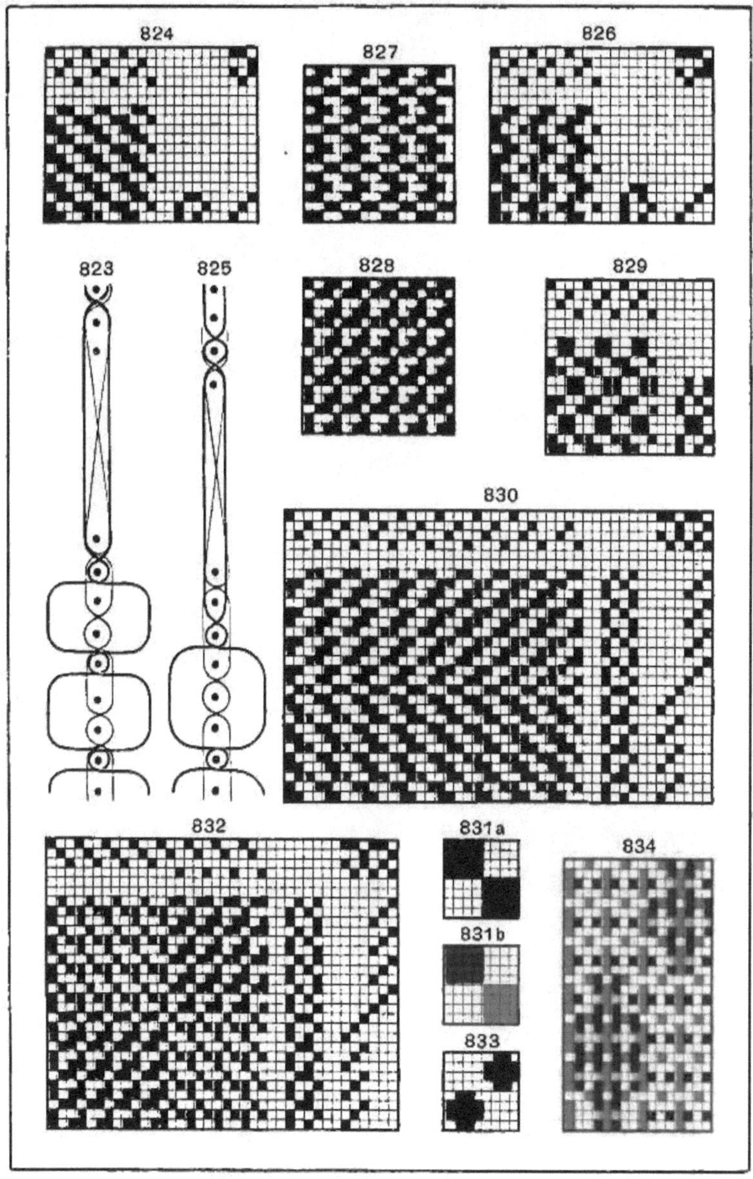

LXXXV.

eines Drehers braucht man zuerst Grundschäfte und Tritte. Die Bestimmung der Anzahl Grundschäfte und Tritte erfolgt nach dem Bindungsrapporte. Die Bindung Fig. 842 hat einen Rapport von 2 Ketten- und 2 Schußfäden, weshalb 2 Grundschäfte und 2 Tritte erforderlich sind. In den ersten Schaft werden die Grundfäden, in den zweiten die Drehfäden eingezogen.

Wie aus der Bindung ersichtlich ist, liegt der Drehfaden (rot) einmal links und einmal rechts vom Grundfaden (schwarz). Damit dies zustande kommt, muß man die Drehfäden außer dem Einzuge in den zweiten Grundschaft noch durch die Helfen eines besonderen Schaftes ziehen.

Nachdem, wie bereits erwähnt, die Grundkettenfäden in den ersten, die Drehkettenfäden in den zweiten Grundschaft eingezogen sind, hängt man den erwähnten besonderen Schaft vor und vollführt durch den Einzug der Drehfäden in die Helfen dieses Schaftes eine Wechslung ihrer Stellung. Während durch den Einzug in die Grundschäfte der Drehfaden immer rechts vom Grundfaden liegt, kommt er durch den doppelten Einzug auf die linke Seite. Die besonderen Helfen müssen durch ihren Aufzug ein Heben der eingezogenen Drehfäden auf der linken Seite bewirken, sie müssen aber auch so beschaffen sein, daß sie den Drehfäden auch ein Ausheben durch die Helfen des zweiten Grundschaftes, in welchem sie eingezogen sind, auf der rechten Seite gewähren. Man heißt diese Helfen, weil sie das Umdrehen der Fäden bewirken, Dreherhelfen.

Eine Dreherhelfe besteht laut Fig. 835, 837, 838 aus einer gewöhnlichen Helfe *a* und einer Stelze oder Schleife *b*. Bei der Fig. 835 hat die Helfe *a* ein Metallauge und die Stelze ist durch dieses Auge geführt, bei der Fig. 837 hat *a* ein Zwirnauge und *b* ist durch die obere Schlinge und das Auge der Helfe *a* gezogen, bei der Fig. 838 ist *a* eine Helfe ohne Auge und *b* ist in die obere Schlinge von *a* eingehängt. Die durch die Vereinigung von *a* und *b* entstandene Helfe heißt Dreherhelfe. Die Dreherhelfe Fig. 835 hat gegen die zwei anderen Dreherhelfen den Nachteil, daß durch das Reißen eines Dreherfadens die Stelze aus dem Auge der Helfe *a* fällt, während diese bei Fig. 837 und 838 gehalten wird. Vereinigt man viele Helfen *a* auf zwei Stäben und gibt man auch in den unteren Teil der Stelzen einen Stab, welchen man durch Schnuren mit einem zweiten Stab verbindet, so entsteht ein aus einem gewöhnlichen Schaft und einem Stelzenschaft kombinierter Schaft, der Dreherschaft. Binden alle Grund- und Dreherfäden über die ganze Stoffbreite gleich, so braucht man einen Dreherschaft, kommen mehrere Bindweisen vor, mehrere Dreherschäfte.

Unter rechter und linker Drehung versteht man das Einbinden des Drehfadens rechts oder links vom Grundkettenfaden. Bei der Fig. 842 ergibt der erste Schuß linke Drehung, der zweite rechte Drehung. Die durch die Umdrehung vereinigte Fadengruppe heißt bei Verhältnis 1 : 1 ein Dreherpaar, bei 2 : 1, 2 : 2 etc. eine Dreherschnur.

Aus der Fig. 835 und 836 soll die Drehergewebetechnik erklärt werden.

a) Einzug in die Helfen:

1. Man zieht den 1. Grundkettenfaden (schwarz) in die erste Helfe des ersten Schaftes und läßt links eine Dreherhelfe leer stehen.

2. Man zieht den 1. Drehkettenfaden in die erste Helfe des zweiten Schaftes und zieht diesen unter den 1. Grundfaden hinweg in die Schleife der links stehengelassenen Dreherhelfe.

Man verfährt mit dem 2., 3., 4. usw. Grund- und Drehkettenfaden wie mit den 1. Grund- und 1. Drehkettenfäden.

b) Einzug in den Kamm:

Man zieht die zu einer Drehung gehörenden Grund- und Drehfäden in eine Rohrlücke, da nur dadurch ein Umdrehen möglich ist.

c) Anschnürung:

Auf den 7. Schuß der Fig. 835 soll der rote Drehkettenfaden rechts vom schwarzen Grundkettenfaden liegen, was durch Heben des Stelzenschaftes und des Grundschaftes, wo der Drehfaden eingezogen ist, erreicht wird. Auf den 8. Schuß der Fig. 836 soll der Drehkettenfaden links vom Grundkettenfaden liegen, was durch Ausheben des Dreherschaftes erzielt wird.

Außer dem in Fig. 835, 836 und 842 dargestellten Einzuge kann man auch das Einziehen entgegengesetzt, wie der 3. und 4, 7. und 8. Kettenfaden der Fig. 844, vornehmen, so daß durch den Einzug in die Grundschäfte der Drehfaden links vom Grundfaden, durch den Einzug in die Dreherhelfe rechts vom Grundfaden befindlich ist.

Anschnürregel:

1. Drehung rechts, Dreherhelfe links oder aber beides entgegengesetzt = Stelzenschaft und Grundschaft, wo der Drehfaden eingezogen ist, heben.

2. Drehung links, Dreherhelfe links oder beides rechts = Dreherschaft, d. i. $a + b$, heben.

Das auf die erste Art erzeugte Fach heißt Offenfach, das auf die letzte Art gebildete Kreuzfach, weil bei ersterem keine Verkreuzung der Fäden zwischen den Grundschäften und dem Dreherschafte stattfindet, was bei letzterem nach Fig. 836 der Fall ist. Damit die Drehkettenfäden durch das Kreuzfach nicht allzu sehr gespannt werden, läßt man zwischen den Grundschäften und dem Dreherschafte ein 10—12 *cm* langen Zwischenraum. Das Kreuzfach fällt vermöge der Kreuzung der Fäden kleiner aus als das Offenfach. Um das Kreuz-

DREHER ODER GAZE.

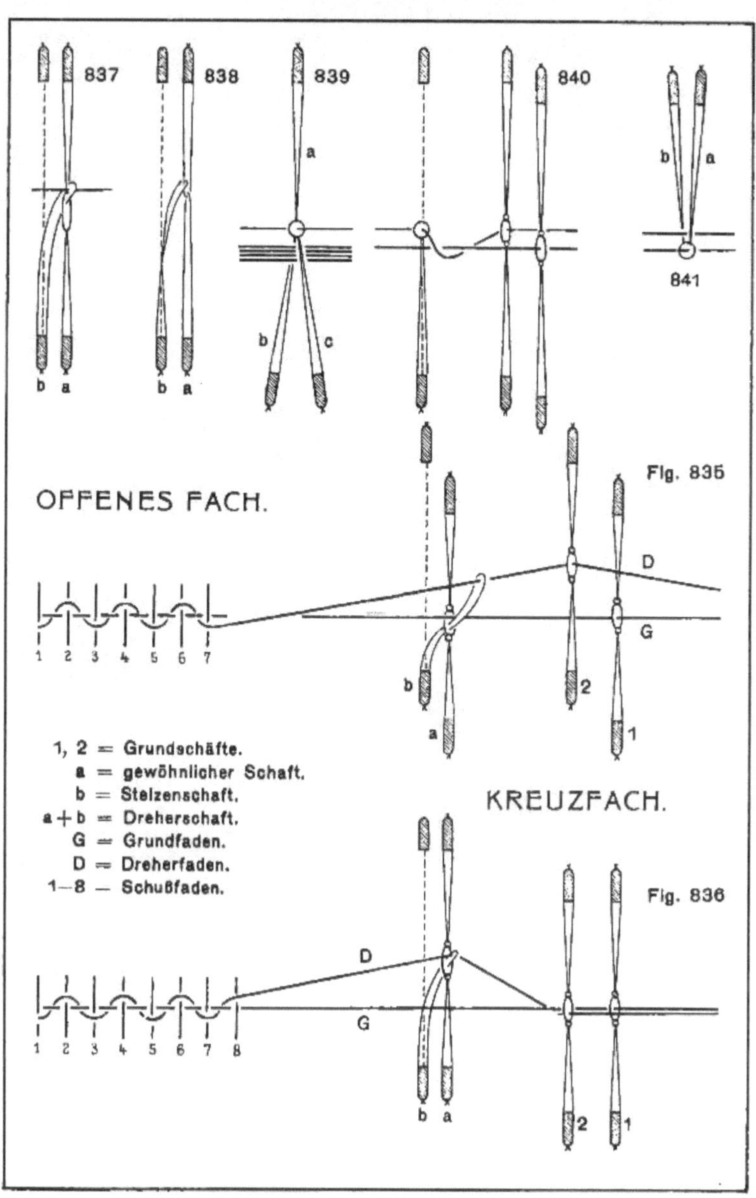

LXXXVI.

fach entsprechend größer zu bilden, läßt man die Drehkettenfäden über einen Nachlaßstab oder eine Nachlaßwalze (Fig. 882) gehen. Der 6—8 *cm* über der Grundkette angeordnete Stab spannt beim Offenfach die Drehkettenfäden, während derselbe durch Tiefziehen beim Kreuzfach ein Lockern der Drehkettenfäden bewirkt, was einen größeren Hub des Dreherschaftes ermöglicht und dadurch ein größeres Fach bedingt. Anstatt zum Senken kann der Nachlaßstab auch zum Heben eingerichtet sein. Auch kann man für den Nachlaßstab einen um eine Fachhöhe höher oder tiefer gehängten Schaft nehmen und in dessen Augen die Drehfäden ziehen. Kommt im Gewebe nur eine Drehermusterung vor, d. h. binden alle Dreherpaare über die ganze Breite gleich oder genau entgegengesetzt, so braucht man einen Nachlaßstab, kommen mehrere Musterungen zum Ausdruck, auch mehrere Nachlaßstäbe, beziehungsweise Nachlaßschäfte.

In der Handweberei kommt es auch vor, daß man die Stelzen des Stelzenschaftes auf dem oberen Schaftstabe anordnet. In diesem Falle wird der Dreherfaden über den Grundkettenfaden gehend in die Schleife der entgegengesetzt stehenden Dreherhelfe gezogen und mit Tieffach gearbeitet, was ein Senken des bei der Anschnürregel angegebenen Hebens der Schäfte bedingt.

Fig. 842: Dreher 1 : 1.

Bei dieser Musterung binden alle Dreherpaare gleich.

1 Rapport = 2 Ketten- und 2 Schußfäden = 2 Grundschäfte, 1 Dreherschaft, 2 Tritte und 1 Nachlaßstab.

Einzugsweise:

Der schwarze Grundkettenfaden ist so in den ersten Schaft gezogen, daß links eine Dreherhelfe stehen bleibt. Der rote Drehfaden wird rechts vom Grundfaden in den zweiten Schaft gezogen, unter den Grundfäden hinweggenommen und durch die Schleife der links stehengelassenen Dreherhelfe geführt.

Anschnürung:

Auf dem 1. Schusse befindet sich der Drehfaden links vom Grundfaden (linke Drehung), die Dreherhelfe ist ebenfalls links vom Grundfaden, was ein Heben des Dreherschaftes bedingt.

Auf dem 2. Schuß ist der Drehfaden rechts vom Grundfaden (rechte Drehung), was ein Ausheben des Stelzenschaftes und des zweiten Grundschaftes, wo der Drehfaden eingezogen ist, erforderlich macht. Nachdem durch das Treten des ersten Trittes Kreuzfach (Drehung und Dreherhelfe sind auf einer Seite), durch das des zweiten Trittes Offenfach (Drehung und Dreherhelfe befinden sich nicht auf einer Seite) gebildet wird, muß auf den ersten Tritt der Nachlaßstab zum Nachlassen angeschnürt werden.

Fig. 843: Dreher 1 : 1.

1 Rapport = 2 Ketten- und 4 Schußfäden.

Fig. 844: Dreher 1 : 1, mit Leinwandrand.

Bei dieser Musterung findet man, daß die geraden Dreherpaare entgegengesetzt den ungeraden binden. Man erzielt dies durch die entgegengesetzte Einzugsweise, d. h. man stellt bei den geraden Dreherpaaren die Dreherhelfe nicht links, sondern rechts vom Grundfaden. Das Gewebe Fig. 10 repräsentiert diese Bindweise.

Hat man einen andersbindenden Rand oder läßt man Drehermusterung mit Streifen von glatter Bindung wechseln, so stellt man die zur glatten Bindung notwendigen Schäfte zwischen die Grund- und Dreherschäfte, da sie so als Ausfüllung des zwischen genannten Schaftpartien notwendigen Raumes dienen.

Fig. 845: Dreher 2 : 1 mit entgegengesetzter Drehung.

Fig. 846: Dreher 2 : 2.

Bei dieser Musterung findet man, daß die zwei Grund- und zwei Drehfäden in Leinwand binden. Man benötigt dazu 4 Grundschäfte und 1 Dreherschaft, wenn man die Einzelbindung der Drehfäden in das Offenfach nimmt, da beim Kreuzfach ein Teilen der in eine Schleife der Dreherhelfe gezogenen zwei Drehfäden unmöglich ist. Soll die Musterung mit Schaftmaschine gewebt werden, so bildet man das nebenstehende Kartenmuster. Um letzteres zu tupfen, liest man die Hebungen der Tritte nacheinander folgend von oben nach unten ab und überträgt dies von links nach rechts auf das Kartenmuster.

Fig. 847: Dreher 2 : 2.

Bei dieser Musterung erfolgt das Teilen der Drehfäden auf beiden Seiten, weshalb man gezwungen ist, zwei Dreherschäfte zu nehmen.

Fig. 848: Karos mit Leinwandrand.

Bei dieser Musterung wechselt Dreherbindung mit Leinwandbindung flächenweise ab.

1 Rapport = 40 Ketten- und 32 Schußfäden = 8 Grund-, 2 Leistenschäfte, 2 Dreherschäfte, 2 Nachlaßstäbe und 8 Tritte, beziehungsweise nach dem Kartenmuster Fig. 849 32 Karten.

Nimmt man bei der Musterzeichnung Fig. 848 die Flächen *a* und *b* fortlaufend an, so entsteht eine längsgestreifte Ware, zu deren Ausführung 8 Grund-, 2 Leistenschäfte, 2 Dreherschäfte, 2 Nachlaßstäbe und 4 Tritte erforderlich sind. Nimmt man bei derselben Musterzeichnung die Flächen *a* und *c* fortlaufend an, so entsteht eine quergestreifte Ware, zu deren Erzeugung 4 Grund-, 2 Leistenschäfte, 1 Dreherschaft, 1 Nachlaßstab und 8 Tritte, beziehungsweise 32 Karten notwendig sind.

842
NS
1
2
a
b
I II
843
NS
I II III IV
844
I II III IV
845
I II III IV V VI
846
II
IV
III
IV
III
IV
III
II
I
I II III IV
847
I II III IV V VI VII VIII

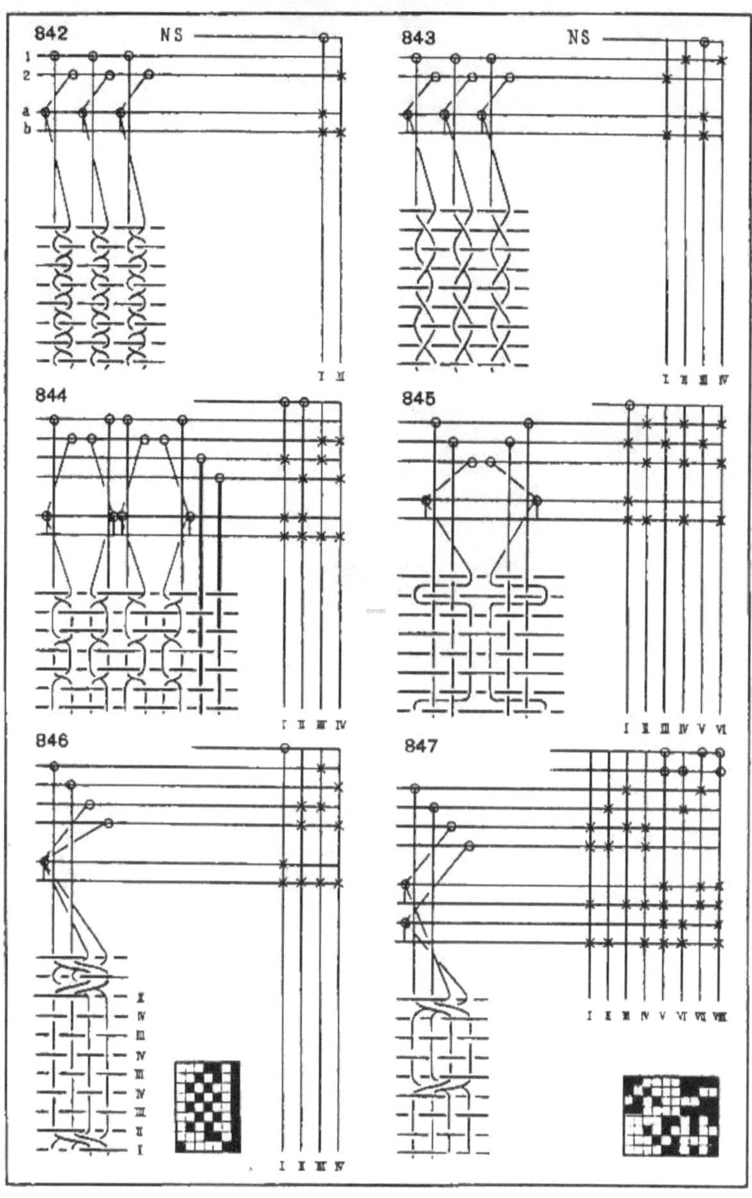

LXXXVII.

DREHERKAROS.

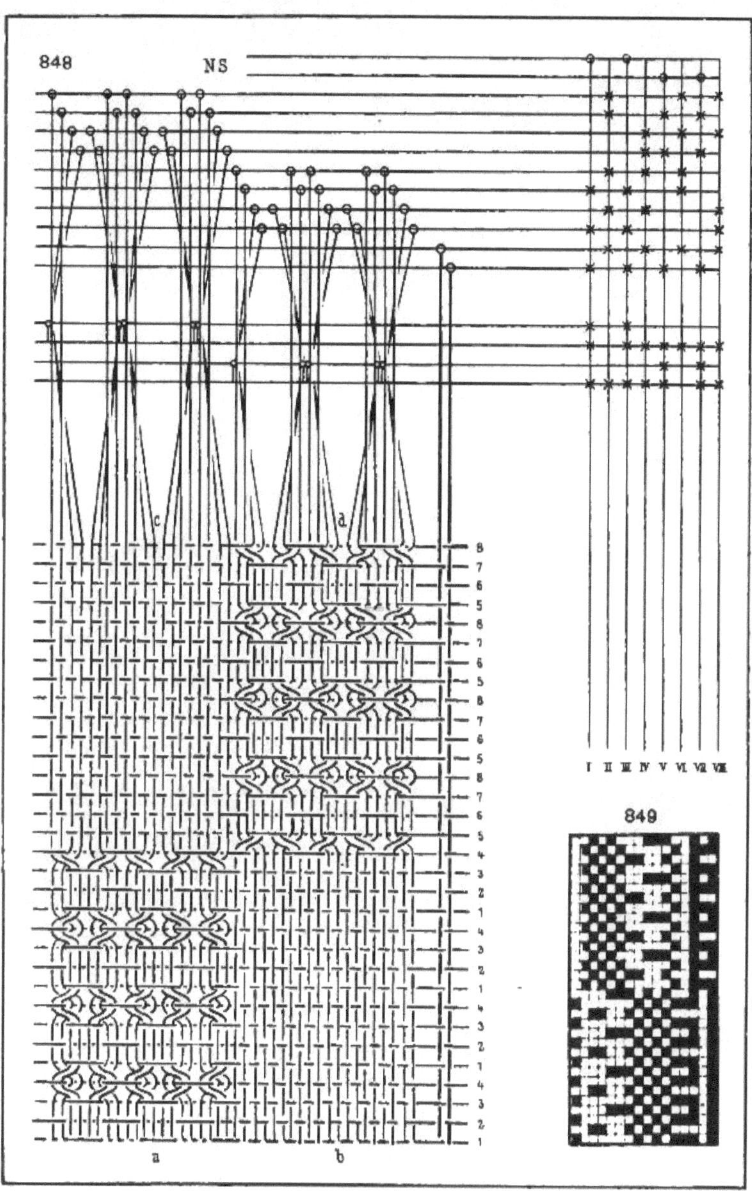

LXXXVIII.

Figurendreher.

Die bis jetzt durchgenommenen Musterungen liefern eine durchbrochene Ware. Außer diesen Musterungen bringt man auch Drehereffekte auf dichten Geweben zur Ausführung. Die Drehfäden treten bei diesen Musterungen, einer Stickerei ähnlich, auf dem Grundgewebe auf. Zum Unterschiede von den durchbrochenen Drehern ist bei diesen Musterungen ein Versinnbildlichen auf dem Tupfpapiere vorteilhaft. Die Fig. 850—854 ergeben derartige Musterungen.

Fig. 850: Zickzackdreher auf glattem Grunde.

Will man bei diesen Mustern die rechte Seite beim Weben oben haben, so muß man die Stelzen des Stelzenschaftes auf den oberen Schaftstab geben. Beim Einziehen muß man den rechts von den Grundfäden eingezogenen Drehfäden über diese Grundfäden hinweg in die Schleife der entgegengesetzt stehenden Dreherhelfe ziehen. Die Fig. 851 zeigt die Anordnung, wenn die rechte Seite beim Weben unten genommen wird.

Wenn bei diesen Mustern der Kammeinzug des Grundgewebes zweifädig erfolgt, so müssen die vier Grundfäden, um welche sich der Dreher schlingt, zwei Rohrlücken einnehmen. Da aber die zu einer Drehung gehörenden Kettenfäden in eine Rohrlücke kommen müssen, so bleibt nichts übrig, als an diesen Stellen immer 1 Rohr herauszunehmen, damit eine doppelte Rohrlücke entsteht. Man heißt derartige Kämme, wo enge Rohrlücken mit weiten abwechseln, gemustert gesetzte Kämme.

Man kann auch diese Musterungen vorteilhaft mit einer anderen Helfenkonstruktion des Dreherschaftes erzeugen. Man nimmt dazu eine Perle und versieht diese nach Fig. 839 mit drei Stelzen. Die Enden dieser Stelzen werden auf je einen Stab geschoben und der dadurch erhaltene Schaft so aufgehängt, daß ein Schaftstab über, zwei unter der Kette befindlich sind. In die Perlen dieses Schaftes werden alle Drehfäden eingezogen. Zwischen die zwei unteren Schenkel der Dreherhelfe werden die Grundfäden (Fig. 839) gezogen, um welche sich der Drehfaden schlingen soll. Die Perlen des Dreherschaftes stehen im Ruhestande der Vorrichtung zirka 8 *cm* höher als die Helfenaugen der Grundschäfte, so daß der Schaft beim Obenliegen der Drehfäden in Ruhe bleiben kann. Soll der Drehfaden links einbinden (linke Drehung), so wird dies nach Fig. 852 durch Senken des Schaftstabes *b* und Nachlassen des Schaftstabes *a* und *c* bewirkt. Bei rechter Drehung muß *c* gesenkt und *a* und *b* nachgelassen werden. Der über der Kette befindliche Schaftstab *a* wird durch Spiralfedern hochgehalten, welche ihn auch nach dem Senken wieder in die Höhe bringen.

Bei den Fig. 852—854 bedeutet: D, D_1 = Drehfädenkettenbaum; G = Grundfädenkettenbaum; 1—4 = Grundschäfte; a = oberer Dreherschaftstab; b und c = untere Dreherschaftstäbe; ╳ = Hebung; ◯ = Senkung.

Bei der Fig. 852 ist auf dem 1. Schusse der Drehfäden links eingebunden, weshalb auf den 1. Tritt außer den Grundschäften 1 und 3, der Dreherschaftstab b gesenkt und c gehoben werden muß. Auf dem 2., 3., 4. und 5. Schusse liegt der Drehfaden auf dem Grundgewebe, was nur ein Anschnüren der Grundschäfte bedingt, da der Dreherschaft in Ruhe bleibt. Auf den 6. Schuß bindet der Drehfaden rechts ein, weshalb auf den 6. Tritt außer den Grundschäften 2 und 4 der Dreherschaftstab c gesenkt und b gehoben werden muß. Bei den Schüssen 7, 8, 9, 10 erfolgt wegen Obenliegen des Drehfadens wieder nur die Anschnürung der Grundschäfte.

Fig. 853: Figurierter Dreher auf Köpergrund.

Man braucht zu dieser Musterung 4 Grund-, 2 Dreherschäfte und 16 Karten. Die entgegengesetzte Drehung des zweiten Drehfadens zum ersten und des vierten zum dritten wird durch Verstellen der unteren Stelzen des Dreherschaftes um die Grundkettenfadengruppe besorgt. Bei der ersten und dritten Dreherpartie ist Stelze b links, c rechts, bei der zweiten und vierten c links, b rechts angeordnet.

Fig. 854: Zickzackdreher auf Köpergrund.

1 Rapport = 39 Grund-, 3 Drehkettenfäden und 12 Schüsse = 3 Grundschäfte, 1 Dreherschaft, 12 Tritte, beziehungsweise nach dem Kartenmuster Fig. 855 12 Karten. Der Kamm ist nach dem Muster gesetzt und erfolgt der Einzug:

1 weite Rohrlücke (Raum für 3 enge) à 7 Fäden,
1 enge « à 1 Faden,
1 weite « (Raum für 3 enge) à 7 Fäden,
5 enge Rohrlücken à 2 Fäden,
1 weite Rohrlücke (Raum für 3 enge) à 7 Fäden,
5 enge Rohrlücken à 2 Fäden.

Kunstdreher.

Unter diesen versteht man besonders effektvolle oder schwierig zu webende Drehermusterungen.

Fig. 856: Dreher mit Brochékette.

Durch das abwechselnde Flottliegen der blauen Brochéfäden wird außer der Drehermusterung ein leinwandartig versetzter strichartiger Effekt erzeugt.

DREHER AUF DICHTEM GRUNDE.

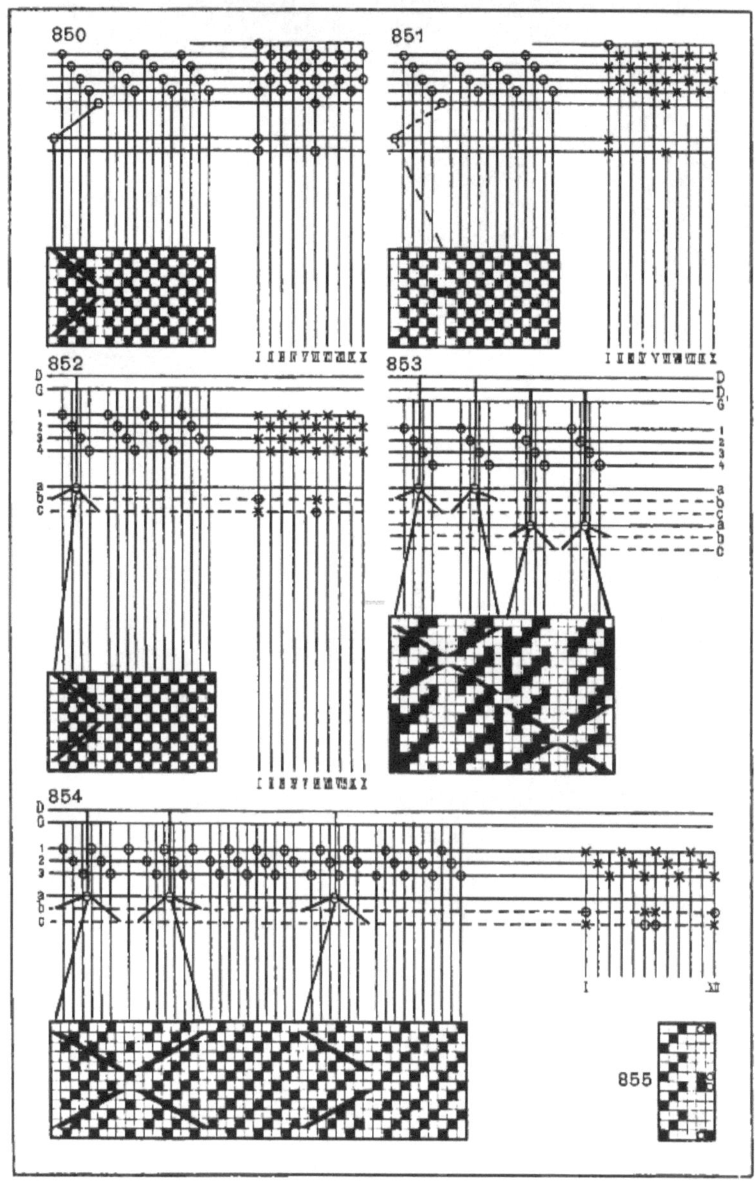

LXXXIX.

Die Fig. 857 versinnbildlicht ein Drehergewebe, welches auf einem Leinwandgewebe angeheftet ist. Nimmt man z. B. zum Leinwandgewebe schwarze Kette und schwarzen Schuß, zum Drehergewebe rote Kette und roten Schuß, so wird sich das rote Drehergewebe auf dem schwarzen Grundgewebe ausbreiten. Die Verbindung beider Gewebe erfolgt durch Kreuzung von Grundkettenfäden des Drehergewebes mit Schüssen des Leinwandgewebes.

Fig. 858: Ganzdreher.

Bei den bis jetzt durchgenommenen Drehermusterungen erfolgt das Einbinden des Drehfadens immer von einer Seite zur anderen. Man kann deshalb diese Dreher als Halbdreher bezeichnen. Beim Ganzdreher dreht sich der Drehfaden, ohne auf der anderen Seite einzubinden, einmal um den Grundfaden, so daß nach dem Drehen der Drehfaden auf derselben Seite wie vor dem Drehen sich befindet. Man erzeugt Ganzdreher, indem man nach Fig. 840 anstatt des bis jetzt üblichen Dreherschaftes einen Perlenschaft nimmt. Der Einzug der Kettenfäden ist aus den Fig. 840, 858 ersichtlich. Um den 1. Schuß der Fig. 858 einzutragen, hebt man den Perlenschaft und den Grundschaft, wo der Drehfaden eingezogen ist. Dadurch wird der Drehfaden den Umwindungen der Perlenstelze folgen und die Umdrehung bewerkstelligen. Um den 2. Schuß einzulegen, werden die 2 Grundschäfte gehoben und der Perlenschaft gesenkt, was abermals eine ganze Umdrehung ergibt,

Fig. 859: Eineinhalb Dreher.

Man kann diese Musterung ebenfalls mit dem Perlenschafte weben, wenn man die Umdrehung des Drehfadens um den Grundfaden zwischen dem Grundfaden und dem Perlenschafte nach Fig. 859 ausführt. Man kann die Musterung aber auch mittels eines gewöhnlichen Dreherschaftes erzeugen, wenn man den Drehfaden zwischen den Grundschäften und dem Dreherschafte nach Fig. 859 um den Grundfaden schlingt. Wird der Dreherschaft gehoben (2. Tritt), so wird rechte Drehung gebildet. Werden der Stelzenschaft und der Grundschaft, wo der Drehfaden eingezogen ist, gehoben, so wird der Drehfaden den Umwindungen der Stelze um beide Fäden folgen, nach links gehen und dabei den Grundfaden in der dargestellten Weise umschlingen. Die Drehermusterung Fig. 858 kann auch mit einem gewöhnlichen Dreherschafte erzeugt werden, wenn man die Umlegung des Drehfadens um den Grundfaden nach Fig. 858 vornimmt und nach der allgemeinen Regel anschnürt. Beim Weben von Ganz- und Eineinhalbdrehern ist eine exakte Vorrichtung des Webstuhles Bedingung, da durch das Umschlingen der Stelze nur bei besonderer Sorgfalt eine gute Fachbildung erreicht wird.

Fig. 860: Doppeldreher.

Bei dieser Musterung wird ein Dreherpaar von einem zweiten Drehfaden umschlungen.

Fig. 861: Kreuzstichgaze.

4 Grundkettenfäden werden von zwei Drehfäden kreuzweise umschlungen. Man braucht dazu 2 Grundschäfte und 2 Dreherschäfte von der Konstruktion der Fig. 839.

Fig. 863: Wellen- und figurenartige Dreher.

Um gebogene, wellenartige Drehermuster zu erzielen, verwendet man Kämme mit strahlenförmig gesetzten Rohren oder Kämme mit gebogenen Rohren. Die Kämme sitzen nicht fest in der Lade, sondern sind durch eine mechanische Vorrichtung steigend und fallend eingerichtet, damit immer eine andere Stelle des Kammes den Anschlag des Schusses besorgt.

Webt man den glatten Dreher Fig. 843 mit einem nach Fig. 862 gesetzten Kamme, welcher steigend und fallend arbeitet, so entsteht das gebogene Drehermuster Fig. 863.

Fig. 864: Dreifacher Dreher.

Bei dieser Musterung werden zwei Dreherpaare von einem dritten Drehkettenfaden umschlungen.

Fig. 865: Gaze mit linker, rechter und Mittel-Drehung.

Um eine Musterung mit drei Einbindungen des Drehfadens zu erzielen, muß man zwei Dreherschäfte verwenden.

Bei der Musterung Fig. 865 vollführt der Drehfaden auf dem 1. und 6. Schusse linke Drehung, auf dem 2. und 5. Schusse Mittel-Drehung, auf dem 3. und 4. Schusse rechte Drehung.

Stickgaze.

Soll eine Musterung nach der Fig. 866, wo der blaue Drehfaden über zwei getrennt arbeitende Dreherpaare bindet, erzeugt werden, so muß man den in Fig. 839 skizzierten Dreherschaft vor dem Kamme, d. i. vor der Lade unterbringen, da es nur dadurch möglich ist, mehrere in getrennten Rohren arbeitende Dreherpaare zu überbinden.

Stickereieffekte nach der Fig. 867, 866, eventuell 861 webt man vorteilhaft mit Hilfe des Nadelstabes oder Nadelrechens. Dieser ist in Fig. 878 dargestellt und wird derselbe in der gezeichneten Stellung über der Kette (rechtsseitige Webung) oder gestürzt unter der Kette (verkehrtseitige Webweise) vor dem Kamme angebracht. Der Nadelrechen muß sich auf- und abwärts sowie seitlich verschieben lassen und sind diesbezüglich verschiedene Vorrichtungsarten vorhanden.

DREHER.

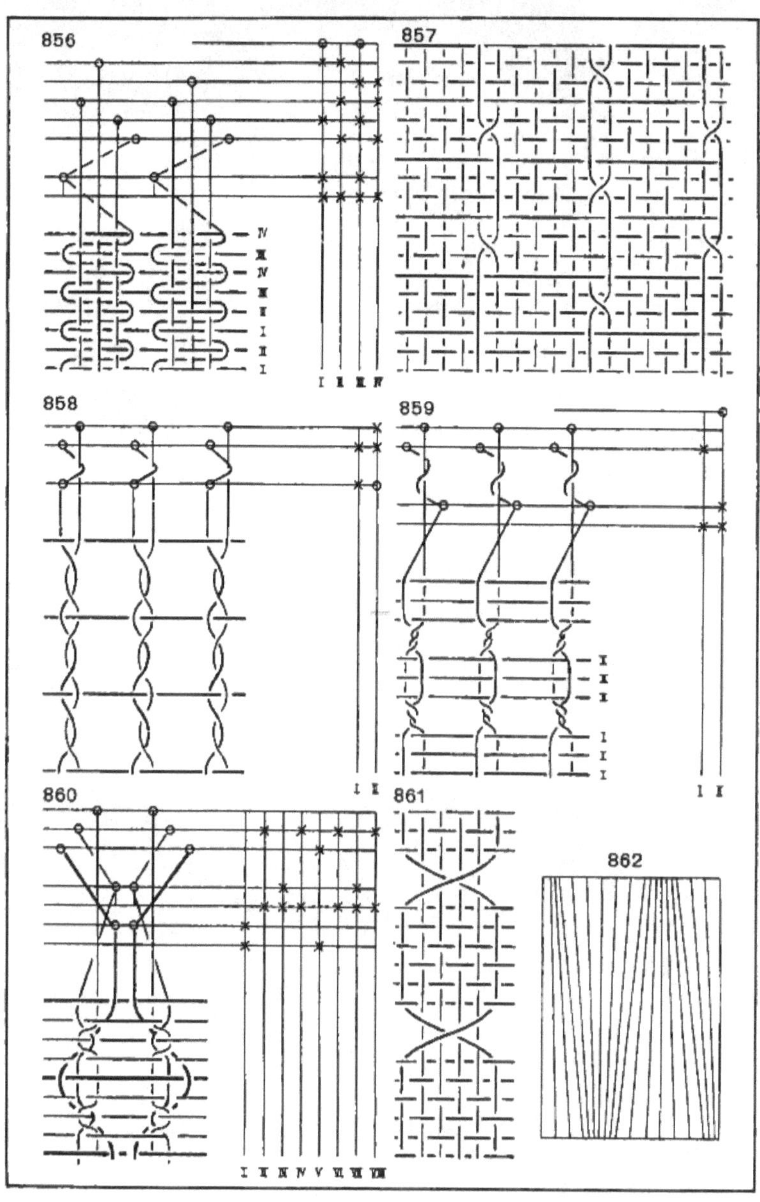

XC.

863
864
IV
IV
III
II
II
II'
I
I
I II III IV
865
866
I II III IV V VI
867
868

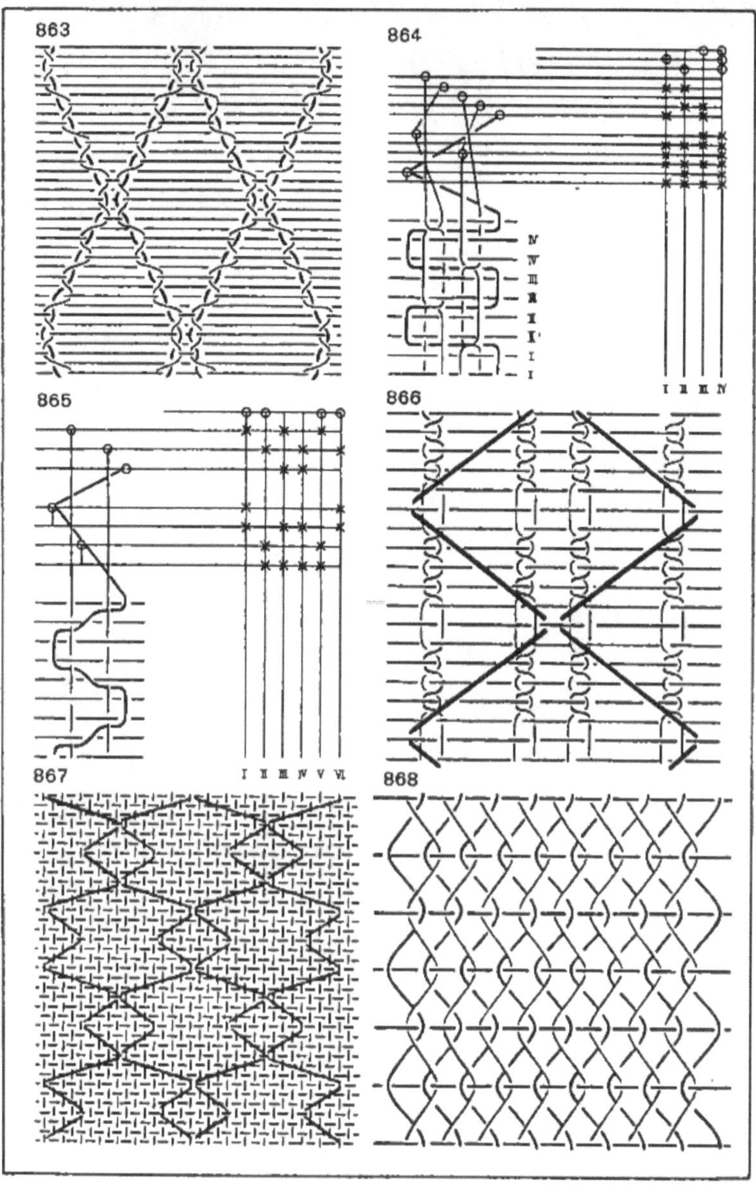

XCI.

Zum Weben braucht man eine Grundkette, eine Stickkette und Grundschuß. Die Grundkette wird in die Helfen der Schäfte, die Stickkette durch die Löcher der zirka 10 *cm* langen Nadeln des Nadelrechens gezogen. Soll die Stickkette einbinden, so wird der Nadelrechen je nach der Musterung seitlich verschoben und je nach der Vorrichtung in das geöffnete Fach gesenkt, respektive gehoben. Die Fig. 879 gibt Aufschluß über diese Vorrichtung im Handwebstuhle. Bei fortlaufenden Mustern braucht man einen, bei symmetrischen Mustern, wie Fig. 861, 866 und 867, zwei Nadelrechen.

Netz- oder Kreuzgaze.

Um eine Drehermusterung nach der Fig. 868 zu erzeugen, wo der Drehfaden sich nicht immer um den Grundfaden seiner Gruppe schlingt, sondern abwechselnd in die benachbarte Gruppe bindet, benützt man die in Fig. 875 dargestellte Fachbildungsvorrichtung. Dieselbe besteht aus einem offenen Kamme *K* mit zirka 8 *cm* hohen oben spitz verlöteten Stäben (Zähnen) und zwei Nadelrechen. Der obere Rechen hat eine Führung zwischen zwei Leisten *L* und kann derselbe durch den Griff *G* nach rechts oder links bewegt werden. In die Nadeln des unteren Rechens sind die Grundkettenfäden eingezogen, welche auch noch durch die hohlen Stäbe des Kammes geführt werden. Durch die Nadeln des oberen Rechens gehen die Drehfäden. Der Kamm *K* befindet sich in der Weblade. Der obere wie der untere Nadelrechen sind zu beiden Seiten durch Schnuren mit je einer auf den oberen Stuhlriegeln gelagerten Welle verbunden. Die Bewegung (Senkung) des oberen Nadelrechens erfolgt durch Händedruck, die des unteren (Hebung) wird durch Treten eines Trittes ausgeführt. Das Zurückgehen der Nadelrechen in die Ruhelage wird durch Spiralfedern besorgt, welche mit Schnuren in Verbindung sind, die einige Male um die bereits erwähnten Wellen gelegt und befestigt sind. Aus der Fig. 875 ist erklärlich, daß durch das Heben des unteren und Senken des oberen Nadelrechens einschließlich der Verschiebung des oberen Rechens, ein Verschlingen der Drehfäden mit den rechten, beziehungsweise linken Nachbarfäden der Grundkette erfolgt. Die Fig. 876, 877 geben die Fachbildungen, wenn der Drehfaden nach links, beziehungsweise rechts bindet.

Gruppen- oder Häkelgaze.

Zum Verschlingen großer Fadenpartien wie bei Fig. 869 und 870 verwendet man die Häkellade (Crochetierapparat). Dieselbe besteht laut Fig. 880 aus einem zwischen den Ladearmen der gewöhnlichen Weblade auf- und abwärts bewegbaren Schlittenholz *A*, zwei durch Schrauben *S* verbundenen

Leisten *B* und einem in einer Fuge der letzteren liegenden Stab mit Häkchen *H*. Von dem Schlittenholz *A* gehen Holzzapfen durch Schlitze *Sch* der Leisten *B*, wodurch letztere durch Vorstecken gehalten werden. Der Wirbel *W* ist mit dem Häkelstabe in Verbindung, so daß je nach dem Drehen eine Bewegung des Häkelstabes von links nach rechts oder umgekehrt erfolgt. Die Zahl der Häkchen entspricht der Anzahl der Dreherschnuren.

Um die Musterung Fig. 869 zu erzeugen, werden die blauen Kettenfäden (Grundfäden) in die Helfen des 1. und 2. Schaftes, die roten (Drehfäden) in die Helfen des 3. und 4. Schaftes eingezogen. Um die Ketten in Leinwand zu verweben, bildet man durch die Tritte I und II die entsprechenden Fächer. Soll die Umdrehung stattfinden, so hebt man durch Treten des Trittes III den 1. und 2. Schaft, senkt die Häkellade und bewegt durch Drehen des Wirbels den Häkelstab so weit nach rechts, bis das erste Häkchen hinter die zweite Fadengruppe (rot) zu stehen kommt. Durch dieses Verschieben gelangt die erste Fadengruppe (blau) rechts von der zweiten Fadengruppe. Jetzt senkt man die Häkchen unter das Unterfach, dreht den Wirbel etwas zurück, daß die Fäden der zweiten Fadengruppe über das Häkchen kommen, läßt den dritten Tritt aus und läßt die Häkellade in die Höhe gehen. Durch dieses Fach wird der Schuß *c* eingetragen. Nach dem Einlegen dieses Schusses werden durch Senken der Häkellade die Fäden aus dem Häkchen gebracht. Soll die Umdrehung nach dem Schusse *d* der Fig. 870 erfolgen, so muß die seitliche Verschiebung der Häkchen doppelt so groß sein wie bei der Fig. 869.

Die Firma Schelling & Stäubli in Horgen hat eine mechanische Vorrichtung zur Erzeugung derartiger Effekte patentiert. Dieselbe soll aus den schematischen Darstellungen Fig. 882 und 883 erklärt werden. Zur Verwendung kommen: Grundschäfte, ein fester Kamm, ein Stelzenschaft, ein Nadelrechen und ein offener Kamm. Die Drehfäden sind nach Fig. 870 in die Schleifen der durch die Nadeln des Nadelrechens gezogenen Stelzen geführt. Der feste Kamm dient zum guten Verteilen der Kettenfäden. Der Nadelrechen hat den Zweck, die Umdrehung der Kettenfäden zu bewirken. Soll Leinwand oder überhaupt glatte Bindung gewebt werden, so befindet sich der Nadelrechen in der Stellung der Fig. 882. Wenn die Umdrehung erfolgen soll, geht der Rechen nach Fig. 889 in die Höhe, während die Schäfte in Ruhe bleiben. Durch den Hub des Nadelrechens verkürzen sich die Stelzen, was ein Anziehen der Drehfäden an die Nadeln und ein Mitnehmen in das Oberfach bedingt. Soll die Musterung nach dem Schusse *c* sein, so braucht der Nadelrechen nur eine Auf- und Abwärtsbewegung zu

DREHEFFEKTE UND GEWEBTE SPITZEN.

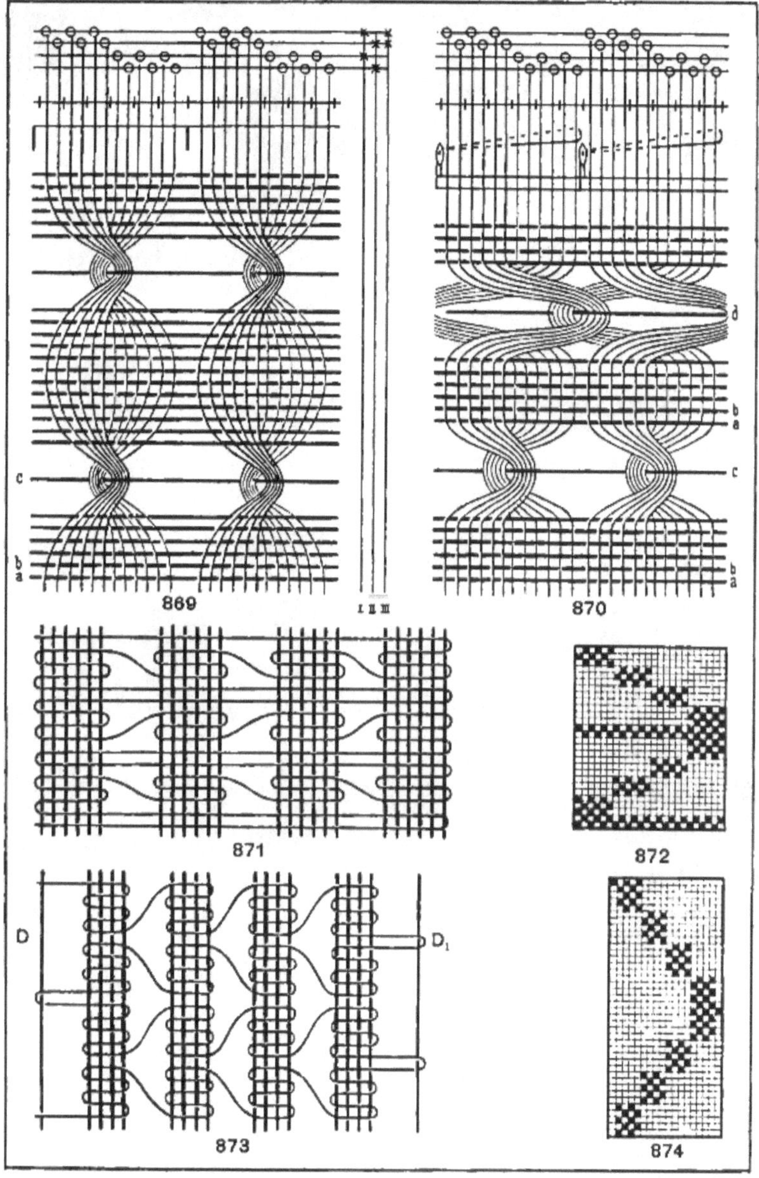

XCII.

DREH- UND STICKEREIMECHANISMEN.

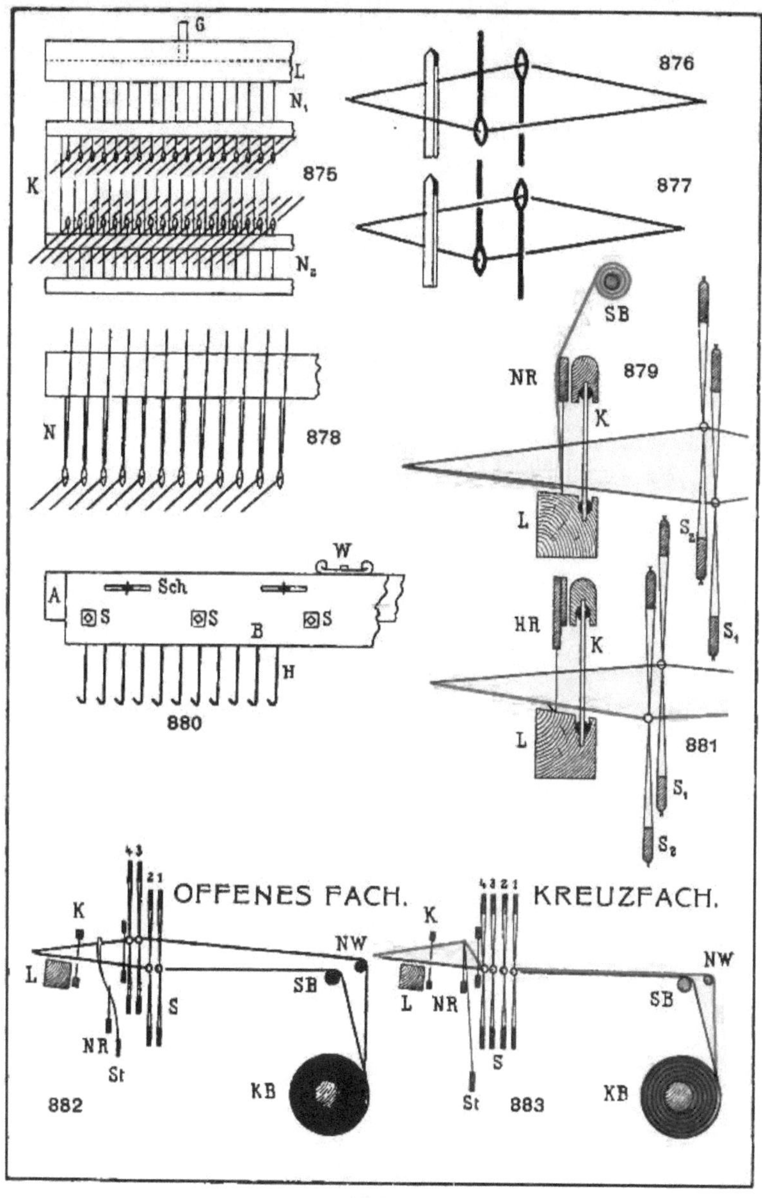

XCIII.

machen. Will man aber Musterungen nach dem Schusse *d* erzeugen, so muß der Nadelrechen außer der Hoch- und Tiefstellung eine seitliche Verschiebung machen. Der offene Kamm *K* dient zur Aushebung der in mehreren Rohren verteilten Drehfäden zu einer Umschlingung und zum Anschlagen des Schusses. In den Fig. 882 und 883 ist zu bemerken, daß *KB* den Kettenbaum, *SB* den Streichbaum, *NW* die Nachlaßwalze darstellt. Beim Offenfach Fig. 882 hält die Nachlaßwalze die über sie gehenden Drehfäden gespannt, während beim Kreuzfach durch den Tiefzug ein Lockern der Drehfäden stattfindet.

Dreherbindung als Leiste.

Oft webt man zwei Gewebe nebeneinander und trennt diese durch Zerschneiden in der Mitte in Einzelgewebe. Zu diesem Zwecke läßt man zwischen den zwei Geweben einige Rohre leer, daß man den Schuß, ohne die Kettenfäden zu beschädigen, an dieser Stelle leicht zerschneiden kann. Damit sich nach dem Zerschneiden die Endkettenfäden nicht aus dem Gewebe ziehen können, gibt man denselben Dreherbindung. Man befestigt nach Fig. 841 an eine Glasperle zwei Zwirnstelzen und verbindet letztere mit zwei leinwandbindenden Grundschäften. In die Perle kommt der Drehfaden, darüber zwischen beiden Stelzen der Grundfaden. Durch das abwechselnde Heben der zwei Grundschäfte kommt der Drehfaden einmal links, einmal rechts vom Grundfaden zur Einbindung.

Gewebte Spitzen.

Diese bestehen aus Kettenfadengruppen. Der Schuß verbindet meist nicht alle Gruppen auf einmal, sondern verarbeitet sich je nach der Musterung von einer Gruppe zur anderen. Die Fig. 871 und 873 versinnbildlichen derartige Musterungen nach Art der Gewebevergrößerung, die Fig. 872 und 874 auf dem Tupfpapiere. Meist haben diese Spitzen an den Rändern hervorstehende Schlingen. Man erzeugt diese mittels Drähten, welche hinter dem Kettenbaume belastet und durch besondere Helfen, beziehungsweise Schäfte bewegt werden. Beim Fortschalten der Ware rutscht der Draht aus dem umgelegten Schußfaden und bildet so eine Schlinge oder Schleife. Bei der Fig. 874 ergeben der erste und letzte Kettenfaden die Aushebung der beiden Drähte.

Dreher-Imitationen.

Diese entstehen, daß durch die Bindweise gewisse Fäden beim Weben die in der Bindung gezeichnete gerade Stellung verlassen und schräg oder wellenartig wirken. Man erhält derartige Musterungen, wenn man den Effektfaden zwischen eng und weit bindende Fadenpartien stellt. Die eng bindenden Partien werden den Effektfaden nach der Seite der offenen Bindung verschieben. Die rückwärts flottliegenden blauen Kettenfäden der Bindung 884 werden von den anschließenden Leinwandstellen gegen die aus Flottungen gebildeten Flächen gedrückt, so daß die auf der Bindung ersichtlichen blauen Flottungen die senkrechte Lage verlassen und die in der Fig. 885 gezeichnete schräge Richtung einnehmen. Die Fig. 887 ergibt den Wareneffekt der blauen Fäden aus der Bindung Fig. 886. Anstatt Kette kann man auch den Schuß zur Bildung schräger oder wellenartiger Effekte verwenden. Die Fig. 889 versinnbildlicht den wellenartigen Effekt, welchen die gelb gezeichneten Schüsse der Fig. 888 dem Gewebe geben. Die gelben Schüsse der Fig. 890 werden im Gewebe ebenfalls die gestreckte Lage verlassen und wellenartig erscheinen. Durch die Bindweise der Fig. 891 werden der 15. und 30. Schuß abwechselnd nach unten und nach oben unter die blauen Kettenflottungen gedrängt. Verwendet man zu diesen zwei Schüssen starkes Material oder Effektgarne, so wird dadurch das Köper bindende Grundgewebe durch eine kräftige, wellenartige Musterung verziert.

DREHER-IMITATIONEN.

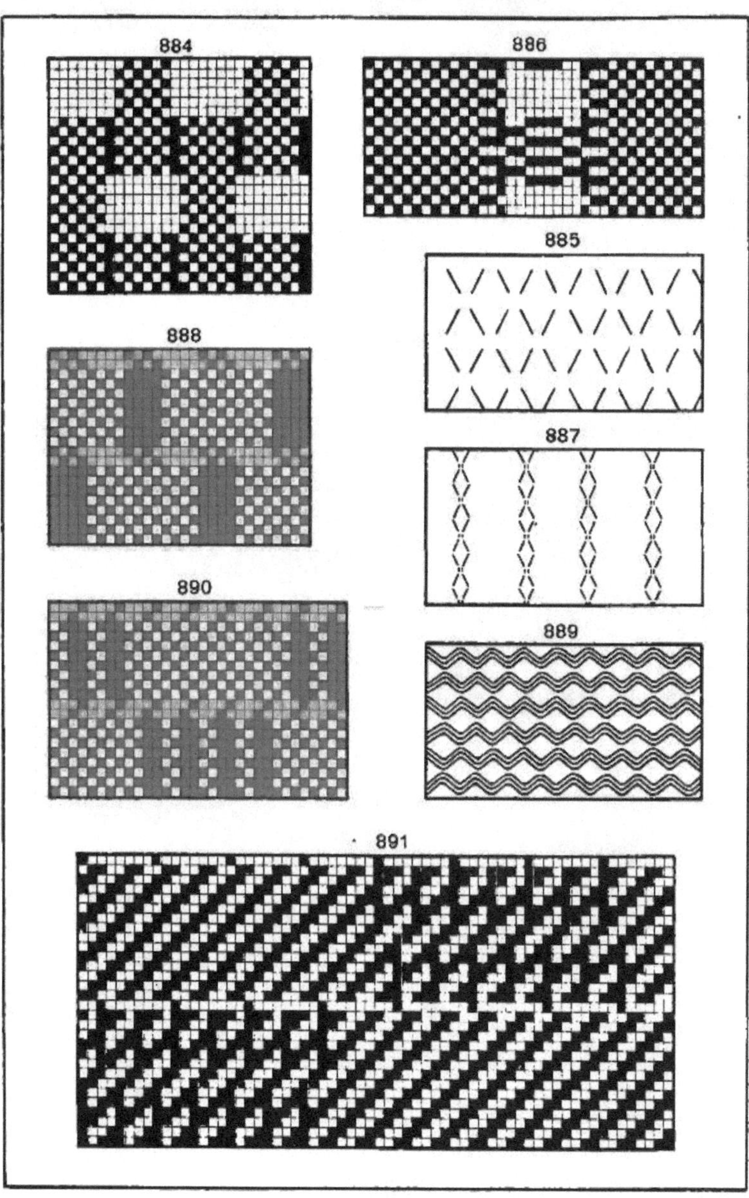

XCIV.

Zweiter Teil.

Die Dekomposition und Kalkulation.

Unter Dekomponieren versteht man das Zerlegen einer Warenprobe in der Absicht, sich eine klare Kenntnis der Bearbeitung zu verschaffen, so daß man imstande ist, das Gewebe nachzumachen, zu imitieren.

Um eine Musterzerlegung oder Dekomposition auszuführen, hat man folgende Punkte zu erledigen:

1. Benennung des Gewebes.
2. Bestimmung des Warenmaßes.
3. » der rechten und linken Warenseite.
4. » der Ketten- und Schußfadenrichtung.
5. » des Ketten- und Schußmaterials.
6. » der Ketten- und Schußfadenfolge.
7. » der Bindung.
8. » des Webschemas.
9. » der Fadendichte in Kette und Schuß.
10. » der Gesamtkettenfäden.
11. » der Gang-, respektive Musterzahl.
12. Berechnung der Kettenlänge.
13. Bestimmung der Webstuhlvorrichtung.
14. Berechnung der Helfen.
15. Bestimmung der Kammdichte.
16. Berechnung der Kammbreite.
17. » des Garnbedarfes für die Kette.
18. » des Garnbedarfes für den Schuß.
19. » des Gewichtes der Ware, beziehungsweise eines Quadratmeters Stoff.
20. Bestimmung der Appretur.

I. Benennung der Gewebe.

Die Benennung der Webwaren erfolgt:

1. Nach dem verwendeten Faserstoffe: in Baumwoll-, Leinen-, Jute-, Schafwoll-, Seide-, Halbwollgewebe etc.

2. Nach der Farbe und Appretur: in rohe, gebleichte, gefärbte, mercerisierte, bedruckte, gerauhte, gewalkte, gaufrierte Gewebe etc.

3. Nach der Verkreuzungsart der Kettenfäden mit den Schußfäden: in glatte, gemusterte, samt- und gazeartige Gewebe.

4. Nach dem Gebrauchszwecke: in Kleiderstoffe, Möbelstoffe, Wäsche, Teppiche etc.

5. Nach der handelsüblichen Bezeichnung: als Leinwand, Cotton, Schirting, Oxford, Barchent, Flanell etc.

6. Nach der Länge und Breite: in Stückware, Dutzendware, Bänder.

II. Bestimmung des Warenmaßes.

Hier ist die Länge und Breite der appretierten Ware zu bestimmen; die Angabe der Länge erfolgt nach Metern, der Breite nach Centimetern.

Auf Handwebstühlen webt man 40—50 *m* lange, auf mechanischen Stühlen 100—600 *m* lange Waren. Zum Verkauf kommen jedoch keine so großen Längen, da, je nach der Stoffgattung, 25, 40, 50 *m* etc. per Stück genommen werden.

Die Breiten sind, je nachdem der Stoff zu diesem oder jenem Zwecke verwendet werden soll, verschieden. Mit folgendem sollen einzelne Artikel in den gangbarsten Breiten, beziehungsweise Längen genannt werden.

Leinen- und Baumwollstoffe für Leib- und Bettwäsche: 76, 78, 80, 82, 84, 92, 105, 120, 135, 168, 180, 200, 210, 240, 268, 300 *cm* breit.

Drille oder Gradl für Matratzen etc.: 100, 115, 120, 125, 140 *cm* breit u. a. m.

Damenkleiderstoffe: 60, 65, 68, 80, 88, 90, 100, 105, 110, 115, 120, 130 *cm* breit u. a. m.

Herrenanzugstoffe in Wolle: 136—142 *cm* breit;
in Baumwolle oder Leinen: 60—68 *cm* breit.

Herrenwestenstoffe: 64—70 *cm* breit.

Möbel- und Vorhangstoffe: 70, 82, 90, 110, 115, 120, 126, 128, 130 *cm* breite u. a. m.

Läufer: 60, 62, 64, 66, 68, 70, 80, 90 *cm* breit u. a. m.

Teppiche: 125/165, 140/200, 175/230, 200/300, 200/340, 270/340 *cm* u. a. m.

Bettvorleger: 57/120, 65/140, 60/90, 75/175 *cm* u. a. m.

Tafelgedecke: 170/170, 200/200 für 6 Personen; 170/250, 200/300 für 12 Personen; 170/420, 200/240 für 18 Personen; 170/540, 200/540 für 24 Personen u. a. m.

Servietten: 32/32, 40/40, 54/54, 65/65, 70/70, 72/72, 80/80, 65/85, 65/100, 70/85, 70/90, 70/100 *cm* u. a. m.

Tischdecken: 66/66, 84/84, 135/135, 140/140, 150/150, 160/160, 170/170, 175/175, 200/340, 160/225, 160/340 *cm* u. a. m.

Bettdecken: 150/210, 160/200, 160/215, 175/230, 180/230, 210/250, 220/260 *cm* u. a. m.

Reisedecken: 110/150, 125/160, 130/165 *cm* u. a. m.

Tablettdeckchen: 14/14, 17/17, 20/20, 22/30, 26/34, 34/45, 32/46 *cm* u. a. m.

Handtücher: 42/110, 42/115, 50/115, 50/125, 50/130, 54/115, 54/125, 57/130, 58/120, 65/120, 65/125 *cm* u. a. m.

Staub-, Wisch-, Gläser-, Teller-, Tassen-, Messertücher etc.: 46/46, 51/51, 55/55, 60/60, 45/60, 60/100, 30/58 *cm* u. a. m.

Taschentücher: 35/35, 41/41, 48/48, 50/50, 52/52, 54/54, 60/60, 65/65 *cm* u. a. m.

Barchent, Brillantin, Satin, Pikee etc.: 70, 76, 80, 84, 90, 92 *cm* breit u. a. m.

Flanell, Kalmuck, Velours, Moleskin, Bambus, Moltong etc.: 58, 60, 62, 68 *cm* breit u. a. m.

Schürzenstoffe: 82, 95, 100, 105, 110 *cm* breit.

Rouleauxstoffe: 80, 105, 115, 130, 140, 150, 170 *cm* breit u. a. m.

Seidenstoffe: 40, 44, 46, 48, 52, 56, 58, 60, 80 *cm* breit u. a. m.

Samte, Plüsche, Krimmer etc.: 45, 48, 52, 58, 60, 68, 80, 120, 130 *cm* breit u. s. w.

III. Bestimmung der rechten und linken Warenseite.

Dieses ist gewöhnlich sehr leicht, da die rechte Seite durch Bindung, Material, Farbe und meist durch die Appretur, stets ein schöneres Aussehen hat als die verkehrte. Sind beide Seiten gleich, so entfällt natürlich die Bestimmung, da man dann den Stoff zweiseitig verwenden kann.

IV. Bestimmung der Ketten- und Schußfädenrichtung.

Zur Bestimmung dieser beiden Fadensysteme gelten folgende Regeln:

a) Befinden sich in einem Muster noch die äußeren Kettenfäden, Rand- oder Endleiste genannt, so ergeben diese leicht ohne weiteres die Kettenrichtung.

b) Bemerkt man, was mitunter bei ungebleichten und ungewalkten Stoffen vorkommt, in der Warenprobe, wenn man dieselbe gegen das Licht hält, Rohrstreifen, das sind fortlaufende schmale Lücken, welche nach soviel Fäden regelmäßig wiederkehren, als Fäden zwischen zwei Rohre gezogen wurden, so entscheiden diese die Kettenrichtung.

c) Ist das eine Fadensystem gestreckter, beziehungsweise geradliniger als das andere, so gilt das gestreckte, beziehungsweise geradlinigere als Kette, da die Kettenfäden während des Webens mehr gespannt sind als die Schußfäden.

d) Besteht der eine Fadenteil aus gezwirntem, der andere aus einfachem Garne, so nimmt man den gezwirnten als Kette an.

e) Setzt das eine Fadensystem dem Zerreißen mehr Widerstand entgegen als das andere, so nimmt man das festere Fadensystem als Kette an. Ausnahmen von dieser Regel machen nur halbleinene Gewebe, wo man das Baumwollgarn, welches eigentlich weniger fest als das Leinengarn ist, gewöhnlich als Kette nimmt.

f) Ist das eine Fadensystem geleimt oder gestärkt, d. h. durch Imprägnieren steif und fest gemacht, das andere nicht, so nimmt man stets das imprägnierte Fadensystem als Kette.

g) Hat man ein gerauhtes (haariges) Gewebe vor sich, so entscheidet die Richtung, nach welcher das Gewebe gerauht oder gebürstet wurde, die Kette.

h) Sind die Fäden des einen Systemes mehr gedreht als die des anderen, so nimmt man die schärfer gedrehten als Kette an, da Kettengarn zum Zwecke besserer Haltbarkeit beim Spinnen mehr als Schußgarn gedreht wird.

i) Ist das Muster durch verschiedene Bindungen oder Farben gestreift, so entscheidet die Streifenrichtung meist die Kette, da quergestreifte Stoffe wenig Verwendung finden.

k) Ist das Muster kariert, so wird man finden, daß die Karos in der Schußrichtung meist etwas höher sind, weil dadurch die Musterung vorteilhafter für den Träger des Stoffes wirkt.

l) Hat ein kariertes Muster nach der einen Richtung ungerade Fadenzahlen, nach der anderen gerade, so nimmt man meist die ungeraden Zahlen, wegen vorteilhafterer Webweise (Schußwechsel), in der Kette.

m) Besteht der eine Fadenteil mehr aus hellen Farben, der andere mehr aus dunkeln, so nimmt man vorteilhaft das helle System als Kette.

n) Hat man ein drehendes oder Gazegewebe, so liegt die Kettenrichtung klar vor Augen, indem das Drehen nur der Kette nach erfolgen kann.

V. Bestimmung des Ketten- und Schuß-materials.

Diese bezieht sich auf folgende Punkte:

1. Bestimmung des Rohmaterials auf Faser und Farbe.
2. Bestimmung der Gespinstnummer, d. i. die Stärke des Garnes.
3. Bestimmung der Drehung des Fadens.

Die in der Textilindustrie verwendeten Rohmaterialien sind: Baumwolle, Flachs, Jute, Chinagras, Schafwolle, Ziegen- und Kamelhaare, Seide etc.

Die in der Spinnerei zu einem Faden vereinigten Textilfasern bezeichnet man als »Garn«.

Bestimmung des Rohmaterials.

Diese erfolgt:

a) mit freiem Auge,

b) durch Verbrennen,

c) mit Hilfe eines Mikroskops,[1])

d) durch chemische Reaktionen.

Um nach der ersten Art die Ketten- und Schußfäden auf das Rohmaterial zu untersuchen, nimmt man einen zu untersuchenden Faden aus dem Gewebe, spannt diesen zwischen Daumen und Zeigefinger beider Hände und beurteilt ihn auf die äußere Beschaffenheit, ob er gleichmäßig oder ungleichmäßig dick ist, ob er glatt oder rauh ist und ob er dem Zerreißen viel oder wenig Widerstand entgegensetzt. Dann nimmt man einen zweiten Faden, spannt denselben wieder wie den ersten, dreht ihn auf und untersucht aus den offenliegenden, beziehungsweise auseinander gezogenen Fasern die Beschaffenheit der letzteren. Die Verbrennungsprobe beruht darauf, den Faden über eine Flamme zu halten und aus dem Verbrennen selbst und der sich bildenden Asche das Rohmaterial zu bestimmen. Diese Methode dient besonders zur Untersuchung von Pflanzenfasern gegen Wolle und Seide.

Bei der mikroskopischen Untersuchung legt man einzelne Gespinstfasern des zu untersuchenden Garnes zwischen zwei Deckgläschen auf den Tisch des Mikroskops und beurteilt aus der Konstruktion der Faser das Rohmaterial. Bei der dritten Art, welche man mikrochemische Untersuchung heißt, tropft man auf die Fasern zwischen den Deckgläschen später zu erörternde Flüssigkeiten

[1]) Ein Mikroskop besteht dem Prinzipe nach aus einem sich in lotrechter Richtung bewegenden Rohre, das nach oben durch eine größere Glaslinse (Okular oder Bildbetrachter), nach unten durch eine kleinere Glaslinse (Objekt oder Bildererzeuger) geschlossen wird. Zur Klarheit des Bildes besteht das Okular aus zwei, das Objektiv gewöhnlich aus mehreren Doppellinsen.

und beurteilt aus der dadurch entstehenden Veränderung das Rohmaterial. Auch werden chemische Untersuchungen ohne Mikroskopverwendung vorgenommen. Man behandelt zu diesem Zwecke das Stoffmuster oder das Garn mit genügender Menge erwähnter Flüssigkeiten, in entsprechenden Gefäßen.

In den meisten Fällen genügt die Untersuchung des Rohmateriales mit freiem Auge. Die mikroskopische und mikrochemische, beziehungsweise chemische Untersuchung kommt nur in zweifelhaften Fällen in Anwendung, so z. B. manchmal zwischen Baumwolle und Flachs, Flachs und Chinagras, Wolle und Ziegenhaar, oder in Fällen, wo es sich um die prozentuelle Bestimmung eines Fasergemenges, z. B. Wolle und Baumwolle etc. handelt. Mit folgendem sollen die wichtigsten Rohmaterialien und Garne und deren Erkennungszeichen nach den angeführten Methoden erörtert werden.

1. Mit freiem Auge.

Baumwollgarn.

Baumwolle ist das Samenhaar der Baumwollpflanze »Gossypium«. Der Baumwollgarnfaden ist gleichmäßig von Gespinst, d. h. gleichmäßig dick, und setzt dem Zerreißen wenig Widerstand entgegen. Die Abrißstellen zeigen etwas gekräuselte Faserenden. Die Fasern sind, je nach der Güte, 9—45[1]) *mm* lang, mehr oder weniger gekräuselt, d. h. von welliger Form, und glänzend oder matt.

Flachs- oder Leinengarn.

Flachs ist der Faserstoff, welcher aus den Stengeln der Flachs- oder Leinpflanze gewonnen wird. Der Leinengarnfaden ist ungleich von Gespinst. Er setzt dem Zerreißen viel Widerstand entgegen und zeigen die Abrißstellen geradliegende Faserenden. Die einzelnen Fasern sind lang, geradliegend und glänzend. Werg- oder Towgarn wird aus den Abfällen bei der Zubereitung des Flachses (Schwingen, Hecheln) gesponnen und ist von ungleichmäßigerer, knotigerer Beschaffenheit als das Flachs- oder Linegarn.

Hanfgarn.

Hanf ist die Bastfaser der Hanfpflanze »Cannabis sativa«. Das Hanfgarn ähnelt dem Flachsgarn. Hanfgarn ist jedoch fester und widerstandsfähiger gegen äußere Einflüsse, weshalb es für Segeltücher, Spritzenschläuche, Fuhrwagenüberzüge etc. dem Flachsgarn vorgezogen wird.

---

[1]) Ostindische 9—24 *mm*, amerikanische 16—45 *mm*, Mako 30—40 *mm*.

Den größten Glanz haben Sea Island-, Mako- und Haidy-Baumwollen. Glanzlos sind z. B. die Peru- und Tennesse-Wollen. Besonderer Glanz wird der Baumwollfaser durch Mercerisieren verliehen. Es eignet sich dazu vorzüglich Mako-Baumwolle, da die Fasern derselben am wenigsten gedreht sind.

Jutegarn.

Jute ist die Bastfaser aus den Stengeln der aus Ostindien stammenden verwandten Pflanzen Corchorus capsularis und Corchorus olitorius. Der Jutegarnfaden ist sehr fest, die Fasern länger, gröber und steifer als beim Flachsgarn.

Chinagras oder Ramie.

Chinagras ist der Faserstoff aus den Stengeln der Chinanessel. Der Ramiegarnfaden ist fest, die Fasern lang und seidenartig glänzend.

Kokosgarn.

Dieses wird aus den Fruchtfasern der Kokosnuß gesponnen. Die Fasern sind lang, steif, grob und besonders widerstandsfähig, weshalb sich Kokosgarn besonders für Fußabstreifer und Läuferteppiche eignet.

Schafwollgarn.

Dieses wird aus der Wolle der Schafe gesponnen. Nach der Beschaffenheit der Wollen unterscheidet man folgende Schafwollgarne:

Streichgarn.

Dieses Garn wird aus kurzen, stark gekräuselten Wollen gesponnen.

Der Streichgarnfaden ist ungleichmäßig von Gespinst, hat vermöge vorstehender Faserenden rauhe Beschaffenheit und bricht leicht beim Zerreißen. Die Fasern sind kurz, stark gekräuselt und verfilzt.

Kammgarn.

Dieses Garn wird aus langen, wenig oder gar nicht gekräuselten Wollen gesponnen.

Der Kammgarnfaden ist gleichmäßig von Gespinst, dehnbar und elastisch. Die Fasern werden beim Spinnen parallel nebeneinander gelegt (gekämmt), weshalb ein glatter Faden entsteht. Je nachdem die Wollhaare lang, fein und wenig gekräuselt oder sehr lang (über 10 *cm*), grob, stark glänzend und nicht gekräuselt (schlicht) sind, entsteht durch Spinnen dieser Haare weiches oder hartes Kammgarn. Das erstere bezeichnet man kurz als Kammgarn, das letztere als Weft, wenn der Faden glatt, als Cheviot, wenn er rauh gesponnen ist.

Kunstwollgarn.

Unter diesem versteht man ein Garn, welches aus den Fasern zerrissener Wollumpen gesponnen wird. Je nachdem die Wollumpen aus Streich- oder Kammgarn bestehen, erhält man kurze oder lange Fasern. Das aus den kurzen Fasern gesponnene Garn nennt man Mungo, das aus den langen Shoddygarn. Das erstere findet viel Verwendung zu billigen Hosen- und Anzugstoffen, das letztere bei Möbelstoffen und Teppichen. Unter Extrakt- oder Alpaka-Kunstwollgarn versteht man die aus halbwollenen Stoffen gewonnene und wieder versponnene Schafwolle. Die aus Pflanzenfasern bestehenden Garne werden aus einem halbwollenen Gewebe durch Behandlung mit verdünnter Schwefelsäure (Karbonisieren) entfernt.

Ziegen-, Schafkamel- und Kamelhaargarne.

Mohärwolle wird von der Angoraziege, Kaschmir- oder Tibetwolle von der Kaschmirziege, Alpaka vom Alpaka (peruanisches Schaf), Vicunnawolle vom Vicunna, Lamawolle vom Lama, Kamelhaare vom Kamel gewonnen. Ziegenhaare unterscheiden sich von Schafwolle durch größere Feinheit, Glanz, Gefühl und Länge der Haare. Kamelhaare sind von gelblichbrauner oder rötlichbrauner Färbung, werden naturfärbig versponnen und zeichnen sich durch besondere Weichheit und Schmiegsamkeit aus.

Vigognegarn. Imitatsgarn.

Dies ist ein Garn, welches aus einer Mischung von Schafwolle und Baumwolle streichgarnartig gesponnen ist. Vigogne besteht zumeist aus verschiedenfärbigen Fasern (Melangen). Garne aus reiner Baumwolle, nach dieser Methode gesponnen, heißt man Imitatsgarne.

Seide.

Seide ist das Produkt der Raupe des Maulbeerspinners Bombyx mori. Der von der Raupe gesponnene Faden ist ein Doppelfaden mit einem Leimüberzuge.[1]) 3—12 solche Doppelfäden vereinigt, geben die Rohseide oder Grège. Werden 2 oder 3 gedrehte Rohseidefäden durch entgegengesetzte Zwirnung vereinigt, so entsteht Organsin oder Kettenseide. Werden 2, 3 oder 4 offene Grègefäden durch schwache Drehung vereinigt, so entsteht Trame oder Schußseide. Organsin stellt einen glatten, festen, Trame einen offenen, lockeren Faden dar. Trame verleiht dem Gewebe größeren Glanz als Organsin, da die einzelnen Kokonfäden lang offen liegen und dadurch mehr Glanz entfalten als die bei Organsin scharf gedrehten Kokonfaden. Chappe- oder Florettseide ist eine Abfallseide. Der Anfang und das Ende des Kokons, durchbissene Kokons und Doppelkokons lassen sich nicht abhaspeln. Man unterzieht diese Materialien einem Prozesse zum Lösen des Seidenleims, wäscht, kämmt und spinnt ein Garn, welches man Chappe- oder Florettseide heißt. Bourettseide ist ein Garn, welches aus den Abfällen der Chappespinnerei gesponnen wird. Bourette liefert einen unansehnlichen, ungleich dicken Faden mit knötchenartigen Ansätzen, welcher wenig Glanz hat und aus kurzen Fasern besteht.

Tussah-Seide (Tusser oder Tasar).

Dies ist das Produkt der in Indien und Südchina im Freien lebenden Tussahspinner, Antheraea mylitta und Antheraea pernyi. Diese Spinner liefern

[1]) Die Länge des Fadens, welchen die Raupe zum Bilden des Kokons spinnt, wird auf 3000—3600 *m* geschätzt. Abhaspelbar sind jedoch nur 300—900 *m*.

größere und seidenreichere Kokons als der Maulbeerspinner. Die Tussahseide ist stärker und unregelmäßiger als die Maulbeerseide und von Natur aus hellbraun gefärbt.

Andere wilde Seiden liefern: Antheraea Yamamay (chinesischer Eichenspinner), Antheraea Pernyi (japanischer Eichenspinner), Actias Selene, Attacus Ricini, Attacus Atlas u. a. m.

Künstliche Seide. Glanzstoff.

Die Erzeugung dieser von Cordonnet erfundenen und von Dr. F. Lehner verbesserten Seide ist:

1 *kg* Nitrozellulose, 200 *g* Kopal, 50 *g* Leinöl und 100—200 *g* essigsaures Natron werden gemischt, und ergibt diese Lösung den Grundstoff des glänzenden Fadens.

Die Bildung des Fadens erfolgt in der Weise, daß man das Gemisch durch eine enge Öffnung preßt und die Lösungsmittel zum Verdunsten bringt.

Ein anderes Verfahren von Urban, Fremery und Bronnert beruht darauf, daß man Baumwollabfälle aus den Spinnereien reinigt, wäscht, bleicht und durch ein Lösungsmittel aus Kupferoxydammoniak in flüssigen Zustand bringt. Diese sirupartige Flüssigkeit wird durch Glasröhren, welche am Ende eine äußerst dünne Öffnung haben, gepreßt. Der aus der Öffnung kommende Strahl wird durch Schwefelsäure geleitet, wo er zu einem Faden gerinnt, was an der Luft unmöglich wäre. Die Schwefelsäure entzieht dem Flüssigkeitsstrahle alles Kupfer und Ammoniak, so daß ein Faden aus reinem Zellstoffe (Zellulose) verbleibt. Zirka 20 solcher eingetrockneter Fäden zusammengenommen geben die künstliche Seide.

Die künstliche Seide, »Glanzstoff« genannt, unterscheidet sich von der natürlichen durch den glasartigen Glanz, die geringere Elastizität und geringere Widerstandsfähigkeit. Auch fehlt derselben das der natürlichen Seide eigene krachende Geräusch (Seidenrausch) beim Anfühlen, beziehungsweise Reiben. Künstliche Seide verbrennt mit lebhafter Flamme und hinterläßt wenig, leicht verfliegbare Asche, natürliche Seide verbrennt, respektive schmilzt langsam, es bildet sich hinter der Flamme ein Kohlenklümpchen, wobei sich ein Geruch nach verbrannten Haaren oder Horn entwickelt.

2. Verbrennungsprobe.

Die aus dem Pflanzenreiche stammenden Rohstoffe verbrennen wie Papier mit lebhafter Flamme und hinterlassen wenig, leicht verfliegbare Asche. Woll- und Seidefäden verbrennen, respektive verkohlen langsam, es bildet sich hinter der Flamme klumpige Asche und entwickelt sich ein Geruch wie nach verbrannten menschlichen Haaren oder verbranntem Horn.

3 Mikroskopische Eigenschaften der Gespinstfasern.

Die Baumwollfaser erscheint unter dem Mikroskop als ein fein gekörntes Band, das um seine Achse gedreht ist.

Die Flachsfaser erscheint als Röhrchen mit linienartigem Hohlraume (Lumen). Die Faser zeigt Sprunglinien und knötchenartige Anschwellungen, so daß selbe wie gegliedert aussieht. Die Flachsfaser ist, wie die Baumwollfaser, im Wachstum ein mit Saft gefülltes Röhrchen. Beim Reifen trocknet der Saft ein. Beim Eintrocknen behält jedoch die Flachsfaser die runde Form, da die starken Wandungen einem Zusammenklappen, wie bei Baumwolle, widerstehen.

Die Jutefaser ist flach und zeigt ein eigenartiges, interessantes Lumen, welches stellenweise breit, stellenweise linienartig erscheint.

Die Chinagrasfaser erscheint als ein flaches, nie gedrehtes, ungleich breites Band, mit breitem Lumen, Längsstreifen und Spalten.

Das Wollhaar erscheint als ein Röhrchen, welches mit dachziegelförmigen oder becherartigen Schuppen umgeben ist.

Die Maulbeerseide erscheint unter dem Mikroskop als glasheller Zylinder, während Tussahseide als ein flaches Band erscheint, welches aus vielen einzelnen Fasern besteht.

4. Chemische Eigenschaften der Gespinstfasern.

Durch Salpeter- sowie Pikrinsäure wird Wolle und Seide gelb gefärbt, während Baumwolle und Flachs ungefärbt bleiben. Verdünnte Schwefelsäure zerstört Pflanzenfasern, während Wolle und Seide unbeeinflußt bleiben. Durch Kali-, sowie Natronlauge werden tierische Haare und Seide aufgelöst, während Pflanzenfasern unaufgelöst bleiben. Durch Kochen in Salzsäure quillt Wolle auf, während Seide aufgelöst wird. Kupferoxydammoniak bewirkt ein Aufquellen der Gespinstfasern, wodurch die mikroskopischen Merkmale deutlich erkennbar sind.

Um z. B. aus einem halbwollenen Gewebe die Prozente Baumwolle oder Schafwolle zu bestimmen, zerstört man im Muster, welches man vorher genau gewogen hat, je nach Vorteil, die Pflanzenfasern oder die Tierhaare durch Behandlung mit obenerwähnten Flüssigkeiten, läßt trocknen und wägt das übrig gebliebene Gewebe, beziehungsweise Fasermaterial.

Mit folgendem sollen einige Methoden zur Erkennung von Baumwolle neben Flachs in einem Gewebe gegeben werden:

1. Das Gewebe wird mit einer Lösung von einem Teil Ätzkali in sechs Teilen Wasser behandelt; hiebei kräuseln sich Leinenfäden etwas mehr als Baumwollfäden und erstere Fäden werden gelblichorange, während letztere eine grünlichweiße Farbe annehmen. (Methode von Kuhlmann.)

2. Man kocht eine Probe des Gewebes mit einer Lösung von einem Teil Ätzkali in einem Teil Wasser durch 2 Minuten, wäscht hierauf und trocknet zwischen Filtrierpapier; die Flachsfäden werden tief gelb gefärbt, während die Baumwollfäden höchstens strohfärbig werden. (Methode von Böttger.)

3. Die Gewebeprobe wird zuerst mit Wasser ausgekocht, dann gespült und getrocknet, endlich durch 2 Minuten in konzentrierte Schwefelsäure eingelegt; man wäscht dann rasch in etwas verdünnter Kalilauge, spült mit Wasser ab, trocknet und vergleicht mit dem ursprünglichen Muster; bei diesem Verfahren wird die Baumwolle aufgelöst, während die Leinenfasern weiß und durchsichtig bleiben.

4. Die wie unter 3. gut mit Wasser ausgekochte und sorgfältigst getrocknete Gewebeprobe wird zum Teil in Glyzerin oder Öl getaucht; letztere Flüssigkeiten steigen in den Kapillarröhrchen der Fäden in die Höhe und bewirken, daß die Leinenfäden transparent, die Baumwollfäden jedoch undurchsichtig werden. (Methode von E. Simon.)

5. Die gut in Wasser gereinigte und getrocknete Gewebeprobe wird in eine konzentrierte Lösung von Zucker und Chlornatrium (Kochsalz) getaucht, getrocknet und in der Flamme verkohlt; die Flachsfasern erscheinen dann grau, die Baumwollfasern schwarz gefärbt. (Methode von Chevalier.)

6. Die gereinigte Probe wird in eine 1 %ige Fuchsinlösung und hierauf durch 2 bis 3 Minuten in Ammoniakflüssigkeit getaucht; während hiebei Baumwolle die Farbe verliert, wird Leinenfaser rot bleiben. (Methode von Böttger.)

Ein einfaches, untrügliches Mittel ohne mikroskopische und chemische Untersuchung ist folgendes:

Man hält das Gewebe gegen das Licht und beurteilt aus der Gleichmäßigkeit der Fäden das Gespinstmaterial. Sind die Fäden durchaus gleichmäßig von Gespinst, so wird man auf Baumwolle schließen, sind die Fäden von ungleich starker Beschaffenheit, d. h. kommen dicke und dünne Fadenstellen vor, so ist das Produkt ein leinenes.

Farbe des Rohmateriales.

Hat man das Rohmaterial auf das Gespinst untersucht, so muß man die Farbe des Fadens, beziehungsweise der Fasern bestimmen, d. h. angeben, ob das Garn roh verwebt wurde oder ob im Faden, in der Faser oder im Stück gefärbt wurde. Besteht das Garn aus verschiedenfärbigen Fasern, »Melangen«, so sind die Farben und der Prozentsatz der Mischung zu bestimmen.

12*

Bobinen, Kopse, Bündelgarn.

Die von der Feinspinnerei abgenommenen Garnkörper bezeichnet man als Bobinen und Kopse. Je nachdem man es mit Ketten- oder Schußgarnen zu tun hat, unterscheidet man Warp- und Pinkopse. Diese Kopse dienen entweder direkt zum Anstecken an das Spulengestell der Scher- oder Zettelmaschine, beziehungsweise zum Einlegen in die Webschützen, oder es wird das Garn abgewunden und in Strähnform gebracht. Das letztere erfolgt durch Aufwinden einer bestimmten Länge Garn auf einen Haspel von bestimmtem Umfange. Ein Spinnereihaspel ist ein aus Holzleisten gebildetes, drehbares Prisma. Der Umfang ist verschieden und beträgt z. B. bei Baumwollgarn $1^1/_2$ Yards, bei Leinengarn $2^1/_2$ Yards, bei englischem Kammgarn 1 Yard, bei metrischer Einteilung 1·25, 1·37 oder 1·43 *m*. Der Strähn ist nicht in seiner ganzen Länge fortlaufend angeordnet, sondern durch sogenannte Fitzschnuren in Abteilungen Gebinde, geteilt. So hat z. B. 1 Strähn Baumwollgarn 7 Gebinde, 1 Strähn Leinengarn englischer Haspelung 12 Gebinde, 1 Strähn Leinengarn österreichischer Haspelung 10 Gebinde.

Feinheitsbestimmung oder Garnnumerierung.

Unter Garnnummer versteht man den Grad der Feinheit des Fadens betreffs seines Durchmessers.

Zur Bestimmung der Feinheit eines Garnes wiegt man eine bestimmte Länge (1 Strähn, respektive 1 Gebind) mit einem bestimmten Gewicht (englisches Pfund oder Kilogramm). Man bezeichnet mit Nr. 1 diejenige Fadenstärke, wo eine Längeneinheit genau das bestimmte Gewicht wiegt. Die Angabe der weiteren Nummern erfolgt nach zwei Methoden:

A. Man bezieht auf das Gewicht die Längeneinheiten, d. h. man sucht wie viele Längeneinheiten (Strähne oder Gebinde) auf ein bestimmtes Gewicht gehen (Längennummern).

B. Man bezieht die Längeneinheit auf das Gewicht, d. h. man sucht, wieviele Gewichtsteile die Längeneinheit wiegt (Gewichtsnummern).

Bei der Methode *A* nimmt die Feinheit des Garnes mit der Höhe der Nummer zu, bei der Methode *B* ab. Seide wird, mit Ausnahme der Abfallsorten, nach der Methode *B*, alle anderen Garne nach *A* numeriert.

Die Längeneinheiten (Numerierungs- oder Sollänge) und die Numerierungsgewichte sind bei den verschiedenen Garnen verschieden. Seit 1873 (I. internationaler Garnnumerierungs-Kongreß in Wien, 7.—11. Juli) ist man bemüht, eine einheitliche Numerierung zu schaffen, was leider trotz der internationalen Garnnumerierungs-Kongresse in Brüssel (21.—23. September 1874), in Turin (12.—16. Oktober 1875) und Paris (3.—4. September 1900), wegen Verschulden vieler Faktoren bis heute nur teilweise erreicht ist.

Es folgen die heute üblichen Numerierungen der Garne.

I Numerierungsmethode.

I. Baumwollgarn.

a) Englische Numerierung.

Numerierungsgewicht: 1 englisches Pfund.

Längeneinheit: 1 Strähn = 840 Yards oder 768 *m*.

Die Nummer = die Anzahl Strähne auf 1 englisches Pfund.

Haspelung: 1 Strähn = 7 Gebinde à 80 Fäden = 560 Fäden à 1·5 Yards = 840 Yards oder 768 *m*.

Demnach bezeichnet z. B. Nr. 24 ein Garn, von dem 24 Strähne à 840 Yards ein englisches Pfund (453·6 *g*) wiegen.

Um aus einer Strähnzahl die englischen Pfund zu berechnen, dividiert man dieselben durch die Garnnummer, z. B. 400 Strähne Baumwollgarn Nr. 40 sind 400 : 40 = 10 Pfund.

b) Französische Numerierung.

Numerierungsgewicht: 500 *g*.

Längeneinheit: 1 Strähn = 1000 *m*.

Die Nummer = die Anzahl Strähne auf 500 *g*.

Haspelung: 1 Strähn = 10 Gebinde à 70 Fäden = 700 Fäden à 1·429 *m* = 1000 *m*.

c) Metrische Numerierung.

Siehe Seite 182.

II. Leinengarn.

Englische Numerierung.

Numerierungsgewicht: 1 englisches Pfund.

Längeneinheit: 1 Gebind = 300 Yards oder 274·3 *m*.

Die Nummer = die Anzahl Gebinde auf 1 englisches Pfund.

Englische Haspelung:

1 Gebind	= 120 Fäden à $2^1/_2$ Yards	= 300 Yards		
12 Gebinde	= 1 Strähn	= 3.600 Yards		
4 Strähne	= 1 Stück	= 14.400	»	
50 Stück	= 1 Schock	= 720.000	»	= 658.368 *m*.

Österreichische Haspelung:

1 Gebind	= 120 Fäden à $2^1/_2$ Yards	= 300 Yards		
10 Gebinde	= 1 Strähn	= 3.000 Yards		
4 Strähne	= 1 Stück	= 12.000	»	
60 Stück	= 1 Schock	= 720.000	»	= 658.368 *m*.

Demnach ist z. B. Leinengarn Nr. 35 ein Garn, von dem 35 Gebinde à 300 Yards ein englisches Pfund wiegen.

III. Jutegarn.

Englische Numerierung.

Numerierungsgewicht: 1 englisches Pfund.
Längeneinheit: 1 Gebind = 300 Yards.
Die Nummer = die Anzahl Gebinde auf 1 englisches Pfund.

	Der Haspelumfang	=	$2^1/_2$ Yards.
	15—120 Fäden	=	1 Gebind.
	5 Gebinde	=	1 Strähn.
	20 Strähne	=	1 Weife.
	2—16 Weifen	=	1 Bündel = 60.000 Yards = 54.864 *m.*
Nr. $^1/_4$:	1 Gebind	=	15 Fäden à $2^1/_2$ Yards = 37·5 Yards.
	5 Gebinde	=	1 Strähn = 187·5 Yards.
	20 Strähne	=	1 Weife = 3.750 »
	16 Weifen	=	1 Bündel = 60.000 »
Nr. $^1/_2$—$^3/_4$:	1 Gebind	=	30 Fäden à $2^1/_2$ Yards = 75 Yards.
	5 Gebinde	=	1 Strähn = 375 Yards.
	20 Strähne	=	1 Weife = 7.500 »
	8 Weifen	=	1 Bündel = 60.000 »
Nr. 1—$1^1/_4$:	1 Gebind	=	60 Fäden à $2^1/_2$ Yards = 150 Yards.
	5 Gebinde	=	1 Strähn = 750 Yards.
	20 Strähne	=	1 Weife = 15.000 »
	4 Weifen	=	1 Bündel = 60.000 »
Nr. $1^1/_2$—12:	1 Gebind	=	120 Fäden à $2^1/_2$ Yards = 300 Yards.
	5 Gebinde	=	1 Strähn = 1.500 Yards.
	20 Strähne	=	1 Weife = 30.000 »
	2 Weifen	=	1 Bündel = 60.000 »

IV. Weft, Cheviot, Mohär, Alpaka.

Englische Numerierung.

Numerierungsgewicht: 1 englisches Pfund.
Längeneinheit: 1 Strähn = 560 Yards oder 512 *m.*
Die Nummer = die Anzahl Strähne auf 1 englisches Pfund.
Haspelung: 1 Strähn = 7 Gebinde à 80 Fäden = 560 Fäden à 1 Yard = 560 Yards oder 512 *m.*

V. Kammgarn, Streichgarn, Kunstwolle, Ramie, Chappeseide, Bourettseide, Effektgarne, Vigogne, Imitatsgarne und teilweise Weft, Cheviot, Mohär, Alpaka, Baumwollgarn.

Metrische Numerierung.

Numerierungsgewicht: 1 *kg.*
Längeneinheit: 1 Strähn = 1000 *m.*

Die Nummer = die Anzahl Strähne auf 1 *kg* oder die Anzahl Meter auf 1 *g*.

1 Strähn = 10 Gebinde à 73 Fäden, d. s. bei Haspelumfang von 1·37 *m* = 1000 *m*.
1 » = 10 » » 80 » » » » » » 1·25 *m* = 1000 *m*.
1 » = 10 » » 70 » » » » » » 1·43 *m* = 1000 *m*.

Nr. 48 Kammgarn ist demnach ein Garn, von dem 48 Strähne à 1000 *m* 1 *kg* oder 48 *m* 1 *g* wiegen.

II. Numerierungsmethode.

Seide.

a) Alt-Lyoner Numerierung oder Titer ancien.

Längeneinheit: 1 Gebind (Probine) = 400 franz. Ellen = 475·4 *m*.

Numerierungsgewicht: 1 Grain[1]) = 0·053115 *g* 1 Gebind ist der 24. Teil eines Strähnes, 1 Grain der 24. Teil eines Denier.

Die Nummer = die Anzahl Grains, welche 1 Gebind wiegt. Demzufolge ergibt z. B. Organsin Nr. 20 eine Seide, von der 1 Gebind (400 franz. Ellen) 20 Grains wiegt, Trame Nr. 40 eine Seide, von der 1 Gebind 40 Grains wiegt. Seide Nr. 40 muß deshalb stärker sein als Seide Nr. 20.

b) Neu-Lyoner Numerierung oder Titer nouveau.

Längeneinheit: 1 Gebind = 500 *m*.

Numerierungsgewicht: 1 Grain = 0·053115 *g*.

Die Nummer = die Anzahl Grains, welche 1 Gebind wiegt.

c) Mailänder Numerierung oder Titolo vecchio di Milano.

Längeneinheit: 1 Gebind = 400 franz. Ellen = 475·4 *m*.

Numerierungsgewicht: 1 Denari = 0·051 *g*.

d) Piemontesische oder alte Turiner Numerierung.

Längeneinheit: 1 Gebind = 400 franz. Ellen = 475·4 *m*.

Numerierungsgewicht: 1 Grain = 0·053356 Grains.

e) Turiner Numerierung oder Titer Legale.

Längeneinheit: 1 Gebind = 450 *m*.

Numerierungsgewicht: 0·05 *g*.

Die Nummer = die Anzahl Gewichtsteile (0·05 *g*), welche das Gebind wiegt.

---

[1]) 1 Pariser Pfund (489·506 *g*) = 16 Unzen à 24 Deniers à 24 Grains.

f) Internationale Numerierung.

(Noch nicht eingeführt.)

Längeneinheit: 1 Gebind = 500 *m*.

Numerierungsgewicht: 1 Gebind = 0·05 *g*.

Die Nummer bestimmt die Anzahl 0·05 *g* per Gebind, oder die Anzahl Gramme pro Strähn (1 Strähn = 20 Gebinde).

Garnnummer-Umrechnungen.

Infolge der verschiedenen Längeneinheiten und Numerierungsgewichte werden die mit gleichen Nummern versehenen Gespinstfäden unterschiedliche Stärken markieren.

So z. B. ist ein Faden englisches Baumwollgarn Nr. 1 so stark wie ein Faden englisches Kammgarn Nr. 1·5 und wie ein Faden englisches Leinengarn Nr. 2·8 usw.

840 : 560 = 1·5   840 : 300 = 2·8

Um die Garne alter Numerierung in die metrische und umgekehrt die metrische Numerierung in die alte zu verwandeln, verfährt man folgendermaßen:

Baumwollgarn englisch in metrisch und kontra:

840 Yards = 768·1 *m* = 453·6 *g* englisch
1000 *m* = 1000 *g* metrisch

768·1 *m* = 453·6 *g*
1000 *m* = x

x : 453·6 = 1000 : 768·1 = 590·5

1000 *m* englisch = 590·5 *g*
1000 *m* metrisch = 1000 *g*

Demnach ist der Umrechnungsfaktor:

englisch in metrisch 1000 : 590·5 = 1·693
metrisch in englisch 590·5 : 1000 = 0·5905

Kammgarn englisch in metrisch und kontra:

560 Yards = 512·1 *m* = 453·6 *g* englisch
1000 *m* = 1000 *g* metrisch

x : 453·6 = 1000 : 512·1 = 885·76 *g*

1000 *m* englisch = 885.76 *g*
1000 *m* metrisch = 1000 *g*

Demnach ist der Umrechnungsfaktor:

englisch in metrisch 1000 : 885·76 = 1·129
metrisch in englisch 885·8 : 1000 = 0·8858

Umrechnungs-Tabelle.

Metrisch in englisch.

Metrisch Nr.	Engl. Nr. Baumwollgarn	Engl. Nr. Flachs, Jute	Engl. Nr. Wolle	Metrisch Nr.	Engl. Nr. Baumwollgarn	Engl. Nr. Flachs, Jute	Engl. Nr. Wolle
1	0·59	1·654	0·886	51	30·09	84·35	45·14
2	1·18	3·31	1·77	52	30·68	86·01	46·02
3	1·77	4·96	2·66	53	31·27	87·66	46·91
4	2·36	6·62	3·54	54	31·86	89·32	47·79
5	2·95	8·27	4·43	55	32·45	90·97	48·68
6	3·54	9·92	5·31	56	33·04	92·62	49·56
7	4·13	11·58	6·20	57	33·63	94·28	50·45
8	4·72	13·23	7·08	58	34·22	95·93	51·33
9	5·31	14·87	7·97	59	34·81	97·59	52·22
10	5·90	16·54	8·85	60	35·40	99·24	53·10
11	6·49	18·19	9·74	61	35·99	100·89	53·99
12	7·08	19·85	10·62	62	36·58	102·55	54·87
13	7·67	21·50	11·51	63	37·17	104·20	55·76
14	8·26	23·16	12·39	64	37·76	105·86	56·64
15	8·85	24·81	13·28	65	38·35	107·51	57·53
16	8·44	26·46	14·16	66	38·94	109·16	58·41
17	10·03	28·12	15·05	67	39·53	110·82	59·30
18	10·62	29·77	15·93	68	40·12	112·47	60·18
19	11·21	31·42	16·82	69	40·71	114·13	61·07
20	11·80	33·08	17·70	70	41·30	115·78	61·95
21	12·39	34·73	18·59	71	41·89	117·43	62·84
22	12·98	36·39	19·47	72	42·48	119·09	63·72
23	13·57	38·04	20·36	73	43·07	120·74	64·61
24	14·16	39·70	21·24	74	43·66	122·40	65·49
25	14·75	41·35	22·13	75	44·25	124·05	66·76
26	15·34	43·00	23·01	76	44·84	125·70	67·26
27	15·93	44·66	23·90	77	45·43	127·39	68·15
28	16·52	46·31	24·78	78	46·02	129·01	69·03
29	17·11	47·96	25·67	79	46·61	130·67	69·92
30	17·70	49·62	26·55	80	47·20	132·32	70·80
31	18·29	51·27	27·44	81	47·79	133·97	71·69
32	18·88	52·93	28·32	82	48·38	135·63	72·57
33	19·47	54·58	29·21	83	48·97	137·28	73·46
34	20·06	56·24	30·09	84	49·56	138·94	74·34
35	20·65	57·89	30·98	85	50·15	140·59	75·23
36	21·24	59·54	31·86	86	50·74	142·24	76·11
37	21·83	61·20	32·75	87	51·33	143·90	77·00
38	22·42	62·85	33·63	88	51·92	145·55	77·88
39	23·01	64·51	34·52	89	52·51	147·21	78·77
40	23·60	66·16	35·40	90	53·10	148·86	79·65
41	24·19	67·81	36·29	91	53·69	150·51	80·54
42	24·78	69·47	37·17	92	54·28	152·19	81·42
43	25·37	71·12	38·06	93	54·87	153·82	82·31
44	25·96	72·78	38·94	94	55·46	155·48	83·19
45	26·55	74·43	39·83	95	56·05	157·13	84·08
46	27·14	76·08	40·71	96	56·64	158·78	84·96
47	27·73	77·74	41·60	97	57·23	160·44	85·85
48	28·32	79·39	42·48	98	57·82	162·09	86·73
49	28·91	81·05	43·37	99	58·41	163·75	87·62
50	29·50	82·70	44·25	100	59·00	165·40	88·50

Umrechnungstabelle

Englisch in international.

Englisches Baumwollgarn 840 Yards = 1 englisches Pfund	International 1000 *m* = 1 *kg*	Englisches Wollgarn 560 Yards = 1 englisches Pfund	International 1000 *m* = 1 *kg*
1	1·693	1	1·129
2	3·386	2	2·258
3	5·079	3	3·387
4	6·772	4	4·516
5	8·465	5	5·645
6	10·158	6	6·774
7	12·251	7	7·903
8	13·544	8	9·032
9	15·237	9	10·161
10	16·93	10	11·29
12	20·316	12	13·548
14	23·702	14	15·806
16	27·088	16	18·064
18	30·474	18	20·322
20	33·86	20	22·58
22	37·246	22	24·338
24	40·632	24	27·096
26	44·018	26	29·354
28	47·404	28	31·612
30	50·79	30	33·87
35	59·255	35	39·515
40	67·72	40	45·16
50	84·65	50	56·45

Seide.

Die Anzahl Meter, welche von Nr. 1 auf 1 Kilogramm geht, wird gefunden, wenn man sucht, wievielmal die Gewichtseinheit in 1000 *g* enthalten ist, und das Resultat mit der Länge eines Gebindes in Metern ausgedrückt multipliziert.

Alt-Lyoner:

1000 : 0·531 *g* = 1883·239 × 475·4 = 8,952.918 *m* pro 1 *kg*.

Mailänder:

1000 : 0·051 *g* = 1960·784 × 475·4 = 9,321.568 *m* pro 1 *kg*.

Piemonteser:

1000 : 0·0534 *g* = 1872·659 × 475·4 = 8,902.622 *m* pro 1 *kg*.

Neu-Lyoner:

1000 : 0·0531 *g* = 1883·239 × 500 = 9,416.195 *m* pro 1 *kg*.

Turiner (Legale):

1000 : 0·05 *g* = 20000 × 450 = 9,000.000 *m* pro 1 *kg*.

International:

1000 : 0·05 *g* = 20000 × 500 = 10,000.000 *m* pro 1 *kg*.

Wenn z. B. bei Alt-Lyoner Nummer 8,955.918, bei Mailänder 9,321.568 *m* 1 *kg* wiegen, so werden 10,000.000 *m* von derselben Seide mehr wiegen, weshalb die internationale Nummer höher sein muß als alle anderen.

Um bei den verschiedenen Nummern die Meter pro Kilogramm zu bestimmen, dividiert man die Meter von Nr. 1 durch die Nummer, z. B.:

$\frac{18}{22}$ Organsin Alt-Lyoner Titer 8,952.918 : 20 = 447.646 *m*
$\frac{18}{22}$ Organsin Turiner Titer 9,000.000 : 20 = 450.000 *m*
$\frac{18}{22}$ Organsin intern. Titer 10,000.000 : 20 = 500.000 *m*.

Umrechnungstabelle der Seidentiters.

Alt-Lyoner oder Titre ancien (Paris, London, Krefeld) 400 P. E. = 475·4 *m* 1 Grain = 0·0531 *g*	Mailänder (Mailand, Wien) 400 P. E. = 475·4 *m* 1 Denari = 0·051 *g*	Piemonteser oder Alt-Turiner 400 P. E. = 475·4 *m* 1 Denari = 0·0534 *g*	Neu-Lyoner oder Titre nouveau (Lyon) 500 *m* 1 Grain = 0·0531 *g*	Turiner oder Titre Legale (Turin, Wien) 450 *m* 0·05 *g*	Internationaler (Zukunftstiter) 500 *m* 0·05 *g*
1	1·0411765	0·9943819	1·051745	1·005258	1·116955
0·960452	1	0·955056	1·010151	0·965503	1·072781
1·005649	1·047059	1	1·057688	1·01093	1·123265
0·950799	0·989950	0·945458	1	0·955801	1·062000
0·994769	1·035729	0·989180	1·046244	1	1·111111
0·8952918	0·9321568	0·890262	0·9416195	0·9000000	1

Titer ancien =

Mailänder Titer × 0·96; Piemont. Titer × 1·005; Titer nouveau × 0·95; Titer Legale × 0·99; internationaler Titer × 0·895.

Mailänder Titer =

Titer ancien × 1·041; Piemonteser Titer × 1·047; Titer nouveau × 0·99; Titer Legale × 1·036; internationaler Titer × 0·93.

Piemonteser Titer =

Titer ancien × 0·994; Mailänder Titer × 0·955; Titer nouveau × 0·945; Titer Legale × 0·99; internationaler Titer × 0·89.

Titer nouveau =

Titer ancien × 1·052; Mailänder Titer × 1·01; Piemont. Titer × 1·058; Titer Legale × 1·046; internationaler Titer × 0·942.

Titer Legale =

Titer ancien × 1·005; Mailänder Titer × 0·965; Piemont. Titer × 1·01; Titer nouveau × 0·956; internationaler Titer × 0·9.

Internationaler Titer =

Titer ancien × 1·117; Mailänder Titer × 1·073; Piemont. Titer × 1·123; Titer nouveau × 1·062; Titer Legale × 1·11.

Seidengarn-Umrechnungstabelle.

Titer Legale			Titer ancien	Titer Mailand	Titer Piemont	Titer nouveau	Titer international
		1	0·9948	1·0357	0·9892	1·0462	1·1111
9/11	Mitte	10	9·95	10·36	9·89	10·46	11·11
10/12	»	11	10·94	11·40	10·88	11·51	12·22
10/14	»	12	11·95	12·43	11·87	12·55	13·33
12/14	»	13	12·93	13·47	12·86	13·60	14·44
12/16	»	14	13·93	14·50	13·85	14·64	15·55
14/16	»	15	14·92	15·54	14·84	15·69	16·67
14/18	»	16	15·92	16·55	15·83	16·74	17·78
16/18	»	17	16·91	17·61	16·81	17·78	18·89
16/20	»	18	17·91	18·65	17·80	18·83	20·—
18/20	»	19	18·90	19·65	18·79	19·88	21·10
18/22	»	20	19·99	20·71	19·78	20·92	22·22
22/24		22	21·98	22·78	21·76	23·01	24·44
22/26	»	24	23·97	24·85	23·74	25·10	26·67
24/28	»	26	25·96	26·90	25·72	27·20	28·89
26/30	»	28	27·95	29·—	27·69	29·29	31·11
28/32	»	30	29·84	31·07	29·68	31·39	33·33
30/34	»	32	31·83	33·14	31·66	33·48	35·56
32/36	»	34	33·82	35·21	33·64	35·57	37·78
34/38	»	36	35·81	38·26	35·62	37·67	40·—
36/40	»	38	37·80	39·36	37·59	39·76	42·22
38/42	»	40	39·79	41·43	39·57	41·85	44·44
40/50	»	45	44·76	46·61	44·52	47·08	42·22
48/52	»	50	49·74	51·78	49·46	52·31	55·56
50/60	»	55	54·71	56·96	54·41	57·54	61·11
58/62	»	60	59·69	61·94	59·35	62·77	66·67
60/70	»	65	64·66	67·12	64·30	68·—	72·23
68/72	»	70	69·64	72·50	69·24	73·23	77·78
70/80	»	75	74·61	77·68	74·19	78·46	83·34
78/82	»	80	79·58	82·96	79·14	83·70	88·89
80/90	»	85	84·55	88·14	84·09	88·93	94.45
88/92	»	90	89·53	93·21	89·03	94·16	100·—
100	»	100	99·48	103·57	98·92	104·62	111·11

Maß- und Gewichts-Umrechnungstabelle.

1 böhmische, badische und Schweizer Elle hat 20 Zoll = 60 *cm*
1 dänische Elle hat 24 Zoll = 62·77 *cm*
1 englische Elle (Yard) hat 36 Zoll = 91·44 *cm*
1 französische Elle (Aune) hat $526^5/_6$ Linien = 118·85 *cm*
1 preußische oder Berliner Elle hat $25^1/_2$ Zoll = 66·7 *cm*
1 russische Elle (Arschin) hat 28 Zoll = 72 *cm*
1 sächsische oder Leipziger Elle hat 24 Zoll = 56·6 *cm*
1 schwedische Elle (Alen) hat 24 Zoll = 59·38 *cm*
1 Wiener oder österreichische Elle hat 29·58 Zoll = 77·9 *cm*
1 Meter = 33·3 böhmische oder badische Zoll
1 » = 38·2 dänische Zoll
1 » = 39·4 englische Zoll
1 » = 37·0 französische Zoll
1 » = 38·3 preußische Zoll
1 » = 39·3 russische Zoll
1 » = 42·5 sächsische Zoll
1 » = 40·5 schwedische Zoll
1 » = 38·0 Wiener Zoll
1 Leipziger Zoll = 2·336 *cm*
1 englischer Zoll = 2·54 *cm*
1 Wiener Zoll = 2·635 *cm*
1 französischer Zoll = 2·707 *cm*
1 Centimeter = 0·428 Leipziger Zoll
1 » = 0·3937 englische Zoll
1 » = 0·3796 Wiener Zoll
1 » = 0·3694 französische Zoll
1 russisches Pfund = 0·4095 *kg*
1 englisches Pfund = 0·4536 *kg*
1 preußisches Pfund = 0·4677 *kg*
1 Leipziger Pfund = 0·467 *kg*
1 französisches Pfund = 0·4895 *kg*
1 Zollpfund = 0·5 *kg*
1 Wiener Pfund = 0·56 *kg*.

Garnwage.

Um das von der Spinnerei gelieferte Garn auf die Nummer zu kontrollieren, benutzt man die in Fig. 893 dargestellte Garnwage. Dieselbe besteht aus dem eisernen Gestelle *a* mit Stellschraube *b*, dem Gradbogen *c*, dem Zeiger *d* und dem damit verbundenen Garnhaken *e*. Der Zeiger dreht sich um die Achse *f*. Das zu prüfende Garn wird an den Garnhaken gehängt, worauf der Zeiger *d* die Feinheitsnummer an dem Gradbogen *c* angibt. Das Quantum des anzuhängenden Garnes ist bei Baumwollgarn, Weft, Kammgarn, Streichgarn etc. ein Strähn, bei Leinen- und Jutegarn ein Gebind. Den verschiedenen Numerierungen gemäß wechselt natürlich auch die Einteilung des Gradbogens. Es gibt Sortierwagen für Baumwollgarn, Leinen-, Wolle-, Seidengarn etc. Auch gibt es Wagen, bei denen auf dem Gradbogen mehrere Einteilungen eingraviert sind, so daß man sie für mehrere Gespinstsorten verwenden kann. Selbstverständlich kann man eine Garnsortierwage, z. B. für die metrische Numerierung, auch für die anderen Numerierungsarten verwenden, wenn man eine Umrechnungstabelle verwendet; diesbezügliche Tabellen befinden sich auf Seite 185 und 186. Eine Garnwage, mit der man aus 4, 20, 40 etc. Yards, beziehungsweise Metern die Nummer bestimmen kann, ist in Fig. 894 dargestellt.

Garnhaspel.

Um einerseits das in Strähnen aus der Spinnerei gelieferte Garn auf die Länge zu kontrollieren oder von Kopsen, die zur Nummerbestimmung auf der Garnwage nötige Längeneinheit (Strähn, respektive Gebind) zu bilden, bedient man sich des Probier- oder Sortierhaspels, Fig. 892. Der Umfang des Haspels und die Tourenzahl, welche er zur Bildung der Längeneinheit machen muß, richtet sich nach der Garnsorte.

Baumwollgarnhaspel:

$1\frac{1}{2}$ Yards Umfang × 80 Haspeltouren × 7 Kops = 840 Yards.

Leinen- und Jutehaspel:

$2\frac{1}{2}$ Yards Umfang × 120 Haspeltouren × 1 Kops = 300 Yards.

Weft-, Cheviot-, Mohärhaspel:

1 Yard Umfang × 80 Haspeltouren × 7 Kops = 560 Yards.

Metrischer Haspel:

1 *m* Umfang × 100 Haspeltouren × 10 Kops = 1000 *m*

Turiner Seidenhaspel:

$112\frac{1}{2}$ *cm* Umfang × 400 Haspeltouren × 1 Spule = 450 *m*

Metrischer Seidenhaspel:

125 *cm* Umfang × 400 Haspeltouren × 1 Spule = 500 *m*.

An jedem Sortierhaspel befindet sich zur Kontrolle der genauen Tourenzahl ein Läutewerk, welches mit dem Tourenzähler in Verbindung ist.

GARN-PRÜFUNGSAPPARATE.

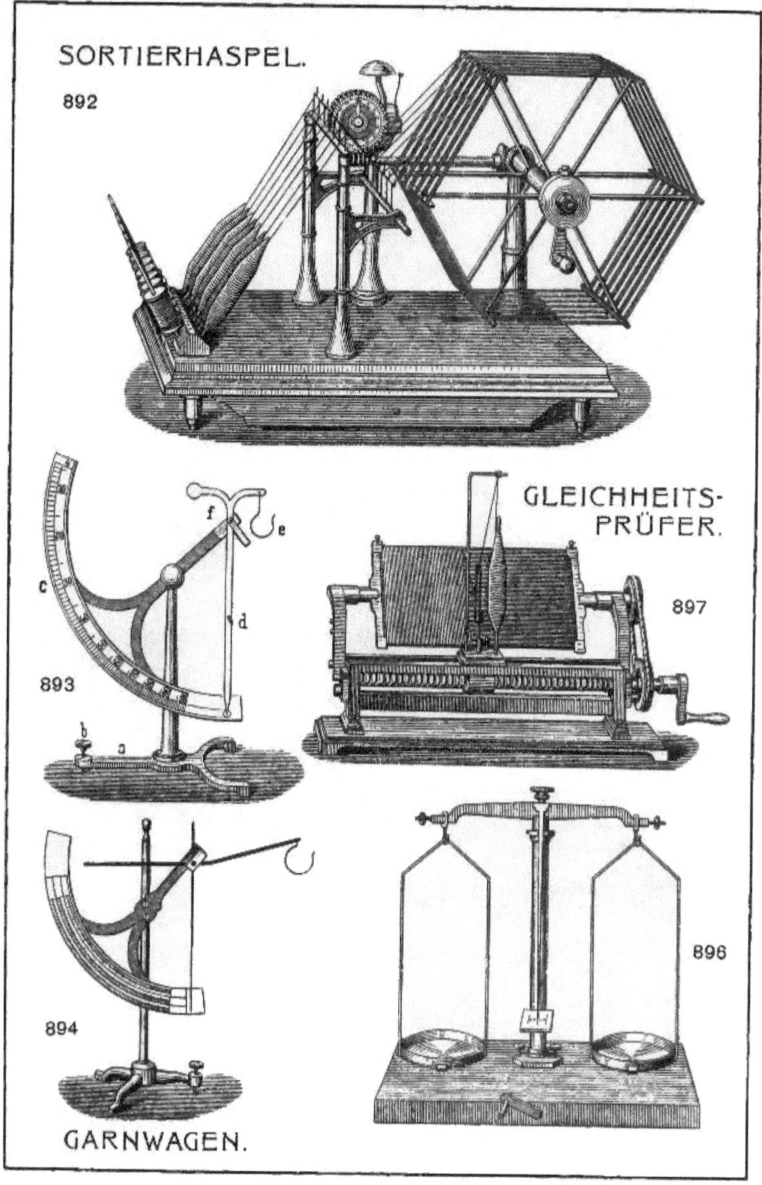

XCV.

Bestimmung der Garnnummer aus Gewebemustern.

Die Nummer eines aus dem Gewebe genommenen Fadens durch Anschauung zu bestimmen, ist für den Fachmann nicht schwer. Man legt zu diesem Zwecke den Faden auf eine abstechende Unterlage, d. h. helle Fäden auf Schwarz (Rockärmel), dunkle auf Weiß (Manschette) und taxiert die Nummer. Zur Probe nimmt man aus der Garnmustersammlung die taxierte Nummer und vergleicht, indem man den zu untersuchenden Faden und den taxierten Garnkollektionsfaden nebeneinander spannt, mit einer Lupe (Vergrößerungsglas), ob die Stärken gleich sind. Eine weitere Probe besteht darin, daß man die zwei zu vergleichenden Fäden ineinander schlingt und zusammendreht. Aus dem Gefühl beim Passieren der gespannten Fadenteile wird man genau beurteilen können, ob beide Fäden gleich oder ungleich stark sind. Auch ist es gut, wenn man 10 oder 20 etc. Fäden aus dem Gewebe und ebenso viele von der taxierten Nummer der Garnkollektion nimmt, beide Partien gleichmäßig mit Daumen und Zeigefinger beider Hände dreht und die künstlichen Zwirnfäden vergleicht; entsprechen die Stärken, so ist die Nummer richtig bestimmt, entsprechen sie nicht, so muß eine andere Nummer gesucht werden.

Eine sichere Bestimmung der Garnnummer aus 1—10 *m* Garn erfolgt durch die Staubsche Garnwage.

Diese in Fig. 895 dargestellte Wage ist eine Balkenwage mit ungleicharmigem Wagebalken. Am kürzeren Arme *b* ist der Garnhaken *h* angebracht, an welchen das zu untersuchende Garn gehängt wird; am längeren Arme *b'* befindet sich ein kleines, auf demselben längs der Skalatafel *R* verschiebbares Laufgewicht *L*. Die Skalatafel *R*, auf welcher nachfolgend verzeichnete Skalen eingraviert sind, ist in Schlitz *v*, an der Rückwand *s* des Gestelles vertikal verstellbar und die in Gebrauch zu nehmende Skala in solcher Höhe einzustellen, daß deren Teilstriche so weit unter die der Horizontallinie des Wagebalkens zu stehen kommen, daß sie durch das Laufgewicht sichtbar markiert werden. Das Gleichgewicht der Wage ist ersichtlich durch die Parallellage des Wagebalkens mit dem balancierten Hebelarm *c*, *c'* oder auch mit den Horizontallinien der Skala, wenn Pendel *p* mit der Stativsäule lotrecht in einer Linie steht.

Die verstellbare Skalatafel *R* enthält folgende Einteilungen:

LE für die englische Leinen- und Jutegarnnumerierung.

WE für die englische Kammgarnnumerierung.

M für die metrische Numerierung.

BE für die englische Baumwollgarnnumerierung.

Allgemeines Verfahren zur Garnnummerermittlung bei der Staubschen Reduktionsgarnwage.

Vorerst ist diejenige Skala richtig einzustellen, welche der bezüglichen Numerierung entspricht.

Sodann ist die Fadenlänge, welche auf die Nummer untersucht werden soll, gleichviel, ob diese nun aus einem einzigen längeren Stück oder aus einer Anzahl kürzerer Stücke besteht, nach Millimetern festzustellen.

Hierauf ist das Garn an den Garnhaken *h* zu hängen und das Laufgewicht *L* auf dem Wagebalken Seite *b'* so weit zu verschieben, bis Seite *b* mit dem balancierten Hebelarm *e, e'* in paralleler Richtung steht.

Die Gesamtlänge des an den Haken gehängten Garnes wird durch die Skalazahl, auf welche die Spitze des Laufgewichtes beim Gleichgewicht zeigt, dividiert, wonach der Quotient die Garnnummer bezeichnet.

Beispiel: Würden aus einer Warenprobe 20 Fäden gleicher Länge gezogen, welche ausgestreckt und gerade gelegt je 66 *mm* messen, so ist die Gesamtlänge $66 \times 20 = 1320$ *mm*. Stellt sich bei solcher Fadenlänge das einfache Laufgewicht zur Erlangung des Gleichgewichtes auf Zahl 44, so ist die Garnnummer $\frac{1320}{44} =$ Nr. 30.

Indem bei größeren Fadenlängen das einfache Laufgewicht oft nicht ausreicht, benutzt man ein Hilfsgewicht des 5-, 10- bis 20fachen Betrages. Dieses Hilfsgewicht ist bei Bedarf von der äußeren Seite auf den Wagebalken *b'* dicht an das Laufgewicht *L* anzuschließen. Die Skalazahl, deren Wert sich selbstverständlich ebenfalls um den 5-, 10- oder 20fachen Betrag erhöht, wird sodann durch das Hilfsgewicht markiert.

Beispiel: Stellt sich bei einer Fadenlänge von 40 *m* oder 40.000 *mm* das 10fache Hilfsgewicht auf Skalazahl 80, so erhöht sich der Wert der letzteren auf $80 \times 10 = 800$ und die Garnnummer wird gleich $\frac{40.000}{800}$ = Nr. 50 sein.

Eine andere vorzügliche Garnwage zum Bestimmen der Garnnummer aus 1—6 *m* ist die vom Webschuldirektor Stübchen-Kirchner in Reichenberg. Bei dieser Wage kann man die Nummer des Garnes direkt von der Skala ablesen.

Man kann auch auf Präzisionswagen, wie Fig. 896,[1]) die Garnnummer bestimmen, wenn man sich eine Tabelle der Garne zusammenstellt, auf welcher die Meterzahlen pro Nummer angegeben sind, die auf 1 *g* gehen.

[1]) Garnprüfungsapparate:
M. Schoch & Co, Wien, Louis Schopper und Adolf Hagen in Leipzig, Hermann Findeisen, Chemnitz.

Aus der Meterzahl Garn, welche auf 1 *g* gehen, bestimmt man nach genannter Tabelle die Nummer.

Baumwollgarn Nr. 1 = 768 : 453·6 = 1·6931 *m* pro Gramm
» » 2 = 1536 : 453·6 = 3·38 » » »
» » 10 = 7680 : 453·6 = 16·93 » » » usw.

Würden z. B. 17 *m* Baumwollgarn 1 *g* wiegen, so ergibt dies nach vorstehender Tabelle Nr. 10.

Gewichtsermittlung von Gewebmustern und ganzen Stücken

Diese erfolgt bei der Staubschen Wage nach der metrischen Skala.

Beispiel: Ein Muster von 5 *cm* Länge und 8 *cm* Breite zeigt mit dem fünffachen Hilfsgewicht Zahl 120, so ist das Gewicht $5 \times 120 = 600$ *mg* oder 0·6 *g*.

Um zu ermitteln, was ein Stück von 50 *m* = 5000 *cm* Länge und 80 *cm* Breite wiegt, ist einfach die Frage zu stellen: was wiegen $5000 \times 80 = 400.000\ cm^2$, wenn $5 \times 8 = 40\ cm^2$ 0·6 *g* wiegen?

$$\frac{400.000 \times 0{\cdot}6}{40} = 6000\,g \text{ oder } 6\,kg.$$

Auf dieselbe Weise kann man das Gewicht eines Quadratmeters einer Ware ermitteln.

Garngleichheitsprüfung.

Um das aus der Spinnerei gelieferte Garn auf die Gleichheit des Fadens zu prüfen, wickelt man dasselbe in parallelen Lagen auf eine kleine schwarze Tafel. Damit dies rasch und ganz egal erfolgt, hat man nach Fig. 897 Gleichheitsprüfer konstruiert, welche das Aufwickeln in präziser Weise besorgen.

Bestimmung der Festigkeit und Dehnung des Garnes.

Diese auf die Qualität des Garnes bezughabenden Eigenschaften werden auf Garnfestigkeitsprüfern und Dehnungsmessern untersucht.

Bestimmung der Garndrehung.

Die Anzahl der Drehungen hängt ab von der Feinheit des Garnes, von der Länge der Faser und von der Verwendung des Garnes. Die Zahl der Drehungen steigt mit der Garnnummer. Nach Hyde berechnet man bei Baumwollgarn die Drehungen pro englischen Zoll, wenn man die Quadratwurzel aus der Garnnummer bei Kette (Water) mit 4, bei Halbkette (Medio) mit 3·75, bei Schuß (Mule) mit 3·25, bei Strickgarnen mit 2·75 und bei Strumpfgarnen mit 2·5 multipliziert. So z. B. hat Watergarn Nr. 20:

$$\sqrt{20} = 4{\cdot}472 \times 4 = 17{\cdot}88.$$

Mulegarn Nr. 12:

$$\sqrt{12} = 3{\cdot}464 \times 3{\cdot}25 = 11{\cdot}25 \text{ Drehungen pro englischen Zoll.}$$

Zwirne.

Werden zwei oder mehrere einfache Fäden zusammengedreht, gezwirnt, so entstehen gezwirnte Garne oder Zwirne. Das Zwirnen erfolgt entgegengesetzt der Garndrehung. Man unterscheidet 2-, 3-, 4fache etc. Zwirne, je nachdem der Zwirn aus 2, 3, 4 etc. einfachen Fäden besteht.

Zweifache Zwirne heißt man auch dublierte, dreifache, drillierte Garne.

Beim Dekomponieren hat man bei Zwirnen, namentlich bei zwei- oder, mehrfärbigen, genau die Drehungen zu bestimmen, da nur dadurch eine genaue Imitation möglich ist.

Nummerangabe der Zwirne.

Die Nummerangabe kann erfolgen:

I. Man setzt die Feinheitsnummer der zusammenzuzwirnenden Fäden in Bruchform. Z. B. einen Zwirn aus zwei einfachen Fäden Nr. 20 bezeichnet man als 20/20.

II. Man setzt bei Zwirnen, bei denen gleiche Fäden zusammengedreht werden, als Zähler die Feinheitsnummer eines Fadens und als Nenner die Drahtnummer. Z. B. ein Zwirn, aus zwei einfachen Fäden Nr. 32 zusammengedreht, heißt 32/2; ein Zwirn aus drei einfachen Fäden Nr. 16 zusammengezwirnt heißt 16/3.

III. Man gibt die einfache Nummer an, welche die Zwirnfäden vereinigt geben. Z. B. einen Zwirn aus zwei Fäden Nr. 40 benennt man als Nr. 20er usw.

Hat man zwei Fäden von verschiedener Stärke zusammengezwirnt, so findet man die einfache Nummer, wenn man die Nummern beider Fäden miteinander multipliziert und das Produkt durch die Summe der Nummern dividiert. Ein 20er und ein 30er Faden sollen zusammengezwirnt werden. Wie hoch ist die Garnnummer beider Fäden?

$$20 \times 30 = 600$$
$$20 + 30 = 50$$
$$600 : 50 = 12^{er} \text{ Zwirn.}$$

Sollen 3 verschieden starke Fäden zusammengedreht werden, so findet man die einfache Zwirnnummer auf folgende Weise:

A. Man multipliziert die 3 Nummern miteinander.

B. Man dividiert das Produkt von A durch die einzelnen Garnnummern.

C. Man dividiert das Produkt von A durch die Summe von B.

Was für eine Nummer entsteht, wenn ein 20er, ein 30er und ein 40er Faden zusammengezwirnt werden?

$$20 \times 30 = 600 \times 40 = 24.000$$
$$24.000 : 20 = 1200$$
$$24.000 : 30 = 800$$
$$24.000 : 40 = 600$$
$$2600$$
$$24.000 : 2600 = 9{\cdot}2^{er} \text{ Zwirn.}$$

Ermittlung der Zwirndrehungen.

Zur Bestimmung der Drehungen verwendet man Zwirnzähler.

VI. Bestimmung der Ketten- und Schußfadenfolge.

Es ist anzugeben, ob die Ketten- und Schußfäden einfärbig sind, oder ob färbige Fäden nebeneinander angeordnet vorkommen. Hat ein Gewebe nur einfärbige Fäden, so heißt diese Ordnung »glatt geschweift« oder »glatt gezettelt«, bei verschiedenfärbiger Anordnung »gemustert gezettelt«.

Schweif- und Schußzettel.

Die Angabe der Fadenfolge bei gemusterten Stoffen heißt in der Kette Schweifzettel, im Schusse Schußzettel. Um den Schweifzettel zu bestimmen, schreibt man die Kettenfäden von oben nach unten so auf, wie sie im Gewebe von links nach rechts aufeinander folgen. Beim Schußzettel erfolgt das Ablesen der Fäden im Gewebe von unten nach oben, das Aufschreiben aber wie beim Schweifzettel von oben nach unten.

VII. Bestimmung der Bindung.

Die Bestimmung der Bindung beruht auf der Untersuchung und Feststellung, wie sich die Kettenfäden mit den Schußfäden verbinden. Die Aufsuchung der Bindung aus dem Gewebe bezeichnet man als Musterauszählen.

Dasselbe erfolgt:

13*

a) Bei einfachen Geweben.

Zu diesem Zwecke nimmt man links einige Kettenfäden, oben einige Schußfäden aus dem Muster und legt dasselbe laut Fig. 898 so in die linke Hand, daß die Kettenfäden auf den Auszähler senkrecht zustehen. Nun nimmt man eine mit einem Griff versehene Nadel (Auszählnadel) in die rechte Hand, schiebt den obersten Schußfaden etwas vor, bestimmt den äußersten linken Kettenfaden als Anfang und tupft, von links nach rechts fortschreitend, jene Stellen als volle Quadrate auf das Tupfpapier, wo Kettenfäden auf dem Schusse liegen. Das Auszählen in der Breite hat so lange zu geschehen, bis man sieht, daß sich die Bindung wiederholt. Hat man die Bindweise des ersten Schusses abgesetzt, so zieht man denselben vorsichtig aus dem Gewebe, streicht die Kettenfäden wieder glatt, schiebt mit der Nadel den zweiten Schuß vor und verfährt damit wie mit dem ersten.

Nachdem das Auszählen der Bindung aus dem Gewebe von oben nach unten stattfindet, muß auch das Absetzen der einzelnen Schüsse auf dem Tupfpapier untereinander erfolgen. Man hat dasselbe so lange fortzusetzen, bis man eine genaue Wiederholung der Bindung findet.

Bei Seidenstoffen legt man das Muster auf eine die Farbe der Warenprobe gut abhebende Unterlage und nimmt mit Hilfe einer Lupe die Bindung aus dem Muster, indem man wieder Schußfaden für Schußfaden vorschiebt und abliest. In diesem Falle ist es vorteilhaft, zwei Auszählnadeln zu nehmen, wovon die eine von der linken Hand, die andere von der rechten Hand dirigiert wird; beim Zählen der Bindpunkte arbeiten nun beide Nadeln, während beim Absetzen auf das Tupfpapier die linke Nadel das Ausgezählte festhält und die rechte Hand tupft.

Beim Ablesen eines Schusses aus dem Gewebe bezeichnet man obenliegende Kettenfäden als genommen oder oben, untenliegende als gelassen oder unten.

Beim Auszählen ist es gut, gelassene Stellen mit genommenen abwechselnd abzulesen, auf das Tupfpapier bringen und so fortzufahren, bis der Rapport ersichtlich ist.

Bei in der Kette sehr dicht stehenden Stoffen mit Ketteneffekt zählt man vorteilhaft aus, wenn man links einige Kettenfäden und unten einige Schußfäden aus dem Gewebe zieht und kettenfadenweise von unten nach oben zählt. Dabei ist zu beachten, daß wieder gehobene Kette getupft wird. Diese Methode bietet besondere Vorteile bei Kettenatlassen und Diagonalen, da man dabei eigentlich nur zwei Kettenfäden auszuzählen braucht, indem daraus schon die Steigungszahl ersichtlich ist, aus welcher man die Bindung nach den Regeln der Bindungslehre zusammenstellen kann.

STAUB^{SCHE} REDUKTIONS-GARNWAGE.

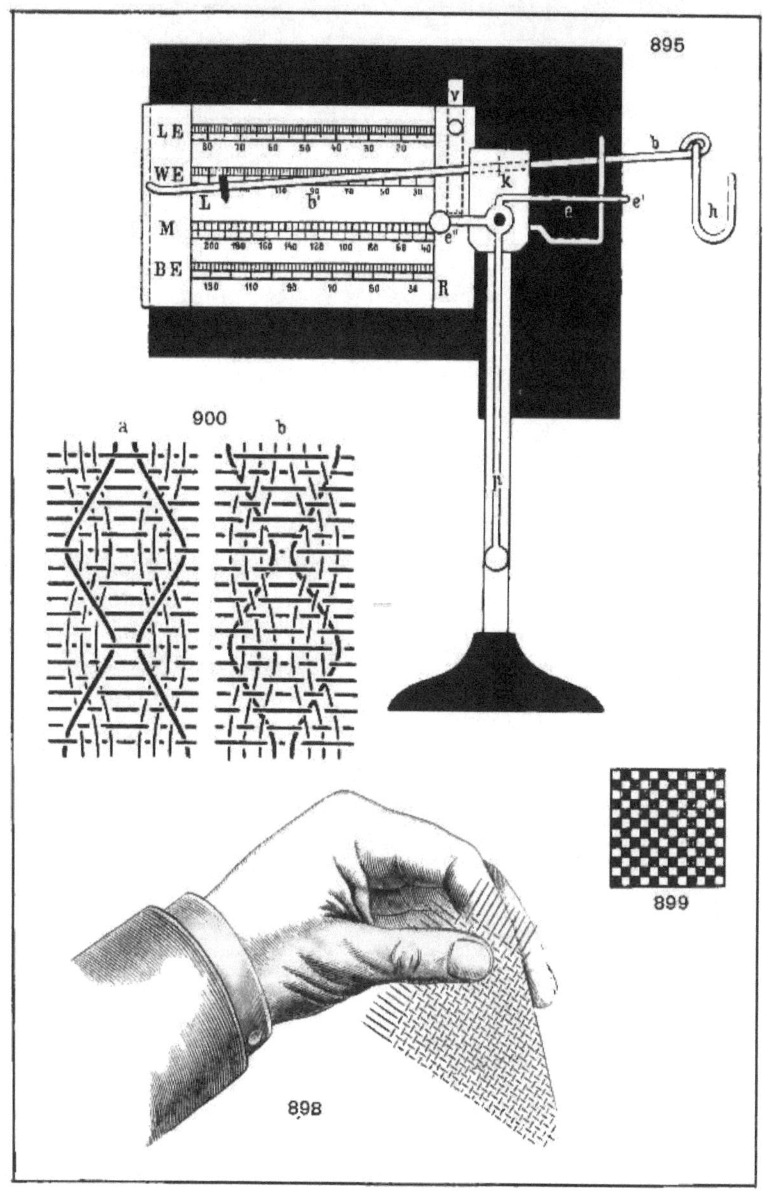

XCVI.

Wird die Ware verkehrtseitig gewebt, so erfolgt das Auszählen der Bindung, zur Bestimmung der Anschnürung, respektive des Kartenmusters natürlich auch von der verkehrten Seite aus.

Auch kann man nach entsprechender Übung bei vielen Stoffen mit freiem Auge oder mit Hilfe einer Lupe die Bindung aus einem Gewebe absetzen, ohne die Fäden herauszunehmen.

b) Bei Doppelgeweben.

Ist das Muster mit einer gerauhten Ober- oder Unterseite versehen, so entfernt man die Haardecke dadurch, daß man die Warenprobe vorsichtig über eine Kerzenflamme hält und die versengten Fasern mittels eines Messers abrasiert.

Nun verfährt man folgendermaßen:

1. Man entfernt an einer Stelle die Unterschüsse.

2. Man untersucht, ob die Unterkettenfäden noch hängen, d. h. ob dieselben Verbindung nach oben haben.

Ist letzteres der Fall, so sucht man erstens, wievielschäftig die Verbindung ist (man nimmt einen obenliegenden Schuß, zieht denselben an und sucht, bei welchem, respektive bei dem wievielten Unterkettenfaden sich derselbe wiederholt), zweitens in welcher Form dieselbe erfolgt und ob alle oder nur ein Teil Unterkettenfaden gebunden sind.

3. Man entfernt die Unterkettenfäden, worauf das Obergewebe als einfache Ware erscheint.

4. Man bestimmt die Ketten- und Schußdichte pro Centimeter der Oberware.

5. Man zählt und tupft die Bindung der Oberware.

6. Man entfernt an einer Stelle die Oberschüsse.

7. Man sucht, ob die Oberkettenfäden frei, oder ob selbe eine Verbindung nach unten haben. Ist letzteres der Fall, so sucht man, wievielschäftig und von welcher Form dieselbe ist.

8. Man entfernt die Oberkettenfäden, worauf das einfache Untergewebe erscheint.

9. Man bestimmt die Dichte in Kette und Schuß bei dem Untergewebe.

10. Man zählt und tupft die Bindung der Unterware.

11. Man bestimmt laut beider Gewebdichten das Verhältnis der Oberkette zur Unterkette und des Oberschusses zum Unterschuß.

12. Man streicht die unteren Fadensysteme vor und verfährt mit der Bindung, wie die Bindungslehre bestimmt.

Die Punkte bis einschließlich 3 wurden auf der Rückseite der Warenprobe, die folgenden auf der rechten Seite ausgeführt.

Überhaupt sei erwähnt, daß bei glatten Geweben oft nur die Untersuchung der Verbindung schwierig und maßgebend ist, indem bei genügender Übung die Bindung der Ober- und Unterware leicht abgetupft und deren Verhältnis bestimmt werden kann, ohne das Muster zu zerlegen.

Zeigt die Rückseite eines Gewebes Ketteneffekt, d. h. setzt das Herausnehmen der Unterschüsse Schwierigkeiten, so entfernt man zuerst die Oberkettenfäden, sucht, ob die Oberschüsse noch hängen usw. Findet man jedoch auf diese Weise keine Verbindung, so nimmt man auf einer anderen Gewebstelle die Oberschüsse weg und sucht, ob die Oberkettenfäden hängen usw.

Ist bei dem Entfernen des Unterschusses kein Unterkettenfadensystem vorhanden, so ist das Gewebe ein *Schußdouble*, entgegengesetzt, fehlt das untere Schußsystem bei Entfernung der Unterkette, so ist es *Kettendouble*.

c) Bei Samt und Plüsch.

1. Schußsamt oder Manchester.

Das Auszählen eines Manchesters erfolgt am leichtesten aus der ungeschnittenen Ware oder aus der Endleiste des fertigen Gewebes. Hat man jedoch ein aufgeschnittenes Manchestermuster ohne Randbindung, so muß man die Bindung aus den Grundschüssen und den Flornoppen zusammenstellen.

2. Kettensamt und Plüsch.

1. Man zupft an einer Gewebestelle den Flor heraus und tupft die Bindung des Grundgewebes.

2. Man sucht aus den Fadenlücken, nach wieviel Grundkettenfäden ein Florkettenfaden kommt.

3. Man sucht die Bindung der Florkette mit der Nadel. Zu diesem Zwecke untersucht man den Stand der Flornoppen, ob sich dieselben in einer geraden, versetzten oder gemusterten Ordnung befinden und bestimmt danach die Aufeinanderfolge von Grundschuß und Nadel.

4. Man untersucht, ob und wie die Flornoppen in die Grundschüsse einbinden. Man ersieht dies einerseits aus der **U**- oder **W**förmigen Form der herausgezupften Florstücke, anderseits aus der Rückseite des Plüschgewebes.

5. Man tupft nach diesen Feststellungen die Bindung nach den Regeln der Bindungslehre.

3. Doppelplüsch.

Um aus einem einfachen Plüschgewebe die Doppelplüschbindung zu bilden, verfährt man folgend:

1. Man bestimmt die Aufeinanderfolge von Grund- und Florkette.
2. Man sucht die Bindung des Grundgewebes.
3. Man bestimmt die Einbindung einer Flornoppe und den Stand der Flornoppen zueinander.
4. Man zeichnet nach Fig. 789 und 794 aus den Bestimmungen 1—3 die Daraufsicht des einfachen Plüschgewebes.
5. Man zeichnet nach der Daraufsicht den Querschnitt des Doppelplüschgewebes (Fig. 778—787).
6. Man numeriert die Grund- und Florkettenfäden.
7. Man numeriert die Schüsse unter Berücksichtigung der Aufeinanderfolge von Ober- und Unterschuß.
8. Man sucht wieviel Schaftabteilungen man braucht und wieviel Schäfte jede Abteilung verlangt.
9. Man markiert sich die Schaftabteilungen nach den Fig. 788—793 über eine Bindungsfläche.
10. Man zieht die Kettenfäden in genauer Ordnung in die bestimmten Schäfte.
11. Man verfolgt bei den Kettenfäden im Querschnitte die Senkungen (Obergrundkette und Florkette) und die Hebungen (Untergrundkette) und tupft dies auf die betreffenden Kettenfäden der Bindungsfläche.
12. Man bildet das Kartenmuster aus dem Einzuge, wobei die Schaftsenkungen und Schafthebungen besonders anzugeben sind.

d) Bei Gaze oder Dreherstoffen.

Hier hat man zu berücksichtigen, ob die Bindung von der rechten oder linken Warenseite abgesetzt werden muß. Fig. 900 a Dreher oder Gazebindung.

Will man die Ware mit Hochfachvorrichtung arbeiten, so kann man die Bindung nicht in dieser Darstellung nehmen, sondern muß sie nach Fig. 900 b bearbeiten.

VIII. Bestimmung des Webschemas.

Die Bindung ist mit dem Fadeneinzuge, der Tretweise, Anschnürung, eventuell Kartenmuster zu versehen, so daß der Weber über alle zur Vorrichtung und zum Weben notwendigen Daten informiert ist.

IX. Bestimmung der Fadendichte in Kette und Schuß.

Die Angabe der Fadendichte erfolgt auf 10, respektive 1 *cm*. Zu diesem Zwecke zählt man die Fäden, welche sich in einem Raume von 10 befinden. Zählt man die Fäden nur auf 2, $2^1/_2$ oder 5 *cm*, so sucht man durch Multiplikation mit 5, 4, respektive 2 die Fadenzahl per 1 *dm*. Ein Auszählen auf 1 *cm* ist nicht zu empfehlen, weil nicht immer die Fäden genau auf 1 *cm* ausgehen und Fadenbruchstücke nicht genau taxiert werden können. Das Zählen geschieht mit Zuhilfenahme einer, respektive zweier Auszählnadeln entweder mit freiem Auge oder mit einer Lupe und erfolgt faden- oder rapportweise. Einfärbige Stoffe zählt man nach den einzelnen Fäden oder nach den Bindungsrapporten, färbig gemusterte nach den Farbmusterrapporten. So z. B. berechnet man die Fadendichte des Gewebes, Fig. 1, indem man die Fäden pro 10 *cm* zählt. Man zieht sich zu diesem Zwecke links und oben einige Fäden aus dem Gewebe heraus, bestimmt den Raum von 10, 5 oder $2^1/_2$ *cm* und zählt die aus dem Gewebe hervorragenden Fäden der Reihe nach ab. Auch kann man das Abzählen auf dem Gewebe selbst vornehmen, wenn man sich ein Quadrat von 10, 5 oder $2^1/_2$ *cm* genau nach der Fadenrichtung einzeichnet und die im Quadrate befindlichen Fäden zählt. Die Fadendichte des Gewebes Fig. 2 und 3 wird vorteilhaft nach den Bindungsrapporten, die des Gewebes Fig. 4 nach den Farbmusterrapporten berechnet. Bei dem Gewebe Fig. 2 kommen in der Kette auf 10 *cm* 70 Bindungsrapporte à 5 Fäden (5bindiger Schußköper), was eine Dichte von $70 \times 5 = 350$ Kettenfäden pro 10 *cm* oder 35 Fäden auf 1 *cm* ergibt. Dem Schusse nach kommen pro 10 *cm* 52 Bindungsrapporte, was eine Dichte von $52 \times 5 = 260$ Schußfäden pro 10 *cm* oder 26 pro 1 *cm* ausmacht. Bei dem Gewebe Fig. 4 messen 2 Farbmusterrapporte in der Kette 44 *mm*, 2 Farbmusterrapporte à 56 Fäden = 112 Fäden. Dividiert man diese Fadenzahl durch die gemessene Millimeterzahl, so erhält man die Fäden auf 1 *mm*, welche man durch Entwicklung einer, respektive zweier weiteren Stellen auf Faden pro 1 oder 10 *cm* umwandelt, $112 : 44 = 2{\cdot}55$ pro 1 *mm*, 25·5 pro 1 *cm* oder 255 Fäden pro 10 *cm*.

X. Bestimmung der Gesamtkettenfäden.

Um die Gesamtkettenfäden einer Ware zu finden, multipliziert man die Kettendichte eines Centimeters mit der Warenbreite. Z. B. Muster Fig. 2 hat eine Kettendichte von 35 Fäden pro Centimeter; wie groß ist die Gesamtkettenfadenzahl bei einer Warenbreite von 140 *cm*? $35 \times 140 = 4900$.

Indem die Randfäden einer Ware durch das Einziehen des Schusses und den damit verbundenen Reibungen im Kamm etc. mehr dem Zerreißen ausgesetzt sind als die übrigen Kettenfäden, zieht man gewöhnlich am Anfange und Ende 10—12 Helfen doppelfädig ein.[1]) Aus diesem Grunde muß man die soeben berechnete Gesamtkettenfadenzahl um so viele Fäden vermehren als Helfen doppelfädig bezogen werden sollen. Will man z. B. bei dem Gewebe Fig. 1 am Anfange und Ende der Kette 10 Helfen doppelfädig einziehen, so muß man $4900 + 20 = 4920$ Gesamtkettenfäden in Rechnung bringen.

Sind zum Erzeugen eines Gewebes zwei Kettenbäume nötig, so ist die Fadenzahl jeder Kette getrennt auszuführen.

XI. Bestimmung der Gang-, beziehungsweise Musterzahl.

Bei einfärbigen Geweben drückt man die Fadenzahl in der Kette gewöhnlich nach Gängen aus. Ein Gang wird stets zu 40 Fäden gerechnet. Um die Gangzahl zu finden, dividiert man die Gesamtkettenfäden durch 40; z. B. 1700 Kettenfäden $= 1700 : 40 = 42\frac{1}{2}$ Gänge.

Wenn man eine Ware z. B. mit 60gängig bezeichnet, so heißt dies, daß dieselbe über die ganze Breite $60 \times 40 = 2400$ Kettenfäden hat.

Bei färbig gemusterten Stoffen berechnet man aus der Gesamtfadenzahl die Musterwiederholungen in der Breite des Gewebes. Die Musterzahl wird gefunden, wenn man nach Abzug des Randes die Kettenfäden durch die Fadenzahl eines Musters dividiert.

Ist jedoch die Fadenzahl des Musters in der Kettenfädenzahl nicht ohne Rest enthalten, so nimmt man entweder die überzähligen Fäden weg, oder schlägt das Fehlende zu, oder aber man schweift die restlichen Kettenfäden als angefangenes Muster nach. In den ersten zwei Fällen ist jedoch die ursprünglich berechnete Gesamtkettenfädenzahl, beziehungsweise bei großen Mustern auch die Warenbreite zu verändern, während bei letzterer Manier alles gleich bleibt.

Vorteilhafter sind jedoch die beiden ersten Manieren, da nur dadurch beim Zusammenlegen mehrerer Breiten ein genauer Anschluß des Musters erfolgt.

[1]) Bei Herrenstoffen aus Schafwollgarn zieht man die Randkettenfäden gewöhnlich auch einfädig ein. In diesem Falle nimmt man zu den Randkettenfäden stärkere, festere Garne, welche man Leistengarne heißt.

XII. Berechnung der Kettenlänge.

Durch das abwechselnde Über- und Untereinanderlegen der Ketten- und Schußfäden einerseits, durch den Appreturprozeß anderseits, werden sich die Kettenfäden im Gewebe mehr oder weniger einarbeiten.

Um die Ziffer zu finden, um wieviel Meter die Kette länger zu schweifen ist, als der Stoff sein soll, verfährt man folgendermaßen:

1. Man mißt nach der Richtung der Kette soviel Millimeter ab, als der Stoff Meter haben soll, und begrenzt sich diese Ausdehnung durch genaue Einschnitte in den Stoff.

2. Man nimmt einen Kettenfaden heraus und mißt diesen mäßig gespannt nach Millimetern.

3. Die gefundene Länge in Meter umgewandelt, ergibt die Länge der Kette.

Selbstverständlich gehört zu diesem Verfahren Übung, damit die Fäden nur soviel ausgezogen werden, als zur Glattlegung der Kräuslung, welche durch die Webweise entsteht, notwendig ist.

Bei dehnbaren Garnen empfiehlt es sich, 2 oder 3 Fäden genau nebeneinander zu legen und gemeinsam zu messen, da man einen einzelnen Faden leicht zu viel ausdehnen kann.

Auch ist zu berücksichtigen, daß die Kette noch ein Plus von zirka 1 *m* bekommen muß, da der Anfang und das Ende der Kette nicht ganz verarbeitet werden können.

Waren mit engen Bindungen werden sich natürlich vermöge der vielen Kreuzungen mehr einarbeiten als Gewebe mit weiten Bindungen; ebenso werden Waren, welche gewalkt werden, mehr eingehen, als solche, welche nur gemangelt oder gebleicht werden. Auch werden straff gespannte Ketten sich weniger einweben als locker gespannte.

XIII. Bestimmung der Webstuhlvorrichtung.

Hier ist die Fachbildungsvorrichtung zu bestimmen, die Helfenberechnung anzuführen, die Kettenspannung anzugeben und sonstige für den Artikel erforderliche Verfügungen zu treffen.

XIV. Die Helfenberechnung.

Diese bezieht sich auf die Angabe, wieviel Helfen auf einen Schaft kommen.

Die Berechnung erfolgt:

a) Bei geraden und gesprungenen Einzügen.

Bei diesen Einzügen dividiert man die Gesamtkettenfäden durch die Anzahl der Schäfte und man erhält die Helfen eines Schaftes.

Z. B. 2580 Kettenfäden sind auf 4 Schäfte gerade einzuziehen. Wie viele Helfen kommen pro Schaft?

2580 : 4 = 645 Helfen pro Schaft.

Will man nun bei dieser Kettenfadenzahl links und rechts 10 Helfen doppelfädig einziehen, so erspart man 20 Helfen, so daß jetzt:

2580—20 = 2560 : 4 = 640 Helfen pro Schaft kommen.

b) Bei gemusterten Einzügen.

Um bei gemusterten Einzügen die Helfenberechnung ausführen zu können, sucht man, wie viele Helfen auf einem Schafte in einem Rapporte eingezogen sind und multipliziert diese Zahl mit der Anzahl Kettenrapporte der Ware.

Z. B. 2080 Kettenfäden sollen nach der Fig. 52 eingezogen werden. Wieviel Helfen kommen auf jeden Schaft?

1 Rapport = 26 Kettenfäden.

Auf dem	1. und 8.	Schafte	sind	2	Helfen	im	Rapporte
	2., 3., 6. und 7.	»	»	4	»	»	»
	4. und 5.	»	»	3	»	»	»

2080 : 26 = 80 Rapporte.

1. und 8.	Schaft	80 × 2 = 160	Helfen	à Schaft
2., 3., 6., 7.	»	80 × 4 = 320	»	» »
4. und 5.	»	80 × 3 = 240	»	» »

(160 × 2) + (320 × 4) + (240 × 2) = 2080 Helfen.

Die Randfäden sind immer auf diejenigen Schäfte einzuziehen, welche eine glatte Bindung liefern; ist letzteres nicht möglich, so muß man öfters eigene Leistenschäfte in Anwendung bringen. Als Bindungen der Leiste eignen sich Leinwand, Rips, Mattenbindung und zweiseitige Köper, da diese auf beiden Gewebsarten die gleiche Bindweise liefern.

XV. Kammdichte (Blattdichte).

Darunter versteht man die Zahl der Rohre, welche auf 10, respektive auf 1 *cm* kommen. Der Kammeinzug, das sind die Fäden, welche zwischen zwei Kammstäbe kommen, ist verschieden und richtet sich nach der Fadendichte, der Garnstärke und der Bindung.

So z. B. ist der Kammeinzug bei:

Organtin *1fädig*
Leinwand, Cotton, Tuch, Köper, Barchent etc. *2* »
Oxford, zweifädig in Helfen .... *4* »
4-, 8-, 12bindige einfache Stoffe ....*2- oder 4* »
5bindige einfache Stoffe ....*2- und 3- oder 5* »
3-, 6-, 9-, 12bindige einfache Stoffe .... *3* »

Doppelstoffe und Kettendouble:
Verhältnis 1 : 1..............*2- oder 4fädig*
» *2 : 1*..............*3- oder 6* »
Pikee: 1 Grund-, 1 Stepp-, 1 Grundfaden. *3* »
Rips: 1 Figur-, 1 Einschnitt-, 1 Figurfaden .. *3* »

Gaze oder Dreher:
Die zu einer Drehung gehörenden Fäden pro 1 Rohr usw.

Häufig ersieht man den Kammeinzug eines Gewebes aus demselben, wenn man es gegen das Licht hält, da sich bei ungebleichten und ungewalkten Stoffen die in einer Rohrlücke befindlichen Fäden meist etwas mehr zusammendrängen und dadurch Gassen, sogenannte Rohrstreifen, entstehen, was natürlich für die Ware nicht vorteilhaft ist und vermieden werden soll.

Gewöhnlich ist der Kammeinzug über die ganze Breite ein gleichmäßiger; es kommen jedoch auch Fälle vor, wo derselbe ein verschieden dichter ist.

Kommen in einem Gewebe ungleiche Dichten in der Kette vor, d. h. wechseln Streifen mit z. B. 2fädigem Kammeinzuge mit Streifen von dichterer Einlage ab, und man soll die dichtere Einlage pro Rohr bestimmen, so verfährt man folgendermaßen:

1. Man bestimmt den Kammeinzug des dünnen Streifens.

2. Man bestimmt durch Abmessen des dichten Streifens, wieviel Kettenfäden des dünnen Streifens, der dichtere Streifen ergibt.

3. Man dividiert die gefundene Kettenfädenzahl durch die Fadeneinlage des dünnen Streifens und erhält die Rohrzahl des dichten Streifens.

4. Man dividiert die Fadenzahl des dichten Streifens durch die dafür bestimmte Rohrzahl und erhält die Fadenzahl pro Rohr im dichten Streifen.

Im Gewebe Fig. 4 wechseln 36 Fäden breite Taftstreifen mit 48 Fäden breiten Atlasstreifen ab. Der Taft ist 3fädig im Kamme eingezogen, wieviel fädig erfolgt der Einzug im Atlasstreifen? Der Atlasstreifen nimmt einen Raum von 24 Taftkettenfäden ein, weshalb für den Atlasstreifen 24 : 3 = 8 Rohre genommen werden müssen. Nachdem der Atlasstreifen 48 Fäden hat, muß der Kammeinzug dieses Streifens 48 : 8 = 6fädig erfolgen.

XVI. Bestimmung der Kammbreite.

Hier ist der Breitenverlust zu berechnen, welchen die Ware durch das Einarbeiten auf dem Webstuhle, sowie durch die Appretur erleidet; es ist also zu bestimmen, um wieviel Centimeter der Kamm breiter als die fertige Ware sein muß. Dasselbe ist natürlich, je nachdem der Stoff aus diesem oder jenem Material erzeugt wurde oder mit dieser oder jener Appretur versehen ist, sehr verschieden.

Zur Bestimmung dieses Punktes verfährt man wie bei der Kette, nur daß hier das Messen in der Richtung des Schusses erfolgt und die einzuschneidende Millimeterzahl den Centimetern der Stoffbreite zu entsprechen hat.

Soll- und Verbrauchslänge.

Unter Sollänge versteht man jene Länge, welche die Strähne der Numerierung gemäß haben sollen.

Dadurch, daß einerseits die von der Spinnerei gelieferten Strähne Garn nicht immer die genaue Numerierungslänge haben, anderseits durch Spulen und das damit verbundene Ausschneiden dicker, beziehungsweise dünner Fadenstellen, Schweifen, Bäumen und Weben ein Abfall entsteht, muß man den Verlust bei der Kalkulation in Rechnung bringen. Nach der Qualität des Garnes einerseits, nach der Festigkeit des Rohmateriales anderseits wird der Abfall bei den verschiedenen Gespinsten ein verschiedener sein. Dieser Verlust kann in zweifacher Weise verrechnet werden:

1. Man rechnet mit der Verbrauchslänge der Strähne, d. i. jener Länge, welche entsteht, wenn von der Numerierungslänge ein Prozentsatz für den Abfall in Abzug gebracht wird.

2. Man kalkuliert mit der Numerierungslänge und vermehrt das Resultat um die Prozente des Garnverlustes.

Verbrauchslängen.

Baumwollgarn:

768 *m* — 5, respektive 6 % = 730, respektive 720 *m* pro Strähn.

Leinengarn:

274 *m* — 5 % = 260 *m* pro Gebind.

Jutegarn:

274 *m* — 4 % = 264 *m* pro Gebind.

Weft, Cheviot, Mohär:

512 *m* — 4 % = 490 *m* pro Strähn.

Kammgarn:

1000 *m* — 4, respektive 5% = 960, respektive 950 *m* pro Strähn.

Streichgarn:

1000 *m* — 8% = 920 *m* pro Strähn.

Chappeseide, Ramie:

1000 *m* — 5% = 950 *m* pro Strähn.

Bei Grège rechnet man 5%, bei Organsin 6—10% und bei Trame 5—10% für Abfall.

Die Kalkulationslängen sind Sache der Erfahrung und richten sich nach der Güte des Garnes und den Vorbereitungsarbeiten. So z. B. kann man, wenn für Kette Warpkops beim Zetteln verwendet werden, eine größere Länge rechnen, als wenn man es mit Bündelgarn zu tun hat. Dasselbe gilt beim Schusse, wenn Pinkops als Schützeneinlage dienen, oder wenn erst Bündelgarn (Strähngarn) gespult werden muß. Bei Zwirnen tritt durch die schraubenartige Zusammendrehung zweier oder mehrerer einfacher Fäden eine Verkürzung ein, welche um so größer ist, je mehr Drehungen auf einen englischen Zoll kommen.

XVII. Die Kalkulation des Garnbedarfes für die Kette.

Um die Strähne, englische Pfunde oder Kilogramm Garn zu berechnen, welche man für eine Kette braucht, verwendet man folgende Formeln:

A. Für einfärbige Gewebe.

1. $$\frac{\textit{Gesamtkettenfäden} \times \textit{Kettenlänge}}{\textit{Verbrauchslänge}} = \textit{Strähne}.$$

2. $$\frac{\textit{Gesamtkettenfäden} \times \textit{Kettenlänge}}{\textit{Numerierungslänge}} + \%\ \textit{Verlust} = \textit{Strähne}.$$

Um die Strähne in englische Pfund umzuwandeln, dividiert man dieselben durch die Garnnummer oder rechnet nach folgender Formel:

3. $$\frac{\textit{Gesamtkettenfäden} \times \textit{Kettenlänge}}{\textit{Verbrauchslänge} \times \textit{Garnnummer}} = \textit{englische Pfund}.$$

Will man die Garnmenge in Kilogramm angegeben haben, so multipliziert man die englischen Pfunde mit 0·4536 oder arbeitet nach einer der folgenden Formeln:

4 $$\frac{\textit{Gesamtkettenf.} \times \textit{Kettenlänge} \times \textit{Gramm 1 m Garn Nr. 1}}{\textit{Garnnummer} \times 1000} + \%\ \textit{Verlust} = \textit{kg}.$$

Das Gewicht eines Meters Baumwollgarn ist:
453·6 : 768 = 0·59063 *g.*

5. $\frac{\textit{Gesamtkettenf.} \times \textit{Kettenlänge} \times \textit{Gewicht 1 m des verwendeten Garnes}}{1000}$ *+ % Verlust = kg.*

Die Angabe der Stofflänge, Kettenlänge, Verbrauchs- und Numerierungslänge erfolgt stets nach Metern.

Beispiel:

Wieviel Strähne englische Pfunde, respektive Kilogramm Baumwollgarn 20er braucht man zu einer Kette, welche 2000 Fäden hat und 100 *m* lang ist? Für Garnverlust wird 6% gerechnet.

1. Formel:[1])

$\frac{2000 \times 100}{722\,^{2)}}$ = 277 Strähne.

277. 20 = 13·85 Pfund
13·85 × 0·4536 = 6·282 *kg.*

2. Formel:

$\frac{2000 \times 100}{768}$ + 6% in 100 = 277 Strähne.

3. Formel:

$\frac{2000 \times 100}{722 \times 20}$ = 13·85 Pfund.

4. Formel:

$\frac{2000 \times 100 \times 0{\cdot}59063}{20 \times 1000}$ + 6% in 100 = 6·282 *kg.*

5. Formel:

0·59063 : 20 = 0·02953 *g* wiegt 1 *m* Nr. 20er.
$\frac{2000 \times 100 \times 0{\cdot}02953}{1000}$ + 6% in 100 = 6·282 *kg.*

(Man braucht ohne den Verlust 5·906 *kg*, das sind bei 6% in 100 94 : 100 [5·906 : x = 6·282 *kg.*

[1]) Als Verbrauchslänge wurde bei den Berechnungen 1 und 3 ausnahmsweise für Baumwollgarn 722 *m* (anstatt 720) angenommen, weil dies genau 6% Abzug von 768 *m* ausmacht und ein genaues Resultat mit der Berechnung 2 ergibt.

[2]) (768 – 6% = 722).

Bei Garnen mit metrischer Numerierung (Kammgarn, Streichgarn, Chappeseide, Bourettseide, Ramie etc.) nimmt man zur Berechnung der Kilogramme folgende Formel:

$$6.\ \frac{\textit{Gesamtkettenfäden} \times \textit{Kettenlänge}}{\textit{Meter eines Kilogramms (Nummer} \times \textit{1000)}} + \%\ \textit{Verlust.}$$

Um bei Seide (Grège, Organsin, Trame) die Kilogramme zu berechnen, welche man für eine Kette braucht, verwendet man folgende Formel:

$$7.\ \frac{\textit{Gesamtkettenfäden} \times \textit{Kettenlänge} \times \textit{Garnnummer}}{\textit{Meterzahl von Nr. 1 auf 1 kg.}} + \%\ \textit{Verlust}$$

Bei Titre légale gehen von Nr. 1 9,000.000 *m*, bei metrischem Titer 10,000.000 *m* auf 1 *kg*. (Siehe Numerierungsmethode.)

Hat das Muster einen Rand von anderer Farbe oder anderem Gespinst, so ist dieser von der Gesamtkettenfädenzahl in Abzug zu bringen und allein zu verrechnen.

B. Für färbig gemusterte Gewebe.

a) Besteht die Kette aus einem Garne oder aus Garnen mit gleichen Verbrauchslängen, so verwende man folgende Rechnungsart:

1. Man berechnet die Gesamtsträhnezahl nach Formel 1 oder 2, jedoch ohne den Rand.
2. Man dividiert die gefundene Strähnezahl durch die Fadenzahl des Schweifzettels, wodurch die Strähnezahl eines Fadens des Schweifzettels ermittelt wird.
3. Man multipliziert diese Zahl immer mit der Fadenzahl einer Farbe des Schweifzettels; die Resultate ergeben die Strähnezahl der einzelnen Farben.

b) Besteht die Kette aus zwei Garnsorten mit unterschiedlichen Verbrauchslängen, wie z. B. Baumwollgarn und Leinengarn (Matratzengradl), so muß man folgende Formel anwenden:

$$\frac{\textit{Schweifmusterzahl} \times \textit{Faden von einer Farbe in einem Muster von einem Garne} \times \textit{Kettenlänge}}{\textit{Verbrauchslänge.}}$$

Das Resultat ist die Strähnezahl einer Farbe.

Die Rechnung muß so oft erfolgen, als verschiedene Farben, respektive Garne im Schweifzettel vorkommen.

Um bei Ketten, welche nicht mit den Schweifmustern ausgehen, die Strähne der einzelnen Farben genau zu berechnen, verwende man folgende Formel:

$$\frac{\textit{Schweifmusterzahl} \times \textit{Fäden von einer Farbe in einem Muster} + \textit{Fäden derselben Farbe im angefangenen Muster} \times \textit{Kettenlänge}}{\textit{Verbrauchslänge.}}$$

Das Resultat ist die Strähnezahl einer Farbe.

c) Bei Geweben, welche mit 2 oder 3 Kettenbäumen erzeugt werden, muß man wegen der ungleich langen Ketten und meist unterschiedlichen Verbrauchslängen jede Kette für sich rechnen.

Um zu finden, wie viele Meter von einer Garnpartie geschweift werden können, diene folgende Formel:

$$\frac{\textit{Strähnezahl} \times \textit{Verbrauchslänge}}{\textit{Gesamtkettenfäden.}}$$

XVIII. Die Kalkulation des Garnbedarfes für den Schuß.

A. Für einfärbige Gewebe.

Diese Berechnung geschieht nach folgenden Formeln:

1. *Schüsse pro 1 Centimeter* × *100* = *Schüsse pro Meter* × *Stofflänge in Metern* =

$$\frac{\textit{Schüsse der ganzen Ware} \times \textit{Kammbreite in Metern} = \textit{Meter Schuß}}{\textit{Verbrauchslänge}} = \textit{Strähne.}$$

Um die Rechnung einfacher auszuführen, kürzt man die Formel wie folgt:

$$\frac{\textit{Schüsse pro 1 cm} \times \textit{Stofflänge in m} \times \textit{Kammbreite in cm}}{\textit{Verbrauchslänge}} = \textit{Strähne.}$$

2. Man nimmt anstatt der Verbrauchslänge die Numerierungslänge und vermehrt das Ganze durch die Prozente Verlust in 100.

Will man englische Pfunde berechnen, so dividiert man die Strähne durch die Garnnummer. Will man Kilogramm, so multipliziert man die Pfunde mit 0·4536 oder man rechnet nach folgenden Formeln:

$$3.\ \frac{\textit{Schüsse pro 1 cm} \times \textit{Stofflänge} \times \textit{Kammbreite in m} \times \textit{g eines m von Nr. 1}}{\textit{Garnnummer} \times \textit{1000}} + \textit{\% Verlust} = \textit{kg.}$$

$$4.\ \frac{\textit{Schüsse pro 1 cm} \times \textit{Stofflänge} \times \textit{Kammbreite in m} \times \textit{g eines m des verwendeten Garnes}}{\textit{1000}} + \textit{\% Verlust} = \textit{kg.}$$

Beispiel:

Wieviel Strähne, englische Pfunde, respektive Kilogramm braucht man zu einer 100 *m* langen Ware, wenn 32 Schüsse Baumwollgarn 30er pro 1 *cm* kommen und die Kammbreite 96 *cm* beträgt?

1. Formel:

$$\frac{32 \times 100 \times 96}{720} = 425\tfrac{1}{2} \text{ Strähne.}$$

2. Formel:

$$\frac{32 \times 100 \times 96}{768} + 6\,\% \text{ in } 100 = 425\tfrac{1}{2} \text{ Strähne}$$

425·5 : 30 = 14·183 Pfunde

14·183 Pfunde × 0·4536 = 6·434 *kg.*

3. Formel:

$$\frac{32 \times 100 \times 96 \times 0{\cdot}59063}{30 \times 1000} + 6\,\% \text{ in } 100 = 6{\cdot}434\ kg.$$

4. Formel:

$$\frac{32 \times 100 \times 96 \times 0{\cdot}19687}{1000} + 6\,\% \text{ in } 100 = 6{\cdot}434\ kg.$$

Bei Garnen mit metrischer Numerierung nimmt man zur Berechnung von Kilogramm Schuß folgende Formel:

5. $$\frac{\textit{Schüsse pro 1 cm} \times \textit{Stofflänge} \times \textit{Kammbreite in cm}}{\textit{m auf 1 kg (Nummer} \times \textit{1000)}} + \%\ \textit{Verlust} = kg$$

Will man bei Seide den Schuß nach Kilogrammen berechnen, so verfährt man folgend:

$$\frac{\textit{Schüsse pro 1 cm} \times \textit{Stofflänge} \times \textit{Kammbreite in cm} \times \textit{Garnnummer}}{\textit{m auf 1 kg}} + \%\ \textit{Verlust} = kg$$

B. Für färbig gemusterte Gewebe.

a) Besteht das Schußmaterial aus einer Garnsorte, so berechnet man den Garnbedarf auf folgende Weise:

1. Man berechnet die Gesamtsträhne nach Formel 1 oder 2 der einfärbigen Gewebe.
2. Man dividiert diese Strähne durch die Fäden des Schußzettels und erhält den Bedarf an Garn für einen Schuß des Schußzettels.
3. Man multipliziert den gefundenen Quotient so oft mit der Fadenzahl jeder Farbe des Schußzettels, als verschiedene Farben vor-

handen sind; die Produkte ergeben die Strähne für die einzelnen Farben.

b) Besteht das Schußmaterial aus zwei oder mehreren Garnen mit unterschiedlichen Verbrauchslängen, wie z. B. Baumwollgarn und Weft oder Baumwollgarn, Kammgarn und Chappeseide etc., so verwende man folgende Formel:

$$\frac{\textit{Schußmusterzahl} \times \textit{Fäden von einer Farbe in einem Muster von einer Garnsorte} \times \textit{Kammbreite in Metern}}{\textit{Verbrauchslänge}}.$$

Das Resultat ist die Strähnezahl einer Farbe von einer Garnsorte.

Die Schußmusterzahl wird gefunden, indem man die Schüsse pro 1 *cm* in Schüsse eines Meters verwandelt, diese mit der Meterlänge des Stoffes multipliziert und durch die Fäden eines Schußmusters dividiert. Angefangene Muster werden für voll angenommen.

XIX. Ermittlung des Gewichtes eines Quadratmeters Stoff.

Die Berechnung erfolgt so, daß man sich das Gewicht und die Quadratmeter des Stückes berechnet und ersteres durch letztere dividiert.

Selbstverständlich hat man auf eventuelle Beschwerung durch Schlichte, Farbe, Appretur etc. Rücksicht zu nehmen.

Zur Ermittlung des Gewichtes aus kleinen Mustern bedient man sich, wie bereits früher erklärt, der Staubschen oder sonst passend konstruierter Wagen.

Schnellkalkulation.

Um in Rohwebereien ein rasches Kalkulieren des Garnbedarfes zu erzielen, empfiehlt sich folgendes Verfahren. Man sucht Grundzahlen (Schlüsselzahlen), welche durch Multiplikation mit der Gangzahl der Kettenfäden das Gewicht der Kette ergeben. Zur Aufsuchung der Grundzahl für Garn Nr. 1 berechnet man das Gewicht eines Ganges (40 Fäden) auf eine bestimmte Länge (100, 120, 200 etc. *m*). Um diese Grundzahl bei Baumwollgarn, bei einer Kettenlänge von 100 *m*, zu berechnen, verfährt man folgendermaßen:

40 (Fäden eines Ganges) × 100 *m* Kettenlänge : 720 = 5·55555
40 » × 100 » » : 730 = 5·47945.

Die Grundzahl ist demnach für Baumwollgarn Nr. 1 bei einer Kalkulationslänge von 720 *m* pro Strähn 5·55555, bei einer Kalkulationslänge von 730 *m* pro Strähn 5·47945.

14*

Um die Grundzahlen für die anderen Garnnummern zu finden, dividiert man in die Grundzahl von Nr. 1 die betreffende Garnnummer. Die folgende Tabelle gibt darüber Aufschluß.

Will man z. B. wissen, wieviel englische Pfund Baumwollgarn Nr. 24 zu einer Kette von 2800 Kettenfäden bei 100 *m* Länge notwendig sind, so multipliziert man die Grundzahl für Nr. 24 (0·2283) mit der Gangzahl der Kettenfäden. 0·2283 × 70 = 15·98 Pfund. Bei gewöhnlicher Kalkulation müßte man rechnen:

2800 × 100 = 280.000 : 730 = 383·56 : 24 = 15·98 Pfund.

Schlüsselzahlen für Baumwollgarn.

Garn Nr.	Verbrauchs- oder Kalkulationslängen pro Strähn				
	700 *m*	710 *m*	720 *m*	730 *m*	740 *m*
1	5·71428	5·63382	5·55555	5·47945	5·40540
2	2·85714	2·81691	2·77777	2·73972	2·70270
3	1·90476	1·87794	1·85185	1·82648	1·80180
4	1·42857	1·40845	1·38889	1·36986	1·35135
5	1·14285	1·12676	1·11111	1·09589	1·08108
6	0·95238	0·93897	0·92592	0·91324	0·90090
7	0·81632	0·80483	0·79365	0·78278	0·77220
8	0·71428	0·70423	0·69444	0·68493	0·67568
9	0·63492	0·62598	0·61728	0·60883	0·60060
10	0·57142	0·56338	0·55555	0·54794	0·54054
12	0·47619	0·46948	0·46296	0·45662	0·45045
14	0·40816	0·40241	0·39682	0·39138	0·38610
16	0·35714	0·35211	0·34722	0·34246	0·33783
18	0·31745	0·31298	0·30863	0·30441	0·30030
20	0·28571	0·28169	0·27777	0·27397	0·27027
22	0·25974	0·25608	0·25252	0·24906	0·24570
24	0·23809	0·23474	0·23145	0·22831	0·22522
26	0·21978	0·21668	0·21367	0·21074	0·20790
28	0·20408	0·20120	0·19841	0·19569	0·19305
30	0·19047	0·18779	0·18518	0·18264	0·18018
32	0·17857	0·17604	0·17361	0·17123	0·16892
34	0·16806	0·1657	0·16339	0·16116	0·15898
36	0·15873	0·15566	0·15432	0·15220	0·15015
40	0·14285	0·14084	0·13888	0·13698	0·13513

usw.

XX. Bestimmung der Appretur.

Diese hat meistens, namentlich wenn nur ein kleines Muster zur Verfügung steht, am Anfange des Dekomponierens zu erfolgen, indem oft durch das Musterauszählen die ganze Appretur zerstört wird. Hiebei ist das Appreturverfahren anzugeben, d. h. die Behandlung der betreffenden Stoffgattung nach dem Weben zu bestimmen.

Unter Appretur versteht man die Zurichtung, welche dem Rohstoffe die dem Gebrauche und dem Handel nötige Beschaffenheit gibt.

Ein Gewebe appretieren heißt, die Fasern, aus welchen es besteht, aufs vorteilhafteste zur Geltung zu bringen.

Die Appreturmanipulationen richten sich einesteils nach dem Webmateriale, anderenteils nach der Verwendung der Ware. Es ist deshalb leicht erklärlich, da fast jede Warengattung andere Behandlung verlangt, daß hier die größten Mannigfaltigkeiten vorkommen.

Es gibt Appreturen, welche den Zweck haben:

a) die Ware zu reinigen;
b) die Ware fester und dicker zu machen;
c) die Ware glänzend zu machen;
d) die Ware haarig, wollig, weich zu machen;
e) die Ware durch Druck gemustert zu gestalten;
f) die Ware wasserdicht zu machen;
g) die Ware unverbrennbar zu machen usw.

Die zu den Appreturen notwendigen Manipulationen sind:

1. Waschen, Sengen.
2. Imprägnieren.
3. Dämpfen, Spannen.
4. Kalandern, Pressen.
5. Walken.
6. Rauhen, Bürsten.
7. Scheren.
8. Bleichen, Färben, Drucken, Gaufrieren.

Die Mittel zu diesen Manipulationen sind chemische, physikalische und mechanische. Chemische Mittel kommen zur Anwendung in der Wäscherei, Bleicherei, Färberei, Druckerei und Imprägnation, physikalische durch Wärme und Dampf, mechanische durch Druck, Schlag, Stoß, Reibung, Spannung etc.

Appreturmittel.

a) Zum Füllen, d. h. den Stoff zu härten, dicht zu machen: Verschiedene Mehlsorten, Reis, Kartoffelstärke, Sago, Dextrin, Gummi, Gelatine, isländisches Moos, Algen, Leim etc.

b) Zum Weichmachen der Ware: Glyzerin, Talg, Fette und Öle, Wachs, Paraffin etc.

c) Zum Beschweren: China-clay, Gips, Magnesium, Bitter- und Glaubersalz, Kreide, Bariumsulfat etc.

d) Zum Antiseptischmachen: Kreosot, Tannin, Salizylsäure, Borax, Alaune, Kampfer etc.

e) Zum Wasserdichtmachen: Alaune, Fette, Aluminiumsalze, Paraffin, Tannin etc.

f) Zum Unverbrennbarmachen: Borax, Natrium-, Kalziumphosphat, Gips, Alaune etc.

Appreturmaschinen.

Die in der Appretur zur Verwendung kommenden Maschinen sind:

1. *Maschinen zum Reinigen:* Waschmaschinen, Sengmaschinen.
2. *Maschinen zum Entwässern:* Wringmaschinen, Zentrifugen, Quetschmaschinen.
3. *Maschinen zum Auftragen der Appreturmasse:* Stärkemaschinen oder Appreturklotzmaschinen.
4. *Maschinen zum Trocknen:* Trockenmaschinen, Spannrahmen.
5. *Maschinen zum Einsprengen:* Einsprengmaschinen.
6. *Maschinen zum Dämpfen:* Dekatiermaschinen.
7. *Maschinen zum Ebnen und Glätten:* Mangeln, Kalander, Hand-, Motor-, Wasser- und Dampfpressen.
8. *Maschinen zum Dickmachen, »Verfilzen:* Walken.
9. *Maschinen zum Wollig-, Haarigmachen:* Rauhmaschinen, Bürstmaschinen.
10. *Maschinen zum Abschneiden der Härchen:* Schermaschinen.
11. *Maschinen zum Bedrucken:* Druckmaschinen, Gaufrierkalander.
12. *Maschinen zum Falten, Legen, Messen und Aufwickeln der Ware.*

Gewebeappreturen.

Folgende Beispiele sollen den Appreturprozeß bei einigen Artikeln naher erörtern:

Leinwand: Bleichen, stärken, mangeln.

Chiffon: Bleichen, stärken, kalt oder warm kalandern.

Glacierte Futterköper: Sengen, färben, stärken, trocknen, mit Wachs bestreichen, kalandern.

Kaliko, gaufriert: Sengen, färben, stärken, trocknen, einsprengen, kalandern, einsprengen, gaufrieren.

Oxford, färbige Bettzeuge, Roulcauxstoffe: Stärken, kalandern.

Barchent: Rückseite rauhen, stärken, pressen.

Kalmuck: Beiderseitig rauhen, scheren, waschen, trocknen, bürsten, drucken, fixieren, waschen, färben, trocknen, bürsten, stärken, trocknen, pressen.

Kammgarn, Damenkleiderstoffe, färbige: Scheren, gummieren, dekatieren, pressen.

Kammgarn, Damenkleiderstoffe, rohe: Sengen oder scheren, färben, waschen, gummieren, dekatieren, pressen.

Kaschmir: Waschen, walken, trocknen, sengen, färben, waschen, trocknen, kalandern (Filzkalander), pressen.

Wollflanell, färbig gewebt: Waschen, walken, trocknen, rauhen, scheren, leimen, spannen, pressen.

Streichgarnappretur: Waschen, trocknen, noppen, stopfen, karbonisieren, neutralisieren, trocknen, wägen, messen, walken, neutralisieren, waschen, rauhen, trocknen, scheren, waschen, scheren, warm pressen, dekatieren.

Entknoten, stopfen, waschen, schleudern, trocknen, waschen, eventuell karbonisieren, rauhen, scheren, naßmachen, rauhen, trocknen, scheren, pressen, dekatieren, färben, rauhen, trocknen, dämpfen, scheren, hydraulisch pressen, dekatieren, trocknen, dämpfen, scheren, pressen, abdämpfen.

Pelz-, Velours-, Flockenstoffe: Noppen, stopfen, waschen, walken, rauhen, klopfen (Klopfmaschine), trocknen, dämpfen, scheren.

Kammgarnappretur: Entknoten, noppen, waschen, spannen, rauhen, scheren. Kammgarnstoffe werden auch manchmal, um dieselben tuchartig zu machen, etwas gewalkt.

Manchester: Waschen, schleudern, trocknen, pappen, imprägnieren, trocknen, schneiden, einweichen, waschen, schleudern, trocknen, bürsten, sengen, waschen, schleudern, trocknen, färben, waschen, wichsen, bürsten, scheren, glätten.

Samte, Plüsche, färbig gewebt: Scheren, dämpfen.

Mohär und Weftplüsch, roh gewebt: Dämpfen, waschen, klopfen (Klopfmaschine), rahmen, dämpfen, scheren, färben, spülen, naß klopfen, rahmen, dämpfen, scheren.

Fadengefärbte Seidenstoffe: Scheuern, d. h. mit feinpoliertem Stahlblech reiben.

Roh gewebte Seiden- und Halbseidenstoffe: Kochen (degummieren), umziehen, ausquetschen, manchmal auch sengen, färben, gummieren, pressen, eventuell heiß kalandern.

Garnmaterialverzeichnis.

Abfallgarn: Das aus den Spinnabgängen gesponnene Garn.

Alpaka: Wolle von dem Alpakaschaf.

Aloehanf: Blattfasern verschiedener Aloearten.

Ananashanf: Blattfasern der Ananaspflanze (Bromelia Ananas).

Angora- oder Mohärgarn: Wolle von der Angoraziege.

Asbestgarn: Kristallfasern des gleichnamigen Minerals.

Baumwollgarn: Samenfasern der Baumwollpflanze (Gossypium).

Bengalseide: Indische Seide.

Berandine: Torfwollgarne.

Biberhaare: Wolle des Bibers.

Bourett- oder Stumbaseide: Abfallseide (aus der Chappespinnerei).

Brokatgarne: Metallgespinst mit Baumwoll-, Leinen- oder Wollgarn gezwirnt.

Brussagrège: Kleinasiatische Seidenmarke.

Chappe-, Florett-, Filosell- oder Flockseide: Abfallseide (Kokonabfälle, durchbissene und Doppelkokons).

Cévennes: Französische Seidenmarke.

Chenille: Schmale, flache oder gedrehte raupenähnliche Bändchen als Einschuß.

Cheviot: Hartes Kammgarn (rauher Faden).

Chinagras, Ramie: Bastfaser der chinesischen Nessel.

Chinesische Seidensorten: Chincum, Hainin. Honghow, Kahing, Kanton, Minchew, Schantung, Skeins, Woozies etc.

Cordonnet: 4—6fach gewachster Nähzwirn (Baumwoll- oder Leinengarn).

Cordonnetseide: 4—6 Rohseidefäden werden zusammengezwirnt und drei solcher Fäden wieder kontra zusammengezwirnt.

Crépon: Überdrehtes Garn.

Cru: Undegummiert gefärbte Seide.

Cuit: Degummiert gefärbte Seide.

Cusier oder Cusirino: Näh- oder Stickseide (2 oder mehrere vorgedrehte Rohseidenfäden werden entgegengesetzt zusammengezwirnt).

Domingohanf: Blattfasern verschiedener Agavearten.

Doublierte Garne: Zweifach gezwirnte Garne.

Effekt- oder Phantasiezwirn: Zwei oder mehrere Fäden werden so zusammengezwirnt, daß Schlingen-, Knoten-, Zacken-Effekte etc. entstehen.

Eisengarn: Imprägniertes und geglättetes Baumwollgarn.

Eiswolle: Mohärgarn.

Erioseide: Seide von Attacus Ricini.

Fagaraseide: Gespinst des Bombyx cynthia.

Filin: Mercerisierter Baumwollzwirn.

Flammé: Garn, welches im Strähn bedruckt wurde.

Gassierte Garne: Gesengte Garne.

Gaufré: Gepreßtes Garn.

Gedämpfte Garne: Durch Dämpfen behandelte Garne.

Genappes oder Ispahan: Gassierter, scharfgedrehter Mohärzwirn.

Geschleifte Garne: Von zwei oder mehreren Spulen abgezogene Garne erhalten durch das Abziehen eine geringe Drehung (20—30 pro Meter).

Gimpen- oder Zackengarn: Effektzwirn.

Glacé: 3facher, imprägnierter baumwollener Glanzzwirn.

Glanzflor, Glanzgarn, Brillantflor: Geglättetes Baumwollgarn.

Glasgespinst: Fadenweise ausgezogenes Glas.

Grège, Greggia: Rohseide.

Grenadine: Sehr scharf gezwirnte Organsinseide.

Guanacowolle: Wolle vom Guanaco.

Halbkammgarne, Sagettengarn: Garne aus mäßig langen und kurzen Wollen gesponnen.

Hanfgarn: Bastfasern des Hanfes.

Harraswolle: Rauhes, hartes Schafwollgespinst.

Hasenhaare: Haare des Hasen.

Holz: Weiden-, Pappel- und Lindenholz; in Streifchenform »Sparteriewaren«, in Stäbchenform als Einschuß zu Rouleaux etc.

Imitatsgarne: Baumwollgarne, gewöhnlich Melangen, welche nach der Art des Streichgarnes gesponnen wurden.

Jaspé: Zwei verschiedenfärbige Vorgarnfäden werden beim Spinnen zusammengedreht (Zwirnimitation).

Japanische Seidensorten: O. Kakedah, Maybash, Simonita, Zaguri etc.

Jutegarn: Bastfaser der Pflanze gleichen Namens (Corchorus capsularis).

Kamelgarn: Wolle von dem Kamele.

Kammgarn: Schafwolle.

Kaninchenhaare: Haare von dem Kaninchen.

Kapok: Samenhaare des Wollbaumes Eriodendron (wegen kurzer Fasern nur als Polstermaterial).

Kaschmirwolle: Wolle von der Kaschmirziege.

Kautschuk: Ausfließender Saft des Federharzbaumes erhärtet und zu Fäden geschnitten.

Knotenzwirn: Effektzwirn.

Kokosgarn: Faserhülle der Kokosnuß.

Kosmoswolle: Mischungen aus Schafwolle, Flachs, Jute, Nesselfasern etc.

Krollhaare: Tierhaare als Polstermaterial.

Kuh- und Kälberhaare: Haare von Kühen und Kälbern.

Kunstwolle: Aus Lumpen wiedergewonnene Wolle.

Lahn: Bandförmig ausgewalzter Metalldraht.

Lamawolle: Wolle von dem Lama.

Leinengarn: Bastfasern des Flachses.

Loopgarn: Schlingenzwirn.

Lüstergarn: Hartes Kammgarn und Ziegenhaar.

Manilahanf: Blattfasern der Pisang und Bananengewächse.

Maraboutseide: 2—4 Rohseidefäden werden schwach zusammengezwirnt, gefärbt und nochmals gezwirnt (Seidencrépons).

Medio: Halbkettengarne.

Melangen, Mottled, Mélé: Garn, welches aus zwei oder mehreren verschiedenfärbigen Fasern besteht.

Mercerisiertes Baumwollgarn: Seidenimitation. Behandlung mit Natronlauge.

Metalldrähte, edle: Silber- und Golddraht.

Metalldrähte, unedle: Eisen-, Messing- und Kupferdraht.

Mohair oder Mohär: Wolle von der Angoraziege.

Mooswolle: Sehr flaumige, moosige, weiche Kammwollen für Tücher, Shawls etc.

Mule: Baumwollschußgarne.

Muschelseide: Bart der Steckmuschel.

Nesselgarn: Bastfasern der großen Brennessel.

Neuseeländer Flachs: Blattfasern der Flachslilie (Phormium tenax).

Noils: Kämmlinge.

Noppengarn: Ein glatter Faden ist mit Noppen, das sind Garnflocken, besetzt.

Ondéegarn: Ein feiner Faden wird von einem oder von zwei oder drei stärkeren zusammenlaufenden Fäden spiralförmig hart umdreht.

Organsinseide: Zwei, seltener drei rechts vorgedrehte Rohseidefäden von bester Qualität werden links zusammengezwirnt.

Pelseide: Mehrere Rohseidefäden zusammengedreht als Unterlage für Gold- und Silbergespinste.

Pferdehaare: Schweif- und Mähnenhaare des Pferdes.

Phantasiegarn: Mischungen aus Seide, Schafwolle und Baumwollgarn etc.

Pudelhaare: Hundshaare.

Rovings: Krimmergarne.

Schafwollgarn: Wollen verschiedener Schafe.

Schleifen- und Schlingenzwirne: Effektzwirne.

Seide, echte: Gespinst des Seiden- oder Maulbeerspinners (Bombyx mori.)

Seide, künstliche: Aus Zellulose hergestellt.

Seidenshoddy: Aus Lumpen wiedergewonnene Seide.

Smyrnagarn: Knüpfgarn für Smyrnateppiche.

Senegalseide: Gespinst des Bombyx Faidherby.

Sewing: Dublierte Garne aus Water bis Nr. 36.

Silvalin: Holzzellstoffaden.

Sirius: Kunstseide (Roßhaarimitation).

Soft: Dublierte Garne mit schwacher Drehung.

Soft-Soft: Dublierte Garne mit loser Drehung.

Soie filée: Grège.

Soie ondée: Ein starker Faden ist schraubenförmig um einen schwachengezwirnt.

Soie ouvrée oder Soie moulinée: Organsin und Trame.

Soie, Silk: Seide.

Souple: Wenig degummiert gefärbte Seide.

Spiralgarn: Ein grober Faden wird um einen feinen schwach spiralformig gezwirnt.

Stickseide: Mehrere Rohseidefäden werden schwach zusammengezwirnt.

Streichgarn: Schafwolle.
Strickgarn: 2—12fach festgedrehtes Garn.
Stroh: Weizenstroh, Reisstroh etc.
Strumpfgarne, Trikot: Lose gedrehte Garne.
Strusi, Strusa, Strazzen: Seidenabfälle (Anfang und Ende guter Kokons, durchbissene Kokons, Doppelkokons).
Stumba: Abfallseide in der Chappespinnerei.
Tibetwolle: Wolle von der Tibetziege.
Tow- oder Werggarn: Das aus der Schwing- und Hechelheede gesponnene Leinen- und Jutegarn (Abfallgarn).
Tramseide, Trama oder Trame: 2, 3 oder 4 ungedrehte Rohseidefäden werden schwach zusammengezwirnt.
Tsatlées: Chinesische Grègeseidensorte von weißer Farbe.
Tussahseide: Gespinst der Tussahspinner (Bombyx milytta, Bombyx selene etc.).
Vigogne: Gemisch von Schafwolle und Baumwolle.
Vigoureux: Kammgarn, von dem der Kammzug bedruckt wurde.
Vicunnawolle: Wolle von dem Vicunna.
Viskose Seide: Kunstseide aus Sulfit oder Natronzellstoff hergestellt.
Water, Warp: Baumwollkettengarn.
Weft: Hartes Kammgarn (glatter Faden).
Xylolin: Papiergarn (schmale, spiralförmig gedrehte Papierstreifen mit oder ohne Baumwollgarn-Seele).
Yamamayseide: Gespinst des Yamamayspinners.
Zephirgarne: 2-, 3-, 4fach schwach gedrehte, langstapelige, weiche Kammgarne.
Ziegenhaare: Wollen verschiedener Ziegen.

Rohleinwand.

Stoffmuster Fig. 1, Tafel I.
Bindung Fig. 72, Tafel IX.

Warenbreite: 80 *cm*.
Warenlänge: 100 *m*.
Kettenmaterial: Leinengarn Nr. 45.
Schußmaterial: » « 35.
Bindung: Leinwand oder Taft.
Kettendichte: pro 10 *cm* 210.
Schußdichte: » 10 » 210.
Gesamtkettenfäden: 1690
(21 × 80 = 1680 + 8 für doppelfädigen Rand = 1688, d. i. abgerundet 1690).
Schweifzettel: Einfärbig roh.
Gangzahl: 1690 : 40 = 42½ Gänge à 40 Fäden.
Kettenlänge: 108 *m*
(100 *mm* Ware in der Kettenrichtung eingeschnitten = 108 *mm* herausgenommener und gestreckter Kettenfaden).
Schußzettel: Einfärbig roh.
Stuhlvorrichtung: Handstuhl oder mechanischer Innentrittstuhl mit Wellenvorrichtung; 4 Schäfte, 2 Tritte.
Helfenberechnung: 1690 — 8 wegen doppelfädigen Randes = 1682 : 4 = 420 und Rest 2. Es kommen demnach bei gesprungenem Einzuge auf den 1. und 3. Schaft 421, auf den 2. und 4. Schaft 420 Helfen, wenn man links und rechts 4 Helfen doppelfädig einzieht.
Kammbreite: 83 *cm*
(80 *mm* Ware in der Schußrichtung = 83 *mm* gestreckter Schußfaden).
Kammdichte: 841 Rohre, das sind pro 10 *cm* 102 Rohre,
837 Rohre à 2 Fäden und je 2 Randrohre à 4 Fäden (1690 — 16 Fäden Rand = 1674 : 2 = 837).
Berechnung des Kettenmateriales:[1]
1690 × 108 = 182.520 : 2600 = 70 Strähne.
Berechnung des Schußmateriales:[2]
21 × 100 = 2100 × 83 = 174.300 : 2600 = 67 Strähne.
Appretur: Mangeln.

[1] $\frac{\text{Gesamtkettenfäden} \times \text{Kettenlänge}}{\text{Verbrauchslänge, d. i. bei Leinengarn 2600 } m \text{ per Strähn.}}$

[2] $\frac{\text{Schüsse pro 1 } cm \times \text{Stofflänge in Metern} \times \text{Kammbreite in Zentimetern}}{\text{Verbrauchslänge.}}$

Futterstoff.

Stoffmuster Fig. 2, Tafel 1
Bindung Fig. 86, Tafel X.

Warenbreite: 140 *cm*.

Warenlänge: 100 *m*.

Kettenmaterial: Baumwollgarn Nr. 40.

Schußmaterial: Weftgarn Nr. 30.

Bindung: 5bindiger Schußköper mit Taftrand.

Kettendichte: pro 10 *cm* 350
(70 Bindungsrapporte à 5 Fäden auf 10 *cm* = 350 Fäden).

Schußdichte: pro 10 *cm* 260
(52 Bindungsrapporte à 5 Fäden auf 10 *cm* = 260 Schüsse).

Gesamtkettenfäden: 4920
(35 × 140 = 4900 + 20 für doppelfädigen Rand = 4920.)

Schweifzettel: Einfärbig schwarz.

Gangzahl: 4920 ab 40 Fäden Rand = 4880 : 40 = 122 Gänge und am Anfang und Ende 20 Fäden Rand.

Kettenlänge: 106 *m*
(100 *mm* Ware in der Kettenrichtung = 106 *mm* gestreckter Kettenfaden).

Schußzettel: Einfärbig grau.

Stuhlvorrichtung: Kontermarsch oder mechanischer Innentrittstuhl. 5 Grundschäfte, 2 Leistenschäfte und 10, respektive in der mechanischen Weberei 7 Tritte (die Exzenter für den Taftrand kommen direkt auf die Unterwelle).

Helfenberechnung: (4920 — 40 Fäden Rand = 4880 : 5 Schäfte = 976 Helfen) 1. bis 5. Schaft à 976 Helfen, 2 Leistenschäfte à 10 Helfen doppelfädig eingezogen.

Kammbreite: 143 *cm*
(140 *mm* Ware in der Schußrichtung = 143 *mm* gestreckter Schußfaden).

Kammdichte: 2450 Rohre, das sind pro 10 *cm* 172 Rohre.
2440 Rohre à 2 Fäden und je 5 Randrohre à 4 Fäden
(4920 — 40 Fäden Rand = 4880 : 2 = 2440 Rohre).

Berechnung des Kettenmateriales:
(4920 — 40 = 4880) 4880 × 106 = 517.280 *m* : 730 = 709 Strähne.
709 : 40 = $17^3/_4$ englische Pfund Baumwollgarn Nr. 40.
20 × 2 = 40 × 106 = 4240 : 710 = 6 Strähne Baumwollzwirn $\frac{80}{2}$.

Berechnung des Schußmateriales:
26 × 100 = 2600 × 143 = 371.800 : 490 = 759 Strähne oder:
759 : 30 = 25·3 englische Pfund Weftgarn Nr. 30.

Appretur: Scheren, stärken, kalandern.

Satin.

Stoffmuster Fig. 3, Tafel I
Bindung Fig. 130, Tafel III.

Warenbreite: 140 *cm.*

Warenlänge: 100 *m.*

Kettenmaterial: Baumwollgarn Nr. 36.

Schußmaterial: Baumwollgarn Nr. 40.

Bindung: 5bindiger Schußatlas mit Taftrand.

Kettendichte: pro 10 *cm* 320
(64 Bindungsrapporte à 5 Fäden auf 10 *cm* = 320 Kettenfäden).

Schußdichte: pro 10 *cm* 430
(86 Bindungsrapporte à 5 Fäden auf 10 *cm* = 430 Schüsse).

Gesamtkettenfäden: 4500
(32 × 140 = 4480 + 20 für doppelfädigen Rand = 4500)

Schweifzettel: Einfärbig roh.

Gangzahl: 4500 : 40 = 112½ Gänge à 40 Fäden.

Kettenlänge: 104 *m*
(100 *mm* Ware in der Kettenrichtung = 104 *mm* gestreckter Kettenfaden).

Schußzettel: Einfärbig roh.

Stuhlvorrichtung: Kontermarsch oder mechanischer Innentrittstuhl. 5 Grundschäfte, 2 Leistenschäfte und 10, respektive in der mechanischen Weberei 7 Tritte (die Exzenter für den Taftrand kommen direkt auf die Unterwelle).

Helfenberechnung: (4500 — 40 Fäden Rand = 4460 : 5 = 892)
1. bis 5. Schaft à 892 Helfen
2 Leistenschäfte à 10 Helfen doppelfädig eingezogen.

Kammbreite: 148 *cm*
(100 *mm* Ware in der Schußrichtung = 108 *mm* gestreckter Schußfaden).

Kammdichte: 2240 Rohre, das sind pro 10 *cm* 151 Rohre
(2230 Rohre à 2 Fäden und am Anfange und Ende 5 Randrohre à 4 Fäden 4500 — 40 Faden Rand = 4460 : 2 = 2230).

Berechnung des Kettenmateriales:

$$\frac{4500 \times 104}{730} = 641 \text{ Strähne oder:}$$

641 : 36 = 17·8 englische Pfund Baumwollgarn Nr. 36.

Berechnung des Schußmateriales:

$$\frac{43 \times 100 \times 148}{730} = 872 \text{ Strähne oder:}$$

872 : 40 = 21·8 englische Pfund Baumwollgarn Nr. 40.

Appretur: Sengen, bleichen, färben, stärken, kalandern.

Kleiderstoff.

Stoffmuster Fig. 4, Tafel I.
Bindung Fig. 206, Tafel XVIII.

Warenbreite: 120 *cm.*

Warenlänge: 100 *m.*

Kettenmaterial: *A* Kammgarnzwirn $^{2}/_{2}$.
B Chappeseide $^{140}/_{2}$.

Schußmaterial: *C* Kammgarn Nr. 48.
D Chappeseide $^{140}/_{2}$, doppelt gespult.

Bindung: 8bindiger Krepp mit Taftrand.

Schweifzettel:				*Schußzettel:*			
2	Fäden	gelb	*B*	1	Faden	gelb	*D* doppelt gespult
4	»	blau	*A*	4	Fäden	blau	*C*
4	»	schwarz		4	»	schwarz	»
2	»	weiß		2	»	weiß	»
4	»	grün	»	4	»	grün	»
2	»	weiß		2	»	weiß	
4	»	schwarz	.	4	»	schwarz	
14		weiß		14	»	weiß	»
4	»	schwarz		4		schwarz	»
2	»	weiß	»	2		weiß	
4	»	grün		4		grün	»
2	»	weiß		2	»	weiß	»
4		schwarz		4	»	schwarz	»
4	»	blau		4	»	blau	»
56 Fäden = 1 Muster.				55 Schüsse = 1 Muster.			

Kettendichte: pro 10 *cm* 255
(2 Schweifmuster à 56 Fäden = 112 Fäden messen 44 *mm*; 112 : 44 = 2·545 pro 1 *mm*, das sind pro 100 *mm* 255 Fäden)

Schußdichte: pro 10 *cm* 244
(2 Schußmuster à 55 Fäden = 110 Fäden messen 45 *mm*; 110 : 45 = 2·44 pro 1 *mm*, das sind pro 100 *mm* 244 Schüsse).

Gesamtkettenfäden: 3088
(25·5 × 120 = 3060 + 32 Fäden für doppelfädigen Rand = 3092. Um zu sehen, ob die Muster in der Breite ausgehen, nimmt man von 3092 den ganzen Rand, das sind 64 Fäden, weg und dividiert durch die Fadenzahl des Schweifmusters. 3092 — 64 = 3028 : 56 = 54 Muster und 4 Fäden. Nachdem man die 4 Fäden wegläßt, verbleibt als Gesamtfadenzahl 3024 + 64 = 3088).

Musterzahl: 3088 — 64 = 3024 : 56 = 54 Muster und am Anfang und Ende 32 Fäden Rand.

Kettenlänge: 106 *m*

(100 *mm* Ware in der Kettenrichtung = 106 *mm* gestreckter Kettenfaden).

Stuhlvorrichtung: Kontermarsch oder Schaftmaschine;

10 Grundschäfte, 2 Leistenschäfte und 8 Tritte, beziehungsweise 8 Karten.

Helfenberechnung: 3088 — 64 = 3024 : 8 = 372 und Rest 2. Es kommen demnach auf den

1. bis 2. Schaft je 373, auf den 3. bis 8. Schaft je 372 Helfen;

2 Leistenschäfte à 16 Helfen doppelfädig eingezogen.

Kammbreite: 126 *cm*

(100 *mm* Ware in der Schußrichtung = 106 *mm* herausgenommener und gestreckter Schußfaden).

Kammdichte: 1528 Rohre, das sind pro 10 *cm* 121 Rohre. 1512 Rohre à 2 Fäden und am Anfang und Ende 8 Randrohre à 4 Fäden

3088 — 64 = 3024 : 2 = 1512).

Berechnung des Kettenmateriales:

$$\frac{3024 \times 106}{950} = 548 \text{ Strähne } A \text{ und } B$$

548 : 56 = 9·79 Strähne pro 1 Faden im Schweifzettel

9·79 × 22 = 215½	Strähne	weiß	*A*
9·79 × 16 = 157	»	schwarz	»
9·79 × 8 = 78½	»	blau	»
78½	»	grün	»
9·79 × 4 = 19½	»	gelb	*B*
549 Strähne.			

Infolge Abrundung muß bei der Farbenberechnung meist etwas mehr herauskommen als bei der allgemeinen Berechnung.

$$\frac{32 \times 2 \times 106}{950} = 7 \text{ Strähne Rand.}$$

Berechnung des Schußmateriales:

$$\frac{24{\cdot}4 \times 100 \times 126}{950} = 323\tfrac{1}{2} \text{ Strähne } C \text{ und } D.$$

323·5 : 55 = 5·88 Strähne pro 1 Faden im Schußzettel

5·88 × 22 = 129½	Strähne	weiß	*C*
5·88 × 16 = 94	»	schwarz	»
5·88 × 8 = 47	»	blau	»
5·88 × 8 = 47	»	grün	»
5·88 × 1 = 6	»	× 2 wegen doppelten Spulens =	

12 Strähne gelb *D*.

Appretur: Scheren, gummieren, dekatieren, pressen.

Blusenstoff.

Stoffmuster Fig. 5, Tafel I.
Bindung Fig. 371, Tafel XXXVI.

Warenbreite: 50 *cm.*

Warenlänge: 300 *m.*

Kettenmaterial: Organsin $\frac{17}{19}$ Titre légale.

Schußmaterial: Trame $\frac{28}{30}$ Titre légale.

Bindung: Längsstreifen aus 36 Fäden Taft und 48 Fäden 8bindigem Kettenatlas.

Kettendichte: 1 Muster = 66 *mm.*

Schußdichte: pro 10 *cm* 600

(75 Atlasrapporte à 8 Fäden = 600 pro 10 *cm*).

Gesamtkettenfäden:

I. 2820, Taftkette inklusive Rand.

II. 3600, Atlaskette.

(6·6 *cm* × 75 = 49·5 + 0·5 *cm* Rand = 50 *cm*);

(75 × 36 = 2700 Taftfäden + je 60 Fäden Rand = 2820);

(75 × 40 = 3600 Atlaskettenfäden).

Schweifzettel: Taftkette weiß, Atlaskette blau.

Gangzahl:

Taftkette 70½ Gänge (2820 : 40 = 70½).

Atlaskette 90 » (3600 : 40 = 90).

Kettenlängen:

Taftkette 324 *m*, Atlaskette 306 *m.*

Schußzettel: Einfärbig weiß.

Stuhlvorrichtung: Kontermarsch oder Schaftmaschine.

12 Schäfte und 8 Tritte, beziehungsweise Karten.

Helfenberechnung: 1. bis 8. Schaft à 450 Helfen

(6 Helfen pro 1 Rapport × 75 Rapporte).

9. bis 12. Schaft à 690 Helfen

(9 Helfen pro 1 Rapport × 75 Rapporte + 15 für den Rand).

Am Anfang und Ende sind 30 Helfen auf den 9. bis 12. Schaft doppelfädig einzuziehen.

Kammbreite: 52 *cm.*

Kammdichte: 1520 Rohre, das sind pro 10 *cm* 292 Rohre.

Kammeinzug: 12 Rohre à 3 Fäden (Taft)
8 » » 6 » (Atlas)
20 Rohre × 75 = 1500 + je 10 Randrohre à 6 Fäden.
(Kammdichte siehe Seite 204).

Berechnung des Kettenmateriales:

$$\frac{2820 \times 324 \times 18}{9,000,000} + 10\,\% = 2{\cdot}012\ kg \text{ weiß Organsin } \tfrac{17}{19}.$$

$$\frac{3600 \times 306 \times 18}{9,000,000} + 10\,\% = 2{\cdot}423\ kg \text{ blau Organsin } \tfrac{17}{19}.$$

Berechnung des Schußmateriales:

$$\frac{60 \times 300 \times 52 \times 29}{9,000,000} + 10\,\% = 3{\cdot}318\ kg \text{ weiß Organsin } \tfrac{28}{30}.$$

Appretur: Verreiben und legen.

Flanell.

Stoffmuster Fig. 6, Tafel I.
Bindung Fig. 447, Tafel XLVIII.

Warenbreite: 84 *cm.*
Warenlänge: 100 *m.*
Kettenmaterial: Baumwollgarn Nr. 24.
Schußmaterial: » » 6.
Bindung: Schußdouble 2 : 2, respektive 1 : 1 aus 4bindigem versetztem Köper, Rand-Querrips 2 : 2.
Kettendichte: 216
(54 Bindpunkte à 4 Fäden = 216).
Schußdichte: 260
(Ware abgesengt ergibt auf 10 *cm* 130 Oberschuß × 2 = 260 Schüsse).
Gesamtkettenfäden: 1840
(21·6 × 84 = 1814 + 24 für doppelfädigen Rand = 1838 = abgerundet 1840).
Schweifzettel: Einfärbig roh.
Gangzahl: 1840 : 40 = 46 Gänge oder bei mechanischem Betriebe 8 Zettelwalzen à 230 Fäden.
Kettenlänge: 112 *m*
(100 *mm* Ware in der Kettenrichtung = 112 *mm* herausgenommener und gestreckter Kettenfaden).
Schußzettel: 2 Fäden grau melange, 2 Fäden drap melange, respektive beim Verhältnisse 1 : 1 2 Fäden grau melange, 2 Faden drap melange.
Stuhlvorrichtung: Kontermarsch oder Schaftmaschine.
4 Grundschäfte, 2 Leistenschäfte und 8 Tritte, beziehungsweise 8 Karten.
Helfenberechnung: (1840 — 48 = 1792 : 4 = 448)
1. bis 4. Schaft à 448 Helfen, 2 Leistenschäfte à 12 Helfen doppelfädig eingezogen.
Kammbreite: 94 *cm*
(84 *mm* Ware in der Schußrichtung = 94 *mm* herausgenommener und gestreckter Schuß).
Kammdichte: 908 Rohre, das sind pro 10 *cm* 97 Rohre.
896 Rohre à 2 Fäden und am Anfang und Ende 6 Randrohre à 4 Fäden (1840 — 48 = 1792 : 2 = 896).
Berechnung des Kettenmateriales:

$\frac{1840 \times 112}{730} = 282\frac{1}{2}$ Strähne, oder 282·5 : 24 = 11·8 englische Pfund Baumwollgarn Nr. 24.

Berechnung des Schußmateriales:

$\frac{26 \times 100 \times 94}{700} = 395$ Strähne, das sind $197\frac{1}{2}$ Strähne grau melange, $197\frac{1}{2}$ Strähne drap melange oder 395 : 6 = 57·9 englische Pfund Baumwollgarn Nr. 6

Appretur: Rauhen, scheren, stärken, dekatieren.

— —

15*

Lampendocht.

Stoffmuster Fig. 7, Tafel I.
Bindung Fig. 520, Tafel LIII.

Warenbreite: 35 *mm*.
Warenlänge: 24 Stück à 100 *m* = 2400 *m*.
Kettenmaterial: Baumwollzwirn Nr. $^{10}_{4}$.
Schußmaterial: Baumwollgarn Nr. 16.
Bindung: Tafthohlstoffbindung.
Kettendichte: pro 1 *cm* 24·2.
Schußdichte: pro 1 *cm* 12·4.
Gesamtkettenfäden: 24 Bänder à 85 Fäden.
Schweifzettel: Einfärbig roh, 24 Spulen à 85 Fäden.
Kettenlänge: 108 *m*.
Schußzettel: Einfärbig roh.
Stuhlvorrichtung: Bandstuhl.
Weblade mit 24 Schützen.
Kontermarsch:
4 Schäfte und 4 Tritte.
Helfenberechnung: 85 : 4 = 21 Rapporte und 3 Fäden.
1. bis 3. Schaft à 21 × 24 = 481 + 1 = 482 Helfen.
4. » à 21 × 24 = 481 Helfen.
Kammbreite: 24 Kämme à 38 *mm* breit mit je 42 Rohren.
41 Rohre à 2 Fäden und 1 Rohr à 3 Fäden.
Berechnung des Kettenmateriales:

$$\frac{85 \times 24 \times 108}{710} = 311 \text{ Strähne oder}$$

311 : 2·5 = 124·4 englische Pfund Baumwollzwirn $^{10}_{4}$.
Berechnung des Schußmateriales:

$$\frac{12{\cdot}4 \times 100 \times 3{\cdot}8 \times 24}{720} = 157 \text{ Strähne oder}$$

157 : 16 = 9·8 englische Pfund Baumwollgarn Nr. 16.
Appretur: Pressen.

Zephir.

Stoffmuster Fig. 8, Tafel I.
Bindung Fig. 691, Tafel LXXII.

Warenbreite: 79 *cm.*

Warenlänge: 100 *m.*

Kettenmaterial: Grundkette Baumwollgarn Nr. 40.
Brochékette Baumwollzwirn $^{40}/_{2}$.

Schußmaterial: Baumwollgarn Nr. 60.

Bindung: Kettenbroché.

Schweifzettel:

Grundkette:		Brochékette:
14 Fäden weiß		Einfärbig rot
1 Faden grün	9mal	
2 Fäden weiß		
1 Faden grün		
1 » weiß	9mal	
2 Fäden grün		
1 Faden weiß		
28 Fäden grün		
1 Faden weiß	9mal	
2 Fäden grün		
1 Faden weiß		
1 » grün	10mal	
2 Fäden weiß		
12 Fäden weiß		
168 Fäden = 1 Muster.		

Kettendichte: 1 Schweifmuster = 52 *mm.*

Schußdichte: pro 10 *cm* 307
(10 Schußrapporte à 28 Fäden messen 91 *mm*, 28 × 10 = 280 : 91 = 3·07 pro 1 *mm* oder 307 pro 1 *dm*).

Gesamtkettenfäden: Grundkette 2568,
Brochékette 450
(52 *mm* pro 1 Muster × 15 Muster = 780 *mm* + 10 *mm* Rand = 790 *mm*, beziehungsweise 79 *cm*).

Muster-, beziehungsweise Gangzahl:

Grundkette 15 Muster à 168 Fäden und am Anfang und Ende je 24 Fäden Rand, Brochékette $11\frac{1}{4}$ Gänge à 40 Fäden.

Kettenlängen:

Grundkette 106 *m*, Brochékette 102 *m*.

Schußzettel: Einfärbig weiß.

Stuhlvorrichtung: Schaftmaschine, 6 Schäfte, 28 Karten.

Helfenberechnung:

1\. Schaft 2 Helfen pro Bindungsrapport × 90 Bindungsrapp. = 180 Helfen

2\. » 3 » » » × 90 » = 270 »

3\. bis 6. » à 7 » » » × 90 + 6 für Rand = 636 »

Davon werden am Anfang und Ende von der Grundkette auf den 3. bis 6. Schaft 12 Helfen doppelfädig eingezogen.

Kammbreite: 84 *cm*.

Kammdichte: 1272 Rohre, das sind pro 10 *cm* 151 Rohre.

Kammeinzug:

11 Rohre à 2 Fäden, 1 Rohr à 3 Fäden und 2 Rohre à 4 Fäden = 14 Rohre × 90 Bindungsrapporte = 1260 + je 6 Randrohre = 1272 Rohre.

Berechnung des Kettenmateriales:

2568 — 48 Fäden Rand = 2520.

$\frac{2520 \times 106}{720}$ = 371 Strähne, das sind $185\frac{1}{2}$ Strähne weiß, $185\frac{1}{2}$ Strähne grün oder 371 : 40 = 9·3 englische Pfund Nr. 40.

$\frac{24 \times 2 \times 106}{720}$ = 8 Strähne Rand.

$\frac{450 \times 102}{710}$ = 65 Strähne oder 65 : 20 = $3\frac{1}{2}$ englische Pfund $\frac{40}{2}$.

Berechnung des Schußmateriales:

$\frac{30·7 \times 100 \times 84}{720}$ = 358 Strähne oder 358 : 60 = 6 englische Pfund Nr. 60.

Appretur: Waschen, stärken, kalandern.

Manchester oder Velvet.

Stoffmuster Fig. 9, Tafel I.
Bindung Fig. 714, Tafel LXXIV.

Warenbreite: 48 *cm.*
Warenlänge: 100 *m.*
Kettenmaterial: Baumwollgarn Nr. 30.
Schußmaterial: Baumwollgarn Nr. 40.
Bindung: Schußsamt.
Kettendichte: pro 10 *cm* 310.
Schußdichte: pro 10 *cm* 1020.
Gesamtkettenfäden: 1520
(31 × 48 = 1488 + 32 für doppelfädigen Rand = 1520).
Schweifzettel: Einfärbig roh.
Gangzahl: 1520 : 40 = 38 Gänge oder 8 Zettelwalzen à 190 Fäden.
Kettenlänge: 104 *m.*
Schußzettel: Einfärbig roh.
Stuhlvorrichtung: Kontermarsch oder mechanischer Außentrittstuhl 6 Schäfte und 8, respektive bei mechanischer Webweise 6 Tritte.
Helfenberechnung: 6 Schäfte à 248 Helfen, wovon am Anfang und Ende 16 doppelfädig eingezogen werden.
(1520 — 32 wegen doppelfädigen Einzuges des Randes = 1488 : 6 = 248.)
Kammbreite: 56 *cm.*
Kammdichte: 744 Rohre, das sind pro 10 *cm* 133 Rohre.
728 Rohre à 2 Fäden und je 8 Randrohre à 4 Fäden.
(1520 — 64 Randfäden = 1456 : 2 = 728.)
Berechnung des Kettenmateriales:

$$\frac{1520 \times 104}{730} = 217 \text{ Strähne oder}$$

217 : 30 = 7·3 englische Pfund Baumwollgarn Nr. 30.
Berechnung des Schußmateriales:

$$\frac{102 \times 100 \times 56}{730} = 782^1/_2 \text{ Strähne oder}$$

782·5 : 40 = 19·6 englische Pfund Baumwollgarn Nr. 40.
Appretur: Waschen, schleudern, trocknen, pappen, imprägnieren, trocknen, schneiden, einweichen, waschen, schleudern, trocknen, bürsten, waschen, schleudern, trocknen, färben, waschen, trocknen, bürsten, scheren, glätten.

Vorhangstoff.

Stoffmuster Fig. 10, Tafel I.
Bindung Fig. 844, Tafel LXXXVII.

Warenbreite: 110 *cm.*
Warenlänge: 100 *m.*
Kettenmaterial: Baumwollzwirn $^{14}/_{2}$.
Schußmaterial: Baumwollzwirn $^{16}/_{2}$.
Bindung: Dreher oder Gaze.
Kettendichte: pro 10 *cm* 68.
Schußdichte: pro 10 *cm* 68.
Gesamtkettenfäden: 760
(6·8 × 109 = 741 = 740 + 20 Fäden für je $^{1}/_{2}$ *cm* Taftrand = 760)
Schweifzettel: Einfärbig roh.
Gangzahl: 760 : 40 = 19 Gänge.
Kettenlänge: 110 *m.*
Schußzettel: Einfärbig roh.
Stuhlvorrichtung: Kontermarsch,
2 Grundschäfte, 2 Leistenschäfte, 1 Dreherschaft und 4 Tritte.
Helfenberechnung: 760 — 20 = 740 : 2 = 370,
1. und 2. Schaft à 370 Helfen, 2 Leistenschäfte à 10 Helfen, 1 Dreherschaft mit 370 Helfen.
Kammbreite: 116 *cm.*
Kammdichte: 749 Rohre, das sind pro 10 *cm* 64 Rohre.
Kammeinzug:

1 Rohr à 2 Fäden	} 369mal	
1 » leer		
1 » à 2 Fäden		

739 Rohre + je 5 Randrohre à 2 Fäden = 749 Rohre.

Berechnung des Kettenmateriales:

$$\frac{760 \times 110}{710} = 118 \text{ Strähne oder } 118 : 7 = 17 \text{ englische Pfund } ^{14}/_{2}.$$

Berechnung des Schußmateriales:

$$\frac{6{\cdot}8 \times 100 \times 116}{710} = 111 \text{ Strähne oder } 111 : 8 = 14 \text{ englische Pfund } ^{16}/_{2}.$$

Appretur: Bleichen, creme färben, stärken, spannen, pressen.

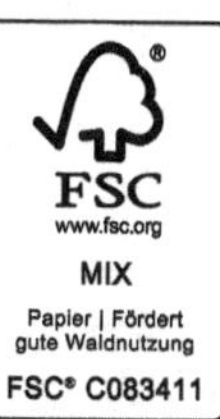

Zeitfracht Medien GmbH
Ferdinand-Jühlke-Straße 7
99095 Erfurt, Deutschland
produktsicherheit@kolibri360.de